The
Interpretation
of
Dreams

SIGMUND
FREUD

梦的
解析

〔奥地利〕西格蒙德·弗洛伊德◎著

杨帆◎译

中国出版集团　现代出版社

图书在版编目（CIP）数据

梦的解析 /（奥地利）西格蒙德·弗洛伊德著；杨
帆译 . -- 北京：现代出版社，2021.1
ISBN 978-7-5143-8849-7

Ⅰ. ①梦… Ⅱ. ①西… ②杨… Ⅲ. ①梦—精神分析
Ⅳ. ①B845.1
中国版本图书馆 CIP 数据核字 (2020) 第 191295 号

梦的解析

作　　者：[奥地利]西格蒙德·弗洛伊德
译　　者：杨　帆
策划编辑：王传丽
责任编辑：张　瑾　肖君澜
出版发行：现代出版社
通信地址：北京市安定门外安华里 504 号
邮政编码：100011
电　　话：010-64267325　64245264（传真）
网　　址：www.1980xd.com
电子邮箱：xiandai@vip.sina.com
印　　刷：三河市南阳印刷有限公司
开　　本：880mm×1230mm　1/32
印　　张：16.5
字　　数：383 千字
版　　次：2021 年 2 月第 1 版　　印　　次：2021 年 2 月第 1 次印刷
书　　号：ISBN 978-7-5143-8849-7
定　　价：49.80 元

序　言

梦是如何形成的，如何正确地释义，一直是人们广泛讨论的问题。本书旨在通过对梦的阐述，探讨解释与梦相关的问题。

在我看来，这其实并没有超出神经病理学的范畴。因为，从心理学角度来看，还没有任何一种精神异常现象的发生频率超过梦，但在医学实验中，梦的重要性并不清晰。一直以来，也只有医生去面对梦这个问题。或许正是这个局限性，使梦在一系列精神异常现象中雄踞榜首。

任何一种社会事物都按照自己的规律运动着、变化着，但相互间又有着潜移默化的联系。虽然梦不具有其他一些精神异常症所具有的表性特征，但作为一种范例，它的理论价值尤为重要。如果不能清晰、明了地解释梦是如何产生的，那就无从了解癔症性精神恐惧症、强迫症、妄想症的发病机理，更别说彻底治愈了。

然而，尽管事物间的内在联系证明了本书的重要性，却也间接地说明了本书还有不足的地方。在你阅读本书时，你将不难发现，有很多讨论中断的地方，究其根本就在于，梦与一些更加复杂的精神病理学问题有许多相通的地方，要探讨梦的产生、形成，势必涉及这些精神病理学问题。而问题的关键是，这些神经病理学问题并不方便在本书中展开讨论研究，只能留待日后有足够的时间、精力，以及进一步分析材料时，再另行讨论了，尽管有点遗憾。

至于我对梦的阐释所用的材料，也给本书出版带来了不少的困难。毫无疑问，你从我书中的内容就能知道：许多文献中记载的梦，以及那些不知道从何处搜集来的梦，对我的释梦工作来说，一点用处都没有。我面对的只有两个选择，要么选择用自己的梦，要么选择在我这里接受精神分析治疗的患者的梦。

事实上，接受精神分析治疗的患者的梦根本无法采用，因为他们的梦掺杂了神经症的特点，使梦的阐释变得更加复杂、玄奥，这也是我们最不愿看到的结果。可问题是，如果单纯地用我自己的梦，就会完全地将自己的精神生活暴露在大庭广众之下，使自己没有一点隐私可言，我或许会承受不住它所带来的精神压力，因为这已经远远超出了任何一个科学研究者的必要工作范围。所以在涉及隐私之处时，我还是妥协了，采用了省略和替代的方式，这却让我有些难为情。可唯有如此，我才能继续为我的心理学研究提供第一手资料，准确地解析梦。我只希望，读者能理解我的痛苦，宽容我的纠结。

我不是诗人，这本书也没有像诗歌一样的浪漫情调，或许，很多读者只有在做了梦，想知道梦的释义时，才看这本书，随后便会弃之不顾。可我不同，在这本书里，我对人生的观察和分析，无意中暗合了父亲的死对我的影响。而这也恰恰是在成书之后，我才意识到的。一直以来，父亲的离开，成为我人生中里程碑一样的大事件。所以对我而言，这本书有着非同寻常的意义和价值。

在这里我要特别强调的是，书中对于梦的释义，只是单纯地解释梦，不针对任何一个人。如果有读者觉得书中提到的梦，在一定程度上涉及了其个人隐私，那也是巧合，我真的非常希望能够得到您的包容，至少不要剥夺别人在梦中的思想自由。

目　录

第一章　文献中有关梦的记载

大家都知道，梦境总是那么扑朔迷离、变化莫测，可为什么会这样，却很少有人能回答上来。梦真的就这么玄奥吗？当然不是，人们完全可以通过一种科学的心理研究方法，对梦做进一步的分析。那时，所有的梦都会得到科学的解释，并以全新的姿态呈现出来，简单又明了。尽管梦有无所不有的精神架构，是一系列精神能力相互碰撞、共同作用的结果，蕴藏着无穷无尽的含义，但它不再神秘莫测。只要你想去了解，任何人都能洞悉梦在清醒生活中的状态，知道梦与人们的精神生活紧密相关。

接下来我要做的，就是借用一种科学的心理分析方法，详尽而全面地诠释梦的过程，解密那些神秘莫测的精神力量的本质。毫无疑问，这其中将会牵扯到方方面面的问题，而抽丝剥茧般一件件去解决掉这些问题，更是难上加难。因此，当探讨某个问题时，如果超出了我所能掌控的材料范围，我也只能遗憾地喊停了。

作为读者，你只要回顾一下，就不难发现，自己也有过不少有关梦的奇妙经历，如果再参照着我们的主题，你便能从中挖掘出许许多多色彩缤纷、妙趣横生的素材，但要你说出梦的本质，或是解密梦的方法，恐怕能说出来的就寥寥无几了。

对于那些不是专职的解梦专家来说，解梦的知识并不是普通的教育所能给予的，所以他们在诠释梦的时候有所偏差，也是情有可原的。其实，他们不知道，即便是专业的研究机构，在梦的研究这一领域，也一直没有多大的进展。尽管几千年前，人们就已经迈出了探究梦的脚步，可人们对梦的科学认识却仍然止步不前。在此，我首先简要概括一下前辈们所取得的关于梦的研究成果，以及理论著作，因为在以后的论述中，我可能无暇兼顾，再回到这一层面上来。至于梦的研究成果甚微，这是所有梦的研究者心知肚明的事实，就连文献也没有否认，我在本书中就不额外赘述了。

目前，史前阶段的原始人类是如何理解梦的，梦是怎样冲击原始人的灵魂的，并在塑造他们的世界观时，留下了怎样的印记，成了学术界热门的话题，人们试图通过这些问题，证明梦对原始人类有着深远的影响。

在古希腊、古罗马人的认知中，梦与超自然世界有着千丝万缕的联系，他们坚信，梦是神与魔鬼给人们发出的信号，是梦者对未来做出的预言，因而梦在梦者的生命中，有着特殊的地位和价值。

由于篇幅限制，对这个大家都非常感兴趣的热门话题，我也只能忍痛割爱，一笔带过。如果哪位读者特别感兴趣，不妨去看看著名科学家约翰·卢伯克、哲学家赫伯特·斯宾塞、E. B. 泰勒等人的名作。需要补充的是，只有当我们完美准确地将梦解析完，我们才能明了名家们研思梦的广阔性和深入性。下面，我就列举一些有代表性的作者的观点。

早在古希腊时期，百科全书式的科学家亚里士多德，就把梦当作心理学的研究对象了，并在其《论梦》《论睡眠中的预兆》两部著作中，对梦的特点、意义做了阐释。他认为，梦不是超自然世界的启示，而是人类精神活动规律的缩、放，就如同一枚放大镜一样，当人们在睡眠状态时，身体所感受到的一切轻微刺激，都会被它进一步放大，成为一种巨大而猛烈的感觉冲击。

为了验证这一观点，亚里士多德举了一个例子："如果一个人梦见自己正穿越熊熊烈火，那他就会感觉全身滚烫灼痛。这时，他身体的某个部位可能只是有点轻微发烧。"通过这个事例，亚里士多德推论，人在清醒状态下，特别容易忽视的身体变化，反而能够在梦中察觉。这时，梦就成了一种预兆，非常及时地向医生发出身体发生了变化的信号。

渐渐地，越来越多的人意识到，梦是人们在睡眠状态时的心理活动，它按照人们本身的精神轨迹运行。虽然有些轨迹通向神明，但梦与"神的指示"没有半点瓜葛，梦的产生终归不是来自神的启示。亚里士多德认为，与其说梦是神的指示，还不如直接说梦是魔鬼的指示，因为人的本性实恶伪善，梦就是人们在睡眠时心理活动的再现。也就是从这个时候起，梦开始受到心理学家们的重视，并把它作为一个研究课题，加以探讨、研究。

可在此之前，梦一直被当作神的指示而广泛存在。亚里士多德的这个观点如同在平静的湖面投下一块巨石，顿时掀起了千层巨浪，从而汇聚成两股不同的激流，并列而行的同时，又背道而驰，时时激荡在人们探讨梦的道路上。

尤为关键的是，梦多种多样，内容更是五花八门，有的奇异遐想、有的穿越古今、有的诡异恐怖……就像一个万花筒，这也使人们对梦难以形成统一的认知。在古代，哲学家对梦的解析，基本构建在根深蒂固的占卜学上。他们以梦的价值性、真实性为切入点，对梦进行划分，一类是真实的、有意义的，能给人警示或是预测未来的作用；另一类是空洞的、虚假的、无意义的，只能将人引入歧途，最终坠入万劫不复的深渊。

给梦做过划分的还有格鲁伯。不过，他在做分类的时候，借用了古罗马作家马克罗比乌斯和古希腊占卜家、释梦家阿特米多鲁斯的几句原话："梦可以分为两类。第一类，梦只受现在或以前的影响，与未来没有任何关联。就如失眠症，它直接将一个特定观念或它相反的一个方面（饥饿或是饱足）再现出来。另外，比较显著的还有梦魇，它是在特定的观念中加入了想象的元素，使其得以扩充，从而形成了噩梦或梦魇。第二类，与第一类刚好相反。第二类梦则被看作未来至关重要的决定者。这其中包括三种：其一是神谕，即梦中直接接收到的预言；其二是启示，即对未来将要发生的事件的预言；其三是梦兆，即需要解释的象征性的梦。对梦的这种划分，影响巨大，几个世纪以来，历久弥新，长盛不衰。"

一般情况下，人们总是希望从梦中得到一些有价值的信息。可是，有的梦玄奥难懂，人们根本无法断定这个梦预示着什么，是不是暗含着有价值的信息。于是，人们努力寻找一种解析方法，使繁杂难懂的梦简单明了，具有一定的内涵。

只是因为诸多原因，古人关于释梦的诸多理论著作，并没有很好地传承下来。不过值得庆幸的是，阿特米多鲁斯辑录了前人的著作，创作出《解梦》。这本书涉猎广泛，弥补了这一领域因同类著作流失而造成的研究成果的欠缺，一直被后人奉为圭臬。

至于古人对梦的看法，主要来自清晨醒来后对梦的残留记忆。虽有的只是零星片段，但却是清醒状态下对梦的印象。在他们心中，梦就是超自然的存在。在此，我们不妨称它为"前科学观点"。"前科学观点"与古人的世界观高度一致，他们总是习惯性地将存在于精神世界的事物，投影到外部世界的现实中，尽管它们来自现实。

有的时候，当我们回忆昨晚的梦时，总感觉它天马行空，与正常的思维内容相去甚远，就如同来自另一个世界，而这也是现在有些人仍然认为梦起源于超自然的原因。他们思维清晰、敏捷，丝毫不沾染邪门歪道，但却抓住梦的难解性大做文章。他们高举宗教信仰和上帝神力的旗帜，竭力寻找、拉拢更多同道中人，为他们的理想摇旗呐喊，保驾护航。

长久以来，关于梦的警示作用以及对未来的预知力的争辩无尽无休，某些哲学学派（客观唯心学派）苦心孤诣地利用一些搜集的材料为依据，试图从心理学的角度对梦给予合理的解释，可其对梦的推崇，又助长和延续了古人为梦奏响的神圣之歌。尽管科学家们对此一致强烈反对，可现存的理论无法一一破解日积月累的海量材料，还有待于进一步的完善。

实际上，科学家们一直没有停下探索梦的脚步，成绩也有目共睹，只是遗憾的是，他们始终没能从中挖掘出一条提纲挈领的线索，为后世研究者提供可以确定自己学说的根基。因此，梳理人类对梦的科学认知，确定一个统一方向，不是一件容易的事。

好在这一问题引起了梦研究者们极大的兴趣，他们不惜从头再来，反复回顾梳理，全力以赴。而我的初衷，本是对当今有关这一主题的撰述，做一个总体的勾画，这也就意味着我不可能将所有研究过梦的人按着年代一一列举，再详尽地将他们各自的观点不厌其烦地加以详说，否则，我的构想就会像美丽的肥皂泡一样破灭。故而，在著书过程中，我跳过了那些研究者，只从梦的主题入手，先罗列小标题，再逐个标示出有关梦的问题，然后旁征博引文献中能够回答这一问题的材料，力求做到翔实、准确。

就在不久前，在梦这一领域内，大多数的研究者还侧重于将梦与睡眠联系在一起，建立同一主题。尤其，一些研究者在看到精神病理学的某些个别案例与梦的状态有类似的地方时，如幻觉、幻视，便习惯性地将它们一视同仁。

但在最近几年的研究中，人们反而压缩了研究主题，把梦作为一个特别的课题单独考量。有这样的现象，我很高兴，也很兴奋，因为这至少说明，人们已经越来越相信，只有从科学的角度出发，细致研究，才能厘清梦的实质。而这也恰恰是我在这本书中，提供的以心理学探讨为主要特征的细化研究。

不可否认，有时，人在睡眠状态中，表现出来的一些特征，会极大地影响精神结构的功能状态，但这要归属生理学的研究范畴。我一向很少研究睡眠，所以有关睡眠的资料，也就避而不谈了。

除此之外，由于梦的主题的资料延及各处，有的甚至还夹杂在别的文献中，过于分散，再加上视野的限制，无法一一找到。因此，我恳请读者朋友们念在我忠于事实、能够抓住重点的分上，对我别奢求太多。

关于梦的科学研究，我列出了以下几点，并用列小标题的方法做出了分类。

1 梦与清醒时的关系

虽然梦不是来自另一个奇妙的世界，但刚从梦中醒来的人，仍天真地以为，自己刚从另一个奇异的空间世界出来。对于这种现象，老一辈生理学泰斗布达赫曾做过细致、慎重的描绘，他在被别人引用了无数次的一段话中，表达了这样的一种信念："平凡的生活中包含着勤奋与愉悦、痛苦与快乐，到了梦中，这些都一去不复返。梦给了我们一个全新的世界，目的是把我们从平凡的生活中释放出来。更有甚者，在我们满怀忧虑，痛不欲生，或是竭尽所能寻求问题的解决方法时，梦呈现给我们的内容，统统跟这些一点关联都没有，即便有的有极少的关联，也仅仅展示了主要格调和真实象征。"

其实，德国唯心主义学派奠基者、著名哲学家 J. G. 费希特也觉察了这一点，并称其为"补充的梦"。而且，他把它们视为赐予心灵的一份秘密礼物，是心灵自我救赎的使者。法国哲学家斯图吕贝尔也有相似的观点，他在备受赞誉的《论梦的性质与起源》一书中说："人进入梦中，便已经脱离了清醒状态下的生活。我们对清醒意识中井井有条的记忆和思维，也在梦中消失殆尽。心在梦里基本没有什么记忆，与清醒生活的日常内容和事件彻底隔离。"

虽然，梦与清醒状态之间的关系，自古以来就争论不断，但持有布达赫这种观点的人，却仅是一小部分，绝大多数人都持否定观点。其中，魏甘德就是一位最活跃的反对者。他指出："从大量的梦里我们都能发现，梦其实是把我们带到正常的生活轨道上，而不是把我们从中解脱出来。"莫里更是用公式一言以蔽之："梦就是我们所见的、所说的、所想的、所做的。"估计莫里都没有料到，几个世纪后，西塞罗成了他的追随者，并在诗中说："白天，我们的思想和行为会残留一些剩余物，而梦基本上就是这些剩余物在灵魂内的翻腾跳跃。"著名作家哈夫纳也认为："梦首先是清醒生活的延续，我们的梦时时刻刻与最近一段时间里的思想意念相关联。只要我们细心审视，就能抓住一条线索，把梦和我们近几天的生活串联起来。"对于这种观点，心理学家耶森在他 1855 年发表的《心理学》一书中，也明确指出："无论何时，梦的内容都或多或少地取决于个体人格，并随性格、年龄、性别、立场、知识水平、生活习惯以及这个人此前全部生活中的事件和经验的不同而不同。"

无论有多少反对的声音，就这个问题，哲学家 J. G. E. 马斯坚定立场，寸步不让，坚定地指出："实践证明了我们的看法，这就是，人们最常梦到的，几乎都是各自最热烈渴求、迫切想要得到的东西。事实足以证明，我们的热情直接影响到梦的产生。有雄心壮志的人，梦到的是自己已经摘取了最高荣誉桂冠，或者即将摘取；深深坠入爱河的人，他们的梦，多是为自己的心上人热切期待的东西辗转颠簸……由于受到了某种刺激，一切潜伏在心底的感官欲望以及极其厌恶的东西都开始活跃，它们与其他念头结合在一起，便衍生成了梦，或是进入到一个已经存在的梦中。"

梦的内容依赖于现实生活，这与古人的看法并无二致。拉德斯托克就曾讲过这样一个故事："波斯帝国的国王薛西斯一世在征伐希腊之前，遭到了大臣们的极力劝阻，可梦却一再鼓动他出征，于是，薛西斯一世坚持出征。波斯最著名的释梦师阿塔巴诺斯是一位充满智慧的长者，他一针见血地对薛西斯一世解释，这不过就是日有所思，夜有所梦而已。"

罗马共和国末期的哲学家、诗人卢克莱修，在他的著名教育诗《物性论》中也说："现实生活中，人们总是一门心思地注视着自己渴求的东西，或是拼命地追逐，或是一味地埋头苦干，反射到梦境中也是这样：律师寻根觅据，推敲法典，滔滔雄辩；将军运筹帷幄，策马扬鞭，纵横驰骋……"

不难看出，上面关于梦境与清醒生活之间关系的这两种不同看法，矛盾重重，似乎无法解决。但我突然想到了 F. W. 希尔德布兰特的观点，现在不妨把它借用过来，或许就会迎刃而解了。F. W. 希尔德布兰特认为，梦的特征只能描绘为"三种看似不断激化的矛盾的对立"，舍此别无他法。他不仅对第一种矛盾做了详细的对比，还做了周密细致的描述："一方面，把梦画地为牢，孤立起来，与现实世界的真实生活完全分离或是隔绝；另一方面，梦与现实生活不断相互渗透，一方永远依赖另一方。"

他引申说道："人在梦中，与他睁开眼睛后的现实体验一点关联都没有。很多时候，人们在梦和清醒的现实生活之间，人为地建立了一道无法跨越的鸿沟，将两者完全分割开来。这一如人们所说的那样，梦在一个封闭隔绝的空间里独自存在。它把我们从现实中解脱出来，忘却有关现实的日常回忆，使我们安居在另一个完全不同的世界，抛开现实种种，过着一种与现实世界毫无瓜葛的生活……"

紧接着，希尔德布兰特用一个新鲜的比喻解释说，一旦入睡，人作为一个存在整体就像"经过一扇隐形的活板门之后，消失得无影无踪了"。为此，希尔德布兰特还举了一个例子，拿破仑被禁足在圣赫勒拿岛上时，有一个人梦见自己去岛上旅行，还给拿破仑带去了上好的摩泽尔葡萄酒，并受到了那位没落帝王的热情款待。只可惜，那人醒了，妙趣横生的梦也顷刻间化为了泡影，那人深感惋惜。

希尔德布兰特把梦和现实做了进一步对比。那个人从未做过葡萄酒生意，甚至连想都没想过，更别说乘船出海了。就算他要出海，也决不愿到圣赫勒拿岛去。圣赫勒拿岛位于大西洋中部，前不着村，后不着店，四面除了苍茫无际的大海什么也看不到。至于拿破仑，别说好感了，就是恻隐之情也没有，因为他满怀爱国激情，对拿破仑只有国破家亡的仇恨。最重要的是，拿破仑死在圣赫勒拿岛上时，梦者还没有出生。现实中，若说这两个人之间能有个人关系，无异于天方夜谭，可恰恰是梦，将这两者变为了可能。这就说明，梦中经历是超现实的，有着与现实生活不可调和的矛盾。

另外，希尔德布兰特还特别提到，与上述观点相反的见解，也有存在的合理性以及客观依据。他指出，一方面，梦从生活中分离出来，又与其相互隔绝；另一方面，梦与现实生活仍有着最基本的联系。这一点毋庸置疑，甚至我们完全可以说，无论我们的梦里出现什么，也不管它有着怎样匪夷所思的结局，都无法把它与现实世界割裂开来。也就是说，梦的材料来自现实生活，是对现实生活中的素材进行的再加工，怪诞荒谬也好，瑰丽有哲理也罢，都源自我们亲眼所见的感性世界，或是目光所及的方寸之地。换句话说，梦中出现的，不是我们在主体世界经历的，就是我们在内心经历过的。

2 梦的材料——梦中记忆

毫无疑问，从某种意义上说，我们经历过的、体会到的东西都是梦的原材料，也就是说，是梦把它们进行加工后，又再现、回忆出来。但是，如果你单纯地认为梦的内容与清醒状态的关系就这么简单，直接用对比的方法就能解释梦，那就大错特错了。

实际上，梦的记忆功能很独特，有很多的特征，而我们在讨论梦的记忆功能时，尽管也多方面地涉及了这些功能，但迄今为止，还没有谁给这些特性做出明确的注释。所以，我们必须对此展开进一步的探索、研究，才是行之有效的方法。可就算这样，也难免会有相当一部分梦的记忆特征被长久地搁浅，我们探索梦的这一特点就显得尤为重要了。

很多时候，我们在清醒状态时，对于梦中出现的零零碎碎的内容，并不认为自己知道它，或是经历过它。有时，我们或许能够回忆起自己的梦境，却绞尽脑汁也想不出来，自己是否真的有过这种经历，它是在什么时间、什么地点发生的。对此，我们不免一头雾水，弄不清楚梦是如何获得这些信息的。于是，我们便想当然地觉得，梦很神奇，具有独自捕捉、生成信息材料的能力。直到很久以后的哪一天，我们受到某个现有经历的触动，掀开了尘封已久的旧日记忆，梦的来源便一目了然了。不得不说，梦的知解力和记忆力非常强大，人在梦中往往能够知道并记起一些清醒状态时不知道或者忘却的事。

这样的例子不胜枚举。其中，哲学家德尔贝夫讲的自己与此类似的一个梦，一度引起人们的广泛关注。在梦里，他家的院子里银装素裹，仿佛披上了一层厚厚的羊毛毡子一样，两只小壁虎被雪覆盖着，已经冻得奄奄一息了。作为一个极富爱心的动物保护者，德尔贝夫小心翼翼地捡起两只壁虎，放在掌心，耐心地暖热它们后，精心地把它们送回位于墙上的那个栖身的小洞穴。为了防止它们饿着，德尔贝夫还给它们喂了一些长在墙上的一种蕨类植物的叶子，他知道壁虎很喜欢吃这种植物。在梦中，他知道了这种植物的名子——Asplenium ruta muralis。

在清醒的时候，德尔贝夫知道的植物的拉丁名字寥寥无几，更不要说蕨类植物了。但令他惊奇的是，他发现，世界上居然真的就有这种蕨类植物，全名是"Asplenium ruta muraria"（银杏叶铁角蕨），和梦中的只差那么一点点，这绝不仅仅是巧合。德尔贝夫困惑不已，不明白梦中的蕨类植物名称自己到底是如何知道的。

事情并没有到此结束，德尔贝夫的梦时断时续，衍生了好几集续集，其间虽也间隔了一些别的片段，但一直围绕着壁虎这个主线。在后来的梦里，德尔贝夫又清晰地看到了两只壁虎，它们正津津有味地享用剩下的叶子，悠闲自在，只是完全不是原来的那两只了。德尔贝夫很着急，不停地向四周张望，想知道原来的那两只壁虎去哪儿了，可他吃惊地发现了空地上的第五只、第六只壁虎，它们全都朝着同一个方向，陆陆续续地向墙上的那个洞进发。工夫不大，那条路上就挤满了密密麻麻的壁虎……

德尔贝夫的这个梦做于 1862 年。十六年后，这位可敬的哲学家去拜访一位朋友，却有了一个意外的收获——一本用干花标本做成的旅行纪念册。瑞士人很聪明，他们把当地特有的植物或是鲜花制成干花标本，做成旅行纪念册。这样的小册子，极受外地旅客的欢迎，在瑞士的很多地区都有售卖。德尔贝夫灵光乍现，尘封已久的记忆一下子被打开了。他甚至有些迫不及待地打开了这本纪念册，Asplenium 映入他的眼帘，这正是他梦中出现的那个蕨类植物，而且它的拉丁名字就配在它的下面。那是他熟悉得不能再熟悉的字迹了——他自己的笔迹。他恍然大悟，一下子厘清了事情的来龙去脉。

原来，早在 1860 年，也就是他梦见壁虎的两年前，他这位朋友的姐姐来他所在的城市蜜月旅行，并拜访了他。当时，她就带了这本标本册，说这是回去后送给弟弟的礼物。德尔贝夫清楚地记得，为了写下里面每一样植物标本的拉丁文名字，他专门求教了一位植物学家，并在他的口授下，费了很大的劲，才将它们的名字一一对号入座，配在了每个植物标本的下面。

这个意外的收获，彻底叩开了德尔贝夫的记忆之门，他马上知道了那个梦里某些被遗忘的片段源自哪儿了。这是对梦的所有研究中里程碑式的一笔，值得载入史册。

1877 年的一天，德尔贝夫无意间看到一本旧画报，便随手翻阅起来。很快，他的目光便被里面的一幅画牢牢地吸引住了。画中有很多壁虎，非常整齐地排成长长的一列，这与他1862年梦中的情景一模一样。接着他发现，这本画报出版于1861年，并且还是自从它出版发行开始自己就一直订阅的一本刊物。

从这个例子不难看出，梦具有非常丰富的记忆功能，这是人在清醒状态下无法企及的，这一点尤为关键，具有划时代的理论意义。接下来，我想再举几个"梦中记忆增强"的例子，期望以点带面，引起大家足够的重视。

莫里曾经讲过这样一次经历。在很长一段时间内，"米西丹"（Mussidan）一词就像个幽灵，常常在白天潜入他的脑海。他只知道，这是一个法国城镇的名字，除此之外，他对这个城镇一无所知。有一天晚上，他做了一个奇怪的梦。梦中，他和一个人正在聊天，那个人说他来自米西丹。莫里便接着问他这个城镇的位置，那个人回答说，米西丹坐落于伊斯河和朗普瑟河交汇处，是多尔多涅行政区内的一个浪漫小镇，盛产陶瓷制品。莫里醒后，并不相信梦里有关米西丹的信息。于是打开地名词典，细心地查证。结果，他惊讶地发现，和梦中的信息丝毫不差。

信息是得到验证了，可莫里不明白，自己究竟是从何处知道这个城镇的名字，又怎么被自己忘记得一干二净的？

打开历史的卷帙，古人的智慧耀眼生辉。耶森便从遥远时代，挖掘出与上面类似的例子。其中最为经典的，当属老斯卡利格尔的梦。有一天，老斯卡利格尔做了一个梦，梦中出现了一个叫布鲁克罗勒斯的人，他不停地发着牢骚，抱怨老斯卡利格尔给维罗纳的名人写赞美诗时，没有写他，冷落了他。见他如此，尽管老斯卡利格尔与他素不相识，但还是写了几首诗，赞美了他。老斯卡利格尔醒后，觉得这个梦很奇怪，便和儿子说起这个梦。后来，老斯卡利格尔的儿子在维罗纳了解到，那里以前真的有一位著名的评论家，名字就叫作布鲁克罗勒斯，人们追忆、祭奠着他。

还有一个记忆增强的梦例，是赫维·德·圣丹尼斯提供的。他的这个梦分成了两部分：梦的前一部分出现的事物，模模糊糊，没有来龙去脉，看上去一塌糊涂；梦的后一部分出现的事物，不但肯定了梦的前一部分，而且还做了补充和完善。1911年，瓦歇德就曾引用过这个特殊的梦例："有一次，我梦到一位金发美女，她一边和我姐姐聊天，一边不停地展示她的刺绣作品。梦中的我，觉得她非常面熟，仿佛见过很多次似的。梦醒后，她的一颦一笑浮现在我的眼前，栩栩如生，可我却怎么也想不出她是谁。不一会儿，我又睡了一个回笼觉。没想到的是，梦居然有了续集，那个金发美女再次出现在我的梦中。这一次，我跟她打了招呼，并忐忑地问她：'我是不是非常荣幸地在哪儿见过您？'金发美女笑着告诉我：'是呀！美丽的波尼克海滨浴场！您忘记了？'我恍然大悟。清醒后，有关梦里这位金发美女的点点滴滴，一一涌现在我的脑海里。"

这位学者还提到，他的一个音乐家朋友也做过类似的梦。有一次，那位音乐家在梦里听到一首曲子，感觉特别生疏，甚至不记得自己是否听到过。很多年后，他整理自己的旧乐曲收藏集时，竟意外地与那支曲子重逢了，只是他一直回想不起来，自己是不是真的翻阅过这本收藏集。

这样的梦数不胜数，迈尔斯统统将它们收集在他的《心灵研究记录汇编》里。遗憾的是，我没有找到这本书，无缘得见那些宝贵的资料。

我始终觉得，任何一个致力于梦的研究的人，都不会忽略一个问题：人在清醒状态时，有时候认为自己不知道或不记得的一些事情，梦却能告诉他。这种现象极为普遍，在我之后对神经质患者的精神分析，就是极好的证明。每个星期，我都反复用患者自己做过的梦向他们证明，别看自己醒来后就把格言、脏话之类的东西丢到"爪哇国"去了，但在梦里却记得非常清楚，而且还运用自如。

很多时候，问题的根源往往都能在梦中找到，为了更好地说明这一点，接下来我就举一个强化记忆的梦例。

我的一个患者和我说，很长一段时间以来，他经常梦见自己去一家咖啡厅，而且总是点一道叫作 Kontuszowka 的饮品。他很奇怪，自己从来没有听说过这个东西，更不要说喝了。于是，便跑过来问我，这是一种什么饮料。我对他梦到的这种饮料很熟悉，因为我早就从街边的广告牌上看到过了。因此，我告诉他，这个名字不是他凭空捏造出来的，Kontuszowka 确实存在，是一种波兰白酒。听完我的话，他半信半疑，但没过几天，我的话就得到了证实：他每天都会路过同一条街，就在这条街的拐角处，一面最大的广告牌上，赫然就是这个酒广告。几个月来，他每天至少两次路过那里，自然不能熟视无睹。

经过很多次梦的体验，我认为"机遇决定一切"这句话，同样适用于我们寻找梦的来源这件事。就好比几年前，我这本书还未完稿，我经常梦到一个并不华丽的教堂的塔尖，可生活中，我对它一点记忆也没有，根本不知道自己什么时候在什么地方看到过它。后来，在我经过萨尔茨堡和赖兴哈尔之间的一个小站时，记忆的画面突然闪现出来，我敢肯定，1886 年，我第一次坐车曾路过这里。

之后，我便心无旁骛，全神贯注于梦的研究。这期间，我经常梦到一个诡异的地方。在我置身的空间里，左边黑洞洞的，一些石头雕塑若隐若现，看上去很恐怖。我依稀记得那是一个啤酒窖的入口，可并不敢确定。奇怪的是，这个梦挥之不去，令我惴惴不安，我不知道这个梦从哪儿来，它又预示着什么。1895 年的时候，我第一次去意大利的帕杜瓦城旅行，那是帕德瓦市的首府，著名的帕杜瓦大学就坐落在那里。帕杜瓦大学举世闻名，是欧洲最早成立的大学，著名诗人但丁曾在此讲学；伟大的科学家伽利略在此任教十八年，其间，研究发明了空气湿度计、比例仪等许多仪器。另外，欧洲第一位女博士、世界著名文学家莎士比亚的传奇恋人凯瑟琳娜，就毕业于这所古老的大学。尤其帕杜瓦城，宗教色彩浓厚，是一个著名的宗教城市，有很多教堂。其中，圣安东尼大教堂是文艺复兴三杰之一的米开朗琪罗设计的，里面安置着圣徒的墓穴。斯克罗韦尼教堂里面有 14 世纪著名画家乔托的壁画名作，38 幅光彩夺目的画作栩栩如生地再现了耶稣的一生。只是遗憾的是，我与这些壁画失之交臂，我去的路上，当地人告诉我，那天是教堂的关闭日，教堂不开门。我无功而返。而这，也成了我那次旅行的憾事。1907 年，我再次踏上了那片土地。为了不再给自己留下遗憾，一到那儿我便直奔斯克罗韦尼教堂。路上，在我的左首，也就是我上次折返的地方，有一家餐厅花园，门口就摆放着砂石雕像。如此熟悉的景象，让我不由得想起了我的梦，原来，我梦中那个诡异的地方，就是这家餐厅的大门口。

大家都知道，童年，是一个人一生中最难磨灭的印记。却很少有人明白，童年的经历，恰恰是梦重要的原材料之一，那些不记得的或此后的现实生活中没有出现的，梦会对它们进行再加工，然后再呈现出来。

为了便于理解，我接下来就列举几个关注过这一现象的学者的看法和经历。

希尔德布兰特曾经明确指出："梦有一种神奇的再加工能力，即便是童年时代已经被我们忘得一干二净的东西，它都能把它召回，并清晰地呈现在我们的脑海里。"

斯特姆培尔也就这个问题有过类似的说法："梦能将一些深藏的童年经历挖掘出来，连带着与之相关的人与物、景与地，而且丝毫不差地保持着最初的原始状态。梦能使被记忆抛弃的东西再现，这实在是太有趣了。一方面，梦把童年经历中兴高采烈的，或是具有某种精神意义的，以一种鲜活、明快的梦呈现出来；另一方面，又把童年经历中消极的，或内容残缺不全的，都隐藏在梦的深邃之处，无论我们睡着或是醒着，在没有找到它的源头时，都选择了遗忘。可以说，梦完全打破了经历的桎梏。"

福尔克特也说："童年和青少年时期的回忆非常喜欢光临我们的梦。可有些事，我们已经不再劳神忧思，或是它已经没有了任何价值，而梦还是能让它们络绎不绝地出现在我们的记忆里。就这一点来说，世界上再也没有比这更珍贵的东西了。"

事实上，童年经历就像一颗颗珍珠，散落在每个人的记忆深处，而梦却能一粒粒地拾起它们，糅合、加工成新的事物，强化了人的记忆。对此，我再举几个例子，以便大家更好地理解。

莫里讲了他亲身经历过的事情：在他还很小的时候，他经常到离他家很近的提尔普特玩耍。那时，他父亲正在他的家乡莫城督造一座大桥。这座大桥不是很雄伟，但却有效地缩短了莫城到提尔普特的距离。有一天夜里，莫里梦见自己又来到了提尔普特，还在街上兴致勃勃地玩耍起来。这时，一个穿着制服的人走了过来，非常热心地和莫里互动。莫里便问他叫什么名字，是做什么的。他笑着告诉莫里，他叫 C，是看守大桥的人。醒来后，莫里满腹狐疑，便问家里那个看着他长大的老女仆，记不记得有一个叫 C 的守桥人。老女仆毫不犹豫地回答："当然记得了，他看守的那座桥，还是当年你父亲主持修建的呢！"

莫里意犹未尽，接着又讲了一个 F 先生做的梦，进一步印证了梦中出现的童年回忆真实而可靠。F 先生出生在蒙特布里森市，长大后便离开了那里，再也没有回去过。二十五年后，思乡心切的 F 先生决定重返故乡，看看那些久未谋面的亲朋好友。就在动身前的那个夜晚，他做了一个梦。梦中，他已经到达了蒙特布里森市，还在城郊遇到了一个陌生人，那个陌生人自称是他父亲的老友。似乎，他隐约记得父亲的确有这么一个好友，不过也就是耳闻而已，好像从未见过。醒来后，任凭 F 先生如何回忆，都想不起来梦中那个人的相貌。几天后，F 先生回到了阔别已久的故乡，在一个看起来很陌生的地方，他遇到了一位绅士。只一眼，他便认出眼前的这位绅士就是他梦中的那位先生，只是现实很骨感，这个人远比他梦中见到的更沧桑。

写到这儿，我又想起了自己的一个梦，大致情况和上面例子类似，唯一不同的是，我梦中追溯的不是某种回忆，而是曾经的某些联系。在梦中，我见到了一个人，这个人就是我家乡的那位医生。可他的脸有些模糊，这令我不由得想起了我的一位中学老师。之后，他们俩的脸交替出现，似乎一样但又不一样。醒来后，我苦思冥想，怎么也琢磨不透这两个人有什么联系。于是，满腹狐疑地去请教母亲。真是不问不知道，一问吓一跳。那位医生在我小时候给我看过病，最重要的是，他是一位独眼医生。尤其有意思的是，和他的脸交替出现的那位中学老师，也只有一只好眼。生活中，我经常遇到这位老师，他出现在我的梦中也很正常，至于那位医生，虽然我们已经分别了三十八年了，可我看到我下巴的疤痕，按理说就应该能够记住他，但事实上，我在清醒状态下，从来没有想起过他。

或许有人认为，这未免太高估了童年经历对梦的影响了。事实上，有相当一些学者对此存在异议，在他们看来，只有做梦前几天的经历，才是梦中出现的事物的关键所在。其中，罗伯特就断言，一般情况下，梦包罗的就是近些天来感受到的事物，仅此而已。从这句话中，我们不难看出，罗伯特是把梦构建在了最新、最近的事物上，而否定了那些历史悠久的业已淡出人们视线的事物。尽管这样，他所说的情况也不是全无道理，这一点，我完全可以用自己的研究给予证明。美国学者纳尔逊则进一步指出，做梦前一天感受到的事物印象过于清晰，而且时间也近，不太容易走进梦里。反倒是两天到三天前的印象，光顾得最为频繁，它才是梦的常客。

另外，还有一些梦的研究者，虽然他们没把研究的方向放在梦的内容与清醒状态之间的密切关系上，但在研究的过程中，却怎么也绕不开这个问题，这使他们困惑不已。同时，他们注意到，如果某种事物在人们清醒意识里的印象太过强烈，反而极少在梦里出现。而当这个印象经过一定程度的消解，从白天的思想活动中褪去一些色彩后，却轻易地就在梦里呈现了。这也很好地解释了：为什么亲人刚刚过世，我们明明悲痛欲绝，却不能马上梦到他们的原因了。最近，研究者哈勒姆女士就搜集到一些与之相反的梦例，她声称，个人的心理因素才是梦的关键材料之一。

显然，构筑梦中记忆内容的材料，各有各的说法。那么，梦中记忆内容是如何选择材料的呢？实际上，这些材料大多都是现实生活中的精华，与清醒状态时的记忆不同。在清醒状态时，我们回忆的不仅仅是对自己重要的事情，还有那些旁枝末节以及空洞无物的东西。所以，梦中记忆的这一特征，一直成为人们最关注、最费解的地方。有些学者对此非常惊讶，下面我就引用一些他们中有代表性的观点。

希尔德布兰特说："值得注意的是，梦中内容和那些重大的、具有深刻意义的事件，以及前一天所做的重要的事情毫无关系。相反，它主要来自一些无关紧要的琐事，以及近期或更早经历过的一些毫无意义的杂事。当人们得知家中至亲过世，除了哭天抢地，悲痛欲绝外，脑海里只有一片空白，什么都不会记得，直到第二天早晨，你又陷入更悲痛的哀思中。可是，当我们在街上偶遇一个额头上长着瘊子的陌生人，也许只是擦肩而过，并没有太在意，但这瘊子却会进入我们的梦，成为梦的主角……"

斯特姆培尔分析："如果将梦拆开，从梦的构成材料来看，虽然它们来自昨天或前天发生的事，但那都是一些经历过就会被忘记、琐碎又无足轻重的事。它们可以是一句话，或者是书本上的只言片语，或是无意间看到的别人的行为举止，或是突然出现在眼前的人、物……"

哈夫洛克·埃利斯指出："人们在清醒状态时，那些发自内心的深厚情感，呕心沥血去解决的难题，一般情况下，不会即刻呈现在梦的意识里。而那些日常生活中的琐事、突发状况、'被遗忘的'印象，却经常投映在梦里。与之相反的是，清醒时那些最为人们所关注的精神活动，恰恰又是处于酣睡状态的。"

宾兹以梦中记忆的这个特征为切入点，重新审视后，他改弦易辙，一举推翻了自己最初的观点，他开始质疑："通常情况下，梦都会牵扯出这样一个问题：为什么我们梦里出现的事物不是最近几天的记忆印象？为什么梦总是猝不及防地将我们带进遥远的已经忘得一干二净的过去，而我们一点察觉都没有？为什么梦中意识总是特别青睐记忆里那些无关紧要的东西？为什么对过去经历事件最敏感的大脑细胞，只在清醒时再次受到曾经的刺激才能苏醒，不再一直安静沉睡，永不活动？"

毫无疑问，梦中记忆总是对那些清醒时无关紧要又极易被忽略的经历情有独钟。这也使梦依赖于清醒生活的这一特性，往往被人们轻易忽略，从而将它们置于可有可无、没有证据可考的境地。也正因如此，惠顿·卡尔金丝小姐才搜集了自己和丈夫，以及同事们的梦，并对它们做了细致的统计。她的研究数据表明，89%的梦与清醒生活之间藕断丝连，可谓扯不断、理还乱。

写到这里也不难看出，希尔德布兰特的观点拥有了足够的理论根据。他也明确指出，要想正确地诠释梦，首先必须有充裕的时间，其次要有足够的耐性。拥有了这个秘密武器，当我们再去探究梦的来源时，如果能坚持不懈、矢志不渝，就可以合理地解释所有的梦是如何产生的了。

可希尔德布兰特又提醒说，这注定是一条没有尽头的路，它一步步地将我们引入久远而几乎忘却的记忆长河，在边边沿沿中挖掘出许许多多没有实际用途的心理事件，或是各种各样的风马牛不相及的旧事。可叹的是，或许它们在产生之初，就已经被梦者遗忘了。如此看来，与其把目光放在一个渺茫的远景上，做着吃力不讨好的工作，倒不如就此打住，及早回头。

我真的很佩服希尔德布兰特敏锐的洞察力，但我却不得不遗憾地说，如果他能持之以恒，坚持不懈地做下来，那他早就掌握了释梦的精髓，创出另一番天地了。

显而易见，梦中记忆的自我表现方式，对于任何一种记忆理论来说，都是举足轻重、不可或缺的，它告诉我们："无论什么印象，只要它在我们的脑海中占据过一隅，哪怕是弹丸之地，它就不会凭空消失。"或者像德尔贝夫说的那样："即便是那最微不足道的印记，随时都会浴火重生，因为早在它们产生那一刻起，就已经在我们的头脑中留下了不可磨灭的印记了。"这些观点确凿无疑，适用于任何记忆理论。其实，从精神疾病的许多症状来看，同样能导出这一论断。就本质而言，一些梦理论就是用我们已知的清醒生活中的遗忘现象，去解释梦的荒诞不经、子虚乌有，这当然会有偏差。对于这一点，在下面的篇章中我再详加论述。

以上，我们通过各种梦例见证了梦中记忆的超强能力，所以只要能够牢记这一特性，我们就能轻而易举地触摸到梦理论争论不休之处了。

既然梦中记忆具有超强能力，或许有人会想，何不把做梦现象归类到记忆现象中，简单、明了。因为梦本身就是记忆材料的再加工过程，它日夜不停地活动的目的就是自身。皮尔茨在他的报告中就坚持这一观点，他始终认为，我们什么时间做梦，做了什么样的梦，两者之间一定有着必然的联系。而且，只要我们细心观察就不难发现，当我们处于沉睡状态时，梦中出现的大多都是以前的印象；而当黎明时分，梦见的大多都是近些天里发生的事。参照梦加工记忆材料的方法便会发现，这种说法如同空中楼阁，没有一点根基。

为此，斯特姆培尔就曾指出，梦或许会有同样的开头，但绝不会是简单的重复，要么一个完全代替另一个，要么在某一处被陌生的东西代替。梦呈现的，只是记忆再加工的某一个片段，这是一切理论的基础。

当然，任何事都不是绝对的，梦也有例外，比如有时候，梦能让我们过去的某一段经历丝毫不差地再现。德尔贝夫就提到过他同事的一个梦，那位同事非常幸运，曾在一次危险的车祸中奇迹般死里逃生。后来，这场车祸的情景再现在梦中，堪称车祸现场。卡尔金丝女士也提到这样的两个梦，它们无不精准地再现了前一天的经历。我自己也有一个这样的梦，它原封不动地把我童年的一次经历又演绎了一次。

3 梦的刺激与来源

梦的刺激和来源到底是什么，一句民间谚语就已经给我们做了清楚的解释："梦来自消化不良。"这种说法看似只有七个字，但背后却隐藏着一个重要观点，那就是人在睡眠时，受到了干扰，这才有了梦。如果一个人在睡眠过程中，没有出现任何干扰因素，那他就不会做梦了。也就是说，梦具有应激反应，只要我们与周公邂逅，那就说明我们在睡眠过程中受到了外界的刺激。

回顾以梦为主题的所有文献资料，研究者们对于梦的刺激的探讨，可谓你方唱罢我登场，分分钟都是重头戏。但随着梦逐渐进入生物学研究这一范畴，问题越发凸显。对古人而言，梦是神灵的启示，是由神的意志或魔力幻化而来的，所以，他们从不探究是在什么刺激下才产生梦的。然而，科学毕竟是科学，容不得半点杂质，它必须面对的问题是：梦是由一种因素引发的，还是几种因素共同作用的结果？要想把这个问题阐释明白，首先必须要知道梦是怎样形成的，它是归于生理学范畴，还是隶属生理学领域？因为人在睡眠时受到的干扰，即梦的来源，实在是多种多样，数不胜数，既包括躯体刺激，也包括心理刺激。不过还好的是，睡眠受到干扰，就是梦的来源，学术权威们基本达成了共识。可成梦的时候，到底是躯体刺激在前，还是心理刺激在前？成梦的时候，它们的作用孰大孰小？对于这些问题，真是仁者见仁智者见智，众说纷纭，各执一词。

如果把梦的来源做一下分类，不外乎下面四种情况：

1. 外部（客观的）感觉器官刺激；

2. 内部（主观的）感觉器官刺激；

3. 机体内部的躯体刺激；

4. 纯粹精神刺激的源头。

这四种情况，也可以当作梦的分类方法，把梦分成四类。

梦的这些问题，人们早就从斯特姆培尔的有关梦的著作中得到了启发。当初，斯特姆培尔为了搜集第一手翔实的资料，很早就开始建立患者跟踪治疗信息档案。后来，这些记录整理成册，经由他的儿子小斯特姆培尔刊发出来。这些资料一经面世，便引起极大轰动，备受人们的推崇和赞誉。

斯特姆培尔观察记录的是一位全身皮肤感觉缺失和几个高级器官麻痹症的患者，他发现，一旦切断患者感知外界的另外几条渠道，患者就会进入沉睡状态。

实验中，斯特姆培尔为患者营造的那种氛围，实际上就是人们期望通过睡眠达到的一种轻松状态。人们闭上眼睛，关闭感知外界的重要通道，试图隔离开外界对其他器官的刺激，忽略掉已有的外界刺激引起的所有新变化，尽管我们竭尽所能，可根本不可能切断所有感官通道，把它们完全圈禁起来，不受丝毫的刺激。并且，当感觉器官进入兴奋状态时，我们更不可能留住它，或是让它更持久，我们随时随地都有被外界刺激唤醒的可能。这足以说明："即便是在睡眠状态，眼睛闭上了，但神经仍然使肉体与外部世界保持着联系。"而这些刺激，极有可能就是诱发我们在睡眠过程中形成梦的原因。

说起这种刺激，大家都不陌生，概括地说也就两种：一种是必然的，它随着睡眠产生，虽然无法避免，但在睡眠过程中能被人们接受。另一种则是偶然的，它能够打断睡眠，或是拥有足够的能力唤醒睡眠，如一道耀眼的强光、一声刺耳的声音、一股冲击嗅觉的异味。很多时候，我们在熟睡状态中转动身体，无意识地露出了身体的某个部位，会感觉到寒冷；换一种躺卧姿势，手脚就会有碰到东西，或是受到东西挤压的感觉。皓月当空，夜阑人静，蚊蝇可不会消停。可它们这一动嘴不要紧，我们的多种感觉器官很快就会做出回应。这样的梦多如牛毛，数不胜数，不过细心的研究者还是注意到，梦的内容与清醒时能够感觉到的刺激关系密切，并深受其影响。故而，我们完全可以肯定地说，刺激形成梦。

这个观点，绝不是无源之水，更不是道听途说，耶森就为此搜集了大量的梦例，无一不说明梦是由偶然的外部感觉刺激引起的。下面，我就列举几个：

"从声音这一角度来看，梦中的各种景象，都能在外界找到一种声源，而且与之完美对应。比如，听到惊雷声，我们仿佛置身于战场，冲锋陷阵一样；凌晨，公鸡报晓的啼叫又可以演变成某个人的尖叫、呼喊声；而'吱嘎、吱嘎'的房门声，则会让我们梦见小偷悄悄地潜入了房间。如果我们梦见自己赤身裸体地在伸手不见五指的黑夜中四处游荡，或是失足落水，准是我们踢掉了盖在身上的被子；如果我们梦见自己心惊胆战地站在悬崖边，或是正惊恐万状地跌落悬崖，很可能是我们熟睡时，把脚耷拉在床沿外了；睡梦中，如果我们的脑袋不小心滑落枕头，就可能梦见一块巨石悬在头顶，随时都可能掉落下来，岌岌可危。此外，遗精可能导致春梦，身体某个部位疼痛，会梦到自己惨遭欺凌，正在受严刑拷打……"

"建筑师迈耶做过这样一个梦，梦中的他，受到几个人的攻击，被直挺挺地打翻在地。尤其恐怖的是，他们还在他的大脚趾和二脚趾之间钉钉子，眼看着就要钉到脚趾了。他突然从梦中惊醒过来，发现自己的脚趾间竟夹了一根草秆。另外，赫宁斯说，有一次，迈耶穿了一件衬衫，把领口扣全都一丝不苟地扣上了，他就梦见自己被处了绞刑，勒得他喘不上气来。霍夫鲍尔的梦更有意思，他梦见青年时的自己，正从一道高高的墙上跌落下来，一阵切肤的疼痛传遍全身。霍夫鲍尔醒来发现，刚睡的那张床架塌了，他掉到了地上，摔了个结结实实……类似的经历，格雷戈里也有过，而且还记录在了他的报告里。有一天，他倒了一杯热水，顺手就放在了床尾。很快，他进入了梦乡。梦中，他爬上了欧洲海拔最高的活火山——埃特纳火山，只是地面炙热难耐，他在脚的灼痛中惊醒过来，发现自己的脚碰到了床尾的那杯热水。还有一个人，睡觉之前在额头敷了一贴膏药，结果梦见自己的头皮被一群印第安人剥掉了，鲜血淋漓。另外，有个人的睡衣弄湿了，睡梦中，他就梦见自己被别人硬拉着过河。更不可思议的是，有个人正在安睡，不想痛风突然发作，他便梦见自己落入宗教法官之手，正经历残酷的刑罚。"

无论何时，实践永远是检验真理的唯一标准。如果我们能够有计划地对睡眠者施加感官刺激，让他们出现相应的梦境，那么，梦的内容与所受的感官刺激密切相关这一观点，就会让人心悦诚服。麦克尼施的报告中记载，吉龙·德布泽莱格恩就曾做过这样的实验。实验中，他穿着短裤，把膝盖露在了外面。结果，他梦见自己坐着邮车旅行，晚上还在赶路。走着走着，他突然发现，只有夜里搭乘邮车旅行之人，才会明白膝盖是怎样被冻着的。还有一次，睡觉时他把后脑勺露在了外面，结果他梦见自己站在空地上，正在参加一个露天的宗教仪式。这个梦一点也不奇怪，因为他生活的那个地区，一直沿袭着包头的习俗，而且也只有在参加宗教仪式时，才不用裹着头。

莫里也把自己作为实验对象，在他进入梦乡后，让助手做了一系列的情景模拟实验，进行观察和研究。只是遗憾的是，有些实验没有成功，下面列出的是他成功的案例：

1. 用羽毛轻拂他的嘴唇和鼻尖——他梦见了自己正在遭受酷刑，一张滚烫的沥青面具糊在了他的脸上，就在撕下面具的那一刻，连同他脸上的皮也硬生生地被扯了下来，疼痛异常。

2. 用剪刀和镊子相互摩擦——梦中，他耳边突然铃声大作，稍后警钟长鸣，把他带回了 1848 年 6 月大革命的岁月里。

3. 让他闻古龙香水——他梦见自己来到约翰·玛丽亚·法丽娜位于开罗的一家店内，机缘巧合地历经一番奇遇，只是他醒来后，梦中的奇遇一件也没记住。

4. 轻轻地捏一下他的脖子——他梦见一个人正在给他贴膏药，这不由得让他想起了童年时给他看过病的一位医生。

5. 将一块烧得发红的烙铁一点点靠近他的脸——睡梦中，他梦见一些锅炉工人闯入民居，用力扳住住户的脚往炭盆里放，直到他们交出钱物。关键时候，阿布兰特公爵夫人来了，自己则成了她的助手，一直陪伴其左右。

6. 往他的额头上滴一滴水——梦中，他来到了意大利，在一个酒吧里品着奥维多白葡萄酒。他浑身透着热汗，酣畅淋漓。

7. 透过一张红纸的烛光长时间地照在他身上——梦中，烈日炎炎，酷热难耐，突然一场狂风暴雨席卷而来，完全再现了他在英吉利海峡遭遇的海上风暴。

探索之路，从来不缺"同行者"，类似的实验，除了莫里外，赫维·德·圣丹尼斯、魏甘德和其他一些人也做过。他们尝试着采用不同的测试，试图引导梦的产生。

众多学者都注意到一个问题，诚如希尔德布兰特所说，"梦有着独特的记忆，能把感觉器官感觉到的突发事件作为内容，合情合理地直接编入梦里，仿佛早就设计好了结局，就等着它来一样"。而且，为了验证这句话，他还举了一个梦例："我年轻的时候，常常设置闹钟，以便准时叫我起床。有一次，我做了一个长长的梦，尽管梦的内容很连贯，一直按着事情的发展层层推进，但我敢肯定，这和闹钟的铃声绝对脱不了干系。首先，梦把闹钟的铃声采集进来，再水到渠成地经过那个必不可少的高潮部分，最后完美地到达它已经计划好的终点。"

涉及闹钟的梦例，我再列举三个。

福尔克特记载："有位曲谱作家，梦见自己正在给学生上课，他讲得特别卖力，极力想使学生听懂他的授课内容。讲完课，他转身问一个男生有没有听明白。没想到，那个男生发疯似的大声喊道：'是的，我明白了！'他有点生气，呵斥道：'上课时间不能大声叫喊！这个还用强调吗？'他的话音刚落，全班同学出人意外地一起起哄，不断地喊出'Orja!''Eurjo!''Feuerjo!'这时，他猛然惊醒，原来清晰地传入他的耳际的，正是街上真正的'Feuerjo!'（救火）的呼救声。"

接下来的梦例是卡尼尔讲述的，是拿破仑一世的一个梦。有一次，拿破仑一世坐在马车上睡着了，睡梦中，他指挥军队，再一次横渡塔利亚门托河。这时，奥地利人突然发起攻击，炮火猛烈，震耳欲聋。拿破仑一世一边惊呼"有人偷袭我们"，一边惊醒过来。原来，一颗真炮弹刚刚炸响，巨大的声响把他从梦境带到了现实中。

莫里也提到了自己的一个梦，而且这个梦一直被人们口口相传。莫里病倒在床，他的母亲衣不解带地照顾着他。可能因为母亲在身边，他很快就进入了梦乡。梦中，莫里回到了恐怖阴森的大革命时期，眼睁睁地看着一个个血淋淋的场面不断上演，罗伯斯庇尔、马拉、富坎·丁维勒以及那些对恐怖政权无所畏惧的英豪们正接受审讯。他也被押上了法庭，在经历一番糊里糊涂的事件和严刑拷打后，他被判了死刑。之后，一群人把他押送到了刑场，并绑在行刑的木板上。就在木板翻起的同时，断头刀闪电般落下来。眨眼间，他便感到自己身首异处了。他惊恐万分，一下子清醒过来。这时，他发现，床头上的一块横板正掉落在自己的脖颈处，就像断头刀砍到他的脖子一样。

莫里的这个梦，还真是非同凡响，勒·洛林和艾格尔就曾在《哲学评论》上，以此为话题展开热烈的讨论。其中，争论不休的是，梦者从察觉刺激到被唤醒的短暂瞬间，梦是否能将丰富多彩的材料收录进去？如果能，它是如何做到的呢？

通过上面几个梦例，我们直觉地看到，人们在睡眠过程中，感觉器官受到的感官刺激，才是梦产生的先决条件。这个观点，在一定程度上，有着极大的认可度，一般人都这么认为。可对于一个有学问、对梦又涉猎不多的人来说，他们不会轻易地下这样的结论，而是认真地分析自己经历的梦例后，才谨慎地解释梦的产生这一问题。

不过，对梦的科学研究并不能因此而止步不前。人们从大量的实验中摸索、总结出，睡眠过程中受到的感觉刺激，并不是原封不动地出现在梦里，而是以另一种意识形态出现。至于这种意识形态，也不是孤独的个体，它与现实世界之间，又有着某种潜在的联系。

说到这儿，似乎又有问题了。不过，完全可以用莫里的话解释：梦的刺激和在这种刺激下产生的梦，两者相互作用，密不可分。那么，我们就从这个角度出发，重新审视希尔德布兰特与闹钟有关的那三个梦例，也许你会问，为什么同一个刺激会有不同的梦？怎么就能生成这样的梦而不是别的呢？这些问题正是接下来我要阐述的。

"我梦见在一个春天的清晨，清新的空气迎面而来，我身心愉悦地走在田间小径上，入眼的是一望无际的田野，如同一块绿色的大绒毯。微风拂过，草扭着嫩幼的身躯，小花也舞起自己魔鬼般的身材，不知名的鸟儿展开歌喉，就像要参加一场音乐盛典似的。我陶醉其中，可并没有停下脚步。不一会儿，我就来到了附近的一个村子。只见村民们身着节日盛装，腋下夹着赞美诗集，正成群结队地向教堂走去。我突然醒悟，今天是礼拜天，晨课马上要开始了。我打算参加晨课，可走得实在有些热，浑身汗津津的。于是，我就到教堂的院子里歇凉，想落落汗再进去。院子里有几块墓碑，我正一个一个地浏览上面的墓志铭时，远远地瞥见敲钟人拖着沉重的身子，正费劲地攀上教堂的顶楼。那儿有一口小钟，我想，他马上就要敲响那口小钟了，告诉人们晨课可以开始了。可是，有好半天，那钟纹丝不动，没有一丝声响。就在我有些好奇的时候，钟开始摆动起来，一阵阵嘹亮悦耳的钟声不断地传来，我猛地睁开睡眼，发现发出声音的不过是身旁的闹钟而已。"

"我说说第二个梦。那是一个冬日，雪后初霁，明媚的阳光照射在厚厚的积雪上，耀眼夺目，美丽动人。我接到邀请，和朋友们一起坐雪橇出去玩。可是，我左等右等，才接到通知说，雪橇马上就到了。我立刻着手准备，穿好皮衣，再拿出暖脚套。就在我都准备就绪的时候，雪橇终于到了门口。我上了雪橇，坐到自己的位子上。但雪橇又因为新状况耽误了，并没有马上出发。后来，缰绳拉动，马儿便迫不及待地迈出脚步。雪橇滑行在雪地上，忽上忽下，剧烈地颠簸着。上面的挂铃，不停地晃来晃去，发出叮叮当当的声音，清脆悦耳。那声音非常熟悉，但却又极富穿透力。似乎只是一瞬间，便击碎了我的梦。原来，把我带回现实的，仍是那刺耳的闹铃声。"

"接下来，我就说说第三个梦例。梦中，一个女佣正在忙碌着。只见她用手托着摞得像小山一样的盘子，正穿过走廊，向餐厅走去。我看着那摇摇欲坠的盘子，大声提醒她：'当心！别把盘子打碎了！'她非常自信地告诉我：'不用担心，这活儿我早就习惯了，不会出任何差错的。'尽管如此，可看着她的背影，我还是提心吊胆。结果，真就是怕什么来什么。过门槛的时候，她绊了一下，那些盘子脱手而出。顷刻间，叮叮当当、噼里啪啦碎了一地。奇怪的是，那声音并没有马上停止，而是不停地响着，可似乎又不像盘子碎掉的声音。一着急，我便睁开了眼睛，这时我发现，是闹钟叫我起床呢。"

睡梦中，心灵为什么会对来自外界的感觉刺激做出误判呢？关于这个问题，斯特姆培尔和冯特的观点超乎寻常的一致，他们都认为，人在睡眠时极易产生错觉，而且在这种错误的大背景下，感觉器官把刺激施加给心灵，并被它吸纳了。我们也看到，感觉印象对梦形成怎样的认知，完全取决于下面两个条件：第一，这个印象是否足够强烈、清晰、持久；第二，我们是否有足够的思考时间，利用回忆，确定它归属于哪个记忆群。反过来，如果我们不能正确地认清这些印象，错觉也就不可避免了。

这句话不难理解，打个比方说，"如果一个人在空旷的田野间散步，隐隐约约地看到远处有一个物体，最初，他以为那是一匹马。可他往前走了一段路之后，发觉它更像一头躺着休息的牛。他不停地往前走，那个物体便不停地变化着，但却越来越接近真相。等到走到近前，他终于可以确定，那是一群席地而坐的人"。同样道理，心灵在睡眠过程中，因外部刺激而获得的感觉印象也是一样的。并且，在一定程度上，印象又激发了大脑记忆中那些模糊的景象，并赋予了它们新的内涵。归根结底，大脑错觉的出现是从这些模糊的景象开始的。

牵涉景象的记忆群数量庞大，其中哪些能被唤醒，哪些与之相关的会施加影响，还都是未知数。斯特姆培尔就认同这个观点，在他看来，既然那些问题无法解决，不如交给心灵，任由它来决定。

现在，我们必须正视一个问题，如果我们遵循梦的形成法则继续探讨，势必会走进死胡同。所以，我们没必要在一大堆可能引起错觉的因素中穷追不舍，试图发现一些其他的因素。究其实质而言，梦的形成根本没什么固定的法则。我们不妨做一个大胆的猜想：一方面，在梦的成因中，作用在梦者身上的感觉器官刺激，对梦的影响并不大；另一方面，对梦的形成起绝对作用的是其他的因素，这些因素具有唤醒记忆景象的功能。目前，这两个方面，才是摆在我们面前亟待解决的问题，我们能做的、要做的，就是二选一。

事实上，莫里通过实验生成的那些梦，只要我们认真审视，就会发现其局限性，这在上文我已经提到过了。根本原因就在于，莫里所做的实验，只是检验了梦中某一种元素的来源，而梦中还有其他诸多内容，这些内容并没有逐项通过实验，一件一件地给予科学合理的解释。是的，当我们明白了梦对感觉器官所受刺激的解读荒诞、怪异的时候，很多人就已经不再相信错觉理论了。同时，还会对客观印象影响梦这一点产生怀疑。为了验证这一事实，西蒙讲了他的一个梦例。睡梦中，他梦见一些巨人正围坐在桌子边，他没有看到他们吃东西，但却非常清晰地听到了他们咀嚼食物时上下颌一开一闭发出的咔咔声，非常恐怖。他马上惊醒过来。这时，窗外传来嘚嘚的马蹄声，一匹马飞奔而过。如果在梦者没说清楚整个环节的时候，就开始释梦，那我们就可以天马行空地想象了，疾驰的马蹄声恰巧激发了一组有关《格列佛游记》的回忆，如书中巨人国的巨人，以及那些富有智慧的马。这也就是说，引发梦的因素，除了客观刺激外，这样一组不同寻常的记忆不也能解释得滴水不漏、无懈可击吗？

虽然观点不同，但人们不得不承认一个事实，那就是：睡眠过程中受到的客体感官刺激，对梦的产生有着相当大的影响。可是，梦中景象千差万别，如果从这些刺激的性质以及产生的频率来分析，只凭它们就想给每一个梦做出正确的释义，那是完全不可能的。因此，我们就要另辟蹊径，找寻到一些别的来源，证明它们在对梦的激发上与客体感官刺激功能相似、作用相同。我不知道人们从什么时候开始，在观察外部感觉刺激的时候，把感觉器官的内部（主体）刺激也一一包罗进来了，但最近心灵创伤学关于梦的诸多探讨，却将这一点日益明确起来。

冯特曾说："梦中，不计其数地有着同类面孔的物体会在我们眼前出现，如许许多多的小鸟、蝴蝶、鱼，光彩夺目的珍珠，和五颜六色的鲜花……主要是因为，我们梦中出现的错觉，正是我们在清醒状态时，分外熟悉的自身视觉、听觉，其中，尤以视网膜的主观兴奋性最为重要。比方说，当我们身处伸手不见五指的无边黑暗中，只要有一道轻微的光线，便能开启我们的视线，就如同我们一下子捕捉到耳边的铃声或嗡鸣一样。茫茫黑暗中，我们眼中微小的光粒闪闪烁烁，于千变万化中不断汇聚，形成大的光斑后，悄无声息地潜入梦中，然后悉数以具体的形象呈现出来。因为它们充满了活力，又一直不停地运动着，所以很容易被人们误认为是动态的物体，这也就解释了为什么我们的梦里，会出现各种小动物的原因了，而且为了与主观发光景象的固有形式吻合，这些小动物形态变幻莫测，随时进行自我调节。"

作为梦中形象的发源地，主体感官刺激并不随着外界的变化而变化，这也是它与客体感官刺激最显著的差别之处。换句话说，只要人们有这方面的需求，就可以随时随地用它来解释。可是，任何事物都是矛盾的统一体，都具有矛盾的两个方面，梦的形成也不例外。只是客体感观刺激对梦有激发作用，可以通过上面的观察和实验证明，但主观感觉刺激却很难，或者根本不能用这种方法来考察，这也恰恰成了它的弱点。

其实，主体感官刺激同样可以激发梦的产生，这种观点完全可以用所谓的"睡前幻觉"，也就是约翰·米勒的"视觉幻象"证实。所谓的视觉幻象，是说人在入睡时，常常出现一些幻觉，能看到变幻莫测的生动画面，而且睁开眼睛后，这些画面还能短时间地持续一会儿。

对此，莫里深有感悟，他分析，此前米勒觉得幻觉与梦中形象密切相关，甚至完全相符，这个观点非常贴近真实的梦相。而且，若要激发出睡前幻觉，精神势必出现波动，使绷紧的神经一点点放松下来，可这并不需要很长时间，只要一小会儿，让梦者进入熟睡状态就好了。之后，人们可能会醒来，睡去；睡去，醒来，多次重复后，直至沉沉睡去。莫里明显觉察到，自己在睡梦中，能经常见到一些与睡前幻觉一样的景象。特别是在自己浅睡后，如果能马上醒过来，他就可以轻而易举地辨识出这些景象。

为此，他举了三个例子：有一次，他刚要入睡，恍恍惚惚中，他的眼前出现了一些张牙舞爪、面目狰狞的怪物。它们披头散发，诡异恐怖，死死地纠缠着他。他忍无可忍，一下子惊醒过来。可这些怪物形象并没有就此消失，仍然清晰地呈现在他的脑海里。还有一次，他一连节食了几天，饿得头晕眼花。睡前，眼前恍恍惚惚出现了一只装满食物的盘子和一只手，那只手正拿着叉子，不停地从盘子中叉取食物。进入梦中后，他发现自己面前摆着一桌子珍馐美食，人们都忙着吃东西，刀叉不时地碰撞在一起，那叮叮当当的声音清晰地传入他的耳中。又有一次，因为过敏，他的眼睛又肿又涨，十分疼痛。睡着前，他似乎迷迷糊糊地看到一些极其微小的字符。他费力地睁大眼睛，一个一个辨认，却怎么也看不清楚。一小时后，他被人从梦中叫醒。当时，他清楚地记得，梦中，他打开了一本书，书中的字非常小，一个一个针尖似的，他费九牛二虎之力读着。

不只是眼睛出现幻觉，听力也一样。如果人们睡前幻听到单词、词语等，梦中就会一一登场，仿佛一场盛大的歌剧就要开始了，必须演奏序曲一样。

可以说，对梦与睡前幻觉的观察实验，米勒和莫里功不可没，他们为后来者提供了丰富的参考资料。最近，G. 特朗布尔·拉德就在他们两个人的基础上，重新做了一次观察。

为了更准确地证明，视网膜上刚刚消失的感觉与记忆中存留的梦中形象之间的关系，拉德不断地训练自己，努力做到了让自己在慢慢入睡后的二至五分钟内醒来，而且还不睁开眼睛。随后的实验中，他采集到很多数据，确定两者之间有着内在联系，并且普遍存在。这是因为，视网膜自动捕捉的一些光斑，呈现在梦中时，心灵对它感受到的形态进行了勾画和描摹，从而形成了梦中形象的轮廓或图像。比如，排列在视网膜上的平行光斑，进入到他的梦中后，就变成了印刷清晰的几行字，读起来非常轻松。用他的原话说："梦中，我正在阅读的印刷清晰的纸渐渐消退，完全变成了另外一种景象。在我的清醒意识中，这就像远处有一张写字的纸，为了看清上面的字，我们通常会透过另一张纸上的一个小孔去看一样。"在他看来，我们做的所有视觉方面的梦，几乎都是视网膜兴奋时提供的材料的再现。虽然，拉德没有小看大脑（中枢）所起的作用，但他还是有些片面了。就比如，夜晚，人在漆黑的屋子里睡觉。早上就要醒的时候，已经逐渐明亮刺眼的阳光就会产生梦的刺激，这就是梦的刺激的来源。视网膜上自行捕捉到的光线刺激变幻莫测，却又和我们千变万化的梦中形象相吻合。如果人们能够重视拉德的观察结果，就会把目光锁定在主观刺激对梦的影响上，不再忽略它。因为我们已经明了，形成梦的主要是视觉图像，至于听觉和其他感觉，所起的作用不仅不稳定，更是微乎其微、无足轻重。

写到这里，可以说已经基本完成了梦的来源的外部探索，接下来我们要做的，就是在机体内部搜寻梦的来源。但必须注意的是，在健康状态下，机体内部器官的工作相互协调，我们几乎感觉不到它们的存在。但当它们处于兴奋状态或是发生病变时，我们就能找到痛苦的来源。这种痛苦感觉就像外界施加给我们身体的感觉或痛苦刺激一样，有着重要的地位，人们应该加以重视和关注。

斯特姆培尔曾经说过："同清醒状态相比，睡眠时的心灵对身体状态的变化有着更为深远、更为敏锐的感知。它能容纳身体各部位的刺激，以及身体变化后所产生的感受，并深受其影响，这是在清醒状态下，人们所意识不到的。"类似的观点，亚里士多德早就阐述过。他指出，身体刚开始病变时，清醒状态下的人们很难感知到，可在梦中，情况却截然相反。人们通过梦对接收到的刺激的放大性处理，可能早就觉察到了。这既不是信口开河，更不是无稽之谈。长久以来，一些医学工作者虽不相信梦的预卜能力，但就梦能提前告知疾病还是确信不疑的。

至于梦的这种诊断作用，远了不说，光是近代，就可以找到许多这样的实例。蒂西根据阿蒂格的记录，讲述了一个43岁女士的故事：几年来，在认识她的人的印象中，她一直非常健康，可是，她经常做一些焦虑的梦，这让她寝食难安。于是，她去看了医生，并做了一系列的检查。医生发现，她患上了心脏病。虽然发现得早，可她最终还是被心脏病夺去了性命。

毫无疑问，内脏器官不能协调工作，发展到一定程度就会刺激梦的产生，这已经被很多梦例验证过了。其中，得到人们广泛肯定的当属心脏病和肺部疾病，它们引发的焦虑梦，预示价值尤为明显。对这种现象，很多梦的研究专家非常重视，不约而同地把它放在了显著的位置上。下面，我就列举一些专家学者，以供大家参考：拉德斯托克、斯皮塔、莫里、西蒙、蒂西。相比之下，蒂西的研究更深入一些，在他看来，无论哪种病变，器官都能在梦的内容里各具特有的形象。例如，心脏病患者通常会做短而惊悚的梦，大多都是恶劣环境下的死亡场景，人容易在恐惧中醒来。而呼吸困难、拥挤、逃亡之类的场景，较多出现在肺部患者的梦中。这些梦，对他们而言，并不陌生，因为他们中的很多人都被同样的梦魇困扰着，伯尔纳就曾体验过这类梦。实验的时候，他用东西盖住了自己的脸，或是堵住呼吸器官，结果真就引发了梦魇。当人的消化系统出现障碍时，享受美味或厌食之类的情景，就会相应地出现在梦中。最后，我要说的是，性刺激也会影响梦的内容。对于这个说法，我想每个人都有过切身的感受吧！而这也是器官刺激导致梦的形成最直接的证据。

一直以来，在梦的研究者中，不乏因为自身的病症，体会到了疾病对梦的影响而去研究梦的，如莫里、魏甘德，他们对梦的研究，是每一个后来者都不能视若无睹的。

虽然人们认为这些都是确凿无疑的事实，但就梦的源头来说，它们的位置并没有那么重要。梦具有普遍性，并不是只有生病的人才会做梦，那些健康的人同样也会做梦，抑或每夜都会做梦。显而易见，器官疾病并不是产生梦的先决条件。于我们而言，最为关键的不是那些特殊的梦是怎么来的，而是普通人日常产生的梦境的源头在哪儿。

对于这个问题并不烦琐，只要我们在原有讨论的基础上，做进一步的挖掘，那么，我们就能触摸到一个更加丰富，且永不枯竭的梦的源头了。

不妨设想一下，如果我们能够证明，躯体内病变的器官能产生梦的刺激；睡眠中的心灵，脱离了外部世界会更加关注身体内部。那么，我下面提到的观点无疑就是正确的，即躯体内部器官不一定非得处在疾病状态，才能刺激睡眠中的心灵兴奋，从而产生梦的内容。我们在清醒状态时，无论一般性和普遍性的感觉，涵盖范围有多广，我们都能觉察到，尽管它们并不清晰。不过，站在医学角度来看，这是所有器官共同作用的结果。可进入黑夜后，一般感觉越来越强大，它的每个组成部分都积极响应，快速行动起来，从而形成了梦中内容最为强烈、最为普遍的源头。

找到了梦的源头，接下来要探讨的就是，器官刺激是如何转化为梦中景象的，它依据的法则是什么？

梦的来源理论一经推出，便受到了广大医学专家的垂青。一直以来，蒂西称其为"内脏神经自我"，也就是人认知存在的核心。梦的来源总是模糊不清，不为我们所知，可它刚巧契合了梦的来源的模糊性，二者自然而然地被联系在了一起。另外，因为体内感觉器官的变化和来自内部器官的刺激，是形成精神疾病的重要原因，故而，人们从病因学角度出发，又把梦与精神疾病联系在一起。所以，当我们搜集躯体刺激理论时，便会发现多个相互间没有任何联系的源头，也用不着惊讶了。

对大多数学者而言，哲学家叔本华于1851年提出的观点，如同航向标，意义非凡。他觉得，我们凭借自身的聪明才智，获取了外界诸多影像，又把它们放在了时间、空间、因果关系的模式中，重新铸造，我们便获得了关于世界的图像，从而认识了世界。白天，身体内部器官和交感神经的各种刺激，只是潜意识地影响着我们的情绪。可到了夜晚，当白天的印象不再对我们施加影响时，我们就能意识到那些来自身体内部的记忆了。这好比一条潺潺流淌的小溪，它那涓涓的流水声，总是湮没在白日的喧嚣中。而到了夜间，周围开始寂静下来，我们便能清晰地听到哗哗的水声了。不过，理智对这些刺激，除了履行自己的特殊功能外，又是怎样响应它们的呢？首先，理智把这些刺激放入各种时空、逻辑关系的大熔炉中加以锻造，然后遵循一定的因果关系法则，以全新的空间、时间模式新鲜出炉，梦也就产生了。至于躯体刺激和梦的内容之间的关系，舍尔纳以及后来的沃克特，都曾做过深入的探讨与研究，我将把他们的成果放到下一章节，在介绍梦的不同理论以及功能时，再做仔细的探讨。

著名的精神病学家克劳斯孜孜不倦，执着于学术研究，他经过一系列的实验，推导出梦与谵语、妄想具有相同的来源，即由机体决定的感觉。他认为，机体任何一部分都是梦和幻觉的发源地，而由其决定的感觉也大体"分成两部分：一部分是影响人心境的体内一般性感觉；另一部分是植物性有机体本身所固有的特殊感觉，这包括肌肉感觉、呼吸感觉、胃肠感觉、性的感觉、皮肤感觉"。另外，克劳斯依据躯体刺激理论，就梦中景象的产生过程发表了自己的看法。他说："在某种相关法则的作用下，刺激产生的感觉唤起了一个与它具有同一个发源地的景象，并与之结合，构成一个有机结构。只是，意识重视的并不是感觉，而是与感觉相伴而生的景象。所以，意识对这个有机结构的反应不比平常。"克劳斯的这段话也很好地回答了，为什么长久以来，真正的事实不能得到正确的认知这一问题。克劳斯匠心独具，还给这个过程起了一个专门的术语："变体"。

现在，机体的躯体刺激影响梦的形成，已成为一个不争的事实。对此，鲜少有人再有异议。可是，机体的躯体刺激是遵循怎样的法则影响着梦的形成的，一直存在争议，各方说法更是模模糊糊。如果单纯地按照躯体刺激理论解释，梦的解析势必步入歧途。但如果我们不按照舍尔纳的梦的解析法则释梦，那我们就不得不面对一个非常尴尬的问题，那就是：梦的内容就是机体刺激的再现。

大家也许注意到了，在诠释各种"典型梦"时，人们的说法如出一辙，几乎没有太大的出入。究其原因就在于，很多人不但做过类似的梦，而且梦的内容都相差无几。对这些梦，人们耳熟能详，如从高处失足落下、掉牙、飞翔，以及赤身裸体或者衣衫褴褛等情景，尤其最后一种梦境，通常情况下，大多是睡觉时，感觉被子掉下去了，身体露在了外面。梦到掉牙，可以归结为"牙齿刺激"，但这种刺激并不代表牙齿有了问题。至于飞翔的梦，斯特姆培尔给出这样的解释：咽喉部位的皮肤已经感觉麻木，可肺叶还在不停地伸缩，心灵接收到刺激，并把它合成了符合这种刺激的景象，从而飞翔梦便出现了。而从高处失足落下，大多是皮肤压迫感消失，一只胳膊从身上垂下来，或是弯曲的大腿突然伸直，重新感知到了压迫感，并传递给了心灵，这才有了跌落的梦。

表面上看，上面的解释合情合理，可透过现象看本质的话，却不难发现一个大漏洞，那便是这些现象的背后，没有准确的科学依据做支撑。有些学者，让这一组或那一组器官感觉在心灵中出现、消失，也不过是设定了一些完美的场景，以期解析梦而已。至于那些具有代表性的梦例及来源，我将在下文适合的章节，再做进一步解说。

西蒙做过一系列实验，期望能通过相同梦例的比较，归结出在机体刺激作用下所引发的梦都遵循着怎样的法则。事实上，西蒙也的确证明了，表达情绪的机体器官处于正常睡眠状态下，如果受到外界刺激，就会异常兴奋。也就是说，情感成了激发这种状态的唯一因素，这时生成的梦，梦中内容就会贴合这种情感。不仅如此，西蒙还进一步强调：在睡眠过程中，如果某个器官进入了活动、兴奋或受干扰的状态中，那梦中的景象就会与该器官所肩负的职责相一致。

穆利·伏尔德也曾做过一些实验，试图通过针对某一生理区的刺激来证明：躯体刺激对梦的内容的形成具有决定性的作用。实验过程中，他不停地改变睡眠者的肢体姿势，并将每次引发的梦与它反复比较，获得了如下的实验结果：

1. 睡梦中，梦到的肢体姿势是静止的，那么现实中的肢体也大体这样。

2. 睡梦中，如果我们梦见肢体移动，那么在他所有的变换姿势中，一定与现实中的某一个动作一致。

3. 人们可能将自己现实中的某一个肢体姿势，于梦中移植在别人身上。

4. 睡梦中所做的动作，也可能因为受到干扰而终止。

5. 或许因为类似，肢体呈现出来的怪异姿势反映在睡梦里，可能是动物，也可能是怪物，具有一定的对应性。

6. 在梦里，肢体的姿势可能引发一些与它相关的想法，比如活动手指，会梦到与它有关的数字。

综合上面的实验结果，我觉得：躯体刺激对引发梦中景象所起的决定性作用具有随意性，而且这种随意性，即便是躯体刺激理论也不能完全排除在外。

我们在探讨梦与清醒状态之间的关系，和构成梦的材料都有哪些时，不难发现，无论是古代的梦研究者，还是现代的梦研究者，他们不约而同地达成了一个共识，那就是出现在人们梦中的，大多都是白天的行为，或是清醒状态下发生浓厚兴趣的事。最重要的是，这种兴趣从清醒生活延续到了睡眠中，不仅成了连接梦与生活的精神纽带，而且还使我们看到了梦的一个非常重要的源头，我们必须给予足够的重视才行。

毫无疑问，这种白天的行为延续到睡眠中，并构成了梦的兴趣，足以解释一切梦中形象的来源。但是，也有一些不同的声音，说睡眠者的梦境和白天的兴趣相差十万八千里。在他们看来，白天里对我们有着极大触动的事，一旦入梦，反倒没有了刺激性。为此，我们在探讨、解析梦生活时，每一个环节都要慎之又慎，千万不能丢掉"经常""一般""通常"等具有普遍意义的字眼，任何企图否认例外的存在效应，都没办法准确归纳，并建立普遍性的规则。

对于成梦的原因，如果我们能把清醒时的兴趣，与睡眠中受到的内、外部刺激结合到一起，就不难清晰明了地解释了。也就是说，只要将每个特定梦例中，精神刺激或是躯体刺激的作用交代清楚，那么一直争论不休的梦的来源问题，就会真相大白。可事实上，一套完善的梦的解析方法，到目前为止还没有出现。那些努力地想做到这一点的人们，纷纷看到一个不争的事实：很多的梦的成分来源不明，根本无法确定。即便我们把白天的兴趣作为梦的精神来源，那也不能容纳所有，更别说用它来证实"人们会把白天的活动继续带进梦中"的断言了。

对于梦的精神来源，到目前为止，我们只挖掘出了上面的一点，即清醒时的兴趣。当我们追踪梦的最典型的构成材料这个问题时，涉及它的观念性意象的来源问题，可遗憾地发现，我们翻遍大大小小的所有文献资料，找到的解释居然都存在一个很大的漏洞。

面对这样的困境，大多数学者并不是迎难而上，而是人为地忽略或压缩梦的精神刺激作用，并且将梦划分为两大类——神经刺激产生的梦和联想的梦。其中，联想的梦有一个共同且唯一的来源，那就是再现（曾经经历过的材料）。这样划分固然不错，可终究无法绕开疑问："所有的梦，是不是不经过躯体刺激的作用，就能产生？"同样的道理，那些纯粹的联想的梦，有什么共同的特征，各自的特点又是什么，谁也说不清道不明。

沃克特觉得："从严格意义上来说，在联想的梦中，并没有一个稳定的核心。甚至于梦的核心本身，也不过是散漫结合的因素而已。

这些脱离理智掌控的想象性因素，松散、杂乱，很难与更为重要的躯体刺激和精神刺激结合，发挥作用。"冯特也曾贬低精神刺激对梦的激发作用，他鼓吹："梦的幻象并不是纯粹的幻觉，大多数梦的景象，皆来自睡眠中自始至终一直活动着的微弱感官印象。实际上，梦的幻象就是现实中的种种幻想。"魏甘德不仅非常赞同这个观点，还做了进一步的推广，他强调："所有的梦境，都来源于感官刺激，只是后来又增加了一些联想性的因素。"在贬低精神刺激对梦的激发作用的这条路上前仆后继，相比之下，蒂西就走得更远了，他明确指出："'纯精神刺激'是子虚乌有的东西，根本就不存在。"他觉得："外部多彩的世界，才是我们梦中思想的发源地。"

观点不同，也就各自形成了两个不同的阵营，矛盾着，对立着。也有一些专家学者，游走在两种立场间，起着调和的作用，其中最具代表性、最具影响力的当属哲学家冯特。他强调，大多数的梦，都是躯体刺激和精神刺激相互作用、共同施加影响的结果，精神刺激范围较广，包括一些尚未发现的，以及已经被人们广泛认可的白日兴趣。

上面的论述，就是想一步步揭开梦的神秘面纱。那么接下来，我们会逐步了解到，只需找到一个具有相当说服力的精神刺激的发源地，梦是怎样形成的就迎刃而解了。目前，有些说法甚嚣尘上，我们不必惊讶，因为它们放大了来自精神世界以外的那些刺激对梦形成所起的作用。之所以这样说，是因为找到这些刺激并不难，动动手做做实验就足以能够证明了。而且，从躯体角度出发，探讨梦的来源，也契合了当代精神病学的主流思路。

尽管人们一再强调大脑对有机体的控制作用，但任何能够表明无论处于何种情况下的精神生活都不是由躯体变化来决定的，或是在任何情况下精神生活的表现都是自发的证据，都会让现代精神病学家们忐忑不安，好像承认了这一点，就会引导人们回到过去那种自然哲学或灵魂性质的形而上学观一样。精神病学家正是因为这种质疑，才将心灵放在视野之内，不让精神的任何冲动表明自己的独特存在方式。殊不知，这种做法，同时也间接地证明了他们对肉体和精神的因果联系摇摆不定。如果有研究能够证明，精神是某一现象的主要兴奋来源，抑或在不久的将来，有人沿着这条路继续探索，并挖掘到精神活动的有机体基础。然而，就我们目前掌握的知识来看，还不足以诠释精神所起的作用，但也不能以此为借口否认它的存在。

4　为什么醒来后会记不住梦

大家都知道，一早醒来，梦就消失了，可我们却能通过回忆想起来，因而人们常说，梦可以通过回忆回想起来。可很多时候，我们又觉得，晚间的梦五花八门，丰富多彩，而我们能回忆出来的，却只是其中的一部分。而且，一早上回想起来的梦明明活灵活现，呼之欲出，可一天过去，除了一些零散的琐碎的片段外，几乎不记得什么了。

梦不容易记住。这成了一个不争的事实，大家司空见惯，已经见怪不怪了。有时候，我们明明做了梦，可一早起来，别说梦的内容，就是是否做过梦也一点印象都没有了。也有的时候，梦非但能被我们的记忆留住，而且很长时间都不会忘记。我有一些患者的梦，距今至少已经二十五年了，我曾对它们进行过细致的分析。我自己也有一个类似的梦。这个梦距今少说也有三十七年了，可我却清楚地记得梦中内容，鲜活得就像刚做的梦一样。

表面上看，这很神奇，似乎一时半会儿也难解释清楚，可斯特姆培尔做了第一个吃螃蟹的人。他用一大串的事例，详细地、多角度地阐述了梦的遗忘性。

在清醒状态下，导致我们出现遗忘现象的因素有很多，它们同样适用于梦。首先，我们处在清醒状态时，因为有些感觉、知觉实在太过微弱，而与它们相连的精神刺激的强度也不够强大，所以我们会很快忘掉它们。同样的道理，梦中，一些弱小的景象就会被我们遗忘，一些比较强大的景象就会被我们记住。如果用一个词来形容，那就是优胜劣汰，强者被记忆留了下来，弱者被淘汰掉了。斯特姆培尔以及其他一些学者都认为，就算梦中的景象活灵活现、生动逼真，也很容易被人们忘记。相反的是，记忆却格外垂青那些模糊而微弱的景象。所以，所谓的强者，其强度并不是能否被记住的决定性因素。

其次，我们在清醒状态时，对于仅有一面之缘的事情，常常过后就忘记了，而那些一再被感知的事物，却能被我们牢牢记住。同样，梦中景象大多都是唯一一次的体验，被我们遗忘也是再正常不过的了。

最后一个原因，也是最重要的一个原因：为了方便记忆，我们的记忆总是将一些感觉、思想、观念做适当的分类，又使它们之间保持着相互联系，而不是让它们各自分散、独立存在。这好比一句古诗词，如果把它们拆解成一个个独立的字、词，再将它们胡乱地组合在一起，这时你要记住它，势必非常困难。也就是说，杂乱无章、没有任何意义的内容，不利于记忆。可如果你"按恰当的语序，把所有的字、词依照意思排列、造句。那么，你就会很轻松地记住了。

实际上，通过相互提示，在字、词之间建立了一种联系，使它们成为一句有意义的整体诗文，从而帮助我们记忆，而且还能记得更持久"。很多时候，大部分的梦中情景都不是按照顺序排列在一起的，再加上组成成分的缺失，梦理解起来也就相当费劲了。也正因为这样，梦会快速分解成乱七八糟的片段，很快就消失在人们的记忆里了。拉德斯托克根据他的实验，提出了自己的观点说，越离奇古怪的梦越容易被记住。很显然，这个观点与我的观点有着极大的差异。

斯特姆培尔认为，产生梦的遗忘这一现象的因素很多，其中最具影响力的，当属一些来源于梦与清醒生活关系的因素。我们都知道，梦抓住了清醒状态时涉及的某一事物的一个片面，并做了补充、再现。换句话说，我们在清醒状态时，不可能条理清晰地回想出梦的内容。我们能回忆出来的，也不过是梦中的某些细微的片段，这些片段恰恰不具备清醒记忆所需要的精神土壤。因此，在充盈于心的精神联系群组中，梦的元素几乎没有立足之地，记忆也就落花流水，无能为力了。"形象地说，梦中形象似乎飘离了心灵的温床，在浩大的精神空间飘浮着，仿若天空中的一朵云一样，当我们醒来时，它便随着我们的第一口呼吸烟消云散了。"而且，感官世界丰富多彩，我们清醒后的所有视线和思绪，都会在第一时间积极地向它靠拢。它裹挟着极大的冲击力，猛地击向梦，其势摧枯拉朽，锐不可当。如同太阳升上天空，发出耀眼的光芒，璀璨的星星就会敛起锋芒一样，梦在新一天的印象到来之际，大多数都悄然隐没，消失不见了，只有极少数经受住了这种强力考验。

最后需要注意的是人为因素。因为人们对梦兴趣寡然，这也是人们会忘记梦的原因之一。其实，任何一个人，如果对梦感兴趣，或者想专注于梦的研究，那么他在这段时间里做的梦就会比平时多，也更容易记起梦中内容。

关于梦的遗忘性的探讨一直在继续，博纳泰利就在斯特姆培尔的基础上，又补充添加了两个因素，贝尼尼引述为：

1. 睡眠和清醒状态间的普通感觉替换，不利于两者之间的相互再现。

2. 梦中材料的罗列排布顺序，与现实世界不同，这使它在清醒状态时难于理解。

诚如斯特姆培尔着重强调的，尽管梦很容易就被遗忘，但仍有大量的梦留在了我们的记忆里，这一点要特别引起重视。目前，梦的一些问题，还是未解之谜。因此，梦的研究者们孜孜不倦，一直没停下努力探求的脚步，他们反复实验，期望能找到梦的记忆规则。最近，梦中记忆的某些特点就引起了人们的广泛关注，比如我们一早醒来就忘记了昨夜的梦，可白天，我们竟在某件事的触发下，又都回忆起来了。

上文中，大家已经了解了，关于梦的回忆也是议论纷纷，争议不断。有些人就反对回忆梦的内容。这也难怪，在我们的记忆中，实在很难搜到梦的大部分内容的踪迹，人们不免心生疑问，那我们记住的梦的内容是保持了原样，还是被扭曲过的？也正因为这一点，反对者们甚至极力贬低梦的回忆所具有的价值。

梦的内容是否能被人们准确无误地回忆起来，备受质疑，斯特姆培尔也说："清醒意识下，我们回忆梦的内容时，总会潜意识地添加一些自己的联想，以为梦中本就有这些内容，殊不知，它们从来没在梦中出现过。"

耶森也态度坚决地质疑："我们在探讨那些符合逻辑连贯性的梦时，总是抛开事实，忽略掉个别情况，于不自觉间补全梦中内容的空缺之处。在我们眼中，所有的'连贯的梦'，其实都是记忆造出来的，它们本身并不真的那么连贯，即便有，那也是凤毛麟角。实际上，无论一个人多么诚实，多么尊重事实，在他讲述他的梦时，既不增也不减，单纯地原原本本地讲出来，那也是绝对不可能的。因为人们习惯于联想，会不自觉地把梦中断裂的地方补上一些想当然的东西。"

读过艾格尔的评论文章的人都会知道，尽管那是艾格尔的个人观点，但那简直就是耶森的翻版："因为梦的特殊性，所以梦观察起来非常困难。为了不忘掉梦或梦的某一部分，这就要求我们必须马上用纸笔，把刚刚经历或是观察到的内容全部记录下来。似乎也只有这种方法，才能有效地避免出现错误。如果我们把整个梦都忘记了，那还没有什么。可如果我们忘记的只是一部分，那势必出现一个错误的结果。那是因为，当我们讲述没有忘记的那部分内容时，我们就会华丽地转身为艺术家，凭借天马行空的想象，补全梦中那些没有条理而又支离破碎的片段。为了心中一个美好的希望，人为地给故事设定了可靠的、合理性的结局。"

斯皮塔的观点与此差不多，在他看来，只要我们想讲述梦，势必重新整理梦中那些既没章法可循，又没条理的梦元素，捋顺它们的顺序。我们"要做的就是，依照顺序或是因果关系，用一根线把这些元素串联起来，使它们按顺序排列。也就是说，我们把梦中没有逻辑条理的东西逐渐条理化了"。

照这么看来，检验真理的标准只能依靠客观事实，记忆的可靠性的检验也不例外。可关键的问题是，这些客观事实只是我们的个人经历，而且也只有回忆才能找得到，因此于梦而言，这种检验方法根本没办法实现。那么，我们对梦的回忆还有什么意义呢？

5 梦有哪些心理特征

如果说梦是我们自身精神活动的产物，那我们不妨以此为出发点，对梦进行科学的探讨和研究。对于梦，似乎每个人都特别熟悉，然而事实并非如此。很多时候，我们对梦非常陌生。因不愿意承认梦是自己孕育的产物，我们时常抛开"我梦见"，而用"我得了一个梦"来表示，感觉梦就像是个访客一样。那么，人们精神上对梦的这种排斥感、陌生感，是怎么产生的呢？

前面，我们对梦的来源问题已经做了深入的探讨，据此可知，我们要在精神上寻找到梦的陌生感，就必须排除梦中内容的材料因素。因为这些材料，大多也都是清醒生活中所有的。关键在于，它在成梦过程中，是否已经做了改变。人们是否因为这种改变，才导致了对梦的精神陌生感？基于此，我们接下来将对梦的心理属性做个大致的勾勒。

梦生活和清醒状态之间有着本质上的差异，在《心理物理学纲要》一书中，G. T. 费希纳做了仔细对比后，着重强调了这一点。尤其他归纳出的结论，更具有划时代的意义，目前尚无人能够超越。他认为：无论是简单地将清醒的精神生活压制到感觉的阈值下，还是在外界的影响下移开注意力，都不能给梦生活和清醒状态之间的本质差异做出充分的合理的解释。在他看来，梦中世界是有别于清醒生活中的情境的。如果睡眠时和清醒时精神物理活动的作用都一样，那梦不过是用同样的材料和形式，较弱程度地延续了清醒生活的状态而已。可大量事实证明，这种假设根本就没有成立的可能性。

问题是，人们并不知道费希纳口中的这种精神活动的场所变更究竟指的是什么，所以他的论述并没有引起人们足够的重视，从而去一探究竟。至少到目前为止，我还没发现这样的人。我一直觉得，无论我们利用解剖学的说法，从大脑的生理学定位角度着手，还是从大脑的组织学角度出发，着眼大脑皮层分层，费希纳口中的那两种可能性都是可以排除的。尽管如此，如果有朝一日由一系列依次排列的多个系统构成的精神结构，能够得到很好的诠释，那么这种观点就不失合理性和有效性。

也有一些学者片面地满足于梦的某个典型性特征，并在此基础上进一步展开梦的研究，在他们眼中，似乎这就足够了。

通过上文的阅读，我们已经知道了梦的一个主要特征，那就是熟睡前的入眠阶段能够显现梦，即所谓的"预睡现象"。德国神学家、哲学家施莱尔马赫认为，在清醒状态时，人们的思维活动是以概念的方式进行的，而非图像。但逐渐进入睡眠时，这些自主活动就越来越不容易进行了。与此同时，不自主的观念开始显现，但无论怎样，它们都归属于图像类。于是，梦中的人们，基本上通过景象完成了思想活动。这完全符合梦的两个恒定的特点，即有意识的观念活动变得孱弱无力，和随之而来的意象的出现。其重要性，梦的心理学的分析也早就明确过了。另外，从梦的内容来说，"睡前幻觉"中的景象符合梦的景象，业已被人们广泛认识到了。

在清醒生活状态下，大多事物以思想、观念的形式存在，梦中大体与此类似，只是有时候，它们看起来有些单纯幼稚，也就是说，言语的残余面貌都可能成为它的出现形式。虽然这不过是梦的诸多元素中的冰山一角，可只有那些用景象的形式呈现出来的，才具备梦的本质特征。因此，相比记忆表现而言，这些形式与感知表现拥有更多的相似特征。

　　梦把景象作为依托，进行思维加工，从而生出视觉、听觉等幻觉形式，雄踞主要位置的是视觉景象。不过，听觉景象也分得了一杯羹。此外，还有其他一些感觉印象，也获得了一定的位置，只是较少应用而已。至于说到的这些幻觉特征，精神病学家们早已了如指掌，他们在这方面的推论，我们不做任何评论。尤其梦用幻觉取代了思维这样的权威认知，我们更无力反驳了。其实，单就这一点而言，视觉和听觉表现没什么两样了。人们都会感到，入睡时，如果头脑中记得的是一连串的音符，那么梦中，记忆就会按照相同的旋律把它们转换为幻觉。当我们醒来时，幻觉就会被与它本质不同的更微弱的回忆取代。而且，一旦再次入睡，幻觉便又会出现，不断地重复。

　　观念转变为幻觉，这只是梦有别于清醒生活，但又与之相对应的一个表现。另外，梦借助这些幻觉图片搭建场景，演绎正在发生的故事。斯皮塔就曾一语中的：它们将观念戏剧化了。不得不说，这个比喻不仅非常形象，而且还特别贴切。通常情况下，人在做梦的时候，总误认为自己是在体验而非思考，所以毫不保留地接受幻觉，并深信不疑。事实上，一旦我们认可了这些，有些学者就会说我们在梦里什么都没遭遇到，不过是以做梦的方式思考罢了。也就是说，梦只有具备了这种特性，我们才能真正地说自己做了"梦"。这也是睡梦与白日梦的最大区别所在，如同一道分水岭，把睡梦与白日梦清晰地区别开来。

　　关于梦的基本特征，布达赫总结说：

　　1. 梦中，知觉把幻想的东西视为感觉印象，所以，梦中心灵的主观活动得以用客体形式表现出来。

2. 睡眠中，人们对睡眠中的景象的控制力越来越弱，最终梦终结了自主行为。所以说，在某种程度上，睡眠使自主变得被动了。而这恰恰是我们目前为之探讨的成果，即自主能力减弱，梦中幻觉才出现。

问题是，心灵为什么轻易地就相信了这种幻觉呢？接下来我们要做的，就是全力以赴地去解释。斯特姆培尔分析说，和清醒时心灵借助感觉生发景象一样，在梦中，我们的心灵经历融化成了梦的一些元素，这有些复杂，远不是表象上那么简单。可是，它却是心灵真真切切产生的思想和观念，梦中的心灵就以这些感觉图像进行想象和思考，这与清醒时心灵利用词语意思和语言进行思考和想象明显不同。此外，梦与清醒状态相似，能把感觉和景象派遣到外界空间，并进行排列，从而形成一种空间感。因此，无论我们在梦中，还是在清醒状态下，心灵对待景象与对待感觉的态度没什么两样。

只是，我们在清醒状态时，感觉和知觉能够对外部或是内部的刺激做出准确的判断，而一旦进入睡眠状态，这种判断就没有了标准，这也导致心灵误判了感觉到的图像和感觉，我们也就不能再对梦象是否真实存在的依据进行查验了。因此，因果法则并不适用于梦的内容。而这也使心灵无法区分开，哪个是能够任意调换的图像，哪个是别无选择的图像。总而言之，心灵与外部世界的隔离，才是它对梦的主观世界深信不疑的原因之一。

德勃夫利用心理学的方法所做的论述略有偏离，但与这个观点基本一致。他说：睡眠中，我们离开了外部世界，除了梦中景象以外，没有别的景象可供参考。于是，我们别无选择地相信了梦象的真实性。但这并不意味着，我们是在无可奈何的情况下才相信的，因为在梦中，我们可以给它们验明正身。比如在梦中，我们就可以用手触摸梦到的玫瑰花，尽管我们只是在梦中。德勃夫进一步解释说，当我从睡梦中醒来，发现自己赤裸身体躺在床上时，我断定，我睡着的这段时间所经历的一切，都不过是幻觉而已。出于我在清醒状态下的心理习惯，我认定，人在睡眠中，存在另一个客观世界，而且，这个世界有着与现实相对应的影子，里面的一切幻影都被我当成了真实场景。由此可见，我们是凭借清醒时的一点事实经验，来判定我们脑海中的是幻觉还是真实。

综上所述，在一般情况下，与外部世界分开是梦生活中最为典型的关键性特征。对此，布达赫在很早之前就做过这方面的论述："当心灵没有受到感觉刺激的侵扰，处于平静状态时，我们才能进入睡眠……但现实中，心灵似乎忽略了那些感觉刺激。反而是一些感官印象，使心灵得到了安眠。比如，磨坊主人只有听着磨盘不停歇的转动声，才能安然入睡。把一个习惯夜晚开灯睡觉的人，放到黑暗中，他就很难入睡。"

他还指出："在睡眠状态下，心灵与外部世界分离，从周围环境中退居回来……但此时，它并未与外部世界完全切断联系。如果说我们在睡眠过程中，没有听觉和感觉，只有醒来后才有，那处在睡眠状态中的人们，势必怎么叫都叫不醒。至于说感觉的持续性问题，我们可以用更好的方法来证明。比如，唤醒我们的除了印象的感觉强度外，还有精神联系。假如一个人处在睡眠状态，一个与他没有丝毫关联的字眼，根本叫不醒他。但如果喊他的名字，他就会醒过来……同样，那个习惯开灯睡觉的人，可能因为熄灯而醒过来；那个磨坊主也可能因为磨盘的戛然而止而惊醒。由此可见，在睡眠过程中，心灵仍然可以分辨感觉重要与否。一个人的重要物品丢失，心灵受到了侵扰，这会使他从梦中惊醒。相反地，如果他没有从睡梦中惊醒，这说明他心灵平静，并没受到侵扰。至于说那些东西，于他而言，也不过可有可无，无关痛痒罢了。这也说明，人处在睡眠状态时，感觉活动会一直伴随左右，睡眠者随时都能感觉得到。而当这种感觉突然终止的时候，人们便会从梦中惊醒过来。无疑，这些都很好地证明了感觉的持久性。"

尽管我们对这些不乏所指的反驳性观点置之不理，但不得不承认，它们并非毫无可取之处。从我们总结的梦脱离外部世界的种种特征来看，也并不足以解释梦的陌生性。大家都知道，醒来后让梦中景象在记忆中重现，并能使梦中幻觉和场景重新转换回观念和思维，就能完美地诠释梦，人们也不会再受释梦的难题困扰了。事实上，我们现在并未得偿所愿。尽管我们靠醒后回忆重建梦境，或许会获得或多或少的成功，但梦的谜团并不会因此而减少。

在一些专家学者眼里，清醒状态下的观念性材料，一旦进入梦中，会以全新的面貌呈现出来。斯特姆培尔在分析其中的一个变化时指出："在梦中，感觉功能与主流意识不再作用的时候，心灵的情感、欲望、兴趣及活动的环境就都不复存在。而清醒状态下，建立在回忆图像基础上的情感、欲望、兴趣，以及价值判断，就会处在一种隐隐约约的压力下，并在其作用影响下，与那些景象失去联系。清醒状态下可感知的人物、事物、动作、事件、处所被复制成一个个不具有自己精神价值的个体，纷纷呈现出来。但由于它们没有了自身价值，心灵便得偿所愿，按照自己的方式，自由翱翔……"

随着我们进入睡眠状态，对自身观念的自主指导越来越弱，某种精神活动就会停止，而且，这种睡眠状态下的精神停止，有的在任何心灵官能中都有发生的可能性，有的近乎完全丧失。这像是一个灯塔，无论如何都为我们明确了前进的道路。可是，在这种状况下，剩下的官能是否还能正常运作，发挥其基本功效，尚不能明确。

那么问题来了：睡眠状态中，减弱的精神效用，是否能使梦的一些典型性特征阐述不清？因为这个问题，也出现一种观点，觉得梦可以用睡眠状态下的受限精神活动来诠释。

如果我们说，在睡眠状态下，最先终止的是高层次的智力官能活动，即便没有，也已经遭受了重创。由此，精神活动便徘徊在底层线上，这无可厚非。因为梦本就是不连贯的，它会无来由地夹带一些离谱的内容，为不可能的事情开绿灯，把我们清醒状态下的有用的生活常识，抛在一边，视而不见。至于我们崇高的伦理道德，丝毫不加隐晦地袒露在我们面前。如果有人清醒时的表现和梦中一样，说梦中的话，或是夸夸其谈梦中的经历，那他不是傻瓜，就是笨蛋，抑或是疯了。

奇怪的是，专家和学者们对梦的上面的认知保持了高度的一致性，但并不说明就没有例外情况了，只是我将留到下文探讨。其实，这些论断一经出现，矛头便直指关于梦的某种理论或解释。到了现在，我不能再像上面那样简要地概述了，而要引用一些哲学家、医生对这个问题的一系列评论。

莱蒙尼认为，杂乱无章的梦中形象是梦的唯一本质特征。

这个观点，得到了莫里的认可和肯定。在他看来："梦中总不乏荒唐离谱、时间混乱、内容颠三倒四的地方，所以任何梦都不能用常理看待。"

斯皮塔援引黑格尔的观点："任何合乎客观与理性的标准都不适用于梦中。"

杜加斯指出："梦就是一种混乱状态，精神也好，情感和心理也罢，都没有规律可循，它是自身各种功能在没有指挥和控制下的散漫活动，即精神自动飞行器。"

尽管沃克特对梦中心理活动的散漫、无目的性持否认的态度，但他认可："受到中心自我逻辑力量的吸引，清醒状态下的观念生活向它靠近，自身也变得荒谬、离散而复杂了。"

关于梦的荒诞性的评论，估计没有谁比西塞罗在《论占卜》里说得更一语中的了："我们的梦不仅荒诞不经，离奇诡异，而且异常复杂，在这方面，任何想象的东西都难和它一较高下。"

费希纳也做过相关的评论，他说："梦就像一种精神活动的转移，不过是由一个思维清晰、条理清楚的睿智大脑进入了一个逻辑混乱、荒唐离谱的傻瓜的大脑罢了。"

拉德斯托克认为："在清醒状态下，我们的观念一直受理性意志及注意力的引导，可梦却摆脱了它们，不再接受它们的严格控制。就连一切亘古不变的法则都束手无策，更不会贯穿在这个发疯似的活动里，梦就成了杂乱无章的万花筒。"

希尔德布兰特说："人在睡眠状态下，对梦中为人熟知的经验节律被颠覆，是何等的泰然自若！当梦的内容进入到荒谬滑稽、毫无意义的环节时，他会因此异常焦虑，乃至惊醒。而在此之前，他对一切合乎规律的法则马首是瞻。前后的矛盾实在有些滑稽，不能不令人惊叹思维的跳跃性、活跃性。有时候，狗可以给我们背诗；死者自己来到墓地；一块巨石漂浮在水面；我们拜访伯恩伯格公爵，到他的辖地执行任务；或是到列支敦士登公国的领海观看阅兵；抑或是在波尔塔瓦战役前夕，自愿参军，到查理十二世的麾下效力……这类的事例不胜枚举，但对于梦中的我们来说，却又那么自然，一点也不惊奇。"

说到建立在这些梦例基础上的梦之理论，宾兹曾指出："梦中的内容90%都是荒谬绝伦的。在梦中，我们把相互间没有任何关联的人或物联系在一起，就像投进了万花筒一样，任意加工、随意组合。甚至新组合比之前的更荒谬、更无意义。没有入睡的大脑不停地玩着这个变形记，直到我们醒来，拍着额头问自己，我们理性的想象和思考能力究竟去哪儿了？"

莫里找到一个对医生来说意义重大的类比方法，形象地道出了梦中形象与清醒思维之间的关系："清醒状态下，梦中形象通常是被意志唤醒的。从理智的角度来说，这些唤醒的梦中形象，与舞蹈症和瘫痪症所做的动作大体差不多。"另外，他还指出：梦意味着"思维和推理能力正在持续衰退"中。

莫里还在各种高层次的精神功能方面做过推论，并提出了自己的看法，很多学者也曾引用过，斯特姆培尔就是其中之一，他认为，梦中内容的荒谬性凸显出来时，任何以各种关联为基础的精神活动就退出了舞台。斯皮塔认为，梦中呈现的内容，根本不受因果关系法则制约。

对于梦缺乏准确的判断和逻辑推理能力，拉德斯托克及其他一些学者，都是坚定的拥护者。约德尔指出，尽管梦中的意识活动丰富多彩，但它们残缺不全、压抑又各自单独呈现特点，梦根本不会按照意识的大致内容，一组组地去修复错误的感知。因此，梦中的判断总是处于消极的状态。大多研究者认为，梦的内容之所以不同于清醒状态下的观念，那是因为梦的内容缺乏明显的逻辑性，难以记忆导致的，就连斯特里克勒也是这么认为的。

在梦的研究领域，冯特的学说有着举足轻重的影响力，他格外强调，精神活动会有一部分残留在梦里。那么人们不禁要问，出现在梦中的这些精神活动的残余，其内容究竟属于哪种类型、有什么特征呢？对此，学者们的回应出乎意料地保持了一致性，即梦中的再现性功能对记忆的作用最弱，尽管在一定程度上，梦的荒谬性就在于它对事实的遗忘，但不能否认的是，同清醒状态下的一些功能相比，这种再现性功能有着自身独特的某些优势。从斯皮塔的观点来看，人类的种种情感成分蕴藏在内心深处的主观本质中，它们按着固定的模式搭配，就会形成所谓的"情感"。而情感生活不仅对梦起着主导作用，也是心灵没有受到睡眠波及的唯一一块净土。

在梦的精神活动方面，朔尔茨与西贝克都注意到了心灵的一种特殊能力，朔尔茨认为它能用"比喻"的方式，将梦的材料重新加以解释；而西贝克则认为，这种能力能作用于任何感觉、知觉，并将它们"扩大"，从而进行阐释。无论是在梦里，还是在清醒状态下，人类意识一直活动着，从未间断。梦中的时候，它代表了精神功能的最高层级；清醒状态下，它提供给我们关于梦的全部知识。用有限的意识给意识定位，这无异于天方夜谭。可斯皮塔明确了什么是意识，什么是自我意识，并做了清晰准确的划分。他指出，意识贯穿梦的始终。但德勃夫并不认同这个观点，他不觉得有做这种区分的必要。

清醒状态下，人们通过联想规则，把观念联系在一起。其实，这些联想规则同样适用于梦中，且其作用更为明显、强大。正如斯特姆培尔所说："从始至终，梦所遵照的对象，只是那些纯观念的法则及其所附带的机体刺激法则。可以说，完全脱离了思维活动、审美感受、日常经验，以及道德标准的掌控。"

下面，就梦的形成过程，我对一些学者专家的观点做一个大体的勾画。上文已经说到过，在睡眠状态下，各种来源的感觉刺激汇聚在一起，引发心灵的某些观念，并以幻觉的形式再现。可它们终究是在内部和外部的刺激下产生的，所以冯特一直觉得，把它们叫作"错觉"更为形象、贴切。这些观念遵循着已知的联想法则，相互联系，进而唤醒一组组的景象。之后，心灵中活跃着的一些组织和思维对它们重新加工、处理。但迄今为止，我们尚不清楚的是，支配那些不是来自外部刺激的景象的联想法则，其背后的动机究竟是什么。

人们不难发现，梦里的联想有别于清醒状态，而将梦中景象联系在一起的联想规则，就完全是个另类。对此，沃克特评论说："任何梦里，都会出现毫无章法、生拉硬拽的联想活动，而且它们凭借着一些不易觉察的偶然关联与相似性，肆意发挥作用，一点规律不讲。"

梦中观念彼此关联的这一特性，莫里特别重视。他把它类推到一些精神疾病中，从而使两者间有了可比性，而且确定了"谵妄"的两个特征，即精神活动是自动的，因而它是自发的；观念联系没有有效期以及相似性。为了验证这一说法，莫里讲了自己的两个梦例。

有一次，他梦到自己要去耶路撒冷或麦加朝圣，可一系列的离奇险遇后，他却莫名其妙地现身在化学家佩尔蒂埃面前，和他热切地聊着天。过了一会儿，化学家送给他一把锌制的小铲子。可在随后的梦里，这把小铲子变成了他手里的砍刀。

还有一次，他梦到自己走在一条马路上，一边走一边读路边路牌上雕刻的公里数。随后，他来到了一家香料店，店里有一个很大的天平，一个男人一边往上放砝码，一边说给莫里称体重。接着，香料店的老板告诉他："你现在不是在巴黎，而是在济罗罗岛上。"随后，莫里的眼前出现一幅幅画面，先是一种翠蝶花；之后，是那位他不久才前得知死讯的洛佩兹将军；最后，是一盘乐透游戏，他在玩游戏的时候醒了过来。很显然，这两个梦境中的景象，就是因为单词中字母读音相近，而将不同的观念集合成群的。

因为矛盾的缘故，我们对于梦中的精神作用，总是不惜把它们贬到最低处，尽管其中的矛盾远不是我们想象的那么单纯。比方说，贬低梦生活的代表人物斯皮塔就坚信，对清醒生活起支配作用的心理学法则，对梦有着同样的作用。杜加斯也认为："梦与理性并不背道而驰，甚至可以说，梦中也有理性存在的可能性。"

可要让这些观点充分发挥其威慑力，其作者势必要努力去证明，梦里总是杂乱无章，任何功能都没有。不过，一些学者已经隐约认识到，或许梦的猖狂并不是杂乱无章的，极有可能只是一种假象，就如同丹麦王子哈姆雷特的机智、敏捷被伪装起来一样。下面的学者并没有将现象作为判定的基础，而是透过现象看本质，在他们眼中，梦中现象别具洞天。

撕开了梦的荒诞性这件外衣后，哈夫洛克·埃利斯将梦看作"远古世界"。那里到处是汹涌的情绪，随处可见思维的断瓦残垣，探究它们，可以让我们更好地了解精神生活的原始景象。

詹姆斯·萨利极力赞同这个观点，他的表述更是入木三分，力透纸背，引人注目。之所以这么说，是因为在所有的心理学家当中，他尤其强调了隐藏在梦中的深意："早期的人性之所以得以保存，是因为人们把它们储藏在了梦里。睡眠中，人们穿行在凝视与感觉事物的旧途上，再次回到遥远的过去，在那掌控着我们的精神与行动。"

思想家德勃夫虽然不认同与自己相反的观点，但他并没有狭隘地用梦例进行反驳，虽然这不利于他的观点，他仍睿智地声称："在睡眠状态下，意志、想象、智力、记忆、道德等精神功能基本保持原样，只不过，它们被应用到了想象的、不稳定的事物上。梦者就像一个演员，按照自己的意图，尽情地扮演着不同的角色，既可以是哲学家、大个子、天使，也可以是受刑犯、疯癫者、侏儒、恶魔、刽子手。"

在对梦的研究中，涌现出各种观点，其中也包括贬低梦的精神功能的观点，戴尔维侯爵就对该观点发出了强烈的反对声。为了搜寻他的专著，我使出浑身解数，恨不得挖地三尺，可还是空手而归。曾经，莫里与他唇枪舌剑，展开过激烈的讨论，这使我从莫里的论述中，幸运地找到一些蛛丝马迹："戴尔维侯爵认为，人在睡眠状态下，大脑掌控着行动和注意力，有着绝对的自由。睡眠不过是关闭了外界与心灵间的感官通道，使两者完全隔离开来，在他看来，这也正是睡眠的意义所在。从他的角度来看，一个睡着的人与关闭自身感觉、任由思绪自由驰骋的人，几乎没什么两样。虽然普通思维和睡眠中的思维，有着相同的观念呈现方式与取决于外界事物的感觉，但睡眠中的思维是一种眼睛可以察看到的客观形式，呈现在记忆中的却是正在发生的事，这也是普通思维与睡眠中的思维唯一不同之处。""另外，一个睡着的人的智能没有了平衡力，这是区别于清醒之人最为关键的一点。"莫里做了这样的补充。

瓦希德绝对称得上是戴尔维著作的最佳注释者，关于梦所具备的不连贯性，他截取了戴尔维著作中的一段论述，一字不差地引用到了自己的论述中，借以诠释自己的观点："如果我们把观念看作成本，那么梦象就好比副本，视觉图像就是附属品。明确了这一点，我们就要懂得如何遵从观念的顺序来剖析梦的结构。也只有这样，任梦怎么不连贯、想法多么诡异，都会变得条理清晰、简单明了。因此，哪怕是再灵异的梦，只要我们按照逻辑顺序去解释，就都迎刃而解了。"

对梦的无条理性做过类似分析的，还有沃尔夫·戴维森前辈。

虽然他的著作和论述我没有看到过，但约翰·斯塔克曾经说过，早在1799年的时候，沃尔夫·戴维森就指出："因为梦建立在联想法则的基础上，所以我们梦中的观念异常活跃，具有极大的跳跃性，可以一步几个台阶。但有的时候，心灵中展开的联想关系模糊不清，这使我们的观念并非像感觉的那样真的是按着顺序跨越过去。"

从相关文献中不难看出，梦是否具有精神价值一直争议不断，从显而易见的态度，到目前含混不清的说法；从极力贬低，到揭示隐含的价值，再到过高评价其功能，林林总总，莫衷一是。希尔德布兰特曾用两两互斥的方法，归结出三对矛盾，描述了梦生活的全部心理特征。同时，他还把梦的价值的两个极端囊括在了第三对矛盾里，"一种是抬高、夸大梦的艺术，把梦说得神乎其神；另一种是无限削弱梦的精神作用，把梦贬低到突破人类的底线"。

对比相当的悬殊。希尔德布兰特也根据自己的经验，对第一种情况做了补充说明："从本质上来讲，梦在创作和构思过程中，会不时流露出真挚亲密的情感，情意绵绵、明察秋毫、眼光犀利、智慧绝伦等也并不都是清醒生活的专利。梦，透过自己独特的视角，洞悉了世界的潜在本质。在它眼中，世俗的世界洒满理想天国的光辉，处处流光溢彩，梦幻多姿。它为至尊披上神圣的外衣，使它威风凛凛，无上荣光；它给恐惧裁剪出面目狰狞的鬼脸；给荒唐配上一副滑稽的笑容。因此，现实中我们从来没有体验过的华丽的诗句、贴切的隐喻、别出心裁的嘲讽、精妙的诙谐，梦中却不乏它们的存在。有时候，我们醒来后，仍会沉浸在这些美妙的体验里，对那些神奇的景象感叹不已。"

读到这儿，人们不禁要问：这无上的赞美与上面提到的另一种无限贬低的说法，说的真是同一个对象吗？

纷繁的世界，浩瀚的宇宙，人的认识总是有限的，因此我们不妨做一个这样的假设，他们选取的不过是各自关注的问题的梦例，所以两种不同的梦得出了两种不同的观点。如果两种情况都出现了，那就相当于说梦中任何事都有可能发生。这样的话，那我们探求梦的典型性心理学特征还有意义吗？然而，我们在孜孜不倦的探求中一直坚信，这种典型性特征的确存在。而且从其本质来说，它具有普遍性，适用于所有的梦境，任何矛盾都会被它席卷得无影无踪。也正因如此，尽管上述假设能快速准确地帮我们揭开梦的谜底，但它依然没能摆脱孤立无援的境况。

　　人文时代，占据着主导地位的是哲学，而非严谨的自然科学。那时，哲学统治着人们的精神世界，梦的精神价值得到了人们普遍的喜爱和认同，大家不约而同地认为，梦是精神生活向更高层次的升华。舒伯特曾经说过："梦挣脱了外界的自然力量，使灵魂脱离了感官的束缚，是精神的彻底解放。"有过类似观点的人还有很多，比如小费希特。然而，在科学高速发展的今天，人们越来越理性，除了一些神秘论者和信徒外，已经没有人再坚持这样的观点了。

　　但随着科学的思维方式的介入，人们对梦的评价也发生了逆转。尤其医学工作者们，他们认为梦的精神作用微乎其微，根本不具备什么价值。他们极力打压梦的精神作用，认为躯体刺激才是梦的来源。可那些哲学家和业余心理学家坚信梦的精神作用，确信清醒时心灵的功能大部分保留在了梦里，他们无条件地把梦的来源归于心灵本身。就这一领域而言，他们所做出的贡献是不可忽视的。

　　说到贡献，梦的特殊贡献——记忆，就不能不提了。梦生活中，各种高级功能作用其中，如果我们静下心来冷静对比，就不难发现记忆的耀眼夺目了。而且，文中也用了大量的笔墨，用普遍性的证据证明了这一点。梦的另一个优点深受早期研究者的推崇，那就是梦能超越时空，但这不过是幻觉而已。希尔德布兰特就认为，幻觉才是这个虚构的优点的本质所在，梦对时空的超越，基本上与清醒思维中对时空的超越一样，不过就是一种思维方式，而且已经用大量的事实证明了的。

现实生活中，光阴易逝，梦的另一个优点就在于它的时间优越性，它能从时间隧道中剥离出来，独自存在。在清醒状态下，我们把握的知觉材料非常有限，可梦却不一样，它掌控的知觉材料数量庞大，远远超过那一数额，并且，它把这些无比庞杂的材料，压缩在了短暂狭小的空间里。莫里被押上断头台的梦就体现了这一点。可是，人们对这一复杂、微妙的结论争论不断，难以形成一致性认识。尽管勒·洛林和艾格尔以《关于梦的持续时间之假象》这篇文章，对梦的明显时间跨度做了专门的论述，可结果也只是导演了一台妙趣横生的讨论戏，问题并没有得到解决。

沙巴内科斯在做梦例汇编时，曾搜集过大量的梦例材料，这也使大部分梦例中普遍反映出的一个事实得到了证实——梦能让白天没有完成的脑力劳动继续进行，使白天没有达成的结论收获结果。它能让一切疑难问题迎刃而解，也能让诗人、作曲家的灵感泉涌。只是，虽然事实无可争辩，可对其所做的解释总是引起理论上的质疑。

在这部分的最后，我还想说一点，梦是否能未卜先知，一直以来也是争议不断的，既有无法消除的怀疑论，也有坚决捍卫这种观点的声音。我们所能做的，就是不要轻易否认相关的事实。因为或许用不了多久，我们援引的一些梦例，就能在纯自然心理学范围内得到诠释。

6 梦中的道德感

梦中的一些问题，曾令我百般思索也无法得到破解，直到专心于梦的研究，它们才柳暗花明起来。

清醒状态下的道德倾向和感觉有没有波及梦中生活？如果有，延伸到哪种程度？

在对梦做心理学方面的研究时，我尤其把重点放在了这一块。世界上的万事万物都有普遍矛盾，当然梦也不能排除在外，可奇怪的是，在我们进行梦的心理学方面的研究时惊讶地发现，梦中心灵所有的其他功能都波及了。对此，梦的研究者众说纷纭，莫衷一是，有的认为是梦中道德软弱无力造成的，有的坚信梦中仍然保留了清醒状态下的道德本性。

关于第一种说法，从梦的普遍经验来说，极其有力地验证了其正确性。耶森就曾明确指出："在人们的意识中，进入梦中后，意识应该反躬自省，在不断提高道德情操中更好地完善自我。可事实并非如此，梦中，我们感受到的却只有冷漠的人际关系，盗窃、强暴，甚至行凶杀人都成了家常便饭。就算是犯下了这些罪恶勾当，不但不觉得自己罪恶昭著，而且在清醒后也不会进行良心上的忏悔。"

拉德斯托克发表评论说："我们必须清醒地认识到，在梦中，无论是思维活动、日常经验、审美感知，抑或伦理道德可谓毫无缚鸡之力，联想的出现、观念的结合也根本无视它们的存在，而道德更是道貌岸然地板着脸，无情地践踏着臣服在它脚下的这一切。"

沃克特说："在梦者身上，羞耻感以及伦理道德统统消失不见，肉欲得到了前所未有的放纵。睡梦中的每个人都干着一样的勾当，没有谁比谁更纯洁，包括自己平时最尊敬的人在内。可当我们清醒后，一想到这事是自己干的，就会心惊胆战、不寒而栗，因为自己从来没做过那样龌龊的联想。"

对上面的这些观点，叔本华是最坚定的反对者，他尖锐地指出，每个人无论在梦中说什么、做什么，都是他的性格使然。斯皮塔借用了费尔舍的说法，认为梦生活不是无拘无束的、散漫的，主观热情与欲望、感情与激情都被控制着，它不过是人在清醒状态下的道德属性的映射。

哈夫纳认为："一般来说，一个人在梦中的道德情况基本与现实中一致。圣者仁人仍能坚持自己的操守，不受诱惑，摒弃仇恨、嫉妒、暴躁，以及其他恶习。可是，对于一个邪恶的人而言，无论他在清醒状态下，还是身处睡梦中，他唯一想着的，都是干坏事。似乎无一例外。"

朔尔茨则评论说："'当我们内心丝毫没有做某件事的想法时，常说就算做梦我都不会梦到。'其实，这是一句一语双关的话，大意是说，睡梦中，无论用高贵还是贫贱伪装自己，我们仍然了解原本的自己。君子审慎，严于律己，梦中也是这样，他会讶异于自己梦中的犯罪行径，因为这完全违背了他的天性。曾经，罗马皇帝因为梦见自己被一个臣民刺杀，醒来后他做的第一件事，就是杀了那个人。这位罗马皇帝给出的理由也很充分，日有所思，梦有所为，即梦中他有那样的做法，他在清醒时就一定有这个想法。"

柏拉图却不这么认为，他觉得一个至真至善的人，别人在清醒状态下做的坏事，自己只有在梦里才会有。普法夫把这句话略做修改，便直接表达了自己的看法："只要你把你的梦告诉我，我就能洞悉你内心的秘密。"

在对梦的研究过程中，我涉猎了一系列研究梦的文献以及相关资料，我发现希尔德布兰特的一本著作，在关于梦中道德问题的探讨上，完备得如同构成了一个完整的体系，其蕴含的思想包罗万象，令人仰望。幸运的是，我得以大量摘用。书中，希尔德布兰特一直秉承一个观点，那就是一个人生活得越单纯，他的梦就越美好；一个人越猥琐，他的梦就越肮脏。而且，他始终坚信，人的道德本性会在睡梦中延续："无论年代发生怎样的错乱、计算出现多大的纰漏、科学法则遭遇怎样的否定，我们都不会有被冒犯的感觉，也不会因此而忐忑不安、焦躁烦乱、疑神疑鬼，更不会失去对善与恶、对与错、美德与恶习的分辨与判断力。康德的绝对命令恰如亦步亦趋的朋友，对我们死缠烂打。尽管在睡眠状态下，白天伴随我们的事物基本上已经杳无踪影，但这些命令却在梦中不依不饶，丝毫不愿放过我们……道德本质是人的本性的基础，已经深深地根植进我们的身体内，尽管一些变幻莫测的刺激，使幻想、理智、记忆以及其他类似的功能备受压制与操控，但统统影响不了道德本质。"

世界是不断发展变化的，随着时间的推移，双方研究者在对问题不断深入的探讨中，态度也发生了变化，甚至都有点前后不一了。从严格意义上来说，那些对道德人格在梦中所起的作用予以坚决否定的研究者们，非常漠视非道德的梦，在他们眼中，梦虽然荒唐可笑，却不能就此说清醒时的理智活动不具有任何价值。同样，他们也不主张从梦里的劣迹来推断做梦的人本质邪恶，进而就应该为此负全部的责任，而且他们排斥所有试图这样推断的人。另外，根据常规思维，那些坚持梦中贯穿着"绝对命令"的人，他们大致认为梦者该对不道德的梦担负全部的责任。为了能让他们的观点站住脚跟，我们唯有希望，那些不道德的梦千万不要降临到他们头上。

理想很丰满，现实很骨感。这个世界，没有谁能够肯定自己有多好，或者有多坏，所以没有谁能保证自己一定不做不道德的梦。虽然在梦的道德性这个问题上，两派各持己见，却在探寻不道德的梦的根源上，殊途同归，达成了一致意见。看似结果很圆满，可他们在探寻过程中也涌现了新问题：一方把目光锁定在正常的心灵功能上，另一方则在对心灵产生不良影响的躯体刺激因素上探寻。好在新分歧下，无论双方是否接受梦者需对梦生活负责这一问题，历经种种阵痛后，终于在事实面前，双方达成共识，即不道德的梦有一个特殊的精神源头。

在主张梦中会有道德延续的作者中，纷纷拒绝要对自己做的梦担负全责的假设。哈夫纳说："我们生活的真实性与现实性，是建立在思维和欲望的基础上的，睡梦中，它们被掠夺得一干二净，这也使梦中的欲望和行动没有了界定善恶的标准。因此，我们无须对梦负责。"可矛盾的是，他接着又指出，梦者仍然是邪恶梦的负责人，因为他们是梦的间接出品人。清醒生活也好，入睡前也罢，他们有责任也有义务净化自己的心灵道德。

在探讨梦的内容这个错综复杂的问题时，我们是采取拒绝还是接受的态度，希尔德布兰特就做了深入浅出的剖析。他指出，梦的表现形式极富戏剧性，它在最小的时间段浓缩了最复杂的思维过程，外加降低了的梦中的观念元素，丝毫没有意义，且又堆积在一起，都可以引申出梦的不道德性。尽管如此，他还是相当谨慎，尤其对于完全否认梦中过错和罪行之责任的说法格外慎重。他说："如果我们遭遇谴责，又觉得有失公平，尤其牵涉我们的意图和信念时，我们往往急于证明，一着急便会冒出：就算是在梦里，我也从来没有想过。其实，这句话包含两个方面的意思：一方面表明，在我们眼中，梦是一个辽阔而不可及的地方，那里，思想与真正的自我难以形成联系，所以通常情况下，我们几乎不会把它当成自己的思想；另一方面，我们说这话时，是因为我们确定，必须将这种思想排除在外，但又难免透露出，除非我们的自我标准无边无际，否则它就不可能做到尽善尽美。尽管不是故意而为之，但我觉得我们说出了事实，而且非常恰如其分。"

希尔德布兰特明确指出："我们所有行动的最初目的，其中包括心愿、渴望、欲望、冲动等，统统需要借助别的方式，才能从我们清醒时的心灵经过，进入梦中。"我们必须明白的是，对于这种最初的冲动而言，梦并不是它的创造者，而是它的复印者，并将它进一步拓展了。不过，我们心中早就存在的一些历史片段，被它加工后，又以戏剧化的表现形式展现出来了。形象地说，梦将耶稣对使徒们说的话，"谁恨自己的兄弟，谁就是真凶"，用戏剧般的情节演绎出来了。醒来后，伴随着道德感的回归，我们便对整个堕落的梦，报以莞尔一笑。可是，构成梦的那些原始素材，我们却要认真地审视，绝不能随便了事。有时候，我们觉得，自己应该对自己梦中的劣性负责任，其实大可不必，但有些梦境中的内容，我们就必须肩负起责任。总而言之，"睡梦中，如果我们为非作歹，我们的内心无论如何都会隐隐约约地有一丝内疚之情。可一旦我们理解了耶稣的'罪恶的想法源于心底'这句箴言，我们就不会有丝毫的犹豫了"。

白天，一些不道德的冲动总是以诱惑的方式穿过我们的心灵，可当它们进入梦中，就真的成了那些不道德的梦的种子与征兆了。希尔德布兰特就发现了这一点，所以他在对某个人的道德观念进行评价时，都会毫不犹豫地将这些不道德的元素纳进来，再综合考量。我们不难发现，正是这样的思想以及对这种思想的评价，在历史的长河中，才涌现了这样一些人，他们以罪恶之人自居，殊不知，他们却具有圣教徒一样的虔诚与纯洁。

不可否认的是，对同一件事有着不同的观念，简直太普遍了，普遍到大部分人都可能经历过。当然，其中偶尔也会有戏弄人的成分。勒策就有过相关的一段评论，斯皮塔援引过来："心灵鲜少能够合理有序地进行组织，因为它每分每秒都在孕育着蓬勃的活力，完全有能力终止那些诡异异常、荒唐可笑，又只限表面的观念，不让它们扰乱自己正常的思维过程。事实上也的确如此，那些伟大的思想家就无法容忍那些梦幻般的、戏弄人的如同无赖一样的念头在他们的头脑中穿来穿去，因为这使他们无法更深入细致地思索，得出真理般的结论了。"

关于这种矛盾的思想，希尔德布兰特做了另外一番评论，尤为深刻地给出了它们的心理学含义。在他看来，梦给了我们在清醒状态下千载难逢的机会，使我们在不经意间瞥见了最深处的自我本性。无独有偶，康德在他的《人类学》中也表达了这样的观点。他认为，梦的意义就在于，揭示我们隐蔽的本性，并把它呈现出来。其实，这本性并不是我们现在的真实面目，它只是让我们看到了别样的生存方式下，另一个可能出现的我。拉德斯托克也说，我们之所以总说梦是谎言堆积的骗局，那是因为我们始终都不能正确面对自己心中不愿承认的事。爱德曼这样解释："梦从来不会向我展示，我该如何去对待一个人，而是让我了解我内心深处最真实的想法，以及对这个人最真切的看法。"与此同时，I. H. 费希特也指出："梦就像一面镜子，映射出我们在处理事物时自身更真实的一面。这远远超过了清醒状态下，我们通过自省而了解到的那些，而且更具真实性。"

上面的这些观点，使我们不难看到，出现的那种与我们道德意识不相容的冲动和这个已为人知的事实非常相似。贝贝尼就此曾说："那些被我们长久压抑、几近磨灭的欲望冲破了禁锢，再次出现了；那些被埋葬的往日激情，再次被点燃；那些未曾在我们脑海里出现的人和事，栩栩如生地出现在了我们面前。"现在，我们不妨回过头看看施莱尔马赫的一个看法：通常情况下，一些"不自主的观念"或景象会随着入睡的过程而显现出来。通过这一观点，我们联想到了沃克特的一种说法："清醒状态下，有些观念常常在不经意间闯入我们的心灵，且几乎都被忽略掉，或是忘记了。可在梦中，它们宣扬着自己的存在感，并引起我们心灵的注意。"

这样，那些不道德的、极其荒谬的梦便有了同一个归属，那就是"不自主的观念"。换句话说，"不自主的观念"一词涵盖了所有出现在不道德的、极其荒谬的梦，让我们讶异的所有观念材料。只是有一点需要特别注意，那就是道德领域的"不自主的观念"不同于其他一些观念，前者使我们感到来自心灵的对立排斥，后者则会引起我们的陌生感。不过到目前为止，对于这种差异的认识也仅限于此，至于更深层次的挖掘，还有待于日后的研究。

由此又牵扯出一个新问题，那就是关于这些不自主的观念出现在梦中，究竟有什么意义呢？从心理学的角度来说，这些与道德互相排斥的冲动，它们出现在梦中，对揭示心灵在梦里与清醒状态下的内涵而言，具有哪些价值？对这个问题，也有了不同的说法，学者们自然而然地又分成了两个不同的阵营。包括希尔德布兰特在内的一些研究者，他们坚守自己的立场，毫不动摇。他们认为，在清醒状态下，不道德冲动仍然起着作用，只是因为受到压抑，难以通过行动表现出来，所以通常情况下，我们感觉不到它们的存在。但在睡眠过程中，这类冲动变得异常活跃起来。也就是说，梦之所以能够将人的真实本性展现出来，使我们洞悉到这个人内心深处最隐蔽的东西，其主要原因就在于此。也正是在这个前提下，希尔德布兰特的理论为梦的预警功能奠定了基础，就像医生承认梦可以使意识注意到尚在潜伏期的疾病一样，不过他将我们心灵中的道德缺陷挖掘了出来。斯皮塔在探讨心灵的刺激流来源时，就采用了这种观点，非常自信地安慰做梦者："如果说一个人殚精竭虑地做到了本分之事，那他在清醒状态下，只要做到时刻保持清醒的头脑，坚守道德，将邪念掐死在萌芽状态，以免它们发展成行动，就已经过上了严于律己的生活了。"根据上面的这种说法，不自主的观念的出现，乃是一种真正的精神现象。我们完全有理由将不自主的观念理解成白天"被压抑"的观念。

对于不自主的观念是一种"真正的精神现象"的说法，另有一些学者对此深表怀疑。耶森认为，无论是在梦中还是在清醒状态下，无论是发烧说胡话还是其他情况下的谵妄，这些不自主的观念都"呈现出一种属于静止状态中的意志活动，带着内部冲动引发的景象和观念的特性，具有一定程度的机械连续性"。他觉得，一个不道德的梦只不过说明了梦者对意念材料有一种认识，并不意味着梦者自身的精神冲动得到了印证。

莫里却认为，梦具有一种特殊的能力，并且在这种能力的作用下，可以逐一分析精神活动的组成部分，而不是对它进行肆意的破坏。在谈到梦逾越道德界限时，他认为这是我们的冲动在说话，目的是要我们行动。尽管我们时常在内心警醒自己，但依旧无法扼制住冲动的滋生。"我身上也有缺点和恶习，可在清醒状态时，我会尝试着战胜它们，决不轻言妥协和放弃，并且通常都是大获全胜。可在梦里，我总是控制不住自己，一味地向它们缴械投降。大多情况下，我迫于它们给我施加的压力，按照它们的冲动行事，既不担心也不后悔……我感觉到的这些冲动，以及在意志尚未出现时无法控制的冲动，使我们心中呈现了一些景象，最终构成了梦中的景象。"

莫里尤为明确地指出，尽管梦者的不道德倾向会受到打压与掩盖，但它确实能够显现出来，而梦就具备这种能够将其暴露出来的力量。"当一个人的意志力逐渐消失时，清醒时的意志禁锢就会被突破。因为没有了压抑，激情与爱憎鲜明地迸发出来。因此，梦中的我们就会彻底地暴露出天性与软弱。"在另一个地方，莫里还有一段非常精彩的论述："在梦中，我们回到了自然状态，尽情地展现着自我的本能。但随着心灵一点点地摆脱掉已知观念的束缚，自然冲动对它所发挥的效力也越来越大。"此外，莫里还现身说法，说自己曾经多次发表文章抨击迷信，可在他的梦里，自己并没有殒身于迷信。

莫里进行了细致敏锐的观察，可是令人遗憾的是，他只是以"心理自主性"的证明来定位自己观察到的现象。在他看来，这种心理自主性与精神活动是对立的，彼此互不包容，梦就是被它操控的。从梦的心理学研究来看，正是莫里的这种观点，才使他的观察价值大打折扣。

斯特里克勒在《意识研究》中有这样一段话特别值得我们关注："梦中并不是只有错觉。举例来说，当人们一提起强盗，就会浑身发抖，梦中也是这样。其实，我们面对的，不过是假想的强盗而已，但那种恐惧感却是实实在在，真实发生的。"这让我们明白，评判梦中情感不能等同于评判梦的其他内容。于是，我们面前又出现了一个问题，那就是：梦中发生的精神活动并不都是虚假的，真实的那部分是否归属于清醒状态下的精神生活？

7 梦的作用和理论依据

其实，梦的理论就是一种关于梦的陈述，它是从某一特定的角度出发，对观察到的梦的特点进行解释，确定梦在一个更广阔的领域内的定位。我们不难看到，在对梦的研究中，是从梦的基本特征入手，并在此基础上搜集信息、展开解释的。也正因为这样，我们选择的特征不同，理论间的差异自是不同。但无论是功利主义还是别的什么，我们大可不必对梦的某一功能给予理论上的推论，可在解释过程中，人们一如既往地寻求目的性，使那些与梦功能紧密相关的理论备受青睐。

从这个意义上来说，我们把认识到的一些观点称作梦的理论一点都不过分。在古人眼中，梦是上帝的旨意，是来导引人们的行为的。正是这套完整的梦理论，为当时的人们提供了所有值得被了解的问题。随着岁月的流逝，梦逐渐进入了科学研究的范畴，越来越多梦的理论有了进一步的拓展、推进。不过，仍有一些梦的理论还有待日后的不断完善。

因为我们不可能一条条地将梦的理论细数出来，所以人们便从它们的特征，以及它们在梦中的精神活动所占的分量入手，对梦的理论做了如下分类：

第一类理论，如德勃夫等人的理论一样，主张清醒时的精神活动构成了梦生活的全部。他们认为，心灵并不进入睡眠，仍然正常工作，只是因为工作环境、条件与清醒时不同，有了变化，所以尽管它还在正常工作，但功能与清醒时却不一样了。这类理论存在一个问题：是否可以用睡眠状态作为一个临界点，区分开梦与清醒间的思维差异区？更为重要的是，人们无法通过这个理论，了解梦的功能，不明白我们为什么会做梦？明明心灵已经无法控制了，为什么精神结构仍要继续发挥作用？面对这些问题，这个理论只能将它们束之高阁。如果不存在梦的代替物，那在涉及梦的反应时，势必出现两种情况：要么在睡眠中不做梦，要么在已受到干扰性刺激时马上醒来。

第二类理论，正好与第一类理论相反，他们认为梦是一种由松散联系构成的低层次精神活动，且它能提供的有用材料寥寥无几。从这个说法来看，梦的精神特征完全不同于德勃夫所言。在他们看来，人进入睡眠状态后，睡眠占据了心灵，除了能使心灵与外界保持距离外，还对心灵发挥着重要的作用。而且它介入到心灵的运行机制，把自己归属到精神机制中，使心灵暂时失效。如果能用精神病学做对比，那么在这类理论下的梦，无非就是智力障碍或精神错乱。至于第一类理论下的梦，也只能是妄想狂了。

可奇怪的是，就是上面的这两种理论，无论是医学界还是科学界，都欣然接受了。也正因为这样，梦中的精神活动才呈现出片段的形式，究其根本原因，就在于睡眠状态下，精神活动失去了知觉。这个观点，极好地抓住了释梦中普遍存在的兴趣点，基本可以说是一个主导性理论。但它也有一个缺陷，那就是在释梦过程中，如果遇到无法调和的矛盾，它有一种逃避困难的倾向，这一点是不容忽视的。赫伯特在《心理学》中说道："梦是一种清醒状态，只不过在很大程度上脱离了正常的轨道，以渐进的、部分的形式呈现而已。"这种观点，就是将梦看作不完整的、部分的清醒状态。因此，由梦的偶然荒谬性中体现出来的精神功能的衰弱，到高度集中的高级智力活动，即睡梦中，在精神功能作用下的这一连串的改变，都可以通过这个理论，来解释不断加强的清醒状态到最后的完全清醒过来。

如果有人为了寻找到一种更科学理性的解释，用生理学角度的描述作为他唯一的手段时，宾兹所说的话恰恰就成了他的理论依据："随着清晨越来越近，这种迟钝状态会一点点地结束。积聚在大脑蛋白中的疲劳物质有的逐渐被分解了，有的随着永不停息的血液流走了，因此变得越来越少。当我们的意识依然模糊，尚处于迟钝的状态中时，一些零零散散的细胞群已经睁开惺忪的睡眼，开始展开孤立的工作。但由于细胞群不受主观联想功能的大脑控制，它们便与最近的印象材料建立广泛而不规则的联系，生发出大量的图像，之后又杂乱无章地堆在一起。随着越来越多的脑细胞获得自由，梦的潜意识性越来越低了。"

将梦看作不完整的、部分的清醒状态的观点，只要我们打开任何一位现代生理学家和哲学家的著作，都不难发现其踪迹。其中，阐述得最细致、最详尽的非莫里莫属。通过莫里的阐述，我们获得这样的一个印象：清醒状态和睡眠状态在生理解剖部位之间转移，且生理解剖部位与精神功能联系在一起。也就是说，莫里似乎把精神功能特定的相关解剖部位的转移，当作审视清醒状态和睡眠状态的标准。对于这个说法，我不做过多的评论，只想说一点，即便梦是部分清醒状态的理论可以得到有力的证实，但其细节的地方仍然有待商榷。

显而易见，这样的一类理论，根本无法推导出梦具有的任何功能。宾兹根据他的观察实验，在普遍性事实的基础上，得出一个合理性的结论，其对梦的意义和地位而言，在宾兹的一段话中得到了体现：

"虽然梦是一种躯体性的活动，但它在任何情况下都毫无用处，甚至在很多时候，都呈现出病态……"

"躯体性"一词被应用到梦中，用以描述梦，真的感谢宾兹，因为它于梦而言，具有多重深远意义。首先，它与发生学有关，因此宾兹在书写的时候，对它另眼相待，用斜体字加以区别和重点突出。在刺激梦的产生时，宾兹利用了药物研究试验，但在这一过程中，他对发生学产生了极大的兴趣。那是因为，这种理论竭力用躯体因素囊括所有刺激，如用一个极端的形式表述，完全可以说：假如我们排除所有刺激，然后一觉睡去，直到第二天凌晨，我们都不需要做梦也无法做梦。但随着第一缕光线的到来，新的刺激因素开始出现，我们在其作用下，才可能在做梦的现象中慢慢地醒来。然而，排除所有刺激，使人在没有任何干扰的情况下安然入睡，这根本就是不可能的，正如我们看到的歌德诗剧《浮士德》中梅菲斯特抱怨的"生命的萌芽"一样，各种刺激无法控制，从四面八方袭向睡眠者，无论是源于体内还是来自体外，清醒时的我们从未留意过它们，在如此情况下，平稳的睡眠受到了干扰。刺激将心灵的角落一个个唤醒，只是这清醒只是暂时的，随后心灵会再次进入睡眠中。说白了，梦就是刺激因素对睡眠干扰的反应，而且还是完全多余的反应。

其次，用躯体性表示梦还有另外一层含义，其意思是说，梦并不是一种心理过程。可最终，心灵功能还是被梦留存下来了。很久以来，包括严谨的科学研究者在内，就开始用"音乐的门外汉伸出十指，在钢琴上胡按一通"来比喻做梦，真的非常形象。是呀，一个对音乐一无所知的人，如何用他的十指完美地演绎一首乐曲呢？同样的道理，用这样的观点想把梦解释清楚，无异于天方夜谭。

布达赫认为："如果说梦是部分清醒，那第一个问题就是，它根本解释不清什么是睡眠状态，什么是清醒状态。另外，既然说梦是部分清醒，那在梦中，除了某些精神力量发挥作用外，其他力量都处于沉寂状态，可是，这样的不规则状态却贯穿整个梦生活。"

像这样，随着对梦是部分清醒的理论的抨击，在1886年的时候，一种新的有趣的主导性理论出现了，即梦是一种"躯体性"的过程。罗伯特提出的这个观点很有说服力，因为他不仅赋予了梦功能，而且还指出了梦具有一种有益的作用。

罗伯特的这个理论，是建立在他从观察中获得的两个事实基础上的，这在前面"梦的材料"和"梦中记忆"中已经讲过，大体意思是，日常生活中越是鸡毛蒜皮的小事，就越容易出现在我们的梦中，而那些特别吸引我们注意的重大事件，出现在梦中的概率反而非常小。如此，罗伯特构建了自己的理论，他认为：刺激梦产生的，从来不是我们头脑中深思熟虑的那些大事，而一些我们心中只留有残缺的印象或我们转瞬就忘的东西，才是真正的推手。在他看来，这是一个普遍性的事实。"前一天没有得到梦者特别关注的那些感觉印象，才导致了梦的出现，而这又恰恰是释梦中无法绕开的雷区，所以我们的梦常常无法得到合理的解释。"也就是说，进入梦中的印象，要么在加工过程中受到了干扰，要么太过无足轻重，根本没有得到加工。

实际上，我们能够察觉到梦是一种自我精神的反应，完全得力于梦是一种躯体性的分泌过程。反过来，一些刚刚坠地就被扼杀的思想也正是通过梦呈现出来的。"如果有谁连做梦的能力都没有了，那么他的大脑里一定积累了大量的残损的、被搁置下来的思想，以及各种粗浅的印象。而且，它们当中的大部分内容牵扯在一起，扼杀了那些完整的已经融入大脑记忆中的各种思想。这样的话，结果只有一个，那就是这个人精神错乱了。"梦对于负担过重的大脑而言，就相当于一个安全阀，起着治疗、减压的功效。

罗伯特只是无意中说明了心灵是怎样实现了清除和排解，如果你执意打破砂锅问到底，那便是对罗伯特理论的误读。不言而喻，罗伯特的理论来自对梦中材料的两个特性的推断，而这一过程又正好是一种躯体过程。其间，躯体活动借用各种方式剔除了睡眠中毫无价值的印象，并顺利完成。因此，做梦不过是我们在这个剔除过程中得到的信息，并非什么特殊的精神过程。另外，罗伯特自己还补充说，夜间的时候，心灵还会对白天的刺激进行加工处理："心灵中那些未被消化掉的观念材料，如果没有剔除，就凭着想象将它们加工成一个整体，成为一种无害的想象图画，插入记忆里。"

可是，就梦的来源这一问题来说，主导理论认为，只有在外部或内部感觉刺激不断激发下，人们才会出现做梦这种现象。很显然，罗伯特的观点完全不同于这种主流观点。他认为心灵本身承担太多了，需要解压和释放，这才推动了梦的产生。而且，罗伯特根据这个事实，进行了逻辑推理。他说作为梦的起源，躯体因素是次要的，如果心灵无法取材于清醒意识材料来构建梦，那么仅有的这些躯体刺激因素，是不能使人做梦的。在他眼中，因为神经刺激仍可能对梦中发自内心深处的幻想景象发挥作用，所以梦并不完全取决于躯体因素。另外，他并不觉得梦是一种精神活动过程，因为清醒时的心理活动中毫无它的立锥之地。实际上，梦是每夜都有的躯体活动过程，它就像心灵的守护神，守护在精神活动相关的结构中，以免其承载过重负荷，而它也因此成就了自身的功能。

将自己的理论建筑在梦的这个特征上的，还有学者伊维斯·德拉格，这从他所选的材料中我们就能获悉。不言而喻，从同一事物出发，认知的稍许差异就会导致截然不同的结论。

德拉格给我们讲述了他失去挚爱亲人后的切身感受，他说，我们不会梦到白日里心心念念想着的事，直到后来它被别的事情挤出去，它才会在梦中出现。后来，德拉格又把别人的梦例当作研究对象，进行了仔细的观察研究，证明这个事实普遍存在。有趣的是，德拉格在选取那些梦例的时候，还特意选取了一些年轻夫妇的梦，他发现："如果这对年轻人浓情蜜意，深爱着彼此，他们在婚前或是蜜月里几乎梦不到对方。而如果他们谁做了色情的梦，和自己根本不认识的或讨厌的人发生了不正当的关系，那么谁就可能出了轨。"也许有人会问，那我们究竟能梦到什么呢？德拉格说，梦中的材料是由前几天或更早的片段和残余构成的。最开始，我们认为梦中出现的那些我们没见过的事物才是梦的制造者。可经过审慎的考察、研究，最终我们发现，那些事物不过是我们早就体验过的，而没有引起我们的关注，如今也只是它的再现而已。尤其是这些材料还有一个共同的特征，从其来源来说，无非就是两种印象：第一种印象可能超出了我们的理智，对我们的感觉有着强烈的作用；第二种印象则是从它出现的那一刻开始，我们的意识就忽略了它。意识与印象成反比，意识投入的关注越小，印象就越强，它就越有希望成为构筑梦的材料。

德拉格口中的这两种印象，和上文中提到的罗伯特的那两种印象大致差不多，即无足轻重的印象和未经处理的印象。但是，德拉格却得出了不同的结论。不仅如此，他还给出了造成这种差异性结论的条件，即梦之所以能够出现，并不是这些影响不重要，而是因为这些印象未经处理，从其本质来说，它们尚属于新印象。当它们接收到压力的时候，被强烈地反弹回来，于是便释放在梦中了。至于那些力量强大的印象，它们在印象处理过程中，不是被偶然打断终止了，就是被有意地压制着。到了晚上，这些因白日中被阻碍或被压抑而积蓄下来的精神能量，就会发挥作用。只是这作用，相比意识忽略掉的那些弱小印象更加强大，直接驱动了梦的产生。相应地，那些被压抑的精神因素也就出现在梦中。

非常可惜的是，德拉格的思路就此中断了，而他也不过说明了精神活动在梦中所起的作用，只是最微不足道的那一种。因此，德拉格的理论又回到了梦是大脑的部分睡眠状态这一主流理论中来。他概括道："梦是无目的、无方向、不断漂移的思想的产物，它依附在别的记忆上。可记忆拥有的强度，足以打断它游荡的进程，使它的脚步停下来，彼此之间建立联系或结合。并且，这种联系和结合的强烈与微弱、模糊与清晰，完全取决于此时大脑活动在睡眠中消解程度的大小。"

我们归纳的第三种理论认为，梦中的心灵拥有一种特殊的精神活动功能和倾向，这在清醒状态下基本上无法完成。梦通过这种能力，自身的一种实用功能得以实现。早期的心理学家们对梦的评论，大多属于这一种。不过，最有代表性的当属布达赫的观点。在他看来，做梦是心灵突破了个性能力的束缚，剔除了自我意识的干扰，不再受自我决定的支配，自然地进行着活动。此时，感觉中枢的生命力获得了彻底的解放，自由自在、无拘无束地运动着。

毫无疑问，在布达赫等学者的心目中，心灵完全自由地挥洒着自身的力量，积极地为白天的工作积蓄力量，这就好像休了一个假一样，以一个全新的自己重新出发。也正因为如此，布达赫不仅特别欣赏诗人诺瓦利斯赞美梦的那些美妙诗句，而且还引用了过来："梦如同一个世外桃源，为人们抵挡住枯燥乏味的生活。它使想象挣脱了羁绊，自由地驰骋，打破了日常生活与景象间的界限，那布满岁月沧桑的脸哪，换上了孩童般天真的笑容，不再拘谨、严肃。假如生活中没有梦，我们一定会加速老去。梦是我们的良伴，使我们的生命旅程不再寂寞。因此，别再把梦看作神的恩赐，拿它当作一份欢乐的礼物吧！珍惜、呵护，白首不相离！"

梦能使人重新焕发活力，对此，普金野的描述尤其令人印象深刻："实现这一功能的，主要是那些极富创造性的梦。它们自由驰骋，充满想象力。白日里，我们绷紧了心灵之弦，使它们无法得到放松，于是它们便努力摆脱这种状态。梦就为它们提供了一个避风的港湾，使它们远离了白天的事务，为想象插上了理想的翅膀，使心灵获得了休息，并开始养精蓄锐。尤其重要的是，梦与白天的生活刚好相反。睡梦中，用欢愉治愈了悲伤；用未来宏图慰藉了忧愁；用爱和友谊取代了仇恨；用勇气和信心驱散了恐惧；用信念和坚定的信仰平息了疑虑；用实现的理想消除了漫长无望的期盼。梦如同一剂良药，不仅能抚平白日的创伤，还能治愈白天里不断受挫的心灵。同时，梦更似一道屏障，确保心灵不再受到侵害。也正是这样的原因，时间使得伤口得以愈合。"实际上，梦是精神活动的好朋友，我们正是通过它来感受睡眠带给我们的种种好处的。这一点，我相信大家早就体会到了。

早在 1861 年，舍尔纳就曾进行各种实验、观察，试图通过恢复梦的初始面貌，找到一个意义深远且有独创性的解释，破译梦。他在撰写梦的评论过程中，激情澎湃，灵感如泉水般喷涌而出。只是，他以轻狂的姿态、虚华的语言，滔滔不绝地大谈特谈梦的功能，把梦说成是只有在睡眠状态下才能自由运作的特殊心灵活动。那些持有不同观点的研究者，对此相当反感和抵触，又平增了梦的解析的难度。下面，我们把目光转向哲学家沃克特，把他对舍尔纳的那段简明清晰的评论借用过来："这些混合物，如同空中层层堆积的云，熠熠生辉。启发的锋芒激射而出，仿佛一道闪电，划破夜空，但却没能使哲学家们眼前一亮，豁然开朗。"舍尔纳的支持者们，也纷纷这样评价他的著作。

舍尔纳与一些学者的观点不同，在他看来，梦生活中，心灵的能力不会减弱，是不可信服的。他认为：人们处在睡梦中的时候，无论是自我的集中度，还是本能，都会慢慢减退，因为脱离了核心，人的情感、认识、意志、理念等心理功能，也会发生相应的改变，可这些精神力量的残余部分，除了只剩下机械化的运动外，精神力量不再显示其精神特征了。

但这时，"想象"的精神活动却粉墨登场了，它们摆脱了理智以及一些精神规则的束缚，一跃成为梦中材料的主宰。尽管梦接收了一些来自清醒状态的最近的建梦材料，但因其独特的复制性和创造性，再现出来的情境却与清醒状态时的天差地别，所以梦总是别具特色。总体来说，梦更喜欢那些滑稽、夸张、怪诞，而又令人忍俊不禁的东西。同时，又因为它摆脱了思想羁绊，它的丰富性以及灵活性、应变性获得了更大的空间，使它能快速捕捉、感知到那些细腻的情感刺激，以及各种激情，在第一时间内将这些内心生活感受塑造为立体生动的形象，并融入外部景观中。

梦中想象不会用概念的语言来表达，当它想表达自己的想法时，就只能用一幅幅图画进行形象的描绘。但由于梦不受任何观念的弱化影响，对于这些形象化的表达，往往劲头十足，充分利用、想象。可言语并不擅长用恰当的景物再现客观事物，很多时候，它更喜欢通过视觉印象，再现客观事物的数量、大小、力度等特性，或用一些另类的神奇景象来表达这些特性，这也就是所谓的想象活动的"符号化"。因此，当言语被用来再现客观事物的某种特性时，清晰度就会大打折扣。也就是说，无论梦中的语言多清晰，也难免拖泥带水、臃肿笨拙。

尤其不能忽视的是，梦再现出来的神奇景象，都是梦对这个事物感兴趣的那一刻才产生的，不过是恣意地勾勒了它们的大致轮廓而已，并非原封不动的复制粘贴，这就如同我们素描时，灵感乍现一样。并且，梦象并不局限于单单地再现某个客体，它还有一种内在的冲动，在一定程度上，把梦中的自己与客观事物联系在一起，构成一个完整的故事。比如，有这样一个梦，在视觉的激发下，梦者的梦中出现了街上有掉落的金币的场景，梦者惊喜万分，随后捡起这些金币，扬长而去。

在舍尔纳眼中，正是白天极不明显的躯体感官刺激，才使梦象有了艺术加工的原材料，这也正是为了使心灵进行想象的目的所在。或许，他的这个想象未免太丰富了。而我们之前上文中说到的冯特和其他一些生理学家的理论又过于理性。就是这样水火不相容的两种理论，却在梦的来源以及刺激因素上殊途同归，认识达成了高度的统一。不过，从生理学角度来说，冯特等人认为，内部躯体刺激所引起的精神反应，在相应地唤醒某些观念后，便消失殆尽了。随后，被唤醒的观念通过联想又引发了其他的观念，此时，梦中的精神活动也到此结束了。如此我们不难看出，舍尔纳眼中的梦形成的起点，恰恰就是冯特等其他研究者的终点。

人们很难想象，梦与躯体刺激除了互相逗闹取乐外，对躯体刺激来说，梦象并不具备什么实用价值，它不过是勾勒了有机体的来源，并把梦的刺激塑造成某种象征性形象后，呈现出来而已。舍尔纳认为，梦象总想以一种完整的整体形势再现有机体，即表现为一个房子。对此观点，沃克特和一些学者并不认同。舍尔纳还说，幸运的是，这不是梦象再现的唯一方式。有的时候，与此刚好相反，它在表现某一器官时，可以用一排房子的形式呈现。例如，肠道发出的刺激，可以用街道边一排长长的房子来代替。还有的时候，可以用一个房子的各个部分来指代身体的各个部位。例如，一个人头痛，睡梦中就梦见了一间屋子的天花板上爬满了蜘蛛。而且，那些蜘蛛就像一个个大蟾蜍，令人恐惧、恶心。此时，天花板指代的就是头。

除了用房子象征外，还可以用任何物体指代引发梦的各个身体部位。例如，"可以用烧得正旺，火焰呼呼作响的火炉，表示正在呼吸的肺；可以用一个空空如也的篮子或箱子，表示心脏；用一个空心的、像圆袋子一样的东西，表示膀胱。如果一个梦是在男性性器官的刺激下产生的，梦者就会梦到上半支单簧管，或是烟斗的相同部位，也有可能梦到自己在街上捡到一块皮毛。单簧管和烟斗代表的是与之相似的男性生殖器，而皮毛象征的则是阴毛。至于女性因性器官刺激引起的春梦中，被房子环绕起来的狭小庭院，表示女性大腿间的狭窄连接处，而一条穿过院子的羊肠小道，表示女性的阴道。梦者可能要去给一位绅士送信，正穿过这条软绵绵、狭窄而又湿滑的小路。最为关键的是，这类由躯体刺激引发的梦进入到尾声的时候，梦象几乎都会撕开面具，揭示出发出刺激的器官或是功能。因此，如果一个人的梦是在牙齿的刺激下引发的，那在梦的结尾，梦者通常是梦到自己口中的牙齿被拔了出来"。

其实，并不是梦中想象仅仅注意受刺激的器官的外形，也可以象征性地把器官所具有的内涵表示出来。比如，一个由肠道刺激引起的梦中，梦者通常会梦到自己正走在坑洼不平、泥泞难行的羊肠小路上；而一个因膀胱刺激引发的梦中，梦者极有可能梦见一洼水，水面不断地浮起泡沫。另外，也可以象征性地把刺激引发的兴奋本质，或刺激欲求的对象再现出来。比如在痛苦刺激的引发下，梦者极有可能会梦见自己正奋力挣扎，绝望地与疯狗或是公牛拼个你死我活。最后一点是，梦中的自我也可以是自身状态的象征物。比如在妇女的性梦中，就有可能是妇女自己被一个赤身裸体的男人紧追不舍。不论梦用什么样的形式表现，每一个梦都有自己的核心，其力量永远是象征性的幻想活动。沃克特曾怀着极大的热情，以优美动人的文字，完成过一本温情的书，其目的就在于深入地探析梦中想象的本质，并明确它在哲学体系中的地位。可是，即便是这样，对于一个未曾接受过训练、不了解哲学概念体系的人来说，要读懂他的著作，也是一件非常难的事。

人处在睡梦中，心灵只是在与接收到的刺激嬉戏玩耍，这让人难免疑窦丛生，它真的在与这些刺激玩笑取乐？实际上，从梦的功利性作用这一角度来说，舍尔纳的象征式想象理论并没有涉及。我们不难看出，舍尔纳的理论具有随意性、专断性，且有与任何研究原则相背离的地方，如果我对他的理论做深入的探讨，人们不免会问：究竟能不能获得实用方面的指导？对此，我要着重声明，没有广泛细致的调查就没有发言权。

舍尔纳的理论基础，虽然来自他自己深思熟虑过的梦中印象，但对于探析精神领域中的模糊影像而言，可谓得天独厚。尤其是它把千百年来始终困扰着人们的未果难题作为主要的探索对象，其本身就具有深远的意义。就目前来讲，最严密的科学也不得不承认，对于这一难题的回答，科学所能做出的最大贡献，也仅仅是试图反对时下流行的观点，并尝试着诠释梦这一客体毫无内容和意义，除此之外，别无意义。

老实说，当我们尝试着给予梦一个合理的解释时，总是难以摆脱想象的成分。其实，想象是神经细胞的产物，这在上文中已经说过，而且还引用了宾兹的一段周密的论述，他清晰地描述了清晨时分，第一抹光亮是如何作用于大脑皮层中的沉睡细胞群的。相比舍尔纳的释梦理论，宾兹的想象性并不次于他，尤其那种不可能性，一点也不逊色。

我尝试着找到舍尔纳释梦理论背后隐藏着的真实元素，尽管它很不明显，还缺乏一种上升到理论的普遍性特征。不过通过比较，我们不难发现，目前对于梦的解析犹豫不决，有时倾向于舍尔纳的理论，有时偏向于医学理论，不停地摇摆于这两个极端间。

8　梦与精神疾病的关联

说到梦与精神疾病的关系，可能会有下面三种情况：

1. 病因和临床表现之间的关系，如梦预示或表现着一种精神病状态，或精神病状态的后遗症。

2. 梦生活会随着精神疾病状态的出现而相应地发生变化。

3. 梦与精神疾病的内在联系，这种联系往往体现在两者本质的相似性上。

梦与精神疾病间的种种关系，曾是早期医学工作者青睐有加的话题，这从搜集到的斯皮塔、拉德斯托克、莫里、蒂西等的一些文献资料就能了解到。现在，这个话题又重新受到广泛的关注。最近，桑特·德·桑克蒂斯也将目光对准了它。在本节中，只要能对这个热门的重点话题简单地提一下，我便已经很知足了。

下面，我们就以观察为例，逐条说明梦与精神性疾病的关系，那我就先从第一点开始。霍恩鲍姆曾在他的一份报告中指出，妄想型的精神疾病大多是由焦虑或恐怖的梦引发的，支配着他的念头与梦脱离不了关系。后来，克劳斯援引了这段话。桑克蒂斯通过对妄想症的细致观察，也得出了类似的结论，他认为，在这种妄想狂患者的案例中，梦才是导致精神错乱的决定性因素。那么梦是如何引发精神疾病的，桑克蒂斯曾经说过，有可能是一个妄想型的梦引发的，也可能是一连串的梦一点点引发的，这些梦有一个共同点，它们都逾越了一定的怀疑障碍。对此，他用他研究过的病例作为例证：他的一个患者，在做了震撼感情的梦之后，这个患者在接连出现轻微的歇斯底里后，陷入了焦灼不安的消沉状态。莫里也讲了这样的一个梦例，直接引发了患者癔症性瘫痪。这些都是梦作为精神错乱病因出现的例子，也就是说，这些精神错乱第一次是在梦中发生的，然后突破了梦，透入了现实生活。

　　接下来所举的例子表明，梦中会出现病理性症状，或许可以说，梦中才会有精神疾病。这类现象引起了拖迈耶尔的注意，随后，他观察了一系列焦灼的梦例，他认为这些梦应该被看作癫痫病发作了。埃里森也曾描述过一种患者，他们白天看起来很正常，可一到晚上，他们就会出现幻觉，继而发狂暴躁起来。这类疾病，也就是所谓的“夜发性精神错乱”。桑克蒂斯举了一个酒鬼的梦例，这个酒鬼醉酒后，进入一种类似于做梦的妄想状态，他大声指责自己的妻子出轨。巧的是，蒂西也公布了与此类似的发现。在他所举的发生在近期的众多梦例中，那些出自梦的病理学特征，如精神失常、强迫性冲动等都得到了体现。吉斯莱恩绘声绘色地介绍过一个病例，这个患者的睡眠被间歇性的精神病发作取代了。

也许在不久的将来，医生们会把目光从梦的心理学，转移到梦的精神病理学上来，对此，我深信不疑。

还有一些处在精神疾病康复期的病例，那些患者在白天的时候，精神都回归到了正常状态，可一到了晚上，他们的梦生活却仍然处于精神病状态。格里高利第一个注意到了这种现象，为此，克劳斯赞誉他是这一事实的首位发现者。蒂西在论述中，就引用了马卡里奥描述的一个病例，一位狂躁症患者在彻底痊愈后的一周内，在梦中又体验了发病时的那种胡思乱想和狂热冲动。

关于梦与精神疾病的第二点关系，截至目前，还很少有人去探索长期患有精神疾病的人，他们的梦会有怎样的变化。反倒是跨越了这一点，直接将目光放在了第三点，也就是梦与精神疾病两者的内在关系上。从两者的表现来看，梦与精神错乱有很多一致的地方。据莫里说，最早提出这一观点的是卡巴尼斯，他发表的《关于身体和精神疾病的报告》一文，就首先指出了这一点。之后，莱卢特、莫罗、哲学家梅恩·德·比让都曾针对两者的关系，做过相应的论述。当然，这种论述还可以追溯到更早时期。关于这个问题，拉德斯托克曾在他的著作中，单用一个章节做了针对性的探讨，并把梦与精神错乱之间相似性的名言一一罗列出来。康德说过："疯癫者跟一个清醒时的做梦者没什么两样。"克劳斯也表示："精神错乱就是感觉器官在清醒状态下所做的梦。"叔本华也把梦和疯狂联系在一起，在他看来，梦不过是短暂的疯狂，疯狂是长久的梦而已。哈根觉得，谵妄就是一种梦，只不过诱发它的不是睡眠，而是疾病。冯特也有过类似的评论，他在《生理心理学》中这样说道："实际上，我们在精神病院看到的所有现象，基本上都能在梦中亲身体验。"

正因为有了这些共性，梦与精神错乱的比较才有了基础。斯皮塔曾列举了它们的共同点：

1. 自我意识被阻碍或取消，使它没有了洞悉事物本质的能力，这也导致了惊奇感与道德意识的丧失。

2. 在梦中和精神错乱的状态下，感觉器官的感知能力被改变了。也就是说，在梦中的时候，感觉器官的感知力降低；在精神错乱的状态下，感觉器官的感知力大幅提高。

3. 在联想法则和复制法则的调配下，全部观念都自动联系在一起，按序排列，这就使包括夸张、错觉在内的观念之间的关系失调，不成比例。

4. 在以上三点的作用下，这一点才得以产生：人格发生了转变，甚至在某些情况下完全发生了逆转，间或也有性格特征的变化或反常。

莫里也有过极其类似的观点。然而，除了上面的这几点外，拉德斯托克就梦与精神疾病中材料方面的相似性又补充了几个特征：

"错觉与幻觉都大量出现在感觉范围内，其中包括视觉、听觉，以及体内一般感觉。如同梦里一样，嗅觉和味觉几乎不发挥作用。记忆是个很奇怪的东西，有时离人们很近，有时又离人们很远。清醒或是健康的人好像已经忘记了的事情，睡着的人或患者都能回忆起来，这也是一些发烧病人与梦者的共同点之所在。"至于人们怎样才能完全了解两者间这种相似性的价值，也只有当它通过运动的详细动作，以及脸上展现出来的表情特征，才会有可能了解。

现实生活中，"幸福安康永远是肉体与精神都饱受煎熬的人孜孜以求的东西，可在梦中，这些对他们来说根本不是难事，几乎唾手可得。所以，即便有人处在精神性疾病的状态下，眼前也不乏幸福快乐、雄伟壮丽、权势显赫、财源滚滚的愉悦景象。尽管这只是头脑中的一种想象，但至少满足了致富的渴求与其他一些美好的愿望。

而当这些想象遇到障碍或是毁掉的时候，就会导致精神错乱。同时，这也构成了谵妄的主要内容。比方说，在谵妄中，痛失爱子的妇女，会享受生子做母亲的喜悦；一个一贫如洗的人，会体验到成为百万富翁的快乐；一个被无情玩弄的女孩，会享受爱抚与柔情的甜蜜"。

这段拉德斯托克总结的观点，只是简化了格里兴格尔的精妙分析，之前，格里兴格尔曾明确指出，愿望的满足，是梦和精神疾病共有的特征。尤其这一点对于梦和精神疾病的心理学理论而言，至关重要。并且，通过我自己的研究，我也深信这一点。

关于梦与精神错乱的主要特征，拉德斯托克做了进一步的阐述："它们的思想都浮想联翩，荒诞而又怪异，且其判断力呈现出减弱之势。"只是梦者与精神错乱者不知道，在这两种状态下，他们都会过高地看待自己的成就。其实，在清醒或健康的人眼中，他们的成就没有任何价值，更别说有什么意义了。实际上，梦中联想势如奔马，进展迅速，这与精神疾病中的思维涣散是一回事，两者都没有什么时间感。我们都知道，但凡幻觉性妄想狂患者都存在人格分裂的问题。实际上，他们在梦中的时候，大体上也是这样。梦者自己头脑中长期形成的认知可以同时是自己和别人，同时还存在一个外在的自我。这个自我表达着梦者的心声，梦者能够真切地听到这个心声，并纠正梦中真实的自我，这和我们熟悉的幻觉性妄想狂的人格分裂如出一辙，而梦者也会听到别人在表达自己的想法。甚至长期慢性的妄想性思想，在某些地方与单调重复的挥之不去的梦魇极其相似。经常会听到痊愈后的谵妄症患者说，在他们整个生病期间，感觉就像一场梦，非常惬意。他们还说，当他们在梦中的时候，也会告诉自己，这是在做梦，和平时的梦没什么不同。

正是因为这样的情景，拉德斯托克和其他许多学者总结认为：

"作为一种非正常的病例现象，精神错乱可以与那种一次次加强的、正常的、周期性做梦同等看待。"

相比于梦与精神错乱的对比，克劳斯试图找出一种更为紧密的联系。功夫不负有心人，他于病理学也就是刺激的来源方面，终于搜寻到了这种联系的依据。他认为，两种现象共有的基本元素分别是：机体感觉、身体刺激产生的感觉、由所有器官共同作用形成的总体感觉。

梦与精神疾病之间的相似性是毋庸置疑的，甚至可以扩展到可以体现它们特征的细节上，这一点对于梦的医学理论来说，是最为有力的一个依据，足以证明梦是一种没有用处，且受到干扰的过程，是低度精神活动的表现。我们都知道，对于精神疾病的起源，我们还知之甚少。因此，如果从精神疾病这一角度出发，对梦进行完美的诠释，恐怕是我们无法做到的。但反过来讲，如果我们对于梦的认知有了改变，就一定会影响到我们对于精神疾病内在机理的理解。换句话说，当我们努力揭示梦的秘密时，实际上也是在为解释精神疾病之谜而努力工作。

第二章　梦的释义：透过一个梦例解析梦

从我给这本书写下题目开始，无论从哪个方面入手来诠释梦，头上一顶"冒天下之大不韪"的帽子都仿佛随时会落下。其实，我的目标，就是想证明梦是可以得到合理解释的。

前面我已经梳理了关于梦的各种文献，毫不夸张地说，目前，我对于梦的研究这一问题，几乎站到了所有已经建立的观点的对立面。可以说，除了舍尔纳的学说外，我的观点如高山流水，难觅知音。而第一章所有的内容，不管是否有助于实现我的最终目标，都起到了很好的铺垫作用，也可以说是承上启下的作用。我认为梦是可以理解和解释的，所以必须赋予梦某种存在的意义，而且它和我们其他的精神活动一样，本身就是精神活动的一个组成部分，那它就和其他部分一样，具有存在的价值和意义，甚至意义更为重大。或许正是因为这样的立场和出发点，我的主张成了主流理论的异类陪衬，或是众矢之的的。

我始终坚定地认为，每种事物都有自己存在的价值，梦也一样。就算仅凭一个模糊的印象，我们也应该假设每一个梦都有其自己的含义，尽管这种含义隐藏得很深，但不是看不到就是不存在。在我们精神活动的这一链条上，梦是最隐匿的一个环节，它代表了另外的某些精神过程，要准确地揭示梦的含义，还有待于梦的替代物的发现。

可是到目前为止，主流科学理论不仅没能正确地揭示梦的含义，还一推了之，直接将梦划归到非精神活动的阵营里。在这些主流科学理论看来，就算梦真的具有一定的意义，那也不过是生理意义上的某种精神系统符号而已。相比之下，世俗中的下里巴人的见解倒是颇有意味。他们中的大多数人，都觉得梦具有存在的意义，可这些见解并不统一，有的还相互冲突，但难能可贵的是，他们都认为梦承载了特定的深意，尽管人们因为暂时还没有完全掌握梦的所有细节，觉得梦有些荒诞。

关于梦的说法，一直众说纷纭，而且这种情况并不是只有现在这样，那可是千百年来喋喋不休地持续到现在的。其实，要是把民间释梦法归纳起来，也不外乎两大类，甚至完全可以说，这两大类基本涵盖了已有的各种途径的释梦法。第一种方法是，把梦境和想象中的演绎尽可能地贴合、对应。第二种方法是，代码破译法。

第一种方法，也叫象征式的释梦方法，这种方法看起来很好，但也有死角，就是当人们遇到杂乱无章且又无法理解的梦时，它就显得力不从心了。《圣经》里，法老做了一个非常奇怪的梦：七头瘦牛正紧紧追赶着七头肥牛，距离越来越近。就在追上的那一刻，七头瘦牛发起攻击。随后，七头肥牛就成了七头瘦牛的腹中大餐。约瑟夫在为法老释梦时，非常肯定地告诉法老，埃及国内要出现饥荒了，而且接下来的七年，都是荒年，即梦中的七头瘦牛所指，而七头肥牛则代表的是已经过去的七个丰年，这七个丰年里，埃及五谷丰登、国泰民安，可所有的好运、积蓄，都要被接下来的七个荒年耗尽。这个故事经一些妙笔生花的作家添油加醋地发挥，便构成了极富想象力的象征性解释。象征性的解释得出的结论认为，梦具有预测未来的功能，梦境代表的就是将要发生的事情，而且梦境和对应的想象中的相似物也表明，尽管一些细节被认为是不可能的，但敏锐的灵感和瞬间的直觉，已经足以让我们对未来即将发生的事有个大致的把握了。也正是这些带有灵感性的念头，才使象征艺术成为那些天赋表演家的舞台。总的来说，这种整体性替换的释梦法，避开了难以说清的细枝末节，给了那些主线分明的梦一个看似合理的解释。但这种释梦法也存在一个死角，那就是一旦人们遇到杂乱无章、无法理解的梦时，必将一筹莫展，无能为力。

第一种方法出现死角，也给第二种方法——代码破译法提供了用武之地。象征式的释梦方法，是从整体着眼，而代码破译释梦法却立足于局部或单独元素。比方说，我做了一个梦，除了在梦中收到一封信外，我还梦到一场葬礼，参照达尔迪斯的阿特米多鲁斯所著的那本详细解读各种梦境的书，我就能把信看作即将到来的麻烦事的象征，而葬礼则是要订婚的前奏。也就是说，代码破译释梦法的关键，就在于把梦境中出现的各个零散的元素，都当作不同的象征。按照已成的对应法则，梦中的每个元素都是一个符号，而且这个符号又都可以按照规定的密码，翻译成另一个意义已被人们熟知的元素或事件。这样，梦的解释过程也就是代码的破译过程。之后，人们再把破译出来的关键性元素，用展望未来的方法联系在一起。

需要特别说明的是，因为阿特米多鲁斯认为，单独对梦境元素进行破译是很不靠谱的，所以他的书跟一般的招摇撞骗、牵强附会的释梦书有着本质的区别，或者可以说，这本书已经显示出了一定的科学性。在他看来，任何转码的过程，都必须考虑到梦者的性格，以及生活环境等相关条件，也正是这样的认知，极大地避免了僵硬死板的机械性翻译，使阿特米多鲁斯拉大了他与一些江湖骗子的距离。到此，我们已经明了，正确的代码破译法，就是以组成梦的各个单独元素为基础，同时兼顾全局环境的一种破译法。对于这句话，可以这样理解，假如我们要研究一块从母岩上破碎下来的砾岩，那就必须要详细研究每一层地形，以及地形中的组成部分。那么，研究梦和研究砾岩是一个道理，我们就是通过梦中破碎和凌乱的元素，进而找到梦的有意义的解释。有时，我们也会遇到两个人做了相同的梦，但即便梦境大同小异，可梦中元素也不尽相同，而梦者的身份又直接影响着代码转译。还有的时候，两个梦者的梦中元素一样，但富人、已婚人士、演讲家的梦中元素意义，绝不同于穷人、光棍、商人的。

总的来说，这两种释梦理论各有所长，不分伯仲。整体代换法关注的是整体性象征和迁移，但它的缺点是不能对构成梦的元素面面俱到；代码破译法讲究的是单独元素的破解和兼顾全局的联想，它的弊端是不能保证所有元素的破译都具有意义。优势也好，缺陷也罢，两者在科学面前全都经不起检验，这也使人们对它们的信赖大打折扣。似乎，梦就是一个攻不破的堡垒，一些学者干脆选择眼不见为净，直接将其束之高阁，转而相信哲学家和精神病医生的观点，认为释梦不过就是幻想而已。

明知释梦的工作困难重重，但为了让主流理论的伪科学性暴露出来，我还是"冒天下之大不韪"，做流传下来的一些世俗愚见的辩护人，因为它们在对梦的理解上，远比那些打着科学的旗号，却行着反科学之实的观点更科学，也更接近梦的真相。我深信，梦是生活中不可或缺的事物与事件的代表，有着特定的含义，所以梦是可以被科学解释的，一直以来，我坚持我的这个观点。

多年来，我一直致力于揭示癔症性恐惧症、强迫症等疾病的精神病理学结构，这和约瑟夫·布洛伊尔有着千丝万缕的联系。我们经常书信往来，有一次，他在信中告诉我，像癔症性恐惧症、强迫症这一类精神疾病，只要能解开其中的某个环节，症状就会缓解或消失，疾病便可不药而愈。这使我茅塞顿开，从那以后，我就尝试着去发现疾病中可能潜藏着的关键环节，并且把这些揭示出来的环节应用到治疗这类精神疾病中。在治疗过程中，这个方法总是给我带来意外的惊喜，治疗效果非常好，而我也因此积累下大量的案例，也可能是熟能生巧，我对这一方法越来越有信心。另外，也是由于其他的治疗方法和措施进展缓慢，甚至对这类精神疾病手足无措，我觉得布洛伊尔给我指明的这条路极具吸引力，我决心坚持到底，直到获得圆满的结果为止。我始终相信一点，患者的精神病症状可以追溯到精神生活中的某个具体元素或事件，只要能把这些元素和事件和患者说清楚，那么就一定能打开困扰患者的枷锁，使患者痊愈。

至于这一方法和所获得的成果，我不在这一章节里赘述，后文中会另加说明。说来也巧，我在这种精神分析的过程中，遇到了梦的解析问题。事情是这样的，在治疗过程中，我要求患者尽可能地陈述自己的想法，以及与之相关的观念，并且告诉他们，如果他们做梦了，也要把所做的梦详细地说出来。经过大量的研究，我完全可以确定，梦也可以被看作一种精神病症状。可是，就目前现有的对精神病症的研究来说，都不足以成为探索梦的基础。所以我觉得，梦是从一个病态观念出发，去追溯以往的一系列精神活动的重要一环。这么一来，从把梦当作一种病症对待，到把梦的解析当作解除精神疾病的方法，也就是顺理成章的事了。

在对患者进行精神分析之前，患者必须要做好下面两个方面的心理准备：

1. 对产生的任何感觉都要仔细体会察觉。

2. 对所有出现在脑海里的思绪都要任其发生和变化，不能用平时生活中的道德观念进行压制。

患者必须明白的是，只有做好了这两个方面的心理准备，具体实施起来才会收到事半功倍的效果。第一点之所以那么要求，是因为完整而有效的精神分析是建立在患者所产生的感觉和思绪基础上的，因此，患者要将头脑中发生的一切，事无巨细地陈述出来，这样的话，就不会因为琐碎或无用的因素而影响分析的完整性。为了取得更好的效果，患者最好闭上眼睛，安静地躺下，在无任何干扰的情况下进行自我观察。至于说第二点的要求，也同样是为了保证分析的可靠性，如果患者抱有根深蒂固的偏见，对一些梦境元素或者元素代表物所预示的道德观或价值观深恶痛绝或是还有罪恶感，他们在述说梦境的时候就会有所保留。患者不能正确地解读自己的梦境，就相当于用残缺的真相谋求正确的解释，无异于缘木求鱼。

在我从事精神分析工作的过程中，我发现一个问题，那就是一个正在冥思苦想的人，与一个正在观察自己的人，他们的精神状态有着本质上的区别。正在冥思苦想的人，他们往往表现出眉头紧锁、面容严肃，只一眼就能直观地让人感到，这个人在沉思。而自我观察就显得轻松多了，他们神态安详、举止从容。从这不难看出，正在冥思苦想的人比自我观察的人内心活动更多。也就是说，这两种状态下，就精神系统运行的强烈程度而言有着极大的差异。但冥思苦想也好，自我观察也罢，它们有一个共同的前提条件，那就是必须集中注意力。不过，就其思考过程来说，它们又有一些本质上的不同，正在冥思苦想的人，同时还会展开批判活动。当一些被感知到的观念进入意识后，他会将其中的一部分丢弃，其他一部分中断，从而切断跟随这些观念产生的思路。另外，还有一些观念是他不需要的，所以在它们还没有进入意识领域前，就已经被精神系统压制，失去作为的能力。不同的是，自我观察者就简单得多了，他只要克制住自我批判的态度就行了。也只有这样，才能使产生的思绪从萌芽状态发展到拥有一席之地的群落，待这一过程顺利完成，进入意识领地的数不胜数的思绪就会被尽数掌控，被细致描述。自我观察不仅与冥思苦想存在差异，和睡眠状态也有很多不同的地方。如果非要做一个对比的话，可以把自我观察看作入睡前的状态，此时，有一定的能量来来往往，纵横交错，我们可以把这种能量看作流动着的注意力。

这种介于清醒状态和睡眠状态的中间地带，为我们研究梦提供了有利的契机，我们完全可以通过获得的可感知材料，辅以对精神症状研究的所有成果，那么，梦的研究就打开了新篇章。如果人们在完全放松的状态下，或者疲惫不堪的情况下，目的性过强的精神活动就会隐藏起来，一些表现不太强烈的观念就会出现。尽管它们也带有一定的目的性，但相对而言显得非常随和。之后，这些观念慢慢转化为施莱尔马赫及其他学者口中的视觉图像和听觉图像。不过，在精神疾病症状下或者睡梦中，患者的精神系统往往不会任由这种转变发生，它们会分出一部分能量，一直尾随跟踪这些带有目的性的观念。可这样一来，观念就改变了行进方向，不再按照原来的路径前进，而且目的性一点点消失，成为没有目的、随意游走的"幽魂"。

其实，让那些观察到的观念自由发挥，不受已有思维蛮横无理的干涉，是件非常困难的事。因为尽管这样的观念本身没有强烈的目的性，可是它有极强的自卫能力，就像弹簧一样，只要感受到了轻微的抵触，就会释放出巨大的能量，从而使原本轻轻松松的观察状态，变得刀光剑影，一触即发。这样的过程，就如同诗人的创作过程，如果灵感可以自由发挥，诗就会一蹴而就，可事实是，在此期间，一些自认为理智型的思维会大加干涉，认为哪句合适，可以写，哪句不合适，不能写。值得庆幸的是，我们发现了席勒和朋友的一些往来书信，这真的要特别感谢奥托·兰克。

伟大的哲学家兼诗人席勒在与朋友克尔纳的通信中，鉴于克尔纳总是因为自己缺乏创造力而烦恼，席勒在1788年12月1日回复这位好朋友的信中，就创造力和理智之间的关系做了辩证的说明，信中说："你总认为自己缺乏创造力，在我看来，或许不是这样的，有可能是你放错了理智的位置，因为理智一旦凌驾于创造力之上，想象就会被相应地遏制住了。如果说整个精神系统是一个风格别致的小院的话，理智就是站在大门口的管家，那所有来拜访的观念在它眼中，都是不速之客，它就会不断地拒绝观念登门拜访，而此时，心灵创造力就会被这糟糕的举动彻底摧毁。客观地说，虽然理智的力量很强大，但观念也不是没有翻盘的机会。也许单个的观念势单力薄，可如果后续观念持续涌来，原来看起来荒谬可笑的单个观念就开始积蓄力量，逐渐形成力量强大的势力，和理智对抗的砝码也瞬间增大。换句话说，仓促之间，理智不可能认识到某种观念的力量，因而它也根本不会考虑是否该拿它作为思维的基础。但如果观念持续时间够长，或者类似观念数量不断增多，就会强迫理智认真看待自己，以及自身所蕴含的创造力，理智就会放松警惕，给这些观念可乘之机，使它们得以进入大门。也就是从这时开始，大脑便开始发挥它的创造力了。可各种观念登堂入室之后，精神系统瞬间热闹起来，给人一种暂时的、瞬间的精神错乱之感。其实，你们这些批评家大可不必为之感到恐惧和惭愧，因为所有的艺术家都会出现这种情况。只是，艺术家的精神系统会延续这一过程，让那些观念畅行无阻，最终成为其艺术灵感。而在梦中，那些带有启发性的观念只是昙花一现，稍纵即逝，这也是艺术灵感与梦的区别之所在。照这么看来，是你的理智过于严苛，非但对登门的观念严加抵制，而且还很快加以驱逐，不给它们留下一丝可乘之机，因而你才会感觉自己毫无创造力，没有什么成果。"

席勒把理智比喻成警惕性很强的门卫，虽然很形象，但也容易使人对自己的自我观察能力产生怀疑，觉得尽管理智松弛了，可真要接受那些不请自来的观念也并不是件容易的事。其实，根本没必要担心这个，我的患者在听了我的简单指导后，大部分都能配合得很好，能轻松地记下脑中闪现的观念。我也曾亲自参与过试验，结果也很完美。毫无疑问，降低对批判功能能量的供应，把精神系统中的能量用来观察，可以提高自我观察的强度。但这并不是绝对的，它会因人而异，自制力和注意力不同，直接带来个体间的显著差别。

前面已经说过，代码破译释梦法相比于象征式的释梦法，在对梦的理解上，显现出更多的优越性。另外，从精神分析的实例中也不难看出，患者叙述的并不是梦的整个部分，而是作为元素的片段。如果我们直接问患者，透过他做过的梦能想到哪些事情，患者可能因为这没头没脑的问题，一头雾水，茫然无措。但如果把梦分隔开，针对某种意象和片段提问，患者很容易就联想到与之相关的事物。在精神分析中，作为一个整体背景的梦而言，并不意味着一定要用古老而传统的整体象征来解读，而应将梦看作一个复合物，先把梦零敲碎打成一个个独立的元素，再充分利用代码破译释梦法，各个击破，充分地解读梦。

虽然，我很赞赏这个代码破译释梦法，但我并不会毫无保留地加以运用。原始破译法比较简单、直接，这就需要我们在使用的时候，从实际出发，把梦者的生活背景、经济地位等因素考虑进去，而且还要尽可能地参考社会性指标，因为同样的关键性元素在不同的人身上具有不同的含义，只有这样，才能把梦中的关键元素用可以理解的事物或事件，完美地表现出来。

在对神经症患者的精神分析过程中，我积累了上千个神经官能症患者的梦例，虽然我对这些梦例进行了分析，可我并没有将这些病例作为素材的想法，因为：

第一，这样做，可能会引起患者的反感，遭到他们的反对。

第二，这样做，读者会认为这些梦都出自神经官能症患者，具有特殊性，不适合用来分析正常人的梦。

第三，这些梦例的来源都特别长。如果以它们为例，单是介绍患者及其病史就得占据很大的篇幅，而且还要涉及精神性神经症的本质和病因。这样的话题，有着很大的新鲜度以及神秘感，势必勾起人们的猎奇心理，牢牢地吸引住人们的目光。可我们要特别关注的主题是梦，那对精神性神经症的过多阐释就会冲淡这个主题，减少人们对梦的关注。我的目的在于，利用解梦这个过程，为更棘手的神经症的解决，做一些前期的铺垫工作。因此，我必须放弃这类神经症患者的梦例。

只是这样做，我可以用来作为释梦突破口的可用材料，几乎没有了，而我能获取到的，也只是我认识的健康人偶尔告诉我的那点梦，但这样的梦例非但数量比较少，而且也不能保证其完整性。至于已有的研究梦的文献中找到的一些梦例，我倒是可以援引，可其存在的真实性也是一个大问题。另外，二手资料比较容易得到，但也有潜在的失真问题，要真是这样的话，那么代价未免太大了。仔细衡量之下，我只好寄希望于自己的梦例了。说起我的梦，它还是有着很大的优势的。首先，我的梦很容易获得；其次，我的梦的数量还是蛮多的；最后，也是最关键的一点，那就是我可以最大限度地保证我的梦的完整性、真实性。这些来自正常人的梦与生活密切相关，是释梦的极佳素材。

对此，或许有人会提出质疑，觉得这样的做法不过就是自说自话罢了。在他们看来，带有倾向性的自我分析就是选取了一个角度，其他人也可以用另外的视角看待同一个梦，所以能得到任何结论。我不赞同这种观点，因为相比观察别人，观察自我不但真切，还可以选择更好的角度。关于这一点，实验就可以充分地证明，诠释梦的时候，自我观察不一定带有先入为主的倾向。实际上，对我而言，这不是我最关心的问题，在我内心深处，还有一个更大的困难需要我用足够多的勇气克服，因为一个人若将精神生活中这么多的秘密泄露出来，难免会忐忑不安，我也不是圣人，当然也不能免俗。很长一段时间，我在方案的可行性上举棋不定、犹豫不决，一方面怕泄露自己的隐私，另一方面又担心这些梦或对这些梦的解读使别人产生误解。但德勃夫也曾说过："如果承认自己的弱点，有助于解决含混不清的问题，那么心理学家就要责无旁贷，义不容辞地去做。"我不停地给自己打气，最后终于下定决心按照既定的方案进行下去。或许刚开始的时候，读者会觉得这本书难以接受，甚至有些不屑一顾，但随着问题不断地深入，你会越来越好奇心理学问题的研究，从而喜欢上这本书，沉醉在探索真相的快乐中。

为了使读者感受到这种心理转换的必要性、可能性，我将以我做过的一个梦作为切入点，来演示我的释梦方法。现在，我要请我的读者拿出一点时间，暂时放下自己的兴趣，从我的角度出发，不厌其烦地进入我琐碎的生活细节当中，感悟这个作为例子的梦所蕴含的真正意义。在这之前，我必须要先交代清楚作为开篇的材料的来源及其背景，因为这个做法有着极为普遍的意义，适合每一个具体梦例的分析。

前言：

我深知，对于医生，特别是精神疾病的医生而言，把患者与朋友混为一谈，极有可能成为所有痛苦的源头。而且，医生本人的个人因素越多，越损伤他的权威性，以至于一丝半点的嫌隙都会引起医患双方的不快。如若真的治疗不成功，原本建立的友谊也将会土崩瓦解。可是知道和经历真的是两回事，曾经那段不愉快的经历令我至今难忘，好在并没有带来不好的后果。1895年，我给一位年轻漂亮的女士伊尔玛做过精神分析治疗，其间，我与她及其家人相处愉快，就像多年的朋友一样，关系非常好。虽然我们的关系很好，伊尔玛也非常相信我，可是她并不太接受我为她设计的那套保守治疗方案，治疗时也没有完全施展开。尽管如此，经过一段时间的治疗，她的症状有了明显的好转，癔症性的紧张、焦虑得到了缓解，只是她身体上的症状改观不大。我便提出了更为严苛的治疗方案，但说心里话，我当时也不太肯定，我对她进行精神治疗，究竟应该达到哪种程度，她没有接受我的方案。随着夏天的到来，因为医患双方治疗意见不统一，我中断了对她的治疗。随后，伊尔玛和她的家人去了乡村度假。在那里，他们遇到了我的一个年轻的同事，也是我最好的朋友——奥托。奥托与他们一家人相处了一段时间后回到了城里，并来看望我。我主动问起伊尔玛的情况，奥托支支吾吾地回答说："她的症状有些缓解，但不是特别的明显，总的来说，不是很好。"或许是他语气里暗藏的责备，也或许是他的这个回答，让我顿生不安。我甚至认为，奥托受了伊尔玛和她家人的影响，对我给患者的许诺言过其实而不满，或许在他们心里，从来就没有期望过我能治好伊尔玛。不安和尴尬在我心里不停地撕扯、纠结，我当时什么都没有辩解。当天晚上，我把伊尔玛的病史整理成文，连同我的治疗方案、相关看法以及建议一并附上，转给了 M 医生。我不知道，那算不算是给自己的辩解。当时，M 先生是我们这一领域的权威，一言九鼎，作为我的朋友，他会给出极中肯的评价和具有启发性的见解的。就在我整理病史的那天深夜，当然，也可能是第二天凌晨，我就做了下面的这个梦。醒来后，我趁热打铁，马上把它完整地记录了下来。

1895 年 7 月 23—24 日做的梦之记录

在一个摩肩接踵的大厅里，我和同事正在招待客人。当我看到伊尔玛时，我立刻把她叫到一边，好像是要回复她的信，抱怨她不该不接受我的治疗方案，并告诉她："如果你现在还在受病痛的折磨，那是咎由自取。"她幽幽地说："如果你知道我现在的胃、喉咙和身体有多痛就好了，我真的快要撑不住了。"我吓了一跳，吃惊地看着她。这一细看，我才发现，她浮肿的脸苍白得没有一丝血色。我不由得心想，到底还是自己的疏忽，忽略了一些可能的器官性病变。于是，我把她带到窗边，想给她检查一下喉咙，可她像一个装了假牙的女人一样，极不愿配合。我觉得，她没必要这样做。后来，她还是挺配合地张开了嘴。这时我发现，她喉咙右侧有一大块白斑，除此之外，在形状卷曲的鼻甲骨样的一个结构上，我还发现了一些胀起来的灰白色的痂。

我没有一丝迟疑，立刻把 M 医生叫了过来，让他再检查确认一下……M 医生一瘸一拐地走过来，而且他脸色苍白，胡子刮得一干二净，和平时的他截然不同。我的朋友奥托此时正站在伊尔玛旁边，另一个朋友莱奥波德一边给她做叩诊，一边说伊尔玛胸部左下方的回声比较混浊。而且，他还指出了伊尔玛左肩上一块有炎症的地方。其实，不用他指，我隔着衣服也看到了这块有炎症的地方。M 医生说："毫无疑问，这是感染了，不过也不要紧，因为接下来发生的痢疾会把毒素带出去……"真是一语惊醒梦中人哪！我们马上就明白了伊尔玛为什么会感染了。原来不久前，伊尔玛觉得身体有些不舒服，我的朋友奥托给她打了一针丙基制剂。这时，丙基、丙基酸液、三甲胺不停地在我脑海里浮现，尤其三甲胺还是以粗体印刷体的形式出现，这类药物不同于其他药物，使用时不仅要特别小心，而且还要确保注射器的卫生。很明显，伊尔玛在注射这种药物的时候，这两点要求都没有被注意到。

在上面，我把这个梦发生的背景，以及梦境内容都做了细致的交代，显然，白天发生的事，是这个梦的直接来源，这也算是我的这个梦比别人的梦更有特点的地方。前一天，奥托把伊尔玛的近况告诉我，晚上我就仔细地整理了伊尔玛的病史，然后整件事件进入了睡眠中的大脑，也进入了梦境。可就是这样看起来比较直白的梦，纵然读者已经认真地阅读过这梦发生的背景，熟悉了梦本身的内容，也如同坠入迷雾当中，根本不能理解梦境以及各个元素所代表的意义。别说读者，就是我自己也不能直接把梦转译出来。梦中，伊尔玛和我描述的症状与我给她治疗时的症状完全不同。尤其，那个注射丙基的情节和 M 医生不痛不痒的安慰,都让我觉得荒唐好笑。至于其他元素,我却倍感惊奇。不过,这个梦还真是波折起伏,相比开头的平缓、清晰,结尾的情节更加模糊、更加紧凑,如同雾里看花一样。但无论怎样,我决定从这个梦入手,做一个深入的精神分析。

分析:

梦一开始,就是一个摩肩接踵的大厅。其实,这是贝尔维尤一座建在小山顶的独栋房子。当时,我们正在贝尔维尤消暑度假,就住在那里。那个房子以前是做休闲餐馆的,每个房间都如同大厅一样,高大宽敞。而且,那座小山与维也纳附近的卡伦山相连,风景别致。做梦的前一天晚上,我的妻子告诉我,过几天她过生日的时候,想邀请一些朋友来做客,其中就包括我的患者伊尔玛。也就是说,我的这个梦,预演了我妻子即将到来的生日聚餐:包括伊尔玛在内的客人来到大厅时,我们正忙着接待安置。

我抱怨她不该不接受我的治疗方案,并告诉她:"如果你现在还在受病痛的折磨,那是咎由自取。"这些话,在我清醒状态下,我很有可能对伊尔玛说过,或许不是可能,而是真的说过。那时,在我心里,把隐藏在症状中的意义告诉她,就已经完成了我应该做的事,其他的都和我无关,包括她是否接受我的治疗方案,即使这个治疗方案直接关系到治疗的成败。后来,我终于意识到只告诉患者症状的意义,而不顾患者其他的事,实在荒唐可笑。庆幸的是,我醒悟得比较早,现在已经不再犯这样的错误了。尽管当时我对患者有诸多的疏忽,可我还是迫切希望我的治疗能有显著的效果。然而,我在梦中却对伊尔玛说那样的话,是想表明她现在的疼痛和我没有关系,有推脱责任、撇清自己之嫌,因为治疗效果不好,完全是她自己不配合治疗，责任根本怪不到我头上。扪心自问，我真正关心的只是出现问题是否与我有关，而不是伊尔玛是否在忍受病痛的折磨。把责任推给伊尔玛，这才是这个梦的真正目的之所在。

长久以来，伊尔玛一直遭受胃痛的折磨，尽管她的胃病不是太严重，但出现在梦中也是合情合理的。要说咽喉肿痛、腹部疼痛甚至窒息等症状，我就有些迷惑不解了，因为这些症状之前一直没有出现过，就是我给她治疗期间，也没发现她有这样的病根，可它们明明白白地出现在梦里了，它们究竟从哪儿来的，是如何进入梦里的，寓意是什么，该如何解读，成了一个个的谜团，直到现在我仍然没有找到具有说服力的解释。

梦中，伊尔玛脸色苍白浮肿，与平时面色红润的她简直判若两人，这样的反差，让我觉得梦中的绝不是伊尔玛，而是另有其人。

就像你知道的那样，治疗癔症等精神性疾病是我的专攻领域，所以但凡来我这儿就诊的患者，我一般都会从癔症这个角度出发考虑治疗方案。至于从生理器官方面找原因，我认为那是内科医生的做法。梦中，我在吃惊之余表示，可能是没考虑到器官性病变，所以对伊尔玛的治疗才没有那么顺利。这种情况跟推卸责任的梦境元素基本一样，而我所表示的担心也并非真的担心，只是觉得如果伊尔玛的这些病变真的来自器官病变的话，那就不归我负责了。而我，就可以彻底放下没有把患者治疗好的包袱。如果我从癔症的角度出发，建立的治疗方案是错的，那就只能把希望寄托在内科医生身上，从器官病变这个角度着手。那我就可以长长地舒一口气，再不用因没能彻底治愈伊尔玛而难以释怀了。

爱美之心人皆有之。生活中，但凡装了假牙的人，都不愿意在别人面前暴露出自己的假牙。伊尔玛很不愿意让我把她带到窗前检查口腔和咽喉，我觉得她完全不必忸忸怩怩。实际上，在我治疗伊尔玛的那段时间里，我从来没有检查过她的口腔。但这一场景，也并不是没有出处，它与另一个女患者有关。这个女患者年轻、漂亮，在单位做行政管理工作。在我为她检查的时候，需要她张嘴检查，可她怕暴露假牙，不但不配合，还遮遮掩掩。我知道，患者在进行一些必要的医学检查时，都会暴露出自己的小秘密，因此很多患者的心情并不是很舒畅。可配合不好，医生也会有不适感，这位女患者的情况就是这样。梦中，我觉得伊尔玛无须难为情，这在一定程度上，有点示好伊尔玛之意。另外，我产生这种想法，也说明我经过仔细考虑，已经想好了应对各种可能的方法，凸显了我作为职业医生的基本素养。而站在窗前的伊尔玛，则让我想起了她的一个闺中密友，这个女子给我留下了极好的印象。有一次，我去她家拜访的时候，她静静地站在窗前，那情境就如同梦中的伊尔玛一样。

最近一段时间以来，我总怀疑伊尔玛的这位闺中密友患了癔症，因为她常常觉得自己快要窒息了。后来，伊尔玛也向我证实了这一点。也许，她很想向我求助，但由于她懦弱、保守，所以一直羞于启齿，自始至终没有主动提及。梦中，伊尔玛表现出的不情愿，不但可以追溯到那个女行政人员的身上，还在她的这位闺中密友身上有所体现，她身体结实，就像一个女强人一样，很多事对她而言，都不算是什么大事，更无须别人的帮助。她有自己的医生，而且那个医生就是 M 医生，现实中，M 医生也曾说过她有口腔溃疡，在她的口腔黏膜上就有一块白斑。看来，在梦中的时候，我把伊尔玛和她的朋友以及其他患者的特征搞混了，假牙跟那个女行政人员有关。而浮肿、脸色苍白等元素则指代的是另一个女人，这个女人脸色苍白，常常显出局促不安的样子，只是她不是我的患者。把这些元素的来源——搞清楚后，我感到一阵轻松和惬意。想到自己把惶恐不安、面色苍白等表现加诸伊尔玛身上，大概是希望自己能够治疗那个局促不安的女人，即使治疗不会很顺利。

也就是说，这个梦的大部分内容，都是把伊尔玛同其他的患者进行了比较，而且还将很多很多特征进行了互换。当我仔细思考这些含混不清的元素的来源时，我一直认为是我不想再给伊尔玛治疗了，才转向其他人。因为伊尔玛不同意我的治疗方案，导致治疗无法进行，在我看来，她实在是太愚蠢了。而她的朋友就比她聪明多了，我对她的好感估计也缘于此，因为她最后总会妥协，张开嘴巴接受检查。她比伊尔玛听话，也更容易让人亲近。

大约两年前，我大女儿生了一场重病。那段时间，我每天都担惊受怕，甚至坐立不安，唯恐女儿有什么不测。可偏偏祸不单行，我的鼻子出了些问题。鼻甲骨上的结痂让我很难受，我不得不使用可卡因缓解肿痛。我的一个女患者看到后，也学着我的样子使用可卡因治疗鼻肿，不幸的是，她的鼻黏膜大量坏死，问题非常严重。在1885年的时候，我率先推荐有需要的患者可以适量使用可卡因，一度遭到各界的指责，尤其我的一位亲友，因错误地使用了可卡因，加速了他的死亡，我被大家唾弃。这时我发现，她喉咙右侧有一大块白斑，除此之外，在形状卷曲的鼻甲骨样的一个结构上，我还发现了一些胀起来的灰白色的痂。这块白斑让我想到了白喉，以及伊尔玛的闺中密友和我的大女儿马蒂尔德。这些元素出现在梦中，就是对以前经历的折射。

作为一名医生，没有比医疗事故更让人内疚的事了，我因此而痛责不已。那是一段不堪回首的治疗经历，乃至于现在，我的心仍然隐隐作痛。当时，普遍认为舒尔纳是一种安全无毒的药，我曾反复给一个女患者开这种药。后来，因为长期使用，导致了她药物中毒。我立刻采取措施，向所有有经验的同事和上级求救，可还是没能留住她的性命，最终她因中毒而死。这一严重的事件让我终生难忘，尤其让我无法释怀的是，这个女患者的名字竟和我大女儿的名字一模一样。以前，我一直安慰自己那不过是巧合而已，可现在看来，这是命运给我的报复，甚至我觉得，不同人之间用一样的名字替代，是睚眦必报，血债血偿。这个医疗事故，不但说明我的医术不值一提，就连医德也不足挂齿。我没有一丝迟疑，立刻把 M 医生叫了过来，让他再检查确认一下。这个场景反映了 M 医生在我们这些人中有着绝对的权威地位，我自惭形秽。

　　我的大哥定居国外，他和我的朋友 M 医生长得很像，我和他经常书信来往。我大哥是一个非常讲究细节的人，每天都把胡子刮得干干净净的。可最近一段时间以来，因为髋关节炎症的困扰，他走起路来一瘸一拐的。我在信中给了他一些具体的建议，可他却不以为然，这让我很生气。前几天，我曾就伊尔玛的病情给 M 医生提了一些建议，可他拒绝采纳，我心里多少有些郁闷。梦中，M 医生一瘸一拐地走过来，而且他脸色苍白，胡子刮得一干二净，和平时的他截然不同。这几个元素除了脸色和 M 医生相符外，其余的都和我大哥一样。也就是说，因为他们都拒绝了我的合理化建议，我有些生气，梦中便把他们联系在一起了。

　　奥托和莱奥波德不仅都是医生，而且还是亲戚，也都是我的朋友。尤其，我在一所儿童精神病院门诊科室任主任时，他们还都是我的助手。单是同行也就罢了，偏偏两个人还在同一科室工作，二人之间难免相互竞争，而人们更是喜欢将他们两个人比来比去。实际上，他们俩的性格反差比较大，就像小说中的法警布莱斯希和他的朋友

113

卡尔一样，一个反应迅速、机灵、圆滑；另一个为人沉稳、处变不惊、敦厚可靠。奥托医生的性格像前者，莱奥波德医生则更像后者。那时，每当我和奥托医生对某个病例进行诊断、分析，准备下诊断结果的时候，莱奥波德都会默默地再给患者检查一次，看看是否有什么疏漏之处。他的复检，对我和奥托来说举足轻重，有着额外的好处。有一次，我和奥托正讨论一个小孩的病例，莱奥波德又开始了他一贯的复检，并且他真的发现了新问题。梦中，奥托站在伊尔玛旁边，另一个朋友莱奥波德一边给她做叩诊，一边说伊尔玛胸部左下方的回声比较混浊。这几乎就是之前的那个工作场景的复制、粘贴。显然，我在梦中把两个人做了比较，对做事一向缜密的莱奥波德更加赞赏。我在儿童精神病医院工作的那段时间，很有些成就感。那时，我的治疗方案都实施得特别顺利，彻底治愈的病例也层出不穷。这跟治疗伊尔玛时的不顺、低效形成了巨大的反差，我在梦中便有了转换趋向，想象着伊尔玛要是像我医治的那些病例一样，接受我的治疗方案，很快痊愈，那该多好哇！抑或伊尔玛得的是我曾经治愈过不少人的结核病，那么我也不用费那么多力气，消耗那么多时间了。

　　风湿病是一种侵犯关节、骨骼、肌肉、血管及有关软组织或结缔组织为主的疾病，非常折磨人。我患风湿病很长时间了，相比其他的部位，肩部病得尤为严重，每逢熬夜加班的时候，感觉特别不舒服。梦中，伊尔玛左肩上一块有炎症的地方，正是我肩部患有风湿的折射。其实，不用莱奥波德指，我隔着衣服也看到了这块有炎症的地方。是说我在摸自己的身体。梦中还有一句话说：左肩上有一块炎症区域，我一般不会这么说，很多时候，我都会说："左上方发炎了。"这两句话给我留下了很深的印象。可仔细想想，我突然顿悟，所谓的"左侧后上方"指的是肺部，至于这一元素之所以能出现在梦里，和我在儿童医院的工作经历不无关系。

在儿童精神病医院的时候，但凡来此检查的儿童，为了便于检查，我们都要求他脱掉衣服，但对成年女患者，这样的要求就有点过分了。据说有一位很有名的医生，他给患者做体检的时候，都是隔着衣服检查的。至于别的，也没什么了，说心里话，我也不想再深入探讨这个话题。

在我女儿生病期间，我曾详细地了解过局部白喉和白喉，把两者做了仔细的比较，原来后者是由于前者引起的全身性感染。梦中，莱奥波德认为伊尔玛出现了局部感染，而检查出来的浊音正是感染源，所以这样的浊音具有转移性。对此，我存在异议，因为这样转移的类型不同于白喉，两者是有差别的，但它与脓血症却很相似。M医生说："毫无疑问，这是感染了，不过也不要紧，因为接下来发生的痢疾会把毒素带出去……"刚开始，我觉得这话特别可笑，可仔细琢磨后，我发现这句话和其他的话一样，含有很大的信息量，所以我并不想一笑置之。

梦中，M医生认为伊尔玛的病不要紧，我很欣慰。就像前面分析的，我为了推卸责任，梦到伊尔玛出现病症是为了表明器官病变才是她的病根，跟精神原因关系不大。而我主攻的是精神治疗领域，器官病变不归我管，应该由专门的外科医生负责。不过，为了推脱责任而希望伊尔玛患上那么重的病，无论是作为医生，还是作为她的朋友，这个梦都有些残忍。梦中，为了让我推卸责任的做法合情合理，我就只能请出M医生，因为他是我们这个圈子里的权威人物，他的论断一言九鼎，有极强的说服力。只是，梦中的我超然物外，那种超常的平静在令人感叹的同时，很值得深入探究。因此，总体来说，M医生的安慰就显得有些荒诞可笑，我觉得还是很有必要进行详细解读的。

　　我的梦中出现"痢疾"两个字，这让我想起了另外一件事：几个月前，一个年轻的腹泻患者因排便疼痛找到我，在这之前，他已经被别的医生以"营养不良性贫血症"治疗过一段时间了，但效果并不是很明显。给他做了检查后，我确定他患的是癔症性肠道病，但我又觉得，暂时没有做精神分析疗法的必要，便建议他出海旅行。几天前，我收到一封来自埃及的信，这封让我有些泄气的信，就是那位患者寄来的，他在信中说，他在那里又犯病了，而且当地的医生告诉他，他得的是痢疾。这样的结果，虽让我觉得那位医生有些粗心大意，可我还是自我检讨起来，要不是我让他去旅行，他就不会在癔症性肠道病之外，被环境变化引发一些器官病变。梦中，M医生说到的痢疾（Dysentery），与我之前研究的白喉（Diphtheria），读音非常相近，这表明生活经历投射在了梦里。以前，有一种古老的观点流传了下来，说人患上痢疾未必就是坏事，因为很多致命毒素借助这一过程被排出体外。虽然大家早就认为这种观点愚不可及，可梦中的M医生还是寄希望于痢疾，希望通过这个排出毒素，这使他看起来蠢钝无比。不得不承认，我是通过梦来取笑他、藐视他。

　　这使我回想起来M医生曾跟我讲过的一件事：几年前，他给一位垂危的患者治疗时，曾邀请一位同事进行综合会诊。M医生在患者的尿液里发现了白蛋白，仅此一点，就足以说明这位患者病得不轻。可他的那位同事却依然很乐观地说，这种情况也没什么大不了的，白蛋白早晚会从消化系统中排除。当时，M医生觉得这位同事简直是在拿患者的生命开玩笑，太不可理喻。可事过境迁，我成了M医生的翻版，而M医生则完全复制了他的那位同事，忽视了癔症的存在。作为伊尔玛的医生，M医生没有把伊尔玛闺中密友可能患有癔症这一情况考虑进去，只是单纯地认为是结核病在作怪，可见他也被癔症蒙蔽了。也就是说，我梦中出现的 M 医生安慰人的话，就是我在嘲笑他。

我一直在想，是什么原因让自己变得这般刻薄，竟然在梦中不但嘲笑自己的朋友 M 医生，还认为病情加重的伊尔玛是咎由自取？其实答案很简单，原来不仅伊尔玛本人拒绝接受我的治疗方案，就是 M 医生也把我的建议当作了耳旁风。我不着痕迹地通过让他们出丑这种方式，一石二鸟的同时报复了他们两个人，尤显得自己非常高明。

我们马上就明白了伊尔玛为什么会感染了。我的朋友莱奥波德还是和以往一样，总是带给我意外的惊喜，就连在梦中也不例外。之前，我们没有一个人发现伊尔玛肩上的感染，还是莱奥波德发现了这个，并将这个告诉我们，这样直接的梦中元素是很值得我们特别关注的。

伊尔玛觉得身体有些不舒服，我的朋友奥托给她打了一针。说起打针，我不能不提我的那位亲戚，当初，他在戒除吗啡期间，我建议他可以用适量的可卡因对抗吗啡瘾，可他想都不想，就直接注射了，最终中毒而死，这也使"注射"一词成为我心头的一根刺，痛而敏感。另外，奥托也跟我说过，他和伊尔玛一家在乡下度假的那段时间里，临近的一个旅馆里有人突然发病，他被邀请过去，帮那个人注射了一针针剂。梦中的时候，这些元素就以伊尔玛身体不舒服，奥托为她进行了注射体现出来。

而丙酸、丙基等丙基制剂出现在梦里，也是事出有因的。那天晚上，在我写伊尔玛病例之前，我妻子打开了一瓶奥托赠送的酒，酒瓶上就有"安娜纳斯"的字样。奥托很有意思，他特别喜欢给别人送礼，好像无论在什么场合，都能看到他送礼。对此，我不加任何个人点评，但我想，或许等他娶妻以后，他的妻子就会改掉他的这个习惯。当我妻子打开这瓶酒的那一霎间，一股强烈的味道扑鼻而来，我非但没有了品尝的欲望，而且还从这瓶劣质烈酒的气味，由戊基（Amyl）想到了丙基（Propyl）、甲基（Methyl）等药物。这种跨越性极大的联想也不是没有道理的，因为这些物质之间具有的相通性，是非常符合化学原理的。所以，当我妻子提议，把这瓶酒送给仆人时，因为悲天悯人，我否决了她的建议。通过上面的叙述，我想我已经很好地解释了梦中出现丙基制剂的原因了。

梦中，我看到了三甲胺和它的化学结构，更奇怪的是这个结构式还是用粗体标出来的，这就非同一般了，这也足以证明我曾花了很多工夫去记它。同时，这也意味着之前还有一些事件加深了我对三甲胺的印象，与梦中的前后元素相比，似乎它有着某种特殊的含义。这不由得让我想起了我与另一位朋友的谈话。多年来，我们俩相互了解，相处非常愉快，几乎是知无不言言无不尽。当时，他在三甲胺中发现了一种性物质代谢产物，他认为性的新陈代谢过程可能会产生三甲胺，而且，这一化学变化与性欲密不可分。读者也都知道，我把性的影响放到了认知神经失调中，并且觉得这是一项意义重大的举措，如果想彻底治好神经失调，不能不把性的因素考虑进去。我的患者伊尔玛是个寡妇，而且还很年轻，她的朋友们都希望她能找到自己的另一半，尽快结束这种寡居生活。我觉得，如果我想为给她的治疗失败找个借口的话，那她的寡居就是最好的借口。还有，梦中出现的女行政人员也是寡妇，把她们联系在一起，看起来虽然有点荒诞，但寡居的共同点——性不能得到满足足以把这种奇怪的感觉抵消了。不得不说，这个梦把自己的责任洗脱得一干二净。

最主要的是，我的这位朋友堪称鼻腔和鼻窦疾病方面的专家，对鼻腔和鼻窦方面的病变一清二楚、了如指掌。尤其他做过与之相关的研究，造诣精深。他指出，鼻甲骨和女性的生殖器官具有某种相似性。尽管我是门外汉，但伊尔玛咽喉部分的卷曲形状的结构物，我还是能看得很清楚的。出于对我朋友医术的信任，我曾让伊尔玛去他那里做个检查，确定一下她的胃部疼痛是否和这个有关。但那时，他正被化脓性鼻炎困扰，伊尔玛有没有联系他我不得而知。我梦中出现的脓血症，很可能就是这位朋友的化脓性鼻炎的写照。至于三甲胺以粗体的化学结构清晰地出现在我的梦中，跟这位朋友有着直接关系。这不仅是因为他跟我谈过三甲胺的性暗示，还暗示着他的重要性。一直以来，他都是我极其重要的一个朋友，他对于我的帮助是无法用语言表达的。在我的观点被抨击的一个个孤独的日子里，他始终站在我身后，默默地支持着我，是我最坚定的拥护者。

当我的朋友奥托和我叙述伊尔玛的近况时，他的语气里不自主地流露出对我的责备，觉得我对伊尔玛的治疗有点言过其实。当时，我虽没有为自己辩解什么，但心里还是认为奥托的耳根子太软了，他不过就跟伊尔玛相处了那么一点时间，就做出这样草率而不负责任的判断，未免有失严谨了，这和我那位因为注射可卡因而死的亲戚有什么两样啊！我分明让他口服，可他偏偏操之过急，采取了大剂量的注射，结果因此而死。我很轻易地又想到了那个中毒而亡的女患者的悲剧。所以，我梦中出现的我对奥托鲁莽使用注射剂的不满，寓意再明显不过了。就是因为我出于自责，企图寻找到一些证据，以此证明医疗事故跟自己的医德没有丝毫关系。如果可以，我宁愿把这样的悲剧看作偶然的运气问题。

除了指责奥托注射太过轻率外，我还抱怨他用了不干净的注射器，使他又一次成为自己的替罪羊。关于这件事，也是事出有因的。之前，我治疗过一位八十二岁的老太太，每天都要给她注射两针吗啡。在长达两年的治疗中，我一直非常谨慎，严格保证注射器的干净卫生，老太太也从未有过什么不适，更别说因此而感染了。对此，我一直引以为傲。可就在做梦的前两天，我遇到了老太太的儿子，他说他的妈妈回到乡下后，患上了静脉炎，而这个炎症，极有可能是因为注射器不干净引起的。"静脉炎"这三个字，又让我想起了我妻子的一次经历。我妻子在一次怀孕的时候，就患上了静脉炎。现在，我的脑海里出现了三个场景，伊尔玛、和我女儿一个名字的中毒而死的女患者马蒂尔德、我的妻子，尽管场景不同，可它们却有着一个共同的属性。梦中的时候，我把它们搞混了。

到现在为止，我已经把我的这个梦完整、透彻地分析了一遍，自认为释梦过程基本完成了，也许在以后的岁月中，我会有一些新的认知，或者新的联想，但我已下定决心，根据目前对梦的理解挖掘出梦隐藏着的逻辑性和指向。毫无疑问，这个梦使我潜藏的一个愿望得以实现，因为迟迟没能治好伊尔玛，我需要有一个合理的让人心服口服的理由，而我的朋友奥托就撞在了枪口上。他回来告诉我，伊尔玛的病情未见丝毫起色，使我有失颜面，心里也很不痛快，尽管当时没有表现出来，但还是想努力地为自己开脱。做梦之前，我和奥托交谈，写详细的病历资料，都是欲望的诱发因素。并且在梦里，我罗列了一个又一个理由，全力以赴地为自己开脱，认为伊尔玛不能治愈的根本原因，就在于她不积极配合治疗。这样一来，我潜藏的动机得以实现了，也诠释了梦的目的所在。

抓住了梦是欲望的满足这一原则，那么我们在诠释梦的时候，就会少走很多的弯路。就这个梦来说，推脱、嘲笑、报复是我梦中的三大主题，其实，完全可以把嘲笑划归到报复中，用这两个主题来诠释梦的动机，但也有一部分应该归属到报复里，只是为了方便叙述，便选择用推脱的主题涵盖。梦中，我报复了两个人，奥托和M医生。奥托站在患者伊尔玛的立场上质疑我的治疗方法，另外他还送我一瓶劣质酒，所以梦中的时候，我让他仓促草率地注射丙基制剂，并用莱奥波德羞辱他，宣称他的对手更值得信赖。似乎我在告诉他，我更喜欢莱奥波德。

至于M医生，我对他的报复也没有心慈手软。梦中，我让他认为毒素是可以通过痢疾排出体外的，除了表现出他的无知外，我还让我那个在特定领域有着极高造诣的朋友出场，压了M医生一头。而女患者伊尔玛不接受我的治疗方案，我认为她应该为自己的痛苦负责，不应该让我来背这个黑锅；伊尔玛的病很可能来自某种器官性病变，如果用精神疗法进行治疗，无异于南辕北辙，所以从这个角度来说，她的病痛更是和我没有关系；就算上面的两个观点不成立，那她长期寡居也是致病的关键所在，我也是爱莫能助；奥托很鲁莽地给她注射丙基制剂，这极可能影响了她的治疗效果，可这和我没有丝毫关系；奥托为她注射的时候，并未对注射器严格消毒，如此而导致了伊尔玛忍受病痛的折磨，也不是我能左右的……即使这些理由看起来互相矛盾，可通过这些不遗余力的分析、辩护，我摆脱和伊尔玛病痛之间的关系的心愿得到了满足。这种蛮不讲理的诡辩方式，使我想起了一个故事。

有一个人，因为损坏了邻居家的水壶，所以被邻居告上了法庭。他在为自己辩解时百般狡辩，无所不用其极。刚开始，他说自己还水壶的时候，水壶和原来一模一样，完好无损；可没用多大工夫，他就改口说，他借过来时水壶就已经损坏了，他不应该为这个坏水壶负责任；后来，他又推翻前面的所有说法，说自己根本就没向邻居借过水壶。这一轮一轮的辩护，每一次都在推翻原来的陈述，让人眼花缭乱。按当时的规则，三条理由中的一条存在合理性、可信性，那么被告就会无罪开释，而我在梦中的各种理由，也就是为了使自己从该对伊尔玛负责的羁绊中解脱出来。之后，通过一系列巧妙而又笨拙的方式，一方面我达到了报复的目的，另一方面成功地推脱了责任。我用更愿意配合的患者取代了伊尔玛，用莱奥波德整治了奥托，使自己远离了那些令自己心里不舒服的人，并让自己觉得顺眼的人取代了他们的位置。

实际上，除了推脱和报复外，这个梦完全可以从另一个角度诠释，即这个梦还同时存在我彰显自己高尚医德的企图。对于这个观点，有很多的事实可以证明。当奥托向我反映伊尔玛病情的时候，尽管他话里有一些责备，但我并没有当时发作。也许，奥托觉得我对伊尔玛的治疗没有达到承诺的那样，有些偷奸耍滑，所以他对我的医德产生了质疑。而我对他的这种意见并不认同，那个去埃及旅行的年轻人我就很关心；对那位注射可卡因而死的亲戚我就感到非常遗憾；我时刻惦记着海外生活的哥哥，担心那位与我女儿同名的中毒而死的女患者……尽管这些事件有一些痛苦的成分，但在一定程度上来说都是例证，证明我恪守职业道德，而且也做得非常好。

尤其这些材料实事求是，并不是一味地表明我多有医德，它们对我的一些失误也做了说明。这些材料是公允的，除了体现我的职业道德外，还很好地力证了我是一个尊敬社会公序良俗的人。

总的来说，这些材料既体现了自己洗脱罪责的狭隘之举，也包含着自己小肚鸡肠的报复；既有落井下石的嘲笑，也有对自己职业道德的美化。当我深入浅出地剖析各个主题的时候，我完全可以用一个主题，提纲挈领，使各个主体利益均沾。虽然，我从这个梦中得到了很多内容，但并不是说自己已经弄清了梦的所有含义。不夸张地说，我已经把梦当作一块吸满水的海绵，只要我使劲挤压，就会有水滴落下来，而且我从梦中获取了新内容，可以展开研究新问题。我也深知，我不能在个别的梦上逡巡不定，而应该有大视野，有纵观全局的魄力。反过来，如果对个别案例关注过多，就会妨碍对梦的整体把握。如果有读者因此而指责我吞吞吐吐、畏首畏尾，我建议这些读者不妨运用我释梦的方法和原则，自己诠释自己的梦，通过具体的案例体验一下这个精神分析，毕竟纸上得来终觉浅，唯有实践出真知。也许通过这些分析后，这些读者就会和我一样，坚定地认为梦是有意义的，它承载了愿望的满足，不是在这之前或现在的一些观点认为的那样，梦空无一物，不过就是大脑生理上的活动有些主观和武断罢了。

第三章 梦是欲望的实现

　　到现在，我们已经完成了释梦工作的第一步，可以肯定地说，梦是有特殊意义的。它不是蹩脚的钢琴家在琴键上手指狂舞制造出来的聒噪音乐，更不是荒唐无聊的闹剧，而是人们极为复杂的精神活动的又一表现形式，可这并不就意味着人们头脑中的观念可以同时处于沉睡和清醒这两种状态中。梦与所有清醒状态下的精神活动处在同一条水平线上，没有哪个重要、哪个可有可无之分。只是我们对梦的研究才不过是刚开始，我们说它有意义，但还不能准确地说明它的意义究竟有何作用。另外，它跻身于精神活动的链条中，到底是为了什么。庆幸的是，我们已经走出了释梦道路上充满谬误的峡谷，远远地抛下了狭隘的偏见，走过的虽不是一片坦途，但只要再往前走，就会柳暗花明，豁然开朗，来到一片天高任鸟飞的境地，一条条五彩纷呈、美不胜收的光明大道展现在我们面前。也就是说，我们已经征服了释梦途中第一座陡峭的山峰，来到了又一片高地，这时我们可以歇歇脚，休息一会儿，然后仔细地分辨好这些道路，从容地踏上征程，坚定地走下去。

　　一旦我们站起身来，征服的快乐和惬意的休息就会成为往事，迎接我们的是一个接一个的更为玄妙的问题。梦是欲望的满足一马当先，尽管我已经肯定了它的正确性，但与之相关的问题仍让人焦头烂额，理不出头绪。就比如，欲望为什么会选择梦这种表现形式呢？在醒来之前，梦中到底发生了什么？梦在进行时，会不会在表现形式上发生变化？组成梦的材料的源头在哪儿？梦中的一些特殊片段是从哪儿获取的特殊性？梦是不是我们内在精神的宣泄口？梦能不能成为我们修正白天观点的突破口？这些问题没有一个是简单的，如果我们不经过深思熟虑就草率地回答，极有可能导致一个后果——我们的解释就如同上文中我说过的借水壶的辩护，以己之矛攻己之盾，自相矛盾不说，尤显得胡搅蛮缠。

现在，这些问题就像一个个强大的敌人站在我们面前，我们要运用智慧，迂回包抄，而不是硬碰硬地蛮干。也就是说，我们可以把这些问题暂时记下来，继续沿着之前的思路探究，看看梦究竟是不是欲望的满足。很明显，那个伊尔玛打针的梦就承载了我的欲望，可我不能仅凭这个就断言别的梦也可以用这个原则解释。别的梦也许有别的意义，那么它显现出来的也会是相应的价值，比如记忆的再现、对现实的担忧、描绘一些思考过程，等等。梦是欲望的满足，能不能被公认为梦的普遍特征？除此之外，梦是否还具有别的特征？如果有，我们能不能找到这样的梦？……这些问题，都值得人们仔细思考。我之所以提出这些问题，并不是要推翻自己的结论，只是为了让自己对梦的研究更全面、更客观。在此之前，有观点认为梦是无意义的，可在我看来，这简直是荒谬透顶，甚至有些不可理喻。这不是我盲目自大，而是因为存在一类能被我们操控的梦。夸张地说，我们就像一个统帅，能对这类梦招之即来挥之即去。这句话也不难理解，打比方说，如果晚餐的时候我们吃了腌鱼、腌橄榄这样很咸的食物，又没能及时喝水，那么我们常常会在口渴难耐中醒来。但在醒来之前，我们通常会做梦，梦中的我们如同久旱逢甘霖，大口大口地喝着水。醒来后，我们要做的第一件事就是喝水，仿佛再现梦中的景象。这个梦简单直白，我们因为口渴，产生了喝水的愿望，梦就演示了达成这一愿望的过程，让人提前喝到了水，满足了对水的欲望。而我报复奥托和 M 医生的目的，却通过给伊尔玛打针的这个梦，直接就得到了满足。不同的是，尽管我们在口渴喝水的梦中喝到了水，并企图把这种睡眠状态继续下去，可画饼充饥式的虚拟喝水根本没能解决生理上对水的需求，梦只是引导了行动，并没有代替行动，但我们通过这两个事例却不难发现，它们的意图是一样的。

就在不久前，我做了一个喝水的梦，情形与上面的大同小异。入睡前，因为口渴，我便将床头柜上的那杯水一饮而尽。几小时后，我又感到口渴难耐，但要起来喝水的话，就要绕过整张床，去拿我妻子放在她床头柜上的那杯水，但这次梦却没有让我惬意地喝到水。那个晚上，我就做了一个梦。梦中，我的妻子用一个罐子装水给我喝，只是那水的味道怪怪的，原来那个罐子是伊特拉斯坎式的骨灰罐，当初我在意大利旅行时买的。不过，回来时我就把它送给了别人。因为它是骨灰罐，所以用它来装水，那味道直接把我咸得醒了过来。醒来后，我发现，梦境中的每个元素都被安排得惟妙惟肖，且恰到好处地在利己主义的指导下，欲望获得了满足。梦中出现的骨灰罐是个关键点，只是到目前为止我还没有找到重要线索，来证实骨灰罐的寓意，但我基本上能猜到骨灰罐或许暗示的是"靠山山会倒"的古训。人要自食其力，不能苟且偷安，就如同我要下床才能拿到妻子床头柜上的那杯水一样。而骨灰罐里的水是咸的，和整个环节非常一致，通过这样的方式使我马上醒过来，然后去喝水。

还有一个梦例，也同样说明了梦是欲望的满足这一观点。我年轻的时候，因为经常熬夜工作，所以第二天都起得很晚，可我在睡觉的时候，却常常梦到自己已经起床了，甚至已经在盆架旁准备洗脸了。虽然我必须正视我还没有醒这一事实，但毕竟自己又多睡了一会儿。这样的情况不仅我有，同样也会发生在别人身上。我有一个同事——H. 佩皮，他很年轻，晚睡晚起的习惯和我没什么两样。当时，他就住在我们工作的医院旁边的那间公寓里，为了不迟到，他让女房东每天早上准时叫醒他。女房东连续叫了几天后，发现这个任务非常艰巨，因为我的这个同事实在太贪睡了，要想叫醒他实在不是一件容易的事。H. 佩皮也告诉我说，他每天早上都会做一个同样的梦，梦中的他已经到了医院了，并且还躺在医院的床上，自己分明清楚地看到了床头的卡片上写着：H. 佩皮，男，二十二岁，医科学生。于是，他在睡梦中对自己说，既然已经到医院了，那就不着急了。尽管女房东连着喊："佩皮先生，起床了，您该去上班了。"可他置若罔闻，翻个身后继续呼呼大睡。H. 佩皮先生性格直爽，毫不隐瞒地把自己做梦的动机——贪睡说了出来。

　　由于外界刺激，进而让自己的欲望通过梦来完成，这样的梦例实在太多了。生活中，当人们遭遇不幸时，总是不愿意和他人提起。如果一旦有人提起，当事人也会岔开话题，尽量保持微笑，让大家说一些开心的事，不要哪壶不开提哪壶。我曾经治疗过一位女患者，她就是这样。她的下颌做过手术，但因为手术进行得不是很顺利，为了保证治疗效果，她不得不在手术后的一段时间内使用冷敷装置，来护住一侧的脸颊，而且，每晚睡觉的时候，她都要戴着这个东西。可这个东西太不舒服了，这也使她每晚都不能好好休息。于是，睡觉前她就把它拿掉，但这样做，会直接影响手术效果。有一天，我看见她把那个装置拿下来，还随随便便地抛到了地上，我没控制住自己的感情，忍不住责备了她几句。她很委屈，辩解说："我真不是有意的，都是梦惹的祸。我做了一个梦：梦中我的一个叫卡尔·迈耶的熟人躺在养老院里，他的下颌出了问题，不停地抱怨说他疼得特别厉害。而我正坐在一个歌剧院的包厢里，津津有味地欣赏着演出。我当时就想，还好我的下颌没问题，看来真的不需要戴上那个劳什子了。于是，梦中的时候，我就把它摘下来扔掉了。"这个梦向我们展示的，正是能让女患者特别开心的一件事——拿掉冷敷器，而那个叫卡尔·迈耶的熟人就成了她转嫁痛苦的牺牲品。

在我搜集的另外几例正常人的梦例中，同样也能发现，梦是愿望的达成。我有两个朋友，他们非常了解我的释梦理论，都曾用各自妻子的梦向我咨询过，而我也根据精神分析法做出了解答。第一个朋友和我说，他的妻子梦到自己来月经了，她想问问，这个梦有什么含义。考虑到她很年轻，正因为怀着孕而暂停了月经，我便告诉他，他妻子梦见自己来月经，是在以巧妙的方式预告自己的初次妊娠，是想在做母亲之前，再享受一段自由自在的快乐时光。另一个朋友写信告诉我，他妻子梦到了一件前襟上有乳渍的背心，并问我这是否预示着什么。我分析后告诉他，他妻子肯定怀孕了，而且她就抚养第一个孩子的经验来说，她希望她有足够的母乳，对这个孩子进行母乳喂养。

还有一个年轻的母亲，她的小孩不幸感染了传染病。几个星期来，她推掉了所有的社交活动，全心全意地照顾着自己的孩子。就在孩子恢复健康的那几天，她梦见自己去参加一个里面有很多作家的沙龙，而且这些作家跟她见过的画像上的形象都非常像，各个风度翩翩，温文尔雅，平易近人，最主要的是，他们还都幽默风趣，让人心里格外舒畅。其中，就有作家阿尔丰斯·都德、布热尔、马尔赛·雷普沃斯特等。因为她之前没有看过雷普沃斯特的画像，所以她不能确定，梦中出现的这个雷普沃斯特是否是真的，可她发现，这个雷普沃斯特特别像到她病房熏烟消毒的那个防疫官。说起这个防疫官，还是那几个星期以来最先拜访她的人。现在，这位年轻的妈妈在"与世隔绝"了几个星期后，终于可以回到社交圈，参加各种各样的娱乐活动来放松自己了，她再也不用辛辛苦苦地照顾小孩了，这个梦正是对这个欲望的真实写照。

上面的这几个梦例，有着太多的共同点了，它们除了短小、内容简单、过程单一外，最为重要的是直接说明了梦是欲望的满足。这类梦完全没有多余的弯弯绕绕、峰回路转的情节，与那些纷繁复杂的梦形成了鲜明的对比，对那些想从瑰丽奇幻的梦境中获得神奇感受的梦者而言，显得过于平淡无味。可就是这些梦，使我们更深入地了解了梦的基本信息，这也就是说，我们对于这些简单的梦的思考，并不是浪费时间，因为后面的所有研究都是建立在这个基础上的。人们都知道，理解事物以及解决问题的过程，都是从简单到复杂的。也就是说，简单的问题解决多了，概念也就清晰了，对公式、定理以及解决问题的步骤也就谙熟于心，解决问题时就会形成跳跃性思维，这样一来，思考和解决问题的速度就会大大提高，这是一种做事的思路。同样道理，我们关于梦的研究，也可以先从儿童着手，之后再到成年人，因为儿童的精神世界没有成年人那么复杂，他们的梦会很简单、直接，不会太过复杂。就如同我们研究高等动物的时候，可以先探究低等动物，从而找到突破口一样，我们也可以利用儿童心理学来了解成年人的精神世界，进而为探究成年人的梦打下坚实的基础，使梦理论的系统框架得以形成，这是之前的研究中一直没被提上日程的工作。

通常情况下，儿童的梦境都是比较简单的，相比成年人的梦例，他们的梦例几乎都没有什么隐藏较深的目的，以及百转千回、吊人胃口的情节，就连结局也不会出人意料。尤其我们解读的时候，也难免味同嚼蜡，没有一丝味道，让人提不起兴趣，但就梦是愿望的达成来说，他们的梦才是最为直接有力的证据，根本无须牵强附会地解释，也就是说，这些梦例的价值和意义是无法估量的。我搜集了一些我的孩子的梦例，下面就是我儿子和我女儿的梦例。

1896年夏天，我们一家从奥湖出发，徒步前往美丽的哈尔施塔特。哈尔施塔特是个小村庄，位于哈尔施塔特湖湖畔，因附近的盐矿而得名。哈尔施塔特湖在高山峡谷之中，清澈见底，仿佛一条宽阔的绿色绸带。岸边一排排的西蒙尼小木屋临湖而立，像极了中国的江南民居，安静恬淡，盛满了童话般的美好。我们住在了哈尔施塔特湖畔的一座名为达赫施泰因的小山上。天气晴好的时候，我就带上八岁半的女儿和五岁三个月的儿子，站在山坡上，把达赫施泰因的美景尽收眼中。如果用上望远镜，美丽的湖泊、青青的草地、茂密的树林，童话般的西蒙尼小木屋就会映入眼帘，如同置身于童话中一样。我感觉我的孩子们特别喜欢望远镜中的这一切，所以经常看，而且乐此不疲。尽管我不能确定他们是否真的欣赏到了这些变幻莫测的美景，但看他们那快乐的样子，我也兴致高涨。有一次，我决定带孩子们去远足，目的地就是充满田园风光的哈尔施塔特。当我告诉他们哈尔施塔特就在我们每天观望的达赫施泰因山的山脚下时，孩子们欢呼雀跃，早早地就开始期待上了。几天后，我们出发了，孩子们兴高采烈。我们先到了哈尔施塔特，之后开始向埃希尔山谷进发。埃希尔山谷风景如画，美不胜收，孩子们很快就陶醉在大自然的怀抱里了。

可走着走着，我就发现，我那五岁的儿子情绪越来越低落，话也越来越少，只有下一座山峰跃入眼帘，他才会问："这就是达赫施泰因山吗？"我告诉他："不是，这只是它前面的一座小山。"这个问题重复了几次后，他就彻底沉默了，再也不说话，甚至不想和我们爬到山顶看瀑布了。孩子的这个突然变化，令我有些措手不及。我告诉自己，小家伙不过是累了而已，故而也就没当回事。第二天一早，我儿子兴冲冲地跑来告诉我，他昨晚梦见了在望远镜中看到的西蒙尼小木屋。真是一语惊醒梦中人哪！我这才明白，原来儿子并不是因为疲惫才不爬山的，而是一而再再而三的挫败感让他失去了信心，从而变得消沉、不耐烦。其实，从出发开始，他就不停地期盼着能够看到达赫施泰因山的真面目，以及勾起他极大兴趣的西蒙尼小木屋。可一路上，我一味地用一些小山和瀑布搪塞他，一直告诉他没有到达目的地，这不禁使他大失所望，所以后来才会闷闷不乐。好在梦中他到了西蒙尼小木屋，也算是实现了去西蒙尼小木屋的愿望，所以他又开开心心的了。我想知道他都梦到了什么，有哪些细节，他只是说，梦中有人告诉他，到那要走六个小时的山路，就再也说不出什么了。

至于我那八岁的女儿，她的愿望也是梦满足的。那次远足，除了我们一家人外，还有邻居家一个十二岁的小男孩——埃米尔。埃米尔有着良好的家教，是位很棒的小绅士，已经开始赢得小女孩的芳心了。做梦的第二天早上，女儿给我讲了她的梦。"爸爸，好奇怪哟！昨晚我梦见埃米尔成为我们家的一员了，他和我一样称呼您和妈妈'爸爸''妈妈'，就像我们家的男孩一样，和我们一起睡在大房间里。后来，妈妈走进房间，把手里的一大把巧克力棒棒糖，径直放到了我们的床底下。那些棒棒糖的包装纸五颜六色的，个个都很漂亮。"当时，女儿说这个梦的时候，她的妈妈和兄弟姐妹都在。

于是，我们便帮她分析起这个梦来。

都说"虎父无犬子"，可我儿子在梦的精神分析方面显然没有遗传到我的基因，在分析他姐姐的这个梦时，他居然像一个老学究一样断言，他姐姐的这个梦一塌糊涂，甚至不可理喻。我女儿对这个分析相当理智，既没有全盘否定，也没有全盘接受。她承认，把埃米尔作为家庭成员是有些荒谬，但关于巧克力棒棒糖的那部分绝不是空穴来风，女儿淡定地用神经症的相关理论辩解，只是她没有解释清楚棒棒糖的那部分，被我妻子做了补充说明。原来，我们远足回来，下了火车站往家走时，路过一个自动售货机，里面就卖女儿梦中的那种巧克力棒棒糖。棒棒糖的包装纸是闪耀着金属光泽的锡箔纸，孩子们喜欢得不得了，叽叽喳喳的都要买。可我妻子觉得，白天已经满足了孩子们太多的愿望了，应该适可而止，所以她拒绝了孩子们。尽管这个小插曲我没有注意到，可我想起来了，当初远足时，我儿子和我女儿一直往前走，埃米尔就提议他们等等"爸爸""妈妈"。女儿出于一种认可和好感，便在梦里把埃米尔看作了家庭成员，使暂时性的举动转变为永久的接纳了。至于巧克力棒棒糖为什么要放到床底下，很是费解，到现在为止，我所获得的信息还不足以推测出让人心悦诚服的论述来。

我的朋友和我说，他八岁的女儿也做过和我儿子一样的梦。他带着孩子们徒步去多恩巴赫，准备参观那里的罗雷尔小木屋，但由于天色太晚了，他们走到一半路程的时候便返回了。不过他向孩子们承诺，以后一定带他们参观罗雷尔小木屋。就在他们返回途中，发生了一个小插曲。他们路过一个指示去哈密欧的路牌，因哈密欧也是个旅游胜地，所以孩子们说什么都不往回走了，非要去哈密欧玩。他如法炮制，以天色太晚为由，再一次拒绝了孩子们的要求，并同样答应他们以后带他们去。就这样，他一连两次打破孩子们的愿望，把他们带回了家。第二天早上，他八岁的女儿心满意足地来到他面前，扬扬得意地告诉他，她昨晚做了一个梦，梦中，爸爸带他们参观了罗雷尔小木屋，之后还去了哈密欧。现实中没有达成的愿望，梦却雪中送炭，使他们如愿以偿。而梦中的父亲，也没有食言。

这样的例子不胜枚举。在我另一个女儿三岁零三个月的时候，我们曾乘船出发，游览奥西湖。只是路程太短了，我女儿坐船没有尽兴，所以到了码头的时候，她说什么也不下船，哭得特别伤心。第二天早上，女儿告诉我说，她梦到坐船游湖了，而且玩得特别开心、尽兴。

我大儿子八岁时，他姐姐送给他一本书，里面都是让他兴奋不已的希腊神话故事。他看得津津有味，甚至有些爱不释手。就在当天晚上，他梦见狄俄墨得斯驾驶着一辆战车，自己和半神英雄阿喀琉斯并排坐在上面。

就这样，梦满足了我那三岁过一点儿的女儿的愿望，坐船游湖尽兴而归。梦也使我八岁的儿子的英雄情结得以实现，把神话转变成了现实。我们都知道，哪里有压迫，哪里就有反抗。可很少人知道，这并不单单适用于成年人，就连一岁多的小不点儿也不例外。我女儿一岁零九个月的时候，有一天早上，她呕吐了起来，吐得特别凶，甚至吃什么吐什么。为此，一整天我都没让她吃一点儿东西。就在那天晚上，我便听见她在梦中喊："安娜·弗洛伊德、草莓、野草莓、煎蛋饼、面糊。"梦话中的这些，除了她自己的名字外，剩下都是她平时喜欢吃的东西，她用这种方式表达她对禁食的强烈反抗。至于她梦中出现的两种草莓，更是事出有因，她平时不舒服的时候，她的保姆就坚持认为她是草莓吃得太多所致，所以就不给她吃她喜欢的草莓，梦中，她发出了抗议。到现在，我也不能确定她当时是不是做着梦，但至少有一点可以说明，她说的是梦话。如果可以把梦话划归到梦的范围内，那她就是"梦是欲望的满足"最小的证人了。

童年是美好的，它就像一条船，装满了玩具，装满了糖果，同时也装满了快乐，让人回味无穷。因为小孩子还不知道性欲是什么，所以童年好像是一棵结了许多快乐果实的树，每一个都值得细细品味。尽管他们没有那么多烦恼，但失望和放弃的感情也会促成梦的形成。我有一个侄儿，在他二十二个月的时候，他被迫接受一项艰巨的任务，那就是在我生日的那天，人们要他送给我一篮樱桃，作为对我生日的祝福。我的生日是五月，还不是樱桃大量上市的季节，所以我的侄儿不停地喃喃着"这里是樱桃"，可就是不把手里的篮子递出来，结果逗得大家哈哈大笑。我这侄儿有一个习惯，如果他晚上做了梦，第二天一早准会把梦告诉他妈妈。就在我过生日的第二天，他兴高采烈地把昨晚的梦告诉了他妈妈。梦中，他看到大街上有很多军人，他们都穿着白色大氅，吃光了所有的樱桃。侄儿的这个梦很简单，他曾在街上遇到过一个穿着大衣的军官，看上去威风凛凛的，当时羡慕得不得了。至于吃光樱桃这事，可以说他终于找到了没把樱桃给我的理由。我不知道动物是否会做梦，要是做梦都能梦到什么？我的一个学生曾告诉我一个谚语，具体怎么说的我忘记了，只记得谚语的前半部分说，鹅会梦到什么？后半部分说的是答案——玉米。这也说明了我的理论，即梦是愿望的达成。

对于梦中隐藏着的理论，平时生活中的习惯用语就可以描述出来，而且这也是最便捷、快速的证明方式。可一直以来，梦非但得不到人们的重视，而且还被认为是虚无缥缈的幻想，甚至在一些地方，还竭力维护这种观点，梦被看得一无是处。但好在更多的习惯用语暗示了"梦是欲望的满足"这一看法，特别是某件事情带给我们意外惊喜时，我们往往都会特别兴奋地说："就连做梦我都没敢往上想。"

第四章 透过梦的表象看本质

梦是欲望的满足，这无可争议，可如果我说，任何梦的意义除了欲望的满足外，没有别的解释，那我坚信，一定没有人同意我的观点。

尽管之前已经有不少学者提出了"梦是欲望的满足"这个观点，但依然会受到评论家们的猛烈批评。在他们眼中，这个观点不仅毫无创意，而且片面地把所有的梦都归结到这一范畴，未免以偏概全，有失公允。其实，要想证明这一点，也不是什么难事，这是因为有些梦非但无法让我们得到满足，还会让我们痛苦不堪。

悲观主义哲学家爱德华·冯·哈特曼在他的《潜意识哲学》中，就曾说道："在我们进入梦乡时，清醒状态下的所有烦恼也会成为梦的内容，但只有一样东西例外，那就是科学、艺术等，属于有着一定文化修养的人才拥有的兴趣。"

即使像朔尔茨、沃克特这样不太悲观的学者也坚持认为，令人烦恼和痛苦的梦远比那些快乐的梦要多得多。女学者萨拉·韦德和弗洛伦斯·哈勒姆在潜心探究了自己的梦后，得到一组统计数据，即57.2%的梦都是"不愉快的"，而令人愉悦的梦只有28.6%。因此，她们总结说，不快乐的因素是构成梦的主要内容。

但就"不愉快的梦"而言，其中还包含着一部分焦灼的梦。这类梦有一个普遍特点，那就是除非我们从梦中突然惊醒，否则我们就会深陷其中不可自拔。我一度觉得，儿童的梦几乎都是"赤裸裸的欲望的满足"，可这些人的研究却直接表明，做焦虑梦最多的一个群体是儿童。这也就是说，我的研究不能得到广泛的认可，那也没什么好奇怪的了。

只是如此一来，"焦虑的梦"却成了我的"梦是欲望的满足"这个观点的最不利证据了，甚至它可以让所有相关的理论都显得荒谬可笑。事实上，只要我们能够把梦的显露内容和隐藏内容区分开来，那么推翻这种反对例证也是易如反掌的。

之前，通过梦的释意，我们知道"梦是欲望的满足"。对于这个观点，尽管我的反对者们能够指出有些梦是不愉快的，可他们看到的只是表面内容，并没看到隐藏在梦背后的真正问题。所以，我可以负责地说，他们的反驳根本站不住脚。我这么说，是有科学依据的，接下来我就会证明：只要对梦进行合理的解释就不难发现，"不愉快的梦"仍然是对欲望的满足。

说一个简单的生活常识，我们大家都知道，把两个核桃放在一起捏远比单独一个核桃更容易碎，同样的道理，在科学研究中，如果单独研究一个问题很棘手，那我们不妨再加进一个问题，然后一起研究，就可以收到事半功倍的效果。这样看来，我们研究"痛苦和焦灼的梦是不是也同样适用于梦是欲望的满足"这一问题时，我们还可以考虑一个问题：既然那些看起来没什么重点的梦是"欲望满足的梦"，那么它们为什么不通过直接的方式表达出来呢？就比如我们前文中提到的伊尔玛打针的梦，我已经做了详尽的分析，从本质上来说，这个梦一点也不痛苦，而且通过解释，我们可以清晰地看到梦是欲望的满足。可是，大家不免会问：为什么一定要通过解释才行呢？梦为什么不直接表达它的意思呢？实际上，在分析伊尔玛打针的梦之前，我根本没想过它与"欲望的满足"能有什么关系。从表面上看，这个梦没有一点儿能牵扯上"欲望"的地方，所以读者看不出它的本质是"欲望的梦"，这也很正常。我们要透过现象看本质，尽管这类梦披着与之相反的情感的外衣，但实际上，它们却表达着自己真实的愿望，我把这种现象称为"梦的伪装"。到这儿为止，我们透过表面看到了第二个问题："梦为什么要把自己伪装起来？"

在接下来的阐述中，我将用自己的梦来解释"梦的伪装"的真实含义。但现在，这个问题我可能会给出几个答案，比如说，我们不可能用直接的方法，在睡眠中赤裸裸地表达自己的愿望，可这显然不是我们所要的定义结果。要想撕开梦的伪装，就要用上我的梦例了，可这会于无形当中暴露我的隐私，不过为了寻找到真正可行的答案，我值得也愿意做这个牺牲。

前言：

1897 年春天，我被我任职的那所大学的两位教授推荐为副教授，我欢欣鼓舞，喜悦之情溢于言表。可这一切与我和他们的私交一点儿关系都没有，他们只是出于对我能力的认可。尽管我十分期待这次推荐能够通过，自己可以顺顺利利地晋升为副教授，但一想到之前几位同事的遭遇，我对最终的结果还是不抱太大希望。我那几位同事资历比我老不说，就是论工作能力，那也是与我不相上下的，可就是因为部长不重视这种推荐，他们几个被推荐两年了，但到现在仍没个结果。我实在想不出，自己有什么理由能在他们之前得到副教授的任命。目前，我所获得的成就，已经让我很满足了，即便这个副教授的任命下不来，我也不会放在心上。所以，对于那些头衔和荣誉，我一直抱着听天由命的态度，淡然处之，既不奢求什么，也不妄加揣测得到它们时的感受如何，毕竟没吃到葡萄我不敢贸然说它是酸的还是甜的。

我一直把一个朋友的事当作自己的前车之鉴。他很早之前就受到推荐，成为教授最有力的人选，最主要的是，他不甘心像我们一样默默地等待最终结果，而是隔三岔五地就到部长办公室转转，以便自己的事能够早些定下来。这也怪不得他，现在这个社会，医生有个教授头衔，就会被患者及其家属当作神一样尊敬和信任。那天晚上，他又去部长的办公室了。回来的时候，他顺道来看我，并告诉我，这次他直截了当地问部长了，自己的任命迟迟不下来，是不是和他的宗教信仰有关。部长也没隐瞒，直接给了他答复——因为他的感情问题，他晋升教授才没被批准。最后，他异常平静地说："明白了不被批准的原因，我心里反而敞亮了、释然了。"虽然他讲的这件事对我晋升副教授而言没有多大的用处，不过，他这样的结果倒是更坚定了我听天由命的态度，因为我和他属于同一个教派。当天晚上睡下后，于第二天的凌晨时分，我做了一个奇特的梦。这个梦有两部分，每一部分都由一种念头和紧接着它的另一种形象组成。但因为第二部分与我们要讨论的东西没有太大的关联，所以我在下面的讨论中，会将大部分的笔墨用在第一部分上。

梦中：

1. 刚刚拜访我的朋友 R，竟成了我的叔叔，而且我们感情特别深厚。

2. 朋友 R 的脸浮现在我面前，似乎有点儿变形，好像被拉长了，尤其两腮上的黄胡子十分抢眼。

接下来是另一部分，也是一种念头以及和它相连的形象，这里我暂且略过不谈。

解释：

早上，我回想起自己梦境的时候，还曾大声嘲笑自己："这梦做得太荒唐了，不仅一点儿道理没有，而且简直就像开玩笑。"可是，这个梦如影随形，整整一天都没离开过我的脑海。一直到了晚上，我突然明白，并开始自责："如果我的患者，像我这样解释自己的梦境，我一定会责备他试图掩藏梦中的不愉快。同样的道理，我这样解释自己的梦，那么在我的内心深处，也一定对抗着解释这个梦。我暗暗告诉自己，必须把它挖掘出来才行。"于是，我开始了自己的工作。

朋友 R 是我的叔叔，这有什么预示呢？确实，我是有一个叔叔，而且也是唯一的叔叔，他叫约瑟夫。三十多年前，因为贪心，他在别人的教唆下犯了罪，后来还被判了刑。当时，我的父亲非常伤心，几天工夫头发就全白了。一直以来，在他的心里，他的弟弟从来都不是坏人，即便到了现在这样，那也不过是被人利用了，他最多也就是个傻瓜而已。照这样看来，梦中，我把朋友 R 看作我的叔叔，无非是想表达：R 先生是个大傻瓜。不过，这虽然有点令人难以置信，可我在梦中见到的 R 先生分明和我叔叔有着一样的长脸，一样漂亮的金黄色胡子。尽管 R 先生现在还不是彻底的黄胡须，可一个男人一旦变老，他的胡须就会发生变化，黑色的胡须会从棕红色变成棕黄色，最后变成灰白色，这也说明男人青春已逝，正一步步走在日渐衰老的道路上了。因此，基本上可以说，胡须颜色的变化，是男人变老的标志。现在，不仅 R 先生这样，遗憾的是我也正在经历这样的阶段，这不能不令我心情沮丧。

似乎这有点儿说远了，咱们不妨回到刚才的话题上来。梦中，我看到的这张脸，既是朋友 R 的，也是我叔叔的，这让我想起了高尔顿的合成照相技术，他同时把几个不同的面孔曝光在同一张底片上，进而证明了家庭成员面貌的相似性。之所以把这两件事放在一起来说，是因为前者具有的道理和后者一样。也就是说，我真的把我的朋友 R 当成一个大傻瓜了。

解释到这儿，我还是有些不明白，自己怎么会有这样的想法呢？因此，我决定做更进一步的深入分析。事实上，我的朋友 R 和我的叔叔还就真的一点儿相似之处都没有，别管我叔叔是否被利用，怎么说他都是有犯罪前科的人，可我的朋友 R 不一样，除了一次因骑自行车撞到一个小男孩而被罚款外，他没做过任何一件有损他名声的事情。我怎么会因为他的这点儿小事，就把他和我叔叔联系在一起呢？这岂不是太荒谬了吗？

紧接着，我想到了另外一件事。

就在几天前，我在街上遇到了我的另一个朋友 N。N 业务能力很强，很早的时候就被推荐为教授人选，可不知道为什么，直至现在他也没得到晋升。聊天的时候，他向我表示祝贺，但我没接受，因为我们彼此都明白，这样的推荐到真正晋升教授，还有一段很漫长的路要走。于是，我说："您可不能调侃我，您有过这样的经历，知道推荐是怎么一回事的。"他半开玩笑地说："你和我可不一样，你品行俱端，没有一点儿瑕疵。可我呢？你或许已经听说了，就在不久前，有一个女骗子为了敲诈我，居然把我告上了法庭。好在检察官明断秋毫，驳回了那个女骗子对我的指控。而我也并没有深究此事，这使她免于了处罚。这完全可以成为部长不提拔我的借口。

但是你却不一样。"

通过这件事，我想，我已经找到了自己梦中的罪犯原型了。我的叔叔同时代表了两个人物：一个是我的朋友 R，与我叔叔相貌相近；另一个是我的朋友 N，与我叔叔经历相似。梦中，我努力地为他们寻找除了教派之外，他们不能得到晋升的理由。我让朋友 R 因为是傻瓜而无法晋升，让朋友 N 因为是罪犯也与晋升无缘，而我与他们没有丝毫相似之处。"所以，最应该晋升的人是我，教授这份特殊的荣誉早晚都会被我收入囊中。"我就是通过这样的一个梦，为自己找到了晋升教授的最合理的理由。

说到这儿，我仍有些意犹未尽，总感觉上面的解释不足以令人信服，我竟然为了晋升而贬低自己一向非常敬重的两位同事，这样的行为让我感到可耻，并心生愧疚。不过，我早就知道该如何评价梦中的言行，因此，我很快就把这种情绪平缓下来。再回顾一下关于伊尔玛的那个梦，其实，现实生活中，我并不认为是奥托给她打了一针丙基制剂，才使她的病情不断恶化的。同样，我也不认为我的朋友 R 真的傻，或者朋友 N 真的是罪犯。我之所以会做这样的梦，是因为我希望通过这种方式来满足我的欲望："现实中要是这样，该有多好哇！"而且，两个梦相比较而言，第二个梦比伊尔玛打针的那个梦更有依据，感觉更像一个精心策划的诽谤案，听起来头头是道。在当时，也的确有一位专业教授给朋友 R 投了反对票，而朋友 N 则是在无意中为我提供了"诽谤"他自己的素材。讲到这里，对这个梦的解释虽然可以告一段落了，但我还是要强调一下，这个梦还有进一步解释的空间。

在梦中，我梦见朋友 R 变成了我叔叔，而且还觉得特别亲切。对于这个细节，我需要做一下解释说明，事实上，我和我的叔叔并没有任何感情，倒是朋友 R，这么多年来，我一直非常尊敬他。可尽管如此，如果我用梦中那样亲切的态度来对待他，我相信，他一定会非常惊讶的。所以，我不能因此就简单地把这份感情判定为是针对朋友 R 的。同样，虽然梦中我把他和我叔叔看作一个人，但不能就此便认定现实生活中他俩有着相同的智商，这是一样的道理。

其实，这份感情既不是什么隐藏的内容，也不是梦背后的欲望，而是梦的伪装。梦正是通过这种伪装，含蓄地表达了自己的真正含义。或许，这才是梦存在的真正意义。

尽管这份情感没有具体的含义，但它足以代表了我的真实想法。至今，我仍然清楚地记得，当初我是那样的不愿意承认，自己在梦中居然会对同事怀揣恶意，所以我才一直认为这个梦荒唐可笑，甚至总拖延着，不对它做出任何解释。

根据以往的精神分析治疗经验，我很清楚，自己竭力否认这个梦没有认识的价值，以及一味地抵抗意味着什么，我必须正视自己的这种拖延和否定行为了。如此，我想到了我的小女儿。别人给我小女儿一个苹果，如果她不想吃这个苹果，就会一口咬定这个苹果是酸的，其实她一口都没有吃过。如果这种情况出现在我的患者身上，我就会知道，他们试图压抑着的东西，正是他们最在意的东西。而我，对于这个梦的态度又何尝不是如此呢！我之所以迟迟不愿意解释这个梦，是因为我实在不愿意承认朋友 R 是个大傻瓜。而这种情感，恰恰被我在梦中伪装成了相反的情感，也就是我对朋友 R 表现出来的那种难以理解的亲切感。并且，梦中这些经过精心的设计和安排的情节，最终掩饰了我对朋友 R 的诋毁。

这个认识具有普遍的含义，或许在各个方面都能成立。就像第三章所举的例子那样，有些梦很简单，可以直接表现为愿望的达成，但也有很多的梦难以识别，这是因为梦者不希望自己的欲望被人发现，故而他们对梦的内容进行了伪装，这使我们难以区分。尤其这类梦在进行伪装时，都是竭力地歪曲自己。关于梦的这种伪装现象，在现实生活中根本不难找到与之相匹配的场景。如果有一个人拥有某种特权，另一个人又投鼠忌器，那么这个人的精神活动就会出现伪装，或者像我们说的那样，他会将自己伪装起来。事实上，这样的掩饰和伪装，常常充斥我们的社交礼仪中。它不仅在我解释我的梦中出现，就连伟大的诗人也开始抱怨这种不得不承认的伪装：

> 你所知道的最高真理，
> 却不能对学生们尽言。

此外，在政治评论家和当权者之间，也会存在这样的顾忌。如果政治评论家想将一些事情的真相直接告诉当局，而且希望能够被接受，那么他在陈述的时候就必须加以伪装，否则就算他在口头上说出来了，也会遭到当局的制裁，或是出版物被查禁。尤其是文字工作者，更要时刻警惕这种严格的审查，务必要根据审查的要求，锤炼文字，尽量采用旁敲侧击的语气，隐晦的表现形式，只有在这种不着痕迹的伪装下，才能表达出自己的真实想法。总的来说，审查得越严，文字工作者伪装的手法就越高明，读者就越需要运用智慧去理解。

如此一来，我们可以把权威者的审查和梦的伪装联系起来看，因为这两者之间确实有着极为相似的前提条件，所以我们不妨从原因这个角度出发，寻找权威者的审查与梦的伪装之间存在的共同点。为了说得更透彻，我们可以设想，每个人的梦都是由两种精神力量来共同支配的，即倾向力、系统力。梦中，它们分工明确，一个负责展现愿望，一个负责审查这种愿望的表达，以至于很多时候我们的梦需要通过伪装才能呈现出来。那么问题来了：第二种力量所拥有的审查功能，其本质究竟是什么呢？从上面的分析中，我们已经知道，当我们醒来后，得到的都是梦的显意，而隐藏在梦背后的意思，只有通过分析才能得到。如此，我们可以做一下简单的推理：前文所说的欲望，也就是第一种力量所要准备的材料，如果要进入到意识形态中，出现在人们的梦里，就必须通过第二种力量的审核，即第二种力量有权决定什么样的梦才能进入人们的意识。也就是说，第二种力量就相当于现实生活中的审查者，只有那些符合它要求的材料才能领到通行证，被允许"出版传播"。也就是说，意识是最初的欲望经过加工而形成的产物，属于一种特殊的心理活动。这个结论在精神病理学中也是不可或缺的，我们将会在后面的讨论中详细地探讨这个问题。

如果刚才说的这些都可以解释得通的话，那我在梦中对朋友 R 的感情也就得到了很好的诠释了。假如在一个复杂的竞争社会中，统治者的权力、私欲与人民的意愿相违背，人民总是很希望这个不能得到人民支持的统治者下台，那么这个统治者就会为了维护自己的权威，无视人民的意愿，同时给予这个统治者更高的荣誉，即便是无厘头的荣誉。这与我对 R 先生的情感毫无二致，因为我在梦中的时候，第一力量就把他贬低成了一个傻瓜，而第二力量又赋予了他这种完全超乎朋友之间友谊的情感。

假如我们能够按照上面的推论继续解释下去，或许我们就能获得一些关于精神结构方面的结论，这是在哲学中轻易得不到的。不过，这并不是我要达到的目标。所以，我们在揭示了梦的伪装后，还是回到本章开头提到的那两个问题上去：为什么不愉快的梦仍是对欲望的满足？从前面的章节我们已经知道，梦的内容都是经过伪装的，其中，也包括那些不愉快的梦。结合上面两种精神力量的假设，我们现在可以说：任何梦都来自第一种力量的能动作用，它使我们的梦表达着欲望；不愉快的内容来自第二种能动力量，这是因为我们把注意力都集中到了第二种力量带给我们的感受上，从而忽略了第一种力量帮我们达成的愿望了。如果我们只是关注第二种力量对梦的防御作用，那么我们就永远不可能真正地了解自己的梦，至于那些梦的研究者们，就更无法清楚地洞悉这一点了。

概括起来说，所有的梦都是欲望的满足，这也包括那些不愉快的梦，这个结论毋庸置疑。下面，我就分析几个真实的事例，因其中有几个是癔症患者，所以在叙述过程中我加了较长的序言，甚至还在一些段落专门讨论他们的精神过程。尽管这样做平添了我叙述的难度，但为了取得更好的论证效果，这势在必行。

前面我已经说过，在给精神性神经症患者做治疗分析时，我会定期和每一个患者一起探讨他们的梦，并把各种心理分析告诉给他们本人，而我也正是通过这个办法，来解读每个患者的症状的。可很多时候，他们对我的这个疗法总是不屑一顾，不但不赞同，甚至他们对我的批评绝不亚于我的同行。可以说，我的这些精神性神经症患者步调出奇地一致，他们都不赞同我所说的"梦是欲望的满足"这个结论。接下来，我就先列举几个反对我的例子。

有位聪明的女患者和我讲了她的一个梦：

有一天，我想办一次晚宴，可家里除了一点熏鲑鱼外，别的什么都没有了。可这天又偏偏是星期六，所有的商店都歇业休息，本打算去商店买点儿东西的想法破灭了。我只能给餐馆打电话，定一些菜。可偏巧电话又出了毛病。于是，我不得不放弃举办晚宴的想法。

刚讲完这个梦，她就狡黠地问我："您说，梦是欲望的满足，那我这个梦的内容为什么和您说的完全相反，一点儿都不是我愿望的满足呢？您可否用您的这个理论帮我解释一下呢？"

虽然这个梦的意义有待通过分析来判断，但我没有推辞，爽快地答应："当然可以，我的太太！"紧接着我对她说："太太，您的这个梦表面上看起来很连贯，也很合理，而且它确实与您想办晚宴的愿望相反，但只要我们分析一下，您或许就能明白了。您知道，前一天发生的事情会直接刺激我们的梦的内容，那么我想知道，是什么导致您做了这个梦呢？"

分析：

原来，这个女患者的丈夫是一个肉贩，人很敦厚，也很能干，就是有些胖。在她做梦的前一天，她丈夫和她说自己太胖了，要开始减肥瘦身，并说自己要每天早起做运动，严格控制饮食，并特别声明，从今以后，自己再也不接受晚宴的邀约了。另外，她丈夫那天去她经常去的那家酒馆吃饭时，遇到了一个画家，画家说自己从来没见过像他这样让人印象深刻的面孔，坚持要求给他画一张像。他有点儿粗暴地拒绝了，可接下来他有点儿调侃地说了一句："我的脸很生动，不是吧？恐怕一个漂亮女人屁股上的任何一个部位，远比我的脸还要生动，还要吸引人吧。"她丈夫刚说完，深爱丈夫的她还取笑了丈夫一番，最后她还告诉她的丈夫，不要给自己买鱼子酱了。女患者笑着讲着她丈夫的故事。

这最后一句是什么意思？我有些不解，于是便问这位女患者。

她回答说："也没什么。只是很久以来，我一直特别喜欢吃鱼子酱三明治，但凡我开口，我丈夫都会立刻答应我，并毫不犹疑地买回来给我吃。可我并不希望他总是这么破费，尤其他给我买了之后，我就没有调侃他的理由了。"

她的回答不但有点儿牵强，还有很多的破绽，我觉得这个答案后面一定隐藏着什么。著名心理治疗家伯恩海姆曾做过一个催眠试验，当他成功地催眠了一个患者时，他开始询问这个患者做事的动机，可这个患者并没有简单而直接地回答"我不知道自己为什么这样做"，而是编造了一个漏洞百出的解释。很显然，我的这个女患者关于鱼子酱的解释也是这样。尽管她在讲述这个梦的时候是清醒状态，但也在潜意识中编织了一个不能达成的愿望，更别说这个愿望能在梦里实现了。我很好奇，她为什么坚持这样一个愿望呢？

女患者上面和我说的这些材料，并不能把这个梦解释清楚。于是，我又不停地追问她，鼓励她继续说下去。见我愿望这样强烈，她迟疑了一会儿后，像是已经克服了极大的心理障碍似的，慢慢地继续说道："在我做梦的那天，我和我的丈夫一起看望了我的一个女性朋友。尽管我的这个朋友很瘦，但我丈夫当着我的面，对她大加赞赏，可他分明喜欢丰满的女人哪！当时，我心里相当不舒服。"我紧接着问："那么你这个朋友是什么反应呢？"她有些生气地回答："她说，她也特别希望自己能够长得丰满些。她还问我什么时候有机会，可以到我家做客，和我们一起吃饭，她实在太爱吃我做的饭菜了。"

听到这里，我想我已经弄清楚她的这个梦的含义了。我对这位女患者说："我猜想，您的女友和您提这个要求时，您的心里已经很不满了，尤其开始担心，她丰满起来后会勾引您的丈夫。再加上您的丈夫为了让自己减肥，下定决心不再接受任何邀约赶赴晚宴，这让您意识到并坚信，应邀赴晚宴吃东西会使人发胖。这个梦告诉您的是，您办不了晚宴了，也就是说，您已经实现了自己的愿望了，不做任何可能使您朋友身材丰满起来的事。"现在除了熏鲑鱼这个问题没有弄明白外，她的梦都可以解释清楚了。于是，我接着问道："您在梦中怎么会梦到熏鲑鱼呢？""我明白了，熏鲑鱼就是我那个朋友最喜欢吃的食物。"她恍然大悟。"可她常常舍不得吃熏鲑鱼，就像你不舍得吃鱼子酱一样。"我补充道。她惊讶得连连点头。这下，梦里的所有细节都得到了合理的解释。

根据这个女患者梦中的一个小细节，这个梦还可以有另外的一种解释，并且能解释得更加清晰明了。但是，你不必惊讶，因为这两种解释并不矛盾，只是相互覆盖而已。所以这也可以证明，我们的梦具有双重含义，就像其他的精神病理结构一样。从这位女患者之前的叙述中我们可以看出，现实中的她偏爱鱼子酱，可是，她不仅在现实生活中放弃了自己的这个欲望，而且在梦里也放弃了。而她的那个女性朋友的愿望是希望自己长得丰满些，我的这个女患者希望她朋友的这个愿望不能实现，所以在梦中的时候，她的朋友的愿望没有得到满足是很正常的。可她并没有梦到这一点，反而梦到自己办晚宴的愿望没有实现。原来，她在潜意识中，把自己和朋友"替换"了，即让梦中的自己替代了朋友，所以现实也好，梦中也罢，她放弃自己的欲望，也就意味着她的朋友的欲望没有得到满足。或许，这种让自己的欲望不能得到满足是对这种"等同"最好的诠释。

为了更充分地说明我的这个观点，我有必要对癔症患者的自我等同做一个详细的解释。癔症患者在陷入自我等同时，会把一大群人的感受和自己的感受等同起来，所以他们在发病的时候，不仅能把自己身上的经历表现出来，还能把别人的经历表现出来，而这也恰恰是癔症的发病因素之一。可有些人并不重视这一点，认为这些患者不过是因为患上了癔症，从而具有了癔症患者特有的模仿性。癔症患者有一种特殊的能力，即能模仿发生在别人身上且能给他们留下深刻印象的事情，继而从别人那里获得类似于同情之类的感情。但这只是癔症性模仿的精神路径，与遵循这一路径的精神活动是两回事，我们更应该关注这一路径的精神活动本身。

实际上，路径是潜意识层面的最后产物，用一个例子来说，如果让一个痉挛患者和其他患者住在一起，其他患者也会出现痉挛的症状，在他们的医生眼里，这只是模仿的结果，是一种精神层面的影响。通常情况下，一个医生对患者的了解，远没有患者对患者的了解多，所以患者们常常在医生查完房离开后会凑在一起，相互关心、问候。假如哪一天有位患者发病，其他人就会很快了解到，这个患者是因为收到了一封家信而发病，还是因为失恋了而发病。此时，大家的同情心就会泛滥，并快速产生出一种下意识的推论："如果是这样的原因导致了发病，那么我遇到这样的情况，是不是也会发病哪！因为我的情况也是这样啊！"如果这种推论能够进入精神领域，相应的事情就会真的发生。所以，我们提到的癔症的自我等同与癔症性模仿并不是一回事，自我等同更多的是缘于精神上的同化作用，缘于潜意识中的共同元素，与单纯的模仿截然不同。

现实生活中，这种症状最常见于性的等同上。在女癔症患者的症状中，她最容易将自己与和她发生过性关系的男人，或与这个男人同时有着暧昧关系的女人等同起来。平时，我们描述爱情时，常常用"心心相印"一词，可殊不知，这也是等同的倾向。与在梦中一样，在癔症性幻想中，患者只要设想了自己与某人发生了性关系，尽管不需要真的这么去做，就足以使她们在意识中进行自我等同了。

就像我们前面说过的例子，我的女患者的女友并没有与女患者的丈夫发生任何关系，但因为嫉妒心作怪，她还是产生了这样的性幻想，于是在梦中的时候，将自己与女友等同起来，把自己放在了女友的位置上，并通过不让女友的愿望得到满足，来保护自己在现实生活中的地位。也就是说，这一切的心理动因，都源自她认为现实生活中，女友正在入侵她和她丈夫之间的关系，而她想破坏这种取代，重新获得丈夫的欣赏。

还有一位女患者，她是我所有患者中最聪慧的一位，她也不赞同我的释梦理论。尽管她的梦与我的理论相冲突，但我的化解方式与之前的解释一样，即一个愿望没有实现，意味着另一个愿望得到了满足，只不过方法更为简单了。

有一天，我和她解释说，梦是愿望的达成。不想第二天，她就给我讲了她做的一个梦。梦中，她和婆婆乘着车，一起到乡下度假。可我了解到的实际情况是，她很不喜欢与自己的婆婆单独相处，就在不久前，她在乡下一个离婆婆家很远的地方，租了一个房子，并搬到了那里。这样做，无非就是为了避开她的婆婆。现在，她的这个梦背离了她的愿望，这对于我所说的"梦是欲望的满足"这一理论而言，可谓是最有力的反驳了。毫无疑问，她是想通过这个梦来证明我是错的。她有这个想法，那可不是一天两天了，之前我在为她治疗时曾经推测，在她过去的某个时间点上，一定发生过某件相当严重的事情，这才导致她生了这种病。但因为她不想回忆那段过去，她毫不犹豫地否认了我的推测。可随着治疗的不断深入，她不得不承认了我的推断。但也就是从那个时候开始，她总希望有那么一天，可以证明我是错的，于是她才做了上面那个与自己欲望完全相反的梦。

152

曾经有一次，我给我中学时一个非常要好的同班同学的梦进行了大胆的猜测。对，你没看错，不是分析，是猜测。有一次，他在一个小范围聚会上听说了我报告的新发现，即"梦是欲望的满足"。回家后，他做了一个梦，梦见作为律师的自己，竟然输掉了所有的官司。于是，他跑来问我这该怎么解释。"你不可能总胜诉吧！"我这样解释。我们俩同学八年，我的成绩一直名列前茅，而他的成绩却忽高忽低，或许因为嫉妒，从中学时代开始，他就希望有朝一日我会输得惨不忍睹吧。

　　还有一个患者，也试图用自己不愉快的梦来否定我的结论。

　　这个患者是个年轻的女孩，有一天，她对我说："您还记得吧，我的姐姐现在只有一个儿子，他的名字叫卡尔。她失去大儿子奥托的时候，我正住在她家。那时，我非常喜欢奥托，实际上，就是我一手把他带大的。尽管我对卡尔的爱没法和对奥托的爱相提并论，可我毕竟是喜欢卡尔的。但就在昨天晚上，我做了一个梦，梦中，姐姐唯一的儿子卡尔死了，就躺在我面前的一口小棺材里。他双手合拢，周围放满了白色的蜡烛，与当时奥托死去时的场景一模一样。当初，奥托的死让我非常震惊，可我从来没想过，让姐姐失去她的小儿子。那么，您能不能告诉我，这个梦意味着什么？难道是说，我希望死去的是卡尔，而不是我更喜欢的奥托？您了解的，我不是一个坏女孩，我实在为自己的这个梦感到不安。"我安抚着她的情绪，非常肯定地告诉她，第二种解释完全可以排除。沉思片刻后，我就有了这个梦的正确解释，而她也证实了我的分析。之所以能做到这一点，是因为我对这个女患者太了解了，包括她过去的成长经历。

　　这个女孩很早就失去了父母，多亏她的这个姐姐把她抚养长大。在她情窦初开的时候，她邂逅了一位前来姐姐家做客的男士，并对他一见倾心。他们秘密地相爱了，就在两个人的感情进入成熟期，准备谈婚论嫁、步入婚姻的殿堂时，姐姐却棒打鸳鸯，毫无理由地拆散了他们。从此，那位男士再也没有登过姐姐家的门，而她则把全部的柔情都倾注到了小奥托身上。可是，小奥托却早早地离开了这个世界。在这之后，她搬离了姐姐的家，开始独自生活。尽管后来也有人热切地追求过她，可她的心里已经装满了前男友。她爱他，一直没有放下过他，可碍于强烈的自尊心，她并没有主动地去找过他。这位男士是个文学教授，只要有他的学术演讲，无论在哪儿，无论多远，这个姑娘都会跑过去，远远地看看他。突然记起来，她昨天曾和我说，她今天要去听这个文学教授也去的专场音乐会。说到这里，我心里对这个梦的解释已经一清二楚了。于是，我问她："小奥托去世后，还发生了什么事吗？"她马上回答说："是的，就在小奥托的葬礼上，我看到了教授，他正站在奥托的棺材旁吊唁。"她的回答和我预料的一样，于是，我对这个梦做了如下的解释："你不是真的希望小卡尔死，而是在你的潜意识中，你清楚地记得在这样的葬礼上，你能见到你的心上人。虽然你即将在专场音乐会上看到他，但你有点儿迫不及待，希望自己能够早一点儿见到他。可你的意识却偏偏要掩饰你这种强烈的欲望，所以它就会选择一个让人悲伤的场合。不过，即便这样，你的这份柔情淋漓尽致地体现在了你对奥托的温情上，你完全不必自责。"我接着安慰她说："其实，你不过是想早一点儿见到自己的心上人罢了。"

解释梦不能千篇一律，梦的解释须因人而异。我还有一个女患者，她也做了一个类似的梦，但我却给了她不同的解释。她是一个富有聪明才智，又天性乐观的中年妇女，就是现在我给她治疗的时候，她的反应和思想仍令我惊叹不已。她做了一个长长的梦，梦中，她看到自己十五岁的独生女儿死了，躺在了一个木箱子里。尽管她想到了木箱可能另有深意，但她还是想以这个梦为依据，反对我的"梦是欲望的满足"这一理论。在分析这个梦的过程中，她突然想起了一件事，就在她做这个梦的前一天晚上的聚会上，她听别人说"Box"这个英文单词，在德语中还有不同的翻译，如盒子(Schachtel)、包厢（Loge）、箱子（Kasten）、耳光（Ohrfeige）等。所以，这个词与德语的"容器"有很大关联。而在平时的粗话中，这个词还是女性生殖器的意思。如此一来，我们便可以大胆地引用解剖学上的理论，木箱就像女人的子宫，而她的女儿则是子宫里的胎儿。分析到这里，她不再继续否认了，而是承认这个梦符合她的一个愿望。她解释说："我和所有的妇女一样，在刚得知自己怀孕的时候，既紧张又害怕，居然一点儿都高兴不起来，甚至无数次地希望这个胎儿死在我的肚子里。尤其有一次，我和丈夫争吵后，我余怒未消，不停地用拳头猛打自己的腹部，一心想打死自己肚子里的这个孩子。只是没想到，事情过去了这么多年，这个欲望还存在。"我安慰她说："其实，这一点儿也不奇怪。十五年来，在你身上或许已经发生了很多事情，你的欲望迟至今日才得以满足，也是完全可以理解的。"

上面的两个梦例都是至亲的人去世的场景，基本属于同一个类型的梦，我把这类梦归结到"典型的梦"，我将在后面的章节中，引用一组案例进行详细的解释。不过，就"梦是欲望的满足"这一话题而言，单就上面的几个梦例还不足以说清楚，接下来，我将用新的例子来证明，所有的梦都是欲望的满足，即便有的梦让人无限悲伤。

下面我要说的这个梦，并不是我的患者提供的，而是来自我的一位律师朋友。有一天，他梦见自己搂着一个妇人往家走。刚走到家门口，从关着门的警车里走出几位先生，拦住了他。他们在出示了自己的警察证后，要以杀婴罪逮捕他。我不解地问他："这种罪名不是只有母亲对婴儿才犯的吗？"

他回答说："没错，就是这样。"

我继续追问我的朋友前一天都做了什么，想以此判断这个奇怪的梦到底想表达什么。他有些不情愿，但在我的耐心劝说下，还是毫不隐瞒地告诉了我。原来，他做梦的前一天并没有回家，而是留在了自己喜欢的一个女人那里过了夜。第二天早上，他又和这个女人发生了关系。之后，他就做了这个梦。这个女人是个有夫之妇，他喜欢她不假，可并不希望她怀孕，惹出是非，这样的话，两个人都会身败名裂的。

我接着问他："那你性交的方式正常吗？"

"我总是特别提醒自己要格外小心。"他有些不好意思地低下头。

"那我可不可以这样推测，你一整晚都做得非常好，只是早上这一次，你不能百分百地肯定自己是否做到了避孕。"我试探着问。

"确实是这样。"

"那么，照这样说来，你的梦就很好解释了。"

我把我的分析结果告诉他：其实，你就是不希望有孩子，而这就投射到你梦中的"杀婴罪"上了。你是否还记得，就在不久前，咱们还讨论过这个问题。当时，我们还说，卵子受精之前，任何的避孕方法都是可行的，可一旦受精卵形成，再想避孕就会构成刑事犯罪。之后，我们还提到了中世纪那个争论不休的问题，就是灵魂究竟会在什么时候进入胎儿体内，因为也就是从那个时刻起，谋杀的概念才能成立。你肯定也知道莱瑙那首阴森的诗《死者的幸福》，诗中把杀婴和避孕看作一回事。

"真的很奇怪，我今天上午好像忽然间就想到了莱瑙。"

"那是。你的梦还余音袅袅呢！在你的梦中，还有一个细节，就是你带女士回家，这是你另一个重要的欲望，你希望能够和她光明正大地在一起，而不是像昨晚那样偷偷摸摸。可实际上，你是在那个女人那里过的夜。梦的核心是愿望的达成，它之所以用这样不愉快的事伪装起来，是因为它发生的原因或许不止一个。我曾经对这个问题做过专门的研究，在探讨形成焦虑性神经症的原因一文中说过，这种不正常的性交，能使人精神抑郁，而这也是精神焦虑的直接诱因。同时，这也是构成梦的重要元素。此外，前面提到的杀婴罪，你怎么偏偏想到了这种只有女人才会犯的罪呢？"

我的朋友解释说："事情是这样的。几年前，我曾经和一个少女发生了关系，遗憾的是，后来她怀孕了。为了保护我的名誉，那个女孩悄悄地自己去做了人工流产。虽然这些都是事后我才知道的，可从那时候开始，我一直心神不宁，生怕事情败露。"

到这里，可以说我基本上都搞清楚了。于是，我对他说："我完全能理解你的心情，这也解释了你为什么会因为早上一次不能确定是否成功的避孕而这么难为情了。"

我在一次学术讲座中，讲了这个梦，一位年轻的医生对我的解释心悦诚服，他采用了我的分析方法，对自己另一个主题的梦重新进行了解释。原来，这个年轻的医生做了一个梦，梦中的他去了税务局，申报了自己的纳税金额后，他的朋友却告诉他，税务局的官员们认为他以多报少，说他有偷税漏税的行为，要对他处以罚款。但实际上，他的收入并不多，就在他做这个梦的前一天，他如实填写了自己的所得税报表，并把它交了上去。很显然，这个梦也是欲望的达成，他想获得更高报酬罢了。只是这个梦伪装得不够好，他的这个欲望很容易就会被人察觉出来了。这让我想起一个年轻女孩的故事。这个女孩和一个脾气暴躁的人恋爱了，大家都担心她婚后会被家暴，所以都劝她不要答应那个人的求婚。可这个女孩不顾大家的反对，她答应了他。她结婚的愿望太强烈了，即便婚后遭遇不幸，她也希望自己一力承担。

如此看来，有些很常见的梦与我的理论是相左的，它们要么演示一个失败的愿望，要么梦中出现的并非愿望的内容，这类梦被我称为"反欲望的梦"。如果从整体的角度出发，这类"反欲望的梦"可以归纳出两条原则，其中一条我还没有提起过，但无论是梦中，还是现实，它都有着举足轻重的影响，我把它放在后文中讨论。而另一条原则是有些患者做梦的动机，就是想证明我的理论是错误的。一般来说，当我向我的患者提出"梦是欲望的满足"这个理论时，假如他们在心理上拒绝，他们就会做这样的梦。甚至我可以预料，读我这本书的读者也会这样，如果他不赞同我的观点，他非常愿意让梦中的愿望失败，就只为了满足自己的那个愿望，即证明我的理论是错的。

在论述即将进入尾声的时候，我再援引一个梦例，来证明我的观点的正确性。

曾经有位年轻的姑娘，不顾她家人和周围专家的劝告，竭力要求我做她的主治医生。她告诉我，她做了这样一个梦：

家里人不允许她再到我这儿来，于是，她就搬出了我对她的承诺，说我答应过她，可以免费为她治疗。梦中的我也告诉她，不必考虑钱的事。

她的这个梦似乎与欲望没什么关系，不过，我们可以用梦中的内容来解释它与欲望的关系。其实，这些话根本不是我说的，而是她的哥哥用我的口气说的。她的哥哥对她影响最大，她的这个梦就是想证明，她哥哥说的话是对的。她不仅在梦中认为她哥哥有道理，甚至这一观念还成了她生命中的重要因素，以至于自己因此而患病却全然不知。

现在看来，用我的"梦是欲望的满足"这一理论解释梦，是件很轻松的事，其实不然，也有让这个理论解释起来很费劲的梦。我有位医生朋友，他叫施泰克，他就做了这样一个梦：梦中，他看到自己的左手食指指尖处有患梅毒的初期迹象。乍看之下，除了这个梦的内容不受欢迎外，似乎也没有分析的必要，因为这个梦的内容清晰、明确、连贯，根本没有分析的地方。可是，只要我们认真地思考一下就不难发现，"初期迹象"（Primary Affection）一词与"初恋"（Prima Affection）不仅意思相近，就连长相也是那么的相近。就连梦者施泰克本人也承认，那个手指上的溃疡就像人的初恋一样，代表着"带有强烈情感的愿望的达成"。

这些反欲望的梦，有着明显的动机，只是很多时候都被大家人为地忽略掉了，这其中也包括我在内。在我们周围，就生活着这样一群人，他们从别人的虐待中获得快感。其中，既有追求肉体上的痛苦者，也有追求精神上的折磨者。通常情况下，人们把追求精神上的折磨者称为"精神受虐狂者"。其实，这类人的心理是从"虐待性"开始，转而变成追求"被虐待性"的。至于那些不愉快的梦，在我看来，又恰恰是他们欲望的达成，极大地满足了他们渴望受虐的心理。我给大家讲一个梦例：有这样一个年轻人，在他很小的时候，百般折磨他的哥哥。实际上，他对自己的这个哥哥有着同性恋一样的依恋、喜爱。长大后，他痛改前非，性格上有了翻天覆地的变化。后来，他做了一个梦，这个梦由三部分组成：

1. 他的哥哥在"折磨"他；

2. 两个成年同性恋人正在互相爱抚；

3. 哥哥在没有征得他同意的情况下，私自卖掉了他名下的公司，而且这个公司还是他未来的保障。

他在做完这个梦的时候就醒了过来，心里十分难受。毫无疑问，这是一个典型的受虐狂的欲望梦，它的内容可以解释为："哥哥不顾我的利益，变卖掉我名下的那家公司，那是我应得的报应，报应当年我施加在他身上的那些折磨，减轻我对过去的罪恶感。"

说到这里，如果没有谁能够提出新的反对意见，那么我希望我上面的论述，足以让大家相信，即使那些含有痛苦内容的梦，也是一种欲望的满足。过去，我们总是因为这些痛苦的感情，否认欲望的存在。实际上，我们一方面因为这些不愉快而心生反感，从而不愿意把它说出来，谁还没有不愿意和别人说，甚至连自己都不愿意承认的欲望呢。但如果我们想真正地读懂梦境中希望表达的东西，就必须克服这种心理障碍。另一方面，诚如我们在本章开始讨论的"不愉快的情感也是我们对自己欲望的一种伪装"。因为我们对自己的欲望有着一种强烈的反感，所以我们意识中特有的"审查功能"就开始发挥作用了，用这样的反向情感把欲望装扮起来，使人难以辨认。这样一来，我们就能重新修正我们得到的梦的公式：

梦是一种（被压制或被排斥的）愿望的（伪装式）满足。

因此，我们在释梦的时候，要考虑到每一件有关的事情。

对于那些不愉快的梦，除了其中的一个小类别——焦虑的梦外，我们都讨论过了。不太了解梦的理论知识的人，很难把焦虑的梦也看作欲望的满足。不了解不等于是新问题。实际上，焦虑的梦并不属于释梦问题的新侧面，我也只是简单地论述一下。其实，这类梦只不过是以梦的形式来表现焦虑罢了，其背后是庞大的神经焦虑性问题。至于我们在梦中体会到的焦虑，那也只是在梦的内容上得到的表面解释。如果进一步分析这些内容，我们就会发现，通过梦的内容来解释的梦中的焦虑，与恐惧症中的焦虑是相同的。举例来说，谁都有可能从窗口上掉下去，因此，每个人靠近窗口时，都小心翼翼的，生怕有什么闪失。我想，没有人会不理解这种恐惧。可令人费解的是，在所有担心跌落的恐惧者中，患者的焦虑会更加强烈，远超实际中所需要的担心。表面上看，他们是受到焦虑的困扰，实际上，这种焦虑也不过是一种假象和载体。同样，对焦虑梦的解释也是如此，它如同恐惧症一样，焦虑只依附在表面，其真实的原因另有不同。

也正是这样的原因，如果我们要弄清楚梦中的焦虑，就必须先懂得神经症的焦虑。我曾写过《焦虑性神经症》的论文，我在该篇论文中论证的观点是：性生活是神经性焦虑的源头，大多数患者都希望发泄欲望又没有办法正常发泄。随着时间的推移，我的这个观点经受住了检验。因此，我们可以得出这样的结论：焦虑的梦大多与性有关，是以"性"为内容的梦，只不过性的驱动力转化为焦虑了。在后面的章节中，我还会援引神经症患者的梦例，就这个结论详加讨论，以期能够证明，即使是焦虑的梦，也意味着欲望的满足。

第五章　梦的材料和来源

在前面的讨论中，我们通过分析伊尔玛打针的梦，推断出梦是欲望的满足，之后，我们所有的注意力便都集中在这个问题上了，希望能够证明这是梦的普遍特征。可是，由于我们对这个问题过于执着，以至于忽略了梦的解释中还有其他的科学问题。好在这个问题在前面的章节中被我们成功地论证了。尽管它还有许多方面有待于更进一步的探讨，但在这个章节中，我们暂且将"梦是欲望的满足"放到一边，从另一个角度重新探讨梦的问题。

用我自己的释梦方法，在对梦进行分析的过程中，我发现梦是有隐意的，而且它的重要性已经远远超越了梦的显意，如果我们仅仅停留在显意这一层面上，对梦给我们提出的一些难题和矛盾之处进行解释，显然是不够的。因此，我们目前亟须做的，就是要重新回到梦的这些难题和矛盾中来，然后一一审视，看看它们背后的隐意是否被我们了解了。

本书伊始，我就已经为读者朋友们介绍了一些权威在关于"梦与清醒生活"和"梦材料的来源"问题上的看法，我想，大家一定没有忘记下面三个经常被提起，却又没能清晰阐释的特点：

1. 梦的内容更多的是反映发生在梦者身上的最近几天的事情。（罗伯特、斯特姆培尔、希尔德布兰特，以及哈勒姆、韦德均这样说）

2. 梦在选择材料时，更多地选择那些无关紧要的事情，与梦者在清醒状态下的记忆原则完全不同，它们甚至会故意不对本质的、重要的事情进行回忆。

3. 梦通常会再现我们童年时的印象和生活细节，尽管不被我们重视，甚至已经遗忘了。

毋庸置疑，梦在选择材料时的这些特点，梦的研究者们早就通过梦的显意注意到了。

1 梦中最近的以及那些无关痛痒的材料

说到梦中内容的来源，我一定会毫不迟疑地回答，与梦者前一天的经历有关。这话一点儿不虚，就我研究过的那些梦例而言，无论是自己的梦还是别人的梦，都是殊途同归，有着一样的结论。也正因为我的这个结论，所以每当我释梦时，总是第一时间关注梦者前一天发生了什么事。很多时候，这甚至成为我释梦的捷径。拿前面几章中分析的伊尔玛和黄胡子叔叔的梦来说，前一天的经历都深深地烙印在这两个梦里了，这一点已经无须再做什么解释了。可是，为了更好地说明梦中内容与前一天的经历之间的关系，我希望通过分析自己的梦，能够证明这个结论，并找出两者之间存在的规律性。

1. 我去某人家中做客，但主人似乎并不怎么欢迎我……与此同时，我却听说有位女士正在等着我。

来源：当晚，我曾与一位女性亲属聊天，告诉她再等一段时间，她买的东西就会到货了。

2. 我完成了一本植物学学术专著，只是里面的植物我并不了解。

来源：当天上午，我在一个书店的橱窗里看到了一本新书，是关于仙客来这种植物的专著。

3. 我走在街上的时候，遇到了我的女患者和她的母亲。

来源：在这之前的一天晚上，一位正在接受我治疗的女患者，不停地向我诉苦，说她的母亲反对她继续接受我的治疗。

4. 我在书店订了一份期刊，每年的费用是二十古尔登[①]。

来源：在我做梦的前一天，我妻子提醒我，该给她每周二十古尔登的家用费了。

5. 社会民主委员会把我当成他们中的一员了，还给我这个成员寄来了信。

来源：我是博爱协会会员，我在收到了博爱协会主席团来信的同时，还收到了自由选举委员会的信。

6. 一名男子站在海中峭壁上，极具画家勃克林的风采。

来源：我收到了远在英国的亲人的来信，他和我说了他的近况。也在这一天，我读完了《魔岛上的德莱弗斯》。

说到这儿，或许你们会不约而同地问一个问题：梦是只与前一天的经历有关，还是可以追溯到最近较长的一段时间呢？尽管这不是什么原则性的问题，但这个问题的答案，我还是比较倾向于做梦前一天。如果我们分析一下就不难发现，虽然有些事情是发生在两三天之前，但在做梦的前一天，我们的脑海里出现过它们。也就是说，"印象再现"于做梦的前一天，发生在"事件发生那天"和"做梦时刻"之间，而且就是因为前一天的事件的发生，才导致了之前的记忆再现，

---

① 古尔登：德意志金币名。通行于 14—18 世纪。

这也是我更倾向于"梦的内容主要来源于前一天的事情"的原因。

1904 年，斯沃博达提出，作为刺激因素的日间事件与该事件在梦中的重现存在一个规律性的时间周期，即十八个小时，但我并不相信这个结论，甚至认为这个时间周期都是不存在的。

对于我的这个观点，哈夫洛克·埃利斯是赞同的。他曾经做过一个梦，他梦见自己在西班牙，想去一个叫"Daraus"、"Varaus"或"Zaraus"的地方。只是醒来后，他完全不记得这个地名了，就把这个梦放到了一边。可是几个月之后，他发现真的有个地方叫"Zaraus"。"Zaraus"是个站名，位于圣塞巴斯蒂安和毕尔巴鄂之间，就在二百五十天之前，他还曾经坐车来过这里。

从这个梦例来说，这个十八个小时的周期怎么可能存在呢。

在我看来，任何梦都有一个刺激因素，我们可以在梦者真正睡着之前的经历中找到其来源。因此，我们完全可以说，对于梦的内容的影响，一个时间间隔很久的经历和一个刚刚发生不久的经历，并没有什么两样。只要梦者能够通过自己的思想，把早期和近期的经历联系在一起，那么他的梦的内容就有可能来自一生中的任何一个时间段。

那么，梦为什么偏爱把近期发生过的印象作为其材料呢？现在我们就回过头去，看看本章我提过的几个梦，我们不妨选择一个，做一下深入细致的分析，就不难发现这个问题的答案。我选择的是关于植物学专著的梦：

我面前摆放的这本书，是我刚刚完成的一部关于某种植物的专著。书装订精美，每页间都夹带着植物标本，就如同从专门的收藏本中取出来的一样。此刻，我正津津有味地看着书，目光停留在其中折叠起来有生动的彩色插图的一页上。

分析：

前面我已经提过，在做这个梦之前，我在一个书店的橱窗里看到了一本新书——《仙客来属植物》，看名字就不难发现，这是关于仙客来这种植物的专著。

这本书中的仙客来花，是我妻子最喜欢的花，如果我每天回家的时候能给她带几朵，她会十分开心，可我常常忘了这件事。不过，说起带花给妻子，我倒想起另外一件事来，就在不久前，我还在朋友圈中说过我的一个观点：通常情况下，因为潜意识的作用，我们经常会遗忘一些事情。而我们也完全可以凭借这个，来洞悉隐藏在人们内心的真正想法。下面我要说的这件事，就曾是我这个观点的有力证据。

有位年轻的L女士，每年在她过生日的时候，她的丈夫都会精挑细选一束鲜花送给她。渐渐地，她习惯了丈夫这样的表达方式。有一年，又到了L女士的生日，她早早地就开始期待着丈夫的鲜花。可是等来等去，她的丈夫却两手空空地回来了。她很伤心，眼泪不由自主地流了下来。"亲爱的，你怎么了？"她的丈夫关心地问，只是他仍然没有想起今天是自己妻子的生日。这时，L女士有点委屈地说："今天是我的生日。"她的丈夫恍然大悟，一边拍着自己的额头，一边连连给她道歉："对不起，亲爱的，我全忘了。"而且，他说他马上就出去买花。可是，这已经安慰不了L女士了，因为通过这件事她看清楚一件事，那就是在她丈夫的心里，她的地位已经大不如前了。因此，她并没有感到一丝的宽慰。几年前，L女士曾是我的患者。就在我做梦的前两天，她曾遇到过我的妻子，并通过我的妻子向我表达了问候。

这个梦还有一个源头。以前，我确实写过与《仙客来属植物》类似的东西，那是一篇关于古柯植物的毕业论文。文中关于古柯碱①的麻醉特性，一度引起了科勒尔教授的关注。当时，我还预测了古柯植物中所含的某类生物碱的麻醉用途，只可惜我没有把这个问题做深入的科学研究。

我做完这个梦后，因为太忙，直到当天傍晚，才有时间仔细分析自己的这个梦。不过，就在那天早上，我又开始进入了白日梦的状态。我的这段白日梦，缘于我父亲的青光眼手术。就在科勒尔教授发现古柯碱不久，我父亲要做青光眼手术，他亲自为我父亲进行古柯碱麻醉。手术的时候，由我另一个朋友、著名的眼科医生柯尼希斯泰因博士亲自操刀。科勒尔教授还幽默地说："看看，我们这三个为引入古柯碱麻醉剂做出贡献的人，今天算是聚齐了。"

在我的白日梦里，我患上了青光眼，需要到柏林做手术。可是，我并不想让别人知道我对古柯碱的贡献，便隐姓埋名地住到我的朋友家里。为我做手术的医生不知道我的身份，他一边为我做手术，一边向我夸耀古柯碱的麻醉作用在手术中所起的巨大作用，而我一直不动声色，他也就不知道接受手术的这个人，正是这一发现的功臣之一。因为这位眼科医生不认识我，所以我像别的患者一样付了钱。接着，我又幻想到，如果那位眼科医生发现自己在给同行做手术，该是多么尴尬的一件事呀！

可我怎么会想起古柯碱呢？我突然又想起了一件事，这件事发生在我做梦的前一天晚上，当时，我陪柯尼希斯泰因博士一起回家，

---

① 即可卡因。

我们边走边聊着令我十分兴奋的话题。不知不觉间就到了他家的门口，可我谈兴正浓，便和他在门厅停下来继续交流。这时，格特纳教授和他的妻子一起走了过来，见我们聊得那么开心，也加入了我们的谈话中。格特纳教授英俊有为，是《纪念文集》的编者；他的妻子年轻漂亮，二人在一起可谓郎才女貌、珠联璧合，我忍不住夸了他们。准确地说，《纪念文集》是为表达学生们对老师和实验室的指导老师的谢意而出版的周年纪念品。按语中一一列举了获得荣誉称号的实验室人员，以及他们所取得的卓越成就。巧的是，这本书对于我来说并不陌生，因为就在前几天我还看到过。我发现，按语中赫然写着：古柯碱的麻醉作用是科勒尔教授发现的。

至于我前面说到的那个因为丈夫没有送花而伤心的 L 女士，我同柯尼希斯泰因博士也提到了，只不过是因为另一件事的关系。

明确了我梦中那本植物学专著的来源后，我需要解释的是另一个元素，即干枯的植物学标本。"标本"一词虽只有两个字，却把我的思绪带回了中学时代。有一次，我所在的那所中学的校长把我们这些高年级的男生召集在一起，让我们整理学校收藏的植物标本。校长这样做，有两方面的考虑：一方面，我们可以帮学校完成检查、清洗的工作；另一方面，可以帮助我们更好地学习这些植物知识。不过，我不觉得这样做能有什么效果，因为校长只给我很少的几页标本，我除了发现了书中的一些蛀虫外，似乎什么都没记住，更何况我对植物学向来一点儿兴趣都没有。虽然校长给我的只是几页标本，可却包含了几种十字花科的植物。说来也巧，升学考试中，我的考题就是识别十字花科的植物。只是遗憾的是，当时我并没有认出来，那道考题也答得一塌糊涂。现在想想，要不是当初我理论知识答得好些，恐怕我根本考不上我想考的学校。说起这十字花科植物，我想起了我最喜欢的花——洋蓟，洋蓟属于菊科植物，也叫法国百合，是一种名贵、高营养价值的保健蔬菜，虽有"蔬菜之皇"的美誉，但它同时还是一种花。我妻子感情细腻，总是能从市场上买回我喜欢的花，这一点我远不及我的妻子。

梦中，我看到自己写的那本专著放在我面前。这个细节也不是空穴来风。我在柏林有一位非常要好的朋友，昨天我收到了他的来信。他在信中写道："我一直非常期待你的那本释梦的大作出版，冥冥中似乎它已经大功告成了，就摆在我的面前，我正翻阅呢。"我一边读着信，一边艳羡他未卜先知的洞察力！"要是我能看到这本书放在我的面前该有多好哇！"于是，在梦中，我的这一愿望成真了。

折叠起来的彩色插图，是我读大学时的追求。那时，虽然我在经济上并不宽裕，可我热衷于从各种专著中汲取知识，订阅了多种医学期刊，疯狂痴迷于那里面的彩色插图。有时，我都为自己的这种执着的求知欲自豪、骄傲。功夫不负苦心人。经过努力，我自己开始发表论文，我总是习惯性地给自己的论文亲自画上插图。我清楚地记得，有一幅画画得实在太糟糕了，乃至于被我一位非常要好的同事实实在在地嘲笑了一番。不知怎么回事，就触动了我童年的一段记忆：有一次，我父亲为了哄我和大妹妹开心，将一本带有彩色插图的书——《波斯旅行记》交给我们，让我们尽情地去撕。那时，我才五岁，大妹妹也才只有三岁，自然不能从教育的角度来评价这件事。我和大妹妹一页一页地撕着《波斯旅行记》，就像剥洋蓟一样，玩得非常开心。而这一幕，此后也成为我童年时期最为生动的记忆，影响了我的一生。长大后，我上了大学，逐渐喜欢上搜集和保存书籍，甚至成了我的一种嗜好，我为之痴迷。如同对我喜爱的樱花科植物和洋蓟一样深情，更准确地说，我对书的依赖和喜好和书虫差不多。

也就是因为这个嗜好，十七岁的我就欠了书商一大笔钱，负债累累。我的父亲念在我没有把钱浪费到坏习惯的分上，十分勉强地原谅了我。就在我做这个梦的前一天晚上，我和柯尼希斯泰因博士聊天时，他一如从前一样批评了我，说我不该太放纵自己的爱好。而这，与我年轻时的经历又是多么吻合呀！

这个话题我就谈到这里了，因为本章的目的不是要解释梦境，如果我再喋喋不休下去，就会跑题了。其实，我就是想说明一下解释的路径，这在我的叙述中已经指明了。

对于我梦中出现的诸多元素，如我妻子和我最喜爱的花、古柯碱、同事之间医疗的尴尬、爱书癖，以及对植物学的忽视，这些都能在前一晚我与柯尼希斯泰因博士的谈话中找到它们的身影，也正是通过这段谈话内容的回忆，我准确地洞悉了自己的梦所包含的意义。这个梦与前面分析的伊尔玛的梦一样，极具辩护特征，它在为我的权利辩护。确切地说，它开启了伊尔玛打针的那个梦的主题，并加以延续了。现在，我们就可以利用这两个梦中产生的新材料进行研究。那么如此一来，梦中一些看似无关紧要的元素，也变得很有意义了。在伊尔玛打针的梦里，我争辩自己是一个勤奋认真、能干进取的大学生。同样，在这个梦里，我争辩自己才是那个对古柯碱的发现有着突出贡献的人。也就是说，这两个梦有着共同的目的，那就是表达：我坚信自己无愧于这些荣誉。

不过，这些都成为了过去，我们没必要再纠结我的这个梦，还是让我们回到本节的目的上来——梦的内容与前一天的经历有着密切的关系，我的梦就是一个很好的例子。在之前的分析中，我们能够看出，如果单从梦的显意上了解，梦的内容确实与前一天发生的某件事情有关。可随着分析的不断深入，当天的另外一件事情也会成为梦的来源。在这两件事情中，第一件是内容来源，看起来有明显关联的事情成为了梦的内容来源；第二件是精神来源。就拿上面的分析来说，与之对应的第一件事是，在橱窗里看到一本新书，书名瞬间打动了我，可我对书的内容不太感兴趣。第二件事是我与我的朋友——眼科医生的谈话，我们热烈地聊着我们都感兴趣的话题，我们两个人都感触颇深，如此又唤醒了我那尘封已久的记忆。另外，我们的谈话还没结束就被熟人打断了，这在潜意识中极大地影响了我做梦的内容。

我们不妨把白天发生的这两件事做一下比较，看看它们之间到底有什么关系，它们对我的梦又有什么样的影响呢？经过前面的分析，我们已经知道，前一天那些并不重要的事情才是梦的显意。因此，我们在清醒时并不注重的细节却都可以通过梦更好地投射出来。但对于解释出的梦的隐意来说，则都来自那些重要的、影响我情感的事件。如果用第二种事件的作用来评价梦的意义，那么我们就不难发现，一直困扰着许多人的难题，即梦为什么总是特别关注生活中那些毫无意义的琐事？以前的一些反对者也曾提出，"梦不可能延续到清醒的生活中，梦就是一种将时间浪费在毫无意义的小事上的精神活动"的观点，就没有被人信服的根据了。恰恰相反的是，白天能够触动我们情感的那些事情，构成了我们的梦的内容。也就是说，只有白天那些萦绕在我们心头，一直挥之不去的事情，才能够成为我们梦中的烦恼。

既然我的梦是由我清醒时最能触及我情感的事情引起的，那为什么它们不能被梦直接表达出来，反而要借助于那些并不重要的事情来表达呢？通过上面章节的分析，我认为这是梦的伪装引发的。我们曾经说过，梦对自己的内容有审查的功能，因此它们只好伪装后出现，就像将对女友的想法隐藏在晚宴中的"熏鲑鱼"的背后一样，而伪装在仙客来属植物专著背后的目的，才是我与朋友谈话的真正目的之所在。

那么，我们怎么能知道论著的印象，暗含的就是我与眼科医生的谈话呢？是梦中的哪些中间环节透露给我们的呢？前面提到的有关熏鲑鱼的梦中，熏鲑鱼作为代表女友的一个十分重要的因素，在梦者的心中被刺激出来。可我的这个梦不一样，作为要素的"植物学论著"和"眼科医生"，除了在时间上相同外，即我在早上看到了这本专著，同一天晚上又谈论到了这个医生，表面上看，似乎它们没有什么共同点。可在我们事后的分析中，通过将这两个印象背后的观念内容进行综合，便把这两者的关系建立起来了，而它们也顺理成章地存在于我们的分析中了。在分析的过程中，我曾特意强调过使两者联系起来的中间环节。仙客来属植物论著，让我一下子就想到了我自己最喜欢的花，无须其他任何信息的介入，甚至我还联想到了L女士没有收到其丈夫送给她的生日鲜花。我觉得，这些鸡毛蒜皮的小事根本不足以引发一个梦。

英国剧作家莎士比亚所著的《哈姆雷特》中，有一句非常棒的台词："主哇，请告诉我们真情吧，我们并不需要从坟墓中跳出鬼怪！"

说到这里，我发觉我们还有两项起到桥梁作用的元素没有分析，即中断我们谈话的格特纳教授和他的妻子。在英语中，格特纳是园丁的意思；我当时曾夸他和他的妻子满面春风，而满面春风的英语意思则是鲜花盛开。由此，我又联想到我的一个女患者，她有一个花神一样的名字——弗洛拉。那次谈话，也曾提起过她。显然，这些名词就像桥梁一样，将植物学与当天发生的让我兴奋异常的经历连接了起来。与此类似的还有和古柯碱有关的一系列概念，就成了联系柯尼希泰斯因博士和植物学著作的纽带。总的来说，就是通过这样的中间概念，把两种看起来没有任何关联的经历联系了起来，从而使一种经历成为隐藏在另一种经历背后的真正欲望。

不用说我也知道，很多人看了我上面的结论后，一定觉得我对梦的解释既武断，又有些随意，是完全建立在个人猜想之上的。假如我没有遇到格特纳教授和他那如花似玉的妻子，假如我们谈论的女患者不叫弗洛拉，那么我们的梦该如何解释呢？我认为，这个问题无须担心。如果没有上面提到的这些要素，那么必然会有其他的要素出现，相应地，"梦"就会选择其他的道路，把经历相互联系起来。换句话说，不同的联系就会带来不同的梦，那么我们的解释也会不同。在这纷杂的世界里，我们每个人每天都有着很多的经历，那么就会有大量的印象进入我们的脑海，如果连接它们的桥梁发生了变化，那么与之对应的印象也会发生变化，或许这个梦中的"植物学专著"就会换成别的内容了。但是目前，根据我梦中的元素，"植物学专著"是与之匹配、契合的，所以我选择了这个概念来建立这种联系，而它的特质也是最符合这种联系的。因此，我们大可不必像莱辛的《狡猾的小汉斯》一书中那个狡猾的小汉斯一样，为"只有富人才拥有最多的钱"而瞠目结舌、大惊小怪。

这样的解释，我们不免会觉得，我们的梦不过是一种能让我们情感为之冲动的重要经历而已，被看起来并不重要的经历所代替的过程。或许，人们对这一过程还不是十分理解，但我们这一章的重点是讨论这个过程的作用，至于这一心理过程的具体操作特性，我将会在下一章中更加详细、清晰地阐述，以便大家理解。根据前面我们对大量事件的分析，我由衷地确信，我们这样得出的结论的正确性、有价值性。这样看来，颇具"移置作用"的心理过程，通过这些中间环节的沟通，具有了强调精神的作用。也就是说，那些在我们心里没有多少重量的事件，通过这样的中间环节，在重量较重的事件那里获得了能量，进而使自己拥有了足够的力量，从而能够开辟出一条道路，进入人们的意识，成为我们梦的内容。为了使读者能够更好地理解，我们可以这样说：这种作用与感情的强度或者一般的运动活动的作用是一样的。这样的例子不胜枚举，比如孤独的老处女会近乎疯狂地爱上某种动物，一个光棍汉会变成狂热的收藏者，士兵用自己的鲜血保卫一面用彩色布做成的旗帜，一对坠入爱河的情侣会因为短暂的牵手而倍感幸福。再如《奥赛罗》中，因丢失一块手绢而大发脾气……都是精神移置的例子，没人认为那有什么不妥。可是，如果用同样的途径和原则来决定思维的内容，也就是说，什么样的内容可以进入我们的意识中，什么样的内容必须被意识拒绝门外，那么我们就会感到不正常。如果是在清醒状态下，我们就会认为是我们的思想出问题了。不过，这是我们后面要探讨的问题。我将在后面的文章中，对我所提出的论点——梦的移置作用是一种原始的精神特征，进行详细的论述。尽管它不是一种病态的作用，但也不同于我们正常的思维过程。

到这里，对于为什么梦的内容都是不重要经历的问题，我们就可以结合梦的移置作用，对梦的伪装进行进一步的解释：梦的伪装是在两种精神动因的作用下打开通路，并发挥稽查作用的现象。现在，我们对梦的来源问题的分析重点，已经从对源头的回忆，转移到鸡毛蒜皮的小事件的来源的回忆上了。不过，我们仍然可以借助这样的分析，清醒地认识到梦的真正源头。毫无疑问，就我们目前所得到的结论而言，已经和罗伯特的理论发生冲突了。其实，罗伯特解释的那些事实并不存在，因为他错误地把梦的真正含义和梦的显意混为一谈，从而使自己的解释建立在误解的基础上了。此外，我们还有另一个理由，足以有力地驳斥他的观点：如果真的像他说的那样，梦的任务就是把白天的记忆残渣一一去除，那么也就意味着我们在梦中的心理活动，会比清醒时的思维更加繁重，睡眠就会变得痛苦不堪。更何况，一天中意识接收到的无关紧要的印象数量庞大，即便用一整晚的时间，也根本没有能力克服这么多的鸡毛蒜皮的琐记，来保护我们的记忆。所以说，我们在去除这些记忆"残渣"的时候，根本无须太多的精神介入。那么照此看来，罗伯特的观点对我们的研究没有多大的价值，这是毋庸置疑的了。

为什么前一天的一件鸡毛蒜皮的小事总是可以进入我们的梦境？在这个问题还没有阐释清楚之前，我们还不能随随便便地就抛弃罗伯特的研究。从上面的分析中我们知道，移置发挥作用的前提条件是，印象与情感真正来源之间的联系要建立起来，而且这种联系不是当时就存在的，而是事后建立完成的。如此一来，为了让梦中思想轻松地将重心移置到意识中一个不重要的成分上，不仅要有一种适合这一转移目的的印象，还必须要有强制性的力量，才能顺利地完成这一过程。

对于这种强制力量的解释，我们不妨通过下面的论述来理解。如果我们在一天之内经历了两件或两件以上足以引发我们的梦的事，那么梦就会把它们放在一起，综合成一个整体后出现在我们的意识中。我下面要举的就是这样的例子。一个夏日的午后，我乘上火车，开启了旅程。在车厢中，我遇到了我的两个熟人，其中一位是我的一位很有影响力的同事，另一位则出身名门，我曾去他家为他的家人看过病。两个人都身价不菲，可彼此之间并不认识。于是，我便介绍他们互相认识。可是，他们两个人的谈话总要通过我这个中间人才能进行下去。为了避免尴尬，我只好一会儿与这位谈一件事，一会儿又与另一位说另一件事，在他们之间不停地转换着话题。对于我的医生朋友，我向他推荐了一个刚开始行医，且我们都认识的年轻人，我希望他能够把这个年轻人推荐进上流社会。这位医生朋友说："虽然我很了解他，也深知他的能力，但他相貌平平，实在很难融入上流社会。""所以，这才是我要你帮他的原因哪！"我回答他说。接着，我转过头，向我的另一位熟人打听他姑妈的身体情况，她是我的一位女患者的母亲。我听说她正身患重病，卧床不起。这次旅行后的当天晚上，我做了一个梦，梦见了我请人帮忙提携的那位年轻人，正置身于一个环境高雅的沙龙中，我认识的富商名流都在里面，他的对面是一群身份高贵的人。而这个年轻人正以一种老练沉稳的神态，为一位老年女士致悼词，这位女士就是我在火车上遇到的第二个熟人的姑妈，但我与她并没有什么深交。显而易见，我的梦把白天的两个印象联系在一起，并用它们编织出一个完整的场景。基于大量的类似的经验，我完全可以肯定地说，梦会把对它形成刺激的事件综合起来，构成一个整体，进而投射在我们的梦中。

那么，对梦产生刺激的来源事件，是不是就一定是新近的、有着重要意义的事件呢？还是说，人们对于一个具有重要精神价值的事件的回忆或一个思想过程，即人的内心经历，也可以充当梦的刺激源的角色？根据前面大量的分析，我可以断定，梦是由人们的内心经历引发的，尽管有的经历发生在很久以前，但因为前一天的思想过程，使这样的经历也会变成一个新近的事件。

因为梦的刺激源可以在任何条件下运作，所以为了更好地结合我们已经得到的结论进行分析，我们按照不同的条件，把梦的来源做了如下的分类。

1. 在梦里可以直接呈现的、有着重要精神意义的经历。例如，伊尔玛打针的那个梦和将朋友看作自己叔叔的那个梦。

2. 梦中，把几个近期出现的、有重要意义的经历综合在一起，投射出来。比如年轻医生致悼词的那个梦。

3. 梦中，一件看起来鸡毛蒜皮的小事，将一个或几个近期发生的、有重要意义的经历表现出来。比如关于植物学专著的那个梦。

4. 通过一个新近的、没有意义的印象，表现出一段经历中的一个记忆或一个思想过程。

"前一天的新近印象总是会成为梦的内容的一部分"，是释梦的前提条件，不管这个印象是否重要，要么与梦的真实刺激物属于同一个范畴，要么只与这个刺激物有着或多或少的联系。弄清了这一点，对于梦的内容为什么天差地别、对比明显就容易解释了，仿佛医学中的释梦理论"梦是脑细胞从部分清醒到全部清醒的一系列状态"一样容易。

仔细考察上面的四种情况，我们还可以发现，只要符合条件，某个具有重要作用而并非近期发生的印象，可以被一个近期发生但没有什么太大作用的元素替代，从而形成梦中的内容。不过，它必须满足下面的条件：

1. 梦的内容与最近的经历密切相关，它是由一个最近发生的事情引起的。

2. 刺激梦的事物本身在精神上应有重要的作用。

在这四类来源中，只有第一类能以完全相同的印象来满足这两个条件。而且，尽管那些无关紧要的印象出现在了梦里，但也会在很短的时间内被我们遗忘，因而也就失去了这种联系刺激物的作用。

而印象是否新鲜，就已经赋予了这个印象与梦差不多的价值了。不过，对于这种新近印象的重要性的讨论，只有通过下文的心理学方面问题的讨论才能说清楚。所以，这个问题会放在后面的章节中进一步明确。

有一个现象值得特别注意，在我们睡眠过程中，我们的意念和记忆的材料会在不知不觉间出现重大的变化。因此，我们在日常生活中，每当做重大决定前，不妨先睡一觉，这是很有道理的。从本质上来说，这个问题更多地属于睡眠心理学的范畴，而不是梦的心理学，关于这个问题，我在后面的章节中将继续探讨与此有关的问题。

不过到目前为止，对于我的这个结论，质疑者也不乏其人，大有推翻我结论之势。在他们看来，若是按照我的这个结论推算，只有那些最近获得的印象才能进入梦境，那么很长时间以前的印象为什么也会出现在梦中呢？若按照斯特姆培尔的话说，这些既不新鲜也没有重要精神价值的印象，应该早就被梦者遗忘了，可是怎么会出现在梦里呢？

对于反对者的这个问题，回答起来也不是难事，只要借用精神症患者的精神分析所得到的结果就足够了。对于那些发生在早期的并没有重要作用的印象，我们的意识在它还没有发生时，移置就捷足先登发挥作用了。意思是说，这些看上去并不重要的印象，实际上已经替代了既用于做梦又用于思考的具有重要意义的精神材料，固定在了我们的记忆里。此时，即便它能出现在我们的梦里，也已经不是我们真正意义上的，没有意义的印象了。

经过上面的探讨、分析，我想读者们对我的结论应该没有异议了：梦没有毫无意义的刺激物，所以，除了儿童的梦和夜间的短梦外，根本不存在什么"单纯的梦"。对于这个结论，我一直非常自信，甚至深信不疑。实际上，我们的梦只有两种：一种是直截了当地表达自己内心的追求的；另一种是经过伪装的，需要我们把它的重要意义解读出来的。很多时候，那些即便看上去很清白、很无关紧要的梦，只要我们细致地分析，都可以读出它背后的复杂内涵。可以说，梦从不光顾那些琐碎小事，若一旦出现，那么它们也是披着羊皮的狼。我想，对于我的这个观点，质疑声也会不绝于耳，为了让它更具说服力，同时也有更多的机会来证明梦的伪装，我列举几个"单纯的梦"，并进行解读。

1. 有一位少妇，她端庄娴雅，温婉而又有教养，她给我讲了她的梦："我梦见自己很晚了才赶到菜市场，市场上已经没有多少卖东西的了，肉贩和菜贩也所剩无几，我什么都买不到了。"看起来这个梦很单纯，可我始终坚信，每个梦都有它自己的含义。于是，我让她把这个梦说得详细点。她接着说道："我和家里的厨娘一起去菜市场，她手里拿着菜篮子。我们先到了肉贩那里，我把自己要买什么告诉了那个肉贩，可肉贩说我想要的那种东西没有了，并向我推荐了别的东西，还说那些东西也都很不错。""那你接受了吗？"我问她。"没有，我只想买我需要的东西。之后，我又走到菜贩那里，那个菜贩很热情，一再给我推荐那种我没见过的菜。可那菜的样子真的很特别，不仅都被捆成一捆一捆的，而且颜色还很黑，可我根本不认识那种菜，因此我也没有买。"

我们可以很清楚地看到，这个梦和她前一天的经历有关。她确实是到菜市场太晚了，结果什么都没有买到。这反映在她的梦中，一句话就能概括她的梦了——肉店关门了。可是，等等，这句话不是我们平时俗话中形容男士没有扣好衣服的话吗？尽管这位少妇并没有这样说，可也许是她故意躲避了这句话。接下来，我们就针对这个梦的细节逐一解释一下。

梦中，只要出现了这种口头语言，而且不仅仅是被想起，还被说到或是听到，那么我们就应该格外重视它，因为它之所以能够出现在梦中，一定是我们在清醒状态下，说过这样的话。自然，我们在解梦的时候，也只能把它当作我们分析的参考材料，毕竟它出现在我们梦中的时候，并不是真实的再现，而是被修改、删减过的了，它已经脱离了原来存在的语言环境。不过，解梦的时候，我们就从这句话着手，而这也是解梦方法之一。

在少妇的梦中，第一句口头语是肉贩说的"你想要的那种东西没有了"，那这句话是哪儿来的呢？其实，这句话是我说的，就在前几天，我们在讨论梦境时，我还跟她解释，童年时的经历，因为没有了原始形态，已经被一种"移情"和梦取代了。也就是说，"以前的想法和感觉会转移到目前的情形中来"，可她拒绝接受这种说法，因此她在梦中的时候，意志便通过移置作用转移到了肉贩身上。

第二句口头语言是她在梦中一再说过的，"这个我不认识，我不买"。现在，我把这句话分成两部分来分析一下。做梦的前一天，少妇对厨娘曾经说过"这个我不认识"，但当时她们之间发生了争执，她后来跟着说了一句："你最好收敛点儿自己的行为。"很明显，这里已经有了移置的痕迹了。梦中，少妇避开了后面重要的那句话不提，只在梦中出现了看上去没什么意义的前一句话——这个我不认识，可这背后的情感早就附着在上面了。实际上，恰恰是这句没有被提起的话，才与梦中的肉店意义相符，因为只有那个肉贩"忘记关上肉店门"，我们才能这样提醒他。另外，梦中出现的那一捆一捆黑色的蔬菜，也是符合逻辑的。后来，她补充说，这种蔬菜是长条形的。从形态上来看，这种蔬菜除了芦笋和黑萝卜外，不可能有别的了。而黑萝卜在德语中的俗语是："小黑，滚开！"现在，不用再细分析，就能看出这个梦是关于"性"的主题了。尽管在最开始的时候，我们认为这是再简单不过的一个梦，可经过我们的层层分析，却发现它大有深意，所以回到我的结论上去，即根本没有什么单纯的梦，每一个梦的背后都有其自身的含义。

2. 另一个单纯的梦，也来自一位女患者。我总觉得，从某种意义上来说，这个梦和上面的梦像一对似的。梦中：这个女患者的丈夫问她："家里的钢琴要不要找个人来调调音？"她回答说："没这个必要吧？我觉得还是应该重新镶个皮！"看上去这也是一个简单得不能再简单的梦了。不过，经过分析就不难看出，这个梦和上一个梦的含义差不多。

要说明的是，在她梦中出现的，确实是几天前真实发生的她和她丈夫的对话。那么，是什么原因导致这件事出现在她的梦里呢？我们不妨从她梦中说的那句话为切入点，来仔细地分析一下。"没这个必要"，这句话她也确实说过，就在前一天，她去拜访她的女友。当时，她的女友请她脱下夹克，舒舒服服地多待一会儿。她没有接受，并说："谢谢！没有必要，我只待一会儿。"就在她和我讲这些内容时，我脑海中闪过前一天给她做心理分析时的一幕。那时，她衣服上的一粒纽扣开了，她赶忙用手抓紧自己的上衣，就像是对我说，"请您不要窥探，这没有必要"。

现在，回过头再说说那架钢琴。我的女患者说，那架钢琴可有点历史，在她还没和她丈夫结婚时，她丈夫就有这架钢琴了。只是，这架琴诚如她形容的那样，因为搁置得太久了，每当弹奏时，总是发出一种很难听的噪声，所以这架琴看上去更像一个旧盒子，令人讨厌。对，就是盒子，德语中盒子就是胸部。刚解释到这里，这个女患者就回忆起自己青春期的时候了。那时，她对自己的身材特别不满意。还有，梦里出现的"难听的噪声"和"令人讨厌"这两个元素，我们也应该明白，她对自己的声调和身材的态度通过梦投射出来了。所以，在这个女患者梦中出现的元素，就是这些主要问题的替代品和参照物。

3. 前面讲述的两个梦例都是女患者的，现在我要讲的是一个男患者的。这个梦不只很短，而且冷眼看来也比较单纯。梦中，他又穿上了自己的冬季大衣，这让他觉得太可怕了。表面上看，这是因为天气变冷、气温骤降所带来的烦人事。不过，如果我们仔细分析就不难发现，虽然这个梦只有两个片段，可却既不连贯，也不合拍。梦中，他非常明显地有了一种害怕的感觉，可不过就穿了一件厚重的外套而已，那有什么可怕的呢？原来，就在他做梦的前一天，一个年轻女人悄悄地告诉他，因为避孕套太薄了，乃至于使用过程中发生了破裂，她怀上了她最小的孩子。如此看来，这个梦就不像表面上看到的那么简单了。这个男士的外套在梦中寄托了他对避孕套的感想——太薄了，不安全；太厚了，又让人不舒服。对于一个未婚男士来说，或许，这才是真正可怕的事情吧。

接下来，我们还是继续看看我们女患者的纯洁的梦吧！

4. 在学校里，她总想把一根蜡烛插到烛台上，可是那蜡烛是断下来的，所以它怎么都直立不起来。可因为这个，同校的女学生就说她动作太笨了，但她觉得，这根本不是她的错。

与前面的几个梦一样，这个梦也有着真实的来源。就在做梦的前一天，这个女患者确实把一根蜡烛插到了烛台上，只不过那根蜡烛不是断的。其实，蜡烛是一种能让女性性器官兴奋起来的物品。那么，这个梦的含义已经很明显了，折断的蜡烛不能正常地挺立，这象征着男子的阳痿，梦里她为自己辩解，这不是她的错。或许你觉得不可思议，觉得这样一个有着良好的出身和高素养的少妇，怎么会懂得这些粗鄙猥亵的东西呢？不过，她偶然提到了她过去的一个经历，证实了这一点。有一次，她和她的丈夫去莱茵河游玩，他们快乐地划着船，这时，一艘小艇从旁边划过，艇里面坐着一群大学生，他们正欢快地唱着，不，甚至可以说是吼着一首歌：

当瑞典皇后，
躲在紧闭的窗帘后面，
阿波罗蜡烛……

当时，她因为不懂最后一个单词的意思，央求她的丈夫给她做了解释。照这样看来，这个梦的移置作用就相当明显了。梦中，紧闭的窗帘成为连接两者的纽带，她先将"阳痿"寄托在插蜡烛这件事情上。可很多时候，人们常把手淫与阳痿联系在一起。至于梦中的"阿波罗"一词，与她之前梦到过的纯洁智慧女神雅典娜相对应。经过这样的层层分析，这些原本看起来很单纯的内容你还会觉得单纯吗？

5. 经过了上面几个梦例的分析，你千万不要误以为，从梦的内容就可以轻轻松松地推断梦者的现实生活状况了。为此，我不妨再举一个梦例。这是一个女患者的梦，看起来也非常单纯。

这个女患者梦见自己的箱子里塞满了书，而且连盖子都盖不上了。而实际情况是，女患者在做这个梦的前一天，她真的做过这件事。既然是这样，我们是不是就一定能分析出这个梦的真实含义呢？我可以毫不迟疑地告诉你：这也不一定。这个女患者和我讲述这个梦的时候，她一直在强调，自己的这个梦是在生活中真实发生过的。在她眼中，如果是这样，那么基本上就能给自己的梦进行简单的判断了。其实不然，无论怎样的梦，在其背后都有隐藏的含义。关于这一点，我将在后面的章节中做进一步的探讨，故而在这里就不详细说明了。大家也许会问：为什么你在解释这个梦的时候会联想到使用英语？其实，这没有什么奥秘可言，因为这个梦谈论的又是箱子，这在上一节中，我对箱子的隐喻已经做出了足够多的解释。很庆幸，这次梦中的箱子里只是装了很多的东西，而不是表现出了什么不好的邪念。

上面所有这些单纯的梦里，都因为暗含着性因素，从而激发了梦的第二种能动的稽查作用。对于梦来说，性因素是一个非常重要的因素。这个结论，也是一个意义重大的主题，我们将在后文中详加谈论。

2　产生梦所需要的原始条件

在我看来，梦的第三个特点是："梦的内容可以追溯到的童年最早期获得的印象。这些印象是我们从近期清醒的生活中无法获得的。"对于这个观点，我想，除了罗伯特外，没有哪个梦的研究者会不赞同的。

不过，为了证明儿童时期的印象对梦所起的作用，我需要借助一些证据来说明。我们都知道，清醒生活中，童年的经历可能会被我们忘掉，可它们却能出现在梦中。很多时候，我们醒来时，尚不能辨别梦中元素的来源，更别说能确定童年印象出现在梦中是常态还是偶然了。但是，这一来源的真实性却是不容置疑的，莫里曾讲过一个人的梦，就特别具有说服力：有一天，那个人在阔别了家乡二十年后，决定重归故里。就在他动身的前一天晚上，他做了一个梦，梦见自己到了一个完全陌生的地方，而且在路上还遇到一个陌生的先生，然后还和他聊了一会儿。回到老家后，他发现梦中的陌生地方不仅真实地存在，居然就在老家附近，就连梦中的那个陌生人也是活生生地存在的，还是他已经过世的父亲的好友。这个梦就是对他童年时到过此地、见过此人的印象的呈现。要说它的动机，和我们之前提到的那个即将去听音乐会的少女，以及要和父亲去哈尔施塔特郊游旅行的孩子做的梦一样，包含着梦者对于即将要做的这件事的无限期待。可是，为什么梦者偏偏重现童年时期的印象，而不是其他的印象呢？其背后所隐藏的动机，我们只有通过分析，才有可能真正弄明白。

有一个听过我讲座的人，一直吹嘘自己的梦几乎没有伪装。有一次，他很神秘地告诉我说，在梦中，他看见自己小时候的家庭教师和保姆正同床共枕，这个保姆在他家工作了很久，一直到他十一岁的时候才离开。有意思的是，就连这张床在哪个位置，他都能准确无误地指出来。他觉得这个梦太不可思议了，于是就告诉了他的哥哥。谁知，他的哥哥居然笑着告诉他，这件事是真的。他哥哥说，他清楚地记得，那时自己刚刚六岁，他不过是一个三岁的小男孩。每当保姆和家庭教师遇到幽会的机会，就用啤酒把六岁的哥哥灌醉，至于弟弟，因为他年龄太小，没被这对男女当成威胁，就放在了保姆的房间里。可是，这个印象却留在了小男孩的脑海里，以至于过了那么多年，终究出现在了他的梦中。

还有一种梦，尽管与我们之前叙述的梦不尽相同，但不用解释就能断定，这个梦是把童年的经历作为梦的内容了。并且，这种梦最初是童年做的，只是到了成年后还常常出现，因此我们把这类梦叫作"经常呈现的梦"。这样的梦例很多，除了那些广为人知的梦例外，我再列举几个自己搜集的例子。我有一位朋友，是个内科医生，今年已经三十岁了。从小时候开始，他总梦见一头黄色的狮子，甚至这头狮子的每一点细节，他都能准确无误地指出来。有一天，他发现他梦中的狮子原来是丢失很久的瓷器。并且，他的母亲告诉他，这头狮子是他小时候最喜欢的玩具，只是他一点儿都不记得了。尽管这个梦不是我做的，可我却能清楚地了解它。

还有一个梦例，也是我的这个朋友——内科医生讲给我的。梦中，一片冰天雪地的世界里，他正给一位勇敢的北极探险家南森做电疗。南森患上了严重的坐骨神经痛，正饱受折磨。这个梦固然和他刚刚读完南森的北极探险故事有关，但分析这个梦时，内科医生想起了童年的一次经历。那时，他才三四岁，有一天，大人们热烈地讨论着探险旅行的事，他很好奇，就问他爸爸：这个"探险"是不是一种特别严重的病？之所以他会这么问，是因为"旅行"（Reisen）一词同"风湿病"（ReiBen）很相似，他把它们弄混了。为此，他遭到了兄弟姐妹们的嘲笑。他觉得很尴尬，便再也没有忘记过这件事。通过这个梦例，我们能够彻底地理解他的梦了。因此，如果我们将重点转移到梦的隐意上来，就不难发现，类似这样难以解释的梦，极有可能来自我们的童年印象。

还有一个例子，与我前面章节中提到的例子相类似。我在分析那个关于《仙客来属植物》那本专著的梦时，也是将童年的记忆联系起来。那时，我才五岁，父亲拿了一本带有彩色插图的书让我撕着玩。我便由梦中的"仙客来属植物"，联想到"喜爱的花"，再联想到我"最爱的食物——洋蓟";之后,又从"标本收藏册"到最喜爱吃书的"书蛀虫",再到童年中被我们"像洋蓟一样一片一片地撕成碎片"的插图书。这既丰富又紧凑的联想,让人们确信我的梦,是真的受到这个记忆的影响,而不是我在事后的分析中人为地建立起来的联系。也许我没有阐述明白这个梦的真正含义,但请读者们一定要有信心,我在后面会进一步说明梦的最终意义与童年记忆之间的密切关系。

接下来,我就列举几个案例,希望大家通过这组案例能够发现,我们童年中的冲动,即便到了成年,仍然会在我们的梦中出现,因此我用这几个例子来证明:引起梦的欲望,以及梦的欲望的达成都来自我们的童年时期。

在此,我要继续分析前面列举过的一个梦,即我的朋友 R 是我叔叔的那个梦。虽然之前我对这个梦已经进行了分析,但我觉得仍然有很多地方让我不太满意。梦中,我诽谤了自己的两位同事,可在清醒生活中,我对他们的评价却完全不是这样的。我觉得,这个梦的主题已经非常清楚了,就是我想晋升教授的欲望。至于我在梦中对 R 表现出的无比亲切之感,也不过是自己讨厌自己诽谤两位同事的伪装罢了。但是,这样的分析与我的实际情况还是有着一定的差距,因为我对同事并不那样苛刻,就算是晋升欲望也不足以让我这样做,更别说我根本就没有这样强烈的晋升欲望,也从来没有想过自己居然会有这样大的野心。或许,有些人并不相信,可如果我真的有那样近乎变态的野心,我又何必纠结于能否晋升教授呢?早就在别的头衔上动脑筋了。

那么我梦中表现出来的野心是从哪儿来的呢?或许,它和我的童年有关。我想起了小时候,那时我常常听人说,我刚出生的时候,有一位女预言家曾经告诉我的母亲，她怀中的这个孩子，将来会成为这个世界的伟人。其实，这个预言也没什么与众不同的地方，试想一下，有哪个饱经风霜的母亲不是望子成龙的呢？更何况说一些锦上添花的话的预言，对预言者本身也不会有任何的损害，她又何乐而不为呢？可我怎么都无法相信，这样轻飘飘的几句话，就会成为我追求功名利禄的源头。

可在我青少年时期发生的一件事，或许足可以解释上面的问题。那时候，我也就十一二岁，我的父母经常带我去位于维也纳市郊的布拉特的一家酒店吃饭。有一天晚上，我们一家人又到这里吃饭的时候，遇到了一个穷困潦倒的诗人。只见他穿梭在桌子之间，根据每张桌子上的客人出的题目稍做沉吟，便当即赋诗，赚点儿小钱。我被派去将那位诗人请到我们的桌子旁，他很感激地跟了过来。不过，他破例没有问题目便先为我作了一首赞美诗，说我将来一定飞黄腾达，坐上内阁部长的宝座。到现在，我还清楚地记得，自己听了他的话后的那种扬扬得意的样子。

那时，正是"中产阶级内阁"时代，人们很疯狂，就连我的父亲也带回来几幅中产阶级饱学之士的肖像，让他们的荣耀为我们的房子增光添彩。其中就有几个犹太人，他们是赫布斯特、吉斯克拉、翁格尔、贝格尔。那个时候，每个犹太学生都会把这几个人当作自己的偶像，在他们的书包里，无一例外地装着一个内阁部长用的那种公文夹。这件事对我的影响很大，一直到上大学前，我都想学法律，就只为了有朝一日成为内阁部长。不过，人生的很多选择都会因为喜好而改变方向，我就在最后一刻改变了主意。结果我成了医生，彻底与内阁部长无缘了。可我却偏偏做了这样的梦。不过，写到现在，我终于明白了，与其说我希望实现的是晋升的欲望，倒不如说我是想回到那个让我心灵充满力量和期望的"中产阶级内阁"时代，回到那个让我野心勃勃的青年时代。因为我的这两个同事都是犹太人，且都博学多才，受人尊敬，而我在梦中诽谤他们，骂他们一个是傻瓜，一个是罪犯，只是因为我把自己当成了一个部长，坐上了现在的部长阁下的宝座。这就更像是我对这位部长的报复，因为他拒绝任命我为副教授，我便在梦中取代他的位置而做事。

下面，我将列举的是我一系列的罗马梦。尽管导致这一系列的梦产生的愿望是发生在前一天的印象，但它们的来源却可以追溯到我童年时代的欲望。

很久很久以前，我就梦想着有朝一日可以去罗马看看。可不知道为什么，一到有了去罗马度假的机会，我的身体总是出些问题，所以一直以来，我都只能在梦中实现自己的这个愿望。有一次白天的时候，我在我的患者家里看见了一幅著名的版画，虽然只是匆匆一瞥，但是在晚上的时候，我梦见自己坐在火车上，我正透过车窗，欣赏台伯河和恩格尔大桥。火车徐徐启动，不一会儿就到了一个陌生的城市。这时，我又突然想起来，自己根本没过这个陌生的城市。

还有一次，在梦中，我被一个人带领着爬上一座小山，我们俩极目远眺。云雾中，远处的一座城市半隐半现。这个人指着那座城市告诉我说，那就是罗马城。奇怪的是，虽然那座城市离我很远，可我依然看得清清楚楚。尽管这个梦的内容远比我在这里描述的要丰富得多，但是梦的主题却不难辨认，那就是我远望自己的梦想之地——罗马城的欲望。其实，梦中的小山和城市都是有原型的，它们分别是格莱欣山和吕贝克城。

在这样两个梦后，并没有就此打住，而是有了"连续剧"——我的第三个关于罗马的梦。不过这一次，我终于到了一直想去的罗马城了。可让我大失所望的是，我看到的并不是旖旎的城市风光，而是一条灰暗的小河。小河流淌着黑色的污水，一侧是黑色的峭壁，另一侧是开满大朵白花的草地。我遇到了一位叫楚尔科的先生，不甘心地向他打听进城的路。要弄清楚我这奇怪的第三个梦的含义，就需要先交代清楚我梦中暗含的两则犹太人的趣事。可以说，这两件事不仅是构成我的梦的重要材料，更蕴含了丰富而又让人倍感心酸的生活智慧，就连我平时与人交往，也常常会提到这两则故事。第一则是有关"体质"的故事。说的是有一个犹太人，因为贫穷而买不起车票，他便混上了去往卡尔温泉的快车，可是不幸的是，他每次都会很快地被抓住，然后被赶下火车。因为被抓的次数越来越多，他受到的惩罚也就越来越严厉。后来，在又一次这样的旅程中，他遇到了自己的一个朋友。他的朋友问他要到哪里去，他回答说："我亲爱的朋友，如果我的身体还能够经受住惩罚的话，我就到卡尔温泉去。"这个可怜的犹太人尴尬地自嘲着。这让我不由得想起了第二则故事。这个故事发生在巴黎，说的是一个不懂法语的犹太人，只受到简单的指导，就要在巴黎用法语打听到黎塞留大街的道路。巴黎也是我心驰神往的一个地方，当我第一次踏上巴黎的石铺路面时，觉得自己简直就是这个世界上最幸福的人了，甚至认为所有的好运都会到来，愿望都可以实现。实际上，这两个故事同时暗含了我梦中的元素——卡尔温泉。卡尔温泉与楚尔科这个名字密切相关，楚尔科在德语中与糖的发音相近，而患有体质性糖尿病的患者都会被送到卡尔温泉去疗养。至于"犹太人问路"，更是暗含着罗马之意，试问，有谁不知道"条条大路通罗马"呢？下面，我再说说我梦中的其他元素的来源：黑色的峭壁代表了卡尔温泉附近的泰伯尔山谷；大朵白花和黑色的污水，则是拉文纳的典型性特征。拉文纳作为曾经代替罗马取代意大利首都的城市，四周有很多的沼泽地。虽然沼泽里都是黑水，但里面却开满了美丽的睡莲，只是好看是好看，却极难采摘到。或许是梦给我的福利吧！让那些睡莲长在了草地上，如同奥斯湖的水仙花一样，伸手可得。关于这个梦的起源，来自我和我那位远在柏林的朋友的约会，我们曾经约定，复活节的时候在布拉格会面，以便进一步讨论有关糖和糖尿病的内容。

就在第三个梦后不久，我给柏林的那位朋友写了一封信，建议我们换一个地方，不要在布拉格会面了。因为对于一个德国人来说，布拉格的人可能并不包容我们的德语。就在写完这封信的当晚，我做了第四个关于罗马的梦。梦中，我到了罗马城。我发现自己站在一个街角，奇怪的是，四周贴满了德语布告。于是，我建议把我们的见面地点改为罗马。很明显，我借助这个梦把自己的愿望表达出来了，相比于布拉格这样一个波希米亚城市来说，罗马更能包容我们的德语，我想在罗马会面而不是布拉格，而且这可能和我童年的印象有着极大的关系。我出生在摩拉维亚的一个小镇，就在我十七岁时，一首捷克语的童谣深深地镌刻在我的脑海里，尽管那时我还不懂它的意思，但却一直没有忘记，就是现在，我也能完整地背诵出它的内容。或许，在我很小很小的时候，就已经懂得捷克语了，毕竟我的出生地——摩拉维亚是捷克人的聚集地。

不久前，我去意大利旅行时，路过了美丽的特拉西美诺湖，在欣赏完台伯河后，眼看着还有八十公里就到罗马了，但却只能遗憾地返回了。于是，我到这个"永恒之都"——罗马去的欲望更加强烈。我一直在想，是什么让我有如此强烈的欲望呢？就在回来的路上，我终于想明白了，原来是我青少年时期的印象。当年，我还是初中生的时候，每一个学了布匿战争的学生，都对迦太基人给予了更多的同情。随着年龄渐渐增长，我到了中学高年级，对于种族出身有了最初的认知，我越来越敏锐地捕捉到其他孩子对我们犹太孩子的反感。作为犹太人的汉尼拔将军，自然而然地成为我心目中永恒的英雄。所谓的布匿战争，就是为了争夺地中海西部的统治权，两个奴隶制国家古罗马和古迦太基之间进行的一场战争。其最后结果是，古罗马争得了地中海西部的统治权，古迦太基被灭，迦太基城也被夷为平地。对于我们犹太人来说，布匿战争就象征着犹太教与天主教的冲突，这对于年轻的我来说，影响太深远了。甚至完全可以说，我是心怀着迦太基人那样的决心与勇敢，追逐着想去罗马的欲望。虽然对于迦太基人来说，这个愿望没能实现，汉尼拔将军也抱憾终身。但这恰恰就解释了在我的计划中，要经罗马去那不勒斯旅行时，浮现在我脑海中的那句话。那句话出自我读过的一本名著，它是这样说的："当他决定去罗马以后，他在书房中更加急促不安地走来走去，心中不断地在斗争着，究竟要做校长温克尔曼，还是成为汉尼拔大将军，心中难以抉择。"是呀！就在人们翘首以盼汉尼拔将军攻打罗马时，他却转往坎帕尼亚。或许，我的这一生也会和他一样，注定与罗马无缘。

写到这里，我不由得想起了童年的一次经历。可以说，这段经历，到目前为止，对我上面所说的那种情感仍然起到了重要的作用和影响。作为犹太人，在我们还很小的时候，就对汉尼拔将军的故事十分了解了。汉尼拔小时候，他的父亲哈米尔卡·巴卡是迦太基将领，他曾经让汉尼拔站在家族的祭坛上发誓，要完成每一个迦太基人都应该完成的使命——向罗马人报仇雪恨。也就是那个时候起，汉尼拔就在我的想象中生了根。可我童年中听到的这件事，却和这个故事完全相反，甚至颠覆了父亲的形象。大约在我十岁到十二岁这个年龄段，我父亲开始带着我出去散步，有时，我们一边走一边聊，父亲便把他对一些世事的看法告诉我。有一次，他给我讲了他过去的一件事，他是想通过这件事，让我知道我所处的时代比他那个时候好多了。他说："我年轻的时候，在一个周六的下午，我在你出生的那条街上散步。当时，我穿着整齐时尚，还戴了一顶新皮帽。可谁知，路上我遇到了一个基督徒，他一边大吼着：'犹太佬，滚开！'一边猛地一拳把我的帽子打落在污泥里。"

"那你是怎么做的？"我有些惊讶地问。

"我走到车行道上，捡起自己的帽子，弹弹上面的灰尘就继续走了。"父亲平静地回答。

我望着眼前牵着我的小手的这个像山一样伟岸的男人，几乎不敢相信自己的耳朵了。在这之后，汉尼拔在我心中的位置愈加高大。

随着一点点长大，我逐渐学会了阅读。在我读过的书中，尤其《执政与帝国》给我留下了很深的记忆。在这本书中，拿破仑因为自己跨了阿尔卑斯山，从而把自己与汉尼拔将军相提并论，这在我心里引起了一丝丝的波澜，使我对军人的崇拜得以继续。那时候，我最喜欢干的事情，就是为我的木制玩具兵，都取一个与拿破仑手下的元帅们一模一样的名字。可能因为我那时还小，所以我最喜欢的就是和我同一天生日，刚好比我大一百岁的马塞纳，犹太人更喜欢叫他梅纳瑟。也许，这本书中讲述的那种穷兵黩武的精神深刻地影响了我，在我三岁的时候，就和一个比我大一岁的孩子，一会儿和好，一会儿敌对，处于弱势的我总有一种打败对方的强烈欲望。所以总体来说，我对迦太基将领们这样的钦佩之情，可以追溯到我童年的早期时候，而我在之后的成长过程中，不知不觉中便将这种情感转移到了别的事物上了。

随着对梦的分析不断深入，我更清晰地看出童年经历的痕迹，作为梦的来源，它们隐藏在梦的隐意里，对梦的演绎起着举足轻重的作用。

在一般情况下，即便梦再现了我们对某件事的记忆，可那也是在经过修改后呈现的。不过，我还真遇到过与这种情况相反的例子，无一例外，它们也都和童年印象有关。这个梦例来自我的一个患者，梦中，他的一个朋友看见了他的生殖器，这个朋友控制不住自己的情感，不仅露出了自己的生殖器，还一下子抓住了他的生殖器。奇怪的是，就连梦中的情感细节，他也可以清楚地记得。就在我对这位患者的这个梦进行分析时，他突然记起童年的一段经历。那时，他才十二岁，有一次，他去看望生病卧床的同学。那个同学在翻身的时候，身体露了出来，我的这位患者看到了他同学的生殖器后，鬼使神差地露出了自己的生殖器，而且还伸手抓住了同学的。当他的目光对上他同学那既惊讶又恼怒的目光时，他忙不迭地松开手，尴尬万分。二十三年后，这一幕再次出现，只不过他的朋友是梦中的主动者，而他则变成了他生病在床的同学了。其实，一直以来，这个梦总是反复出现，从未离开过他的生活。实际上，这段真实的记忆，一刻也没从他清醒的生活中消失过，只不过年深日久，渐渐地模糊起来，当我对他的梦进行分析时，记忆又开始鲜活起来，把它再一次唤醒了。

毫无疑问，梦的显意中，童年经历一般都是以暗示的形式出现的，而我们也只有通过分析，才能把它解读出来。至于童年记忆在梦中的作用，我还是通过几个具体的例子来详细地说明。当然，在此过程中，我也会对它们做出相应的、合理的解释。或许，会有人质疑我的这种做法，因为如果我们追溯到梦者太过早期的时代，那么人的回忆就根本没法辨认了。就算是较近的时代，这样的记忆也会缺乏有力的证据，它们曾经发生过的事实还是证明不了。为了克服这个难点，我们唯有找到更多的精神分析资料，并且让梦者的记忆与之保持高度的一致性，即便是解释的时候，我们也要将解释材料——列举。不能为了解释梦而不顾它们之间的关系，否则我们的解释很苍白，根本不能使人信服。

（一）

我有一位女患者，她的梦就很有特点。她匆忙地赶火车，生怕误了时间；急匆匆地去市场，生怕去晚了买不到自己要买的东西……几乎各个都与"匆忙"分不开。

有一次，她做了一个梦，她要去看朋友，可她母亲告诉她，需要骑车过去，可她却跑了起来，中间不停地摔倒。分析过程中，根据她的材料，几乎可以断定这个梦回忆的是"儿童快跑"之类的游戏，这让她想起了遥远的童年时代。小的时候，她经常和自己的玩伴们一起玩耍，她们最常玩的是一种绕口令游戏。她和小伙伴们一边说着"母牛快跑，直到摔倒"的绕口令，一边互相追逐、打闹。绕口令越说越快，直到把它说成一个没有意义的单词。由于受到这段记忆的影响，她的梦才总是匆匆忙忙的，但为什么童年时天真嬉戏的场景就被梦中那些不太天真的场景取替了呢？

（二）

下面是我另一个女患者和我叙述的她的梦：我梦见自己在一间很大的房间里，房间里整齐地摆放着各种各样的机器，看起来特别像我印象中的矫形外科手术室。这时，有人告诉我，因为你的时间有限，我必须和其他五位患者一起做手术。我不能接受这个建议，不愿躺到为我指定的手术床上或其他什么位置。我就站在个角落里，不停地画着方格子，等待着你告诉我，这不是真的。可是，那五个人却好像司空见惯一样，不停地嘲笑我，还说我胡闹。

经过与她的交谈，我发现，她的这个梦由两部分构成，只是梦中出现的床，将这两部分联系起来，合二为一了。其中，既包括了我对她的移情，也包含了她童年时期的记忆。

下面，大家就跟随我一起，来逐一分析一下梦中元素的具体含义。矫形外科手术室，源于我和她的一次谈话。当时，她来就诊，我对她说，就治疗的时间和本质而言，对她的治疗就如同做一次矫形手术。你没有时间，也是这样，当时我告诉她，最近我没有时间，需要过了这段时间才能给她安排每天一小时的治疗。另外五个患者，我的女患者是她们家最小的孩子，她上面还有五个哥哥姐姐，虽然她父亲特别宠爱她，但因为癔症的影响，她还是感觉自己的父亲不够疼爱自己。不肯躺在床上，这其实是她对童年时期一段记忆的连带反应。有一次，她弄脏了父亲的床，她父亲一怒之下就说自己不再爱她了。而她当时就站在角落里，受到哥哥姐姐们的嘲笑，等待着有人告诉她这不是真的。可是，那五个人却好像司空见惯一样，不停地嘲笑她，还说她胡闹。这段就不完全来自她的童年记忆了，这与她前不久发生的一件事有关。不久前，她刚刚收到一个裁缝的小学徒送来的衣服，她随便把钱给了他，但是又怕他把钱丢了，再来朝她要钱，她的丈夫还跟她开玩笑地说这个小学徒一定会这样的。可是，她却当了真，不停地问她丈夫，等着他告诉她这不是真的。结果这件事反射在梦中，成了她对我给她延长治疗时间，可能会和她多收诊费的担忧了。小时候，我们做梦时，常常将贪图钱财和贪心联系起来。这个女患者也意识到了这是一种贪心的思想，于是等着我的解释，便成了这种贪心的另一种表达方式。画着方格子，这与她侄女有关，她侄女为她演示了一种算数游戏，把九个格子中的数字与任意一个方格内的数字做加法，结果都是十五。

（三）

这是一个男子的梦：我梦见两个男孩扭打在一起，从边上的乱糟糟的物品看，他们应该是桶匠的儿子。其中的一个男孩把另一个戴着蓝宝石耳环的男孩狠狠地摔在了地上，暂时占据上风。不过，那个戴蓝宝石耳环的男孩也不甘示弱，他用自己的手杖还击对方。那个男孩急忙跑到站在栅栏旁的母亲身边寻求帮助。说来也怪，他的母亲一直背对着自己的孩子，好像根本不知道自己的孩子在挨打似的。她终于转过身来了，不过，她的样子真是太可怕了，尤其她的眼睑下面，有两块赤红的肉突兀着，吓得男孩撒腿就跑，那样子真的太可怕了。

这个梦与前面的两个梦不同，它主要采用了前一天发生的琐碎小事。两个男孩扭打在一起：做梦的前一天，他确实看到两个男孩打架，并且和梦中的情形差不多，一个男孩把另一个男孩打倒在地，不过他过去劝说，那两个男孩便四散跑开了。桶匠，这可以从他之后的梦里找到依据，这源于一句谚语——"把桶掀个底朝天"。戴蓝宝石耳环的男孩，通常情况下，妓女总是喜欢佩戴蓝宝石耳环。这也让他想起一句大家耳熟能详、关于两个男孩的一句打油诗来——"另一男孩叫玛丽"。可怕的妇女：他劝开两个男孩后，信步来到多瑙河，在河边悠闲地散着步。这时他有点尿急，附近又没有洗手间，情急之下，他见四下无人，便对着一排木栅栏小便了。接下来继续散步时，他遇到一位衣着讲究的老妇人，她面目慈祥，微笑着递给他一张名片。与实际情况不同的是，梦中的老妇人就站在他撒尿的木栅栏那儿。于是，梦中的时候，他便将小便与妇人联系在一起，而那两块可怕的红肉又正是女子蹲下时张开的阴部的样子，这情形他小时候见过，后来总是以"息肉"或是"伤口"的形象，重复出现在他的记忆里。实际上，这个梦是把这个男患者还是小男孩时看到女孩生殖器的两个场景联系在一起了。一是翻倒在地上，二是小便时。不过，从另一个角度分析，同样可以看出来，他的这个梦包含了他的另外一个回忆，那就是他看到女孩生殖器时，激起了他对性的好奇心，因而受到了父亲严厉的惩罚和警告。

（四）

前面，我们已经分析过把前一天发生的几件事结合在一起的梦例，接下来我们再举一个这样的梦例。这是一个老妇人的梦，只是不同的是，她把一大堆童年记忆糅合在一个幻想里了。

梦中，这个老妇人拿着购物篮急急忙忙地出去买东西，可她走到格拉本大街时，她的身体一点儿力气都没有了，她双膝跪倒在地，瘫软在马路上。围观的人越来越多，其中还有一些出租车的马车夫，可是却没有一个人伸出援手把她扶起来。时间一分一秒地过去，她多次尝试着自己站起来，可是都失败了。后来，也不知道是她自己站起来的，还是通过其他方式，她终于在一辆出租马车里了，就连购物篮也被人通过窗户扔到了马车上。

下面，我们就对梦中出现的元素逐一分析一下。这个老妇女，就是我们前面讲过的那个梦中总是很匆忙的人。急急忙忙地出去买东西，这个我们就无须多费笔墨了。拿着购物篮子，买东西，单从字面上来看，在德语中，购物篮是拒绝的意思，梦者自己也解释说，她曾经拒绝过很多追求者，自己也受到过别人的拒绝。没有一个人伸出援手，梦中围观者的冷漠态度，更加坚定了她自己的这个解释。不过，我对于她的这个求婚主题，却有着不同的看法，在我看来，这个梦的隐意后，还应该有着别的更为合理的解释。

既然她需要拿着购物篮子出来买东西，就说明在梦中的她已经屈身下嫁，生活得并不好，自己要出去买东西。另外，购物篮也通常代表着仆人。在我这样的分析、提示下，她终于回忆起自己童年时的一些经历。在她十二岁那一年，她家的一个厨娘，因为偷东西被辞退了，她就是这样双膝跪倒在地，苦苦哀求留下她的。

她又想起一件事。她家的一个女仆，因为与家里车夫私通而被开除了，后来这个女仆还嫁给了车夫。不过，梦中那个摔倒的她就没有这么幸运了，车夫并没有把她扶起来，她整个人瘫软下来。对于这个元素，我们不妨从两个方面来分析：第一，这个形态来源于马摔倒的样子，梦者年轻的时候也骑过马，只不过在梦里的时候，用自己取代了一匹马，倒下的样子也与马倒下的样子差不多。至于摔倒的这个动作，可以追溯到她的童年记忆。那时，看门的那个仆人的儿子有癫痫病，有一次在大街上，他的癫痫病发作了，人们把他扶起来，并送回了家。也就是从那时开始，在她的记忆里便刻下了癫痫病能让人摔倒的印记。就连她后来发癔症时的样子，在很大程度上来说，都受到了这个记忆的影响。第二，这也间接表明，她把自己当作了"坠入深渊的女人"。暂且不论她摔倒一事本身就具有性的意义，就是她摔倒的地方——格拉本大街，那可是维也纳非常有名的地方，街上妓女集聚，是有名的娼妓一条街。

通过窗户扔进来的购物篮，这让她想起了发生在童年的另一幕往事。当时，她的保姆与家中的仆人关系暧昧，后来她家就把他们二人统统开除了，就像被"扔了出去"一样，这刚好从反面表现了梦中"扔进来"的内容。在维也纳，仆人的箱子、行李被蔑视地称为"七个李子"，"带着你的七个李子滚出去吧！"就是对仆人十分瞧不起的说法。其实，"窗户"一词也是有着特殊含义的。在乡下，当两个人产生了感情时，情人就会夜间爬窗进屋幽会。再加上梦者曾经听到的趣闻和亲身经历都与窗户有关：有位绅士，为了向一位女士表达爱慕之情，通过窗户把青梅扔进女士的房间。另外，她的妹妹在乡下时，曾经因为一个白痴的偷窥而受到惊吓。到现在，我们逐个把梦中的元素都合理地解释清楚了。

经过分析上面我那个患者的梦，我们可以清楚地看到，我们的梦都可以在童年时期找到依据，甚至可以追溯到三岁前的一些模糊的，甚至回忆不起来的童年记忆。可是，如果我说通过分析这些人的梦，总结出了这样的一般性结论，有些不太靠谱，毕竟我分析的对象都是一些抑郁症患者。或许，他们的记忆有可能受到了各自病情的影响，被自己人为地扭曲了。但为了使本章有个圆满的结论，我将选取自己的几个梦例进行分析。虽然我在前面的分析中常常能在不经意间发现自己的童年印记，但为了能让我的观点更具有说服力，我就举几个自己最近的梦例，不过，这些梦有一个共同的特点，那就是它们都和我早期的，甚至已经遗忘的童年经历有着千丝万缕的联系。

1）经历一次长途旅行后，我又累又饿地躺到了旅店的床上。睡觉的时候，总感觉饥肠辘辘的，可是还是很快就进入了梦乡。梦中，我走进了厨房，想拿点儿糕点吃。当时，厨房里站着三个女人，其中就有旅店的女主人，她正在干活。见我进来，她一边看着我，一边搓着手里的面团，像是在搓丸子。我向她说明了来意，她要我先等一下，等她忙完手里的活再说。厨房里的其他两个妇女也没敢招呼我。她对我的这种态度让我觉得好像受了侮辱一般，我有些生气，转身离开了。回到房间，我穿上一件大衣，可这件大衣太大了，我就脱了下来。这时，我才发现，大衣的材质是我以前从来没有注意过的毛皮，这令我很诧异。我穿上了第二件大衣。这件大衣的领子上，缝着一条绣着土耳其风光图案的长带子，虽然我不记得自己的大衣上有过这个图案，但它非常合身，感觉很满意。这时，一个长脸、留着短山羊胡须的陌生人走了过来，坚持说这大衣是他的，非得让我脱下来。我指给他看，说这件大衣完全是土耳其样式的。他却问我："在大衣上绣的这些土耳其风格的图案、带子之类的，和您有关系吗？"尽管我们争执了几句，不过把话说清楚后，我们又重归于好了。

在分析我自己的这个梦时，我不由得想起了自己曾经读过的一本小说。小说的名字和作者我已经不记得了，但我却清楚地记得，那是我十三岁时，从那部小说的第一册的结尾读到的，而且那个结尾到现在我还记忆犹新：主人公疯了，他不停地叫着三个女人的名字，这三个女人给了他人生中最大幸福的同时，也给他带来了最大的灾难。其中，一个名叫珮拉姬。我现在还不知道，我的这个梦与那本小说有什么关系，但我由这三个女人联想到了编织人类命运的三位女神。我知道，梦中的女店主就是三位命运女神中的一个——人类生命之母。她是一位母亲，她创造了生命，给了她的孩子最初的喂养。顺便说一下，我也是吃母乳长大的。女性用乳房满足了爱和饥饿，给予人类最初生存的基本要素。有一个崇拜女性美的年轻人，他的婴儿时期，是一个漂亮的奶妈给他喂奶的。有一次，在谈及这个奶妈时，他说他最遗憾的事是，没能利用吃奶的机会，多占点儿奶妈的便宜。虽说这只是一个有趣的故事，但也是神经症发生过程中延迟作用的一种体现。

旅店的女主人，她正在干活……搓着手里的面团，像是在搓丸子。女店主是命运女神之一，可她却双手合十搓着手中的面团，这未免太奇怪了。其实，这也不难解释，因为这个场景来源于我的童年时期的另一个记忆。那时，我只有六岁，我的母亲告诉我，人都是由尘埃组成的，将来也必重归泥土。可我听了并不喜欢，觉得我母亲说的没有一点儿道理。我的母亲便双手合拢互相揉搓，与梦中女店主的形态分毫不差，只是我母亲的手里没有面团而已。不大一会儿，我的母亲从手中搓出了黑色的表皮屑，证明了我们是泥土做的。虽然之前我对她的理论有所怀疑，但这次却是深信不疑了："生命从自然产生，最后也将回归自然。"梦中，我走进厨房，走向命运女神（女店主），实际上暗示的就是我小时候的经历。当我饿了的时候，正在灶台前忙碌的母亲总是告诫我，等饭菜都做好了才可以吃。

说到"丸子"，也很有趣。在我上大学时，曾经有一位教我组织学（表皮）的老师，控诉一个叫科诺德尔的人剽窃了他的科研成果。剽窃，就是偷的意思，也就是把不属于自己的东西据为己有。而梦中的我，又何尝不是如此呀，我偷了别人的大衣穿在了身上。如此看来，"剽窃"一词起到了桥梁的作用，把梦的前后两部分连接了起来。从近似发音来看，由"珮拉姬"到"剽窃"到"横口鱼"，再到"鱼鳔"，不仅把我读过的小说情节与丸子情节，以及外套联系起来，还暗示了性活动中的用具——安全套。

虽然因为职业的关系，把这些元素联系在了一起，但看起来难免有些牵强、荒唐，除了在梦中，我还真想不出是怎么在清醒状态下把它们联系在一起的。说到"桥梁",我又想起了我的一个老师,他的名字有着和"桥梁"一样的字面意思——布吕克。说起这个老师,又让我回忆起一所学校来,在那里,我度过了自己最快乐的学生时代,就像一首诗里说的那样:

你们,匍匐在那智慧的胸膛。
每天都会发现无穷的狂欢。

这与我梦中令我纠结而尴尬的欲望形成了鲜明的对比。到这儿,我又想起了我的另一位老师——弗莱舍尔。弗莱舍尔是一位可敬的好老师,只是他名字的读音与德语中"肉"的读音相同,感觉就像个吃的东西。科诺德尔的名字也是这样,让我想起了涉及表皮屑(母亲、女店主)的悲凉场面,想起了读过的那本关于精神错乱的小说,想起了拉丁式烹调的一种材料——古柯碱。由此,也构成了连接梦中元素的第二道桥梁。

当然,为了解释我还没解释的那部分内容,我还可以顺着这个逻辑继续解释下去。但真要这样做,那我个人就必须做出牺牲,只是这种牺牲需要付出的代价太大了,因此我不得不放弃这种想法。为了能够更加清晰地解释我的梦,我准备选取其中的一条思路继续走下去。梦中,那个阻止我穿大衣的长脸、留着短山羊胡子的陌生人,像极了斯巴拉托的一个商人,他叫波波维奇,我妻子曾从他那儿买了很多土耳其布料。这个商人给我的印象比较深,因为他的名字很奇怪,是一个同音字。或许你会说,我又要从名字入手了,毕竟恶搞名字是我们儿童时期最乐此不疲的恶作剧了。要说恶搞,上面提到的名字如珮拉姬、科诺德尔、布吕克、弗莱舍尔……哪个不能用来恶作剧呢。不过，如果我真的这样的话，那我一定会遭到惩罚的，因为我的名字已经无数次沦为别人的笑柄。和我有着一样遭遇的人，一定能深刻地领悟到幽默作家斯台顿海姆提到的心境："他告诉了我他的名字，涨红了脸跟我握手。"就连歌德也曾因为姓名的敏感而苦恼，并且把它看作像皮肤过敏一样让人厌烦，甚至把别人对他的讽刺都写进了诗句里：

你是诸神、野蛮人的后代，
抑或粪肥的子孙。
你们的偶像啊，
最后，
仍复还于尘埃！

我深知，我在这儿取笑别人的名字，就已经跑题了，虽然只是出于抱怨的目的，那也得就此打住。下面，我们还是回到我们的正题上来，继续看我们的梦。实际上，我从妻子在斯巴拉托商人那儿购物，想到了我在卡塔罗市的一次采购。那次采购中，由于我过于谨慎，错过了一个挣钱的天赐良机。那么，这样看来，我这个最初是因为肚子饿而引起的梦的动机就不难解释了：对于好的机会，我们不能轻言放弃，即使我们面对着错误，甚至是死亡，毕竟每个人都是要死亡的。因为我们的稽查系统发挥了作用，所以只有经过这样的分析，我们才能得出这个梦的隐意。换句话说，我在学校时的满足感也好，被世俗禁锢了的思想也罢，抑或是"及时行乐"观点后的性意义，都伪装在我的梦里。即我们的梦经过了伪装。

2）为了能把我的下一个梦叙述得更清晰明了，我需要先介绍一下事情的来龙去脉。

雨洋洋洒洒飘落着，似乎有些肆无忌惮，因为要到奥斯湖度假，我便乘车赶往维也纳西站。道路很通畅，我到的时候，最早那班开往伊士尔的火车还没有发出。这时，我看到了图恩伯爵，虽然下着雨，可他乘坐着敞篷马车而来，估计他又是到伊士尔去觐见国王的。只见他下了车，既不像其他人那样买票，也没有排队等候，而是径直走向开往区间车的大门，好像很急的样子。门卫不认识他，要验他的票，他二话没说，一挥手便推开了门卫，上了车。而我没有挤上这辆火车，便留在了站台上。可就在他乘坐的这辆开往伊士尔的区间车离开后，站台工作人员要求我离开站台，到候车大厅去候车。我与他们争论了好半天，才得以留在站台上。为了打发无聊的时间，我一直仔细观察着，看是否有人享有特权留在火车包厢里。如果真是这样，我就会据理力争，为自己争取同样的权利。与此同时，我一直不由自主地哼着一首曲子，依稀记得它好像出自《费加罗的婚礼》的咏叹调：

> 如果我的伯爵想跳舞，想跳舞，
> 那就让他尽兴吧，我将为他伴奏一曲。
> 我想，除了我自己，估计谁都听不出这种曲调的。

整个晚上，我的精神都处于极度兴奋状态。表面上看，我是在不停地讥笑笨手笨脚的仆人和车夫。可实际上，我的脑海中穿过各种放荡、反叛的念头，这些念头就像费加罗的台词，让我想起我在法兰西剧院观看的博马舍喜剧，想起了那些达官贵人卖力自吹的狂言，想起了阿尔玛维瓦伯爵要对苏珊娜行使领主的初夜权，还想起了被反对派记者嘲笑成不做事伯爵的图恩伯爵。说心里话，我一点都不羡慕他，他的这次觐见之旅还不一定会遭遇什么呢。相反，我才是名副其实的"不做事"伯爵，当他战战兢兢地觐见国王时，我正带着自己的各种娱乐计划，优哉游哉地度假。那个晚上，我就像一只好斗的公鸡一样，各种天马行空的让人热血沸腾的想法纷纷涌入我的脑海。现在想想，都为自己当时的想法吓一跳。

就在我的头脑处于疯狂状态时，月台上走过来一位绅士，只见他和乘务员交涉几句后，以自己有官方任务在身为由，半价获得了头等车厢的特权。这个人我认识，任职政府医务监考官，在医务考试时，代表政府出面监考。也正因为这一职务，他被那些善于阿谀奉承的人们起了个"政府同床者"的绰号。就在乘务员绞尽脑汁把他安排进头等隔间时，我的心里充满了怨气。为了乘坐头等车厢，我付了全额票款。只是没想到，我得到的是一个没有套间的包厢，尤其令人憋屈的是，晚上不能上厕所。我曾无数次和列车长抱怨这件事，可一点儿作用都没有。无奈之下，我在留言簿上报复性地提了一个建议：至少应该在这间包厢的地板上打一个洞，以备旅客不时之需。

就在那天夜里，我在半夜两三点的时候，就被尿生生地从下面的梦中憋醒了：

我在一个有很多人的学生集会上，听着不知道是图恩还是塔弗的演讲。演讲者一边用挑衅的口吻评价着法国人，一边把一片破损的枯萎的叶子插进纽扣孔中。然后，目中无人地宣布，款冬才是他最喜欢的花。我忍受不了这样的侮辱，愤怒地暴跳起来，完全不在意别人的看法了。当时那愤怒的样子，即便现在回想起来，我还感到吃惊呢。

随后，梦开始变得模糊了。恍惚间，我好像进入了一个大学礼堂，要抓我的人就在后面紧紧地跟着我，尽管他们封锁了出口，可我告诉自己，我必须逃出去。我向着一个没人的地方跑去，穿过摆放着棕紫色家具的豪华部长级套间，进入了一条走廊。走廊里坐着一个身体强壮的女管家，我对自己是否过去迟疑了一下。她非但没有阻拦我的意思，还以管家的身份问我需不需要她为我照明引路。我没有和她多说话，只交代她留在走廊的入口处，便迅速地向走廊深处走去。在尽头，我发现一条向上的小路，小路崎岖，陡峭而细长，可我别无选择，只能沿着这条小路继续走下去。就这样，我凭借自己的智慧，躲避掉了他们对我的追踪。

场景依旧处于模糊状态：完成了一个逃离大厅的挑战后，我好像迎来了第二个挑战——逃离大城市。我坐上一辆出租马车，告诉他去火车站后，就催促他快点。马车夫抱怨，说我把他的马累坏了。我告诉他："到了火车上，我就不用你的马车了。"说话间，他已经拉着我跑了很远的一段路了，而平时，这段路通常是要坐火车的。火车站被占领了，我的大脑开始快速转动，我要去哪儿？是克雷姆斯，还是茨奈姆？后来，我突然想到国王有可能去那儿，便决定去格拉茨或别的什么地方。到了火车站，车站已经戒严，我不知道怎么弄的，突然就坐进了城市电车的车厢里。而且，就在我一低头的时候，我发现自己的装束太引人注目了，我的纽扣孔里，插着一条像辫子一样的东西，它的上面还系着一朵用很珍贵的材料做成的棕紫色的紫罗兰，特别醒目。不过，下面将要发生什么，我就无从知道了，因为场景只是显示到这儿，就中断了。

紧接着，我又出现在火车站的站台上，和我一起来的是一位年老的绅士。他伪装成盲人，至少有一只眼睛好像真的看不见，我假扮成他的护理员，给他递了一个我从城里买来或者带来的男用玻璃尿壶。通过我的这一系列行为，乘务员肯定会相信，我们是一起的。然后，我们就会轻而易举地通过检票口。我想着自己这个天衣无缝的计划，没承想这计划就实现了，好像我一边思考就一边经历了这件事。此时，那名老绅士的排尿器官和他对我的态度都很生动，就在我正感到奇怪时，我被尿憋醒了。

整个梦如同幻觉，而我也在幻觉中回到了1848年那风起云涌的大革命时代。之所以能在梦中想起这个年份，是因为1898年，我在法兰西皇帝约瑟夫五十周年纪念日那一天，曾去瓦豪做一个短暂的旅行。就在那次游历中，我探访了埃默斯多夫。埃默斯多夫藏龙卧虎，学生领袖费肖夫就退隐在那个地方。也不知道怎么了，思绪仿佛一匹脱缰的野马，瞬间又把我带到了英格兰。我来到了我哥哥家。我哥哥很有意思，他总是用但尼生爵士的名义写诗，并因此跟自己的妻子开玩笑。可他每每写出一首诗来，又总是题为"五十年前"。不过，他的子女马上就给他纠正过来，说改成"十五年前"更合适。所有这些，都是我看到图恩伯爵那一幕引起的联想，可似乎它们又是东一榔头西一棒槌的，不仅不连贯，而且还杂乱无章，很多内容都是各行其是，缺乏有机的联系。可实际上，这就如同意大利教堂一样，表面看上去杂乱无章，其实不然。我梦中的很多东西都只有经过我的允许，才能加塞进去并表现出来。因此，表面上看到的东西与其背后真正的含义并没有什么关联。

其实，我梦中的第一个场景是由多个元素组成的，我现在就把它们一一拆解开来。我十五岁那年，我和我的同学们策划了一次行动，反对一位知识贫乏、傲慢不受欢迎的德文男老师。现在想来，他同我梦中出现的那个目中无人的演讲人一模一样。领头的是我的一名同学，他是英格兰亨利八世的忠实粉丝。我们班唯一的一个贵族同学也参与了这个计划。我的这名同学长得有点"高贵"，他的四肢特别长，所以大家都叫他"长颈鹿"。"长颈鹿"的喜好很特别，他总是喜欢把花，或者与花类似的东西，插进自己的纽扣孔里，就在我们实施计划那天，他被那个暴君德文老师批评，就像我梦中的伯爵一样站在那里。至于具体实施计划，"主谋"把领导任务落到了我的头上。作为执行计划的指挥领导，我以一场关于多瑙河对奥地利（瓦豪）的重要性的讨论为信号，开始实施行动。也在那一天，我送给了我的一位女性朋友兰花和一种耶利哥玫瑰，这使我一下子就联想到了莎士比亚的历史剧《亨利六世》中红、白玫瑰内战那一幕，虽然它们并不相同，可在我的脑海中突然出现了一首由德文和西班牙文写成的诗：

玫瑰、郁金香、康乃馨，
任何一种花都会凋谢。（德文）
伊莎贝利塔，
不要为花的凋谢而哭泣。（西班牙文）

这就联系上了，做梦的前一天，我在站台上一直哼着的出自《费加罗的婚礼》的那首曲子，就是西班牙文的。而红、白康乃馨的出现，恰好对应了我梦中演讲者的挑衅态度。因为在维也纳的政治中，白色康乃馨是反犹主义者的标志，而红色康乃馨则象征着社会民主党人。就是这段联想也不是没有意义的，其中暗藏着我的一个回忆。有一次，我乘坐火车去撒克逊旅行，只是没想到，在这个美丽的小乡村里，居然遇到了反对犹太人的挑衅。而这也就很好地诠释了这两个场景为何能同时出现在我梦中了。

　　至于我暴跳如雷，这可以追溯到我的大学时代。那时，我是一个彻底的唯物主义者，而且不谙世事。有一次，德国学生举办了一场讨论会，就哲学和自然科学之间的关系展开了激烈的讨论。当时，我特别想表现一下，便初生牛犊不怕虎，很大胆地提出了一个非常片面、激进的观点。一位很有学养的师兄站了起来，不仅狠狠地批评了我的观点，还现身说法，他说："像你刚才的这种错误观点谁都会有的，我自己也曾因为思想上的错误，走过很长的弯路，好在后来我纠正了自己的错误观点，回到了父母身边。"尽管都是学生，但这位师兄一向成熟稳重，深受大家敬佩，毫不夸张地说，他就是学生的领袖。听到他这番话，我早已按捺不住怒火，我就像梦中那样暴跳如雷，十分粗鲁地说："原来先生走过弯路！那也难怪你能讲出这样的话了。"这话一出口，下面的听众就炸开了锅，不约而同地要求我向他赔礼道歉。可年轻气盛的我又怎会轻易地低头呢！还是我的那位师兄更包容，他理智地劝说他的支持者们，说我不过就是表达自己的观点，并不是真的向他挑战，最终平息了这场争执。

　　说到这里，我的梦的第一部分除了一些细节外，基本框架就已经解释得清清楚楚了。至于那些细节，我们可以用我们之前的近义词联想的方法来解释。演讲者语带讥讽地提起款冬，他的用意何在？其实，款冬是一种蹄形莴苣，由莴苣联想到色拉，再由色拉联想到自己吃不到东西，便怨恨其他吃到色拉的狗，于是，大家就能看到，我的梦里出现了一堆具有侮辱性的动物名：长颈鹿、猪、母猪、狗，这样看来，我还能通过间接的联想，推导出"笨驴"这一骂人的词来，而这个词就和我对我梦中的那位大学老师轻蔑的态度对应上了。此外，尽管我不知道是否合适，但我还可以把款冬用法语翻译为"蒲公英"。在左拉的小说《萌芽》中，就曾有一个小男孩摘蒲公英做色拉，而这也恰好和我们前面的推理相一致。在法语中，"狗"与动词"大便"非常像，那么与小便相对应的词也就跃然纸上了。上面的这些，是物体三种形式中的两种——固态和液态，下面我们就来说说，第三种形式——气态。在左拉的《阳春》中，有不少笔墨写的是未来的革命，但其中涉及一种气体排泄物的比赛，那就是屁。现在，我们不妨回过头看看，就会轻易地发现，导向"屁"这个词的路其实早就铺好了：从最初的花开始，联想到西班牙诗歌，再联想到伊莎贝利塔，进而又联想到了《伊莎贝拉和费迪南》，以及亨利八世，由此又联想到了英国历史记载的关于西班牙无敌舰队与英格兰之战，当初，就是因为一场暴风雨扭转了战势，西班牙舰队才惨遭失败。英国人为了牢记这场暴风雨的功劳，在一枚奖章上刻下了"上帝派大风把他们吹败了"的字样。其实，我真的很喜欢这句话，甚至无数次地想过，如果有朝一日我能对癔症病的研究有所建树，就一定用这句话作为"如何治疗癔症"这一章的标题。

由于我自己意识的稽查作用，我不能对我的梦的第二部分做太过详细的解释，因为这其中不仅牵涉现在的一个身份显赫的名人，而且我梦中穿过的那套摆设豪华精致的部长级套房，就来自于他那个奢华的马车厢。很显然，梦中我把自己和他等同起来，尽管宫中枢密官霍夫拉特曾经和我说过这个人和鹰的一段传奇，以及他患有大小便失禁的病等，但和这些有关的还是不能通过我的意识的审查。只是很多时候，梦中的房间通常都象征着妇女，而我梦中的女管家则来自一个帮助过我的好心妇人，只是我以怨报德，在梦中把她塑造得不如人意了。至于掌灯带路的这个细节，可追溯到奥地利剧作家格里尔帕策，他就曾根据自己的亲身经历，创作了一部描写"希罗和黎恩德"的神话悲剧《情海怒涛》。《情海怒涛》使格里尔帕策一举成名，而它也让我联想到了西班牙无敌舰队和海上风暴。

因为本章的目的是讨论童年印象对梦的影响，所以在解释梦中剩下的两段场景时，我只选取一些与这个主题有关的元素进行解释。毕竟我也有隐私，尽管有些事不能隐瞒自己，可还是不希望"为外人道也"。或许有些人会猜测，我隐瞒的那些内容一定和性有关，所以我才不说出来。可我多么希望，我的读者和我旨在探寻梦为何要伪装自己，而不是我隐藏自己的梦的动机何在。前面已经说过，我曾经在我的梦里说"自己非常聪明"，之所以出现这种想法，是因为我在清醒状态下，一直刻意压抑着自己的这种过分自大，以至于这种情感不惜以梦中的显意出现。另外，我在前面的介绍中也说过，我一直处于精神亢奋状态，对任何人和事物都抱着极度轻蔑的态度。可以说，我在清醒状态下的这种轻狂之情，就像大师拉伯雷妙笔生花地赞扬高康大与他的儿子庞大固埃的生活和功绩一样，无以复加，所以梦中提到格拉茨的时候，通过我一句无所谓的话："格拉茨，要多少钱？"就淋漓尽致地体现在我的梦中。

下面两个梦例，与我允诺的要分析的童年经历有关。童年时，因为要去旅行，我特意买了一只棕紫色的新皮箱，而且这个棕紫色，多次重复出现在我的梦里，比如用硬布做的棕紫色的紫罗兰，部长套间里的棕紫色家具等。大家都知道，新东西会极大地吸引小孩的注意力。曾经，大人们向我讲述了一件事：在我两岁的时候，我因为尿床受到了父亲的责备。为了讨好父亲，我安慰他说："没关系，我去离咱家最近的 N 城给您买一张新的大红色的床。"对于这件事，可能因为当时我太小的缘故，我自己一点儿印象都没有，但自从大人告诉我之后，便留在我的记忆里了。一直以来，我都相当重视我的诺言，这也是我在梦中买便壶的来源，而且男式便壶和衣箱密切相连。此外，这也透露出，小时候的我便已经是个自大狂了。这也就是说，从本章伊始我们对精神病人的分析就不难看出，尿床和人的"野心"也有着重要联系。

时间带走的只是岁月，却带不走给你留下深刻印象的记忆。在我七八岁的时候，还发生了一件令我记忆犹新的事：有一次，在上床睡觉前，我违背父母一直以来的告诫，当着他们的面在他们的卧室里解手。父亲很生气，不仅狠狠地训斥了我，而且还给我留下了一句评语："你这孩子，将来也不会有什么大出息。"就是父亲的这句话，深深地刺痛了我那颗狂妄自大的野心，打那以后，我的梦中总是反复出现我向父亲证明我的成就的场景，就像在说："你看，我终究还是有出息的。"正如这次一样，梦中出现的最后一个场景中，那个老绅士实际上是我父亲的化身，我的父亲就因为青光眼而单侧眼睛失明。他的青光眼手术，也因为我发现的古柯碱所起的重要作用而获得了成功。在他失明后，我递给他尿壶，就像我当年在他面前小便一样，他在我面前小便，这些统统都体现了我因为自己发现了癔症理论的自鸣得意。

我童年的这两件有关小便的事，在我的车厢隔间没有盥洗室的刺激下，在我脑海中重现，也从而激发了我内心的自大。因为我是深夜两三点钟被尿憋醒的，这也就是说，我的这个梦一定是在凌晨出现的，也正是它才让我有了排尿的需求。可能会有人质疑我的这个观点，因为在他们看来，如果我的旅行很惬意，我根本不可能因为排尿的需求而过早醒来。但我并不认同这个说法，因为一直以来，几乎没有生理因素影响到我的梦。不过，我并不打算对这个问题做过多的解释，因为它一丝一毫也动摇不了我的论点。

在上面的分析中，我们可以看到，在梦的解释中，我们几乎都追溯到了童年时代。那是不是说，我们追溯到童年时代，就一定能找到欲望的来源和刺激点呢？如果这个答案是肯定的，那么我们完全可以说，梦的显意是由最近的印象构成的，而早期的经历影响着梦的隐意。通过对癔症患者的分析，我们已经清楚地知道，他们早期的经历一直栩栩如生地保存在他们的脑海里，直到现在。可是，我还是不能单凭这个就不负责任地认为我成功地证明了自己的假设，但至少我觉得，只有研究了童年经历在梦的过程中所起的具体作用，我才能得出我的结论。

在这一章开始，我们就曾讨论过梦的内容的三个特征：梦在选择材料时，更多地选择那些无关紧要的事情，与梦者在清醒状态下的记忆原则完全不同，它们甚至会故意不对本质的、重要的事情进行回忆；梦的内容更多的是反映发生在梦者身上的最近几天的事情；梦通常会再现我们童年时的印象和生活细节，尽管这些曾不被我们重视，甚至已经遗忘。对于第一个特征，我们将它归结为梦的伪装。尽管我们在这一章节中讨论了很多关于童年时期的记忆重现在梦中的梦例，但我们一定要知道，我们还没能对这个特征进行完美的解释。等后面我们讨论睡觉时的心理状态或者探讨心灵结构时，我们有必要再对这个问题进行进一步的讨论。随着研究的不断深入，我们会逐渐认识到，我们对于梦的解析和从一个小孔中窥探我们的整个内部精神结构差不多。

经过上面最后的几个梦例的分析，我们不难看出，每个梦的表现都不一样，有时，一个梦表现一个欲望；有时，一个梦表现出几个，甚至是一系列的愿望的叠加。我们只有通过对它们的深入分析才会发现，梦实现的是童年早期的一个愿望。这样的一个结论让我很兴奋，也很感兴趣，因为我们接下来还将要探讨一个问题——出现"梦是童年愿望的达成"这样的梦境是经常性的还是必然的呢？

3　躯体刺激与梦的成因

梦不同于一般的课题，如果你问一个受过良好教育的外行人梦是怎么产生的，他们总是会自信地回答说，梦是受到生理上的消化失调、睡眠姿势，或是心理上遇到的困难，以及对某些偶然发生之事的关注的影响下产生的。从表面上看，这个回答没有什么不妥，可从深层次的角度来说，就算将上面提到的所有因素都考虑在内，我们仍然还有考虑不周全的地方。

科学家们认为，躯体刺激是"客观上外界事物的感受刺激""主观上自身感觉器官的自我兴奋"，以及"身体内部的感官刺激"。一直以来，在梦的学术研究界，"梦来源于躯体的刺激"这一结论占据着主导地位，在他们看来，梦的唯一来源就是睡眠中偶然出现的刺激以及对睡眠中的心灵产生影响的兴奋。在经过了大量案例的观察、研究后，他们发现，梦者睡着前的感觉景象总是会在梦中以各种方式体现出来，因此他们便认定自己的研究天衣无缝、无懈可击。可他们却不知道，这样的结论已经完全忽视或者干脆否定了精神对于梦的刺激作用。对于这些，我在第一章第五节中已经向读者详细地介绍过了，在此我就不浪费笔墨了。对"梦来源于躯体的刺激"这个结论，虽然我不敢苟同，但我绝不否认他们对我们的研究所起的参考意义。通过前面大量的梦例分析，我们也可以看出，当我们处于睡眠状态时，消化系统、泌尿系统和性器官，都可以很大程度地影响到我们的梦的内容。因此，我们在论证这些躯体上的生理反应究竟对我们的梦具有怎样的作用时，仍然可以把他们的研究成果作为我们观点的强有力的支持。

如此说来，我们就可以得到很多作者曾经提到的观点：梦的躯体上的来源是由神经刺激和躯体刺激构成的。只是与他们不同的是，我们认为这不是梦的内容的唯一来源。

不过，我的这个观点也不是尽善尽美的，它也有不完善的地方，或许有人会质疑，躯体刺激理论真的适合我们所研究的情况吗？

实际上，我们不难发现，在我们研究过的大量梦例中，只有一小部分，的确是源于外部刺激的，但如果单从外部刺激出发来解释梦，那是无论如何也解释不清的。惠顿·卡尔金丝女士就从这个角度出发，做了相应的实验。为了获得准确的数据，她用了六周的时间，仔细观察、记录了自己和另一个人的梦。最终实验结果表明，来源于外部刺激的梦只有 13.2% 和 6.7%，尤其因机体感觉刺激而产生的梦，只有两次。因此，我也好，我们自信的理论支持者也罢，我们谁都不能仅凭自己简单的经验，就草率地得出自己的结论。

为了进一步证明这个结论，相关的理论支持者们将"因神经刺激产生的梦"，作为研究梦的一个小类，比如斯皮塔就将梦分为"因神经刺激产生的梦"和"因联想产生的梦"两类。尽管这样，还是不能使反对者心悦诚服，其主要原因就在于，这样的研究根本证明不了梦的内容和躯体刺激来源之间的关系，所以这样的解释非但不能让更多的人信服，反而还给反对者们提供了提出第二条反对意见的契机，他们提出，梦的躯体来源是不是就完全可以把梦的内容诠释得清清楚楚？为了回答这一质疑，同时也为了更好地论证自己的观点，我们需要从两个方面着手。首先，我们要说明的是，梦中，为什么来自外部的刺激并不以自己的真实面目出现，而总是让人产生错觉？其次，为什么我们接收了这种让人产生错觉的刺激的反应，而无法从我们的反应中找出可以令人信服的规律？对此，斯特姆培尔曾经解释说："梦是由我们清醒时获得的景象组成的，而这些景象是由我们的心灵唤起的。我们的心灵在受到外部和内部刺激时会感应到相应的产物——一种感觉、一种情意综合或者任意一种精神对象，于是在清醒状态中，留存在心灵中的记忆便会再现于我们的梦中。换句话说，直截了当地表示梦者欲望的梦境也好，暗合了梦者童年时期精神追求的内容也罢，它们统统都是来自我们清醒时的记忆的。"斯特姆培尔通过自己的研究，认为梦是由这类被唤起的景象包围着，从而再现了梦者真正追求的精神内容。如果按照他的这个观点继续深入分析下去，不难看出，人们处在睡眠状态时，心灵并不接触外界，因而我们的梦才会产生很多模糊不清、令人误会的内容，这也使正确地解释客观刺激难如登天。在他看来，梦的景象来源于精神刺激的印象，我们把这种定义称作"因精神刺激而产生的梦"，即神经内容刺激了心灵，并通过心灵再现清醒状态下的景象，从而形成梦境。也就是说，心灵在神经刺激和梦境之间架起了一座桥梁。

对于梦境和神经刺激之间的连接关系，斯特姆培尔还用了一个生动形象的比喻："一个对音乐一无所知的人用十个手指在钢琴键盘上用力胡按。"冯特的学说与这个观点差不多，在他们看来，梦的真正动因，是生理刺激而不是精神刺激，且这种生理刺激也只有通过梦境才能表达出来。不过，这种来源于普通个体感觉的独特性，才使个体的想象错觉或一些因强化纯粹记忆概念而产生的幻觉模糊了梦境，使我们对梦境雾里看花，产生了错误的理解。毫不夸张地说，这样的梦境是带有个体的强迫性观念的，就像梅内特一个非常著名的比喻："倒映在表盘上的单个数字总是会比其他数字更显眼。"

看上去，这种躯体刺激理论很有说服力，也颇受人们的青睐，但它也不是没有弱点。事实上，我们只需两个方面就可以反驳它。

首先，就斯特姆培尔和冯特的理论来说，他们并没有把刺激出现在梦境中会表现出各种各样的概念考虑进去。也就是说，因为我们的梦境中存在大量不同的观念，所以我们完全可以用不同的外部刺激，来解释不同的梦境。对于这个问题，利普斯就曾经提出过自己的观点，他认为刺激会在创造梦境过程中，通过不同的概念来诠释自己。而斯特姆培尔和冯特却是把目光片面地聚焦在刺激的作用上，完全没有注意到这一点，因而他们的理论根本确定不了，究竟选用哪种概念，才能正确诠释刺激和梦境之间的关系。

其次，奠定斯特姆培尔和冯特理论的基石——心灵在睡眠过程中不能正确辨别客观刺激，这一假设是根本不成立的。因为很早之前，生理学家布达赫就已经论证了，"在睡眠中，心灵能够正确解释客观刺激，并做出正确反应"。在他的实验中我们可以看到，即便是一个人处于熟睡的状态中，也会对自己的姓名特别敏感，就像我们前面提到过的保姆和孩子的梦例那样，即便在睡眠中，心灵也会分辨感觉，不会忽视那些对梦者而言重要的感官印象，而那些一般的感觉印象就被忽视掉了。仅凭这一点，就足以推翻他们的观点。就像我曾经听过的趣事那样，当你问一个小气鬼睡着了吗？他可能会据实告诉你，他并没有睡着。可当你向他借钱时，他却说自己睡着了。其实，心灵的作用和这个差不多。在1830年，布达赫就得出了结论：梦中，那些被心灵忽视掉的元素，只是因为我们的心灵对它们不感兴趣而已。这个观点一经问世，就得到了很多人的赞同。到了1883年，利普斯干脆原封不动地把这个观点直接援引过来，抨击梦的躯体刺激理论。

梦的躯体刺激理论缺乏充分性，这是经过多位研究者的观察已经证明了的。实际上，尽管外部刺激有时会出现在梦的内容之中，可它们不一定能够产生梦，这一点就足可以作为我们推翻梦的躯体刺激理论的强有力的证据。在病理学的研究过程中，我们可以看到，来自感觉或者运动的刺激根本影响不了睡眠。例如，在睡眠中，我可能因为外部刺激把自己的大腿裸露在外面，也可能压迫自己的手臂，但这种刺激并不一定出现在梦里。也有可能因为一些刺激，比如痛觉，可以通过我的睡眠体验，而不是出现在我的梦中。也可能是我的心灵十分理性地把这种感觉排除在我的梦境之外，不让它进入我的梦。还有一种可能，因为神经刺激才导致了梦。但无论多少的可能性，梦只有在其动因来源于其他事物时才能产生。而机体刺激是不能产生梦的，就算是产生了，那它出现的概率也会如同构成梦的最后一种可能性的出现频率那样低。因此，如果只有躯体刺激，而没有做梦的动机，那也是不会做梦的。

躯体刺激理论在释梦中暴露出来的缺陷，一些学者早就注意到了，比如舍尔纳和他的支持者哲学家沃克特，就转而将目光锁定在了由躯体刺激带来的缤纷的梦中图像上，并致力于为产生这些图像的精神活动定性。因此，梦的本质又被归属于心理领域，从而也被当作一种精神活动了。对此，舍尔纳就曾用一种诗情画意的方式，生动形象地描述了梦的内容，而且通过对这种种类多样的梦像的分析，解释了他所理解的心灵与刺激作用的关系。

在他的研究成果——《梦书》中，他认为梦会在睡眠中以象征的形式表现出白天受到的刺激，因此他将梦中图像与梦者的躯体感觉、器官状态和刺激状态的对应关系一一指出，进而揭示了刺激的作用。例如，梦中的猫，象征着梦者现在满腔怒火的状态；光滑平整的浅色面包，象征着梦者赤身裸体的状态；一般情况下，梦中的房子，象征着人的身体；穹顶式的门厅，象征着梦者口腔内的状态；向下盘旋的楼梯，象征着从梦者的咽喉进入到食道；房间天花板上爬着令人作呕的蜘蛛和癞蛤蟆，昭示着梦者正处于头疼的状态；燃烧正旺的火炉，象征着梦者正在呼吸的肺；空的盒子以及篮子都象征着梦者的心脏；圆形的或者中空的物体则象征着梦者的膀胱。尤为重要的是，在这类梦的结尾，梦通常会表明发出刺激的器官或它的功能，以此揭开它的庐山真面目，而且大多都发生在梦者本人身上。通过这样的对应关系，我们可以找到不同的刺激引发的不同的梦。比如一个"由牙齿刺激引发的梦"结束时，梦者通常会从自己的嘴里取出一颗牙来。这个理论给人的感觉未免有些太夸张了，一直以来，很多学者并不认同舍尔纳的这一释梦理论，但从我的角度来说，这个结论还是有一定道理的，尽管人们仍对此存在怀疑的态度。以哲学家沃克特为主的学者们就十分同意舍尔纳的研究成果，在他们看来，只有通过这样的解释方法，才能准确地解释刺激作用的具体活动。而且他们认为，梦是一种心理活动，是纯粹的精神上的东西。客观地说，他们对躯体刺激理论的解释漏洞，给出了很客观、中肯的评价。

因为这个理论只是像古代人类那样，用象征主义手法来表达，缺乏一定的科学依据，所以还是不能得到很多人的信服。用这种方法释梦，看起来每个人都可以任意地解释梦，可一旦我们遇到同一种梦的内容却通过不同的形式呈现在梦中这一情况时，那么我们该如何解释呢？因此，从这一点来说，舍尔纳的这个理论，在应用时还是被限制在了一个很小的范围内，并不能保证在任何情况下都可以发挥作用。此时，舍尔纳的信服者沃克特也不能用科学的方法解释，为什么在梦中可以用一座房子来代替人的身体。此外，我们在上文中，也曾提到舍尔纳的一个观点，即心灵在梦中的作用，是没有目的和作用的，这也恰好是反驳这一观点的有力证据。实际上，心灵只是按照自己的喜好，把不同的刺激放入梦中而已，根本不会主动地处理这些刺激。

另外，还有一种反对的观点认为，心灵并不是整夜整夜做梦的，而且即便是做梦，也并不是所有的器官都出现在梦中，那么以此来看舍尔纳的学说，就更难以让人信服了，因为根据他们的学说，睡眠中的心灵更容易受到刺激的影响，而刺激又无处不在，这也向舍尔纳的理论论证发起了极大的挑战。

不过，舍尔纳理论学派并没有正面回应这个挑战，而是把自己理论中提到的刺激限定到了眼、耳、牙齿、肠等特定器官上。只是这样一来，又为他们的理论论证平添了难度，因为他们必须在极其有限的梦例中，证明这类刺激的客观特性。就像斯特姆培尔举出的例子，如果梦者在梦中飞翔，要么是因为他的呼吸活动此刻十分活跃，要么是因为与此类似的梦会不停地出现。当然还有一种可能，那就是梦者的注意力通过一些特殊动机的作用，专注某种特定的内脏感觉。相比前两种可能性，最后一种才是最容易让人信服的，出现的理由也是最充分的，可惜的是，这已经不在舍尔纳的研究范围内了。

尽管舍尔纳和沃克特的躯体刺激理论，有着很多值得商榷的地方，但它的价值却在于成功地唤起了我们的注意力，使我们能够注意到梦中还有很多没有被我们解释的元素。确实，梦者身体的种种特征及其功能都会出现在梦中，这是毋庸置疑的，因此，我们可以从躯体理论中汲取很多合理的因素，比如梦中出现水，我们就会有尿意刺激；男性生殖器官的刺激，我们的梦中就会出现棍子、柱子之类的东西；那些源于"视觉刺激的梦"，可以让我们的梦一反单调、晦暗，呈现出生动的画面和五彩斑斓的色彩。同样，受错觉的影响，梦者的梦中会出现声音、话语之类的内容。舍尔纳曾经研究过这样一个梦例：两排眉清目秀的金发孩子，面对面地站在同一座桥的两边，就在他们互相攻击后，又都回到了自己的位置。而后，梦者来到了这座桥上，从颌骨上拔出了自己的一颗牙。沃克特也讲述了一个差不多的梦，虽然梦中的主角由孩子变成了两排橱柜抽屉，但在结尾却是相同的，也是拔出了自己的一颗牙。不过，这两个梦不能仅用舍尔纳的理论中牙齿的刺激来简单地解释，我们必须撇开象征化的偏颇思路进一步地研究，来做出不同的解释。

或许读者们已经发现了，我在前面叙述梦的躯体来源理论时，一直没有把自己已经研究出的论点介绍出来。实际上，我一直都在有意地克制着自己，因为如果我能用其他学者从未使用过的释梦方法，来证明我自己提出过的三个论点——梦具有精神活动的价值，梦来源于梦者的欲望，梦的内容直接来源于梦者前一天的经历，那么，即使其他学者用一些不重要的方法，证明了梦的躯体刺激理论，其合理性也会不攻自破。可一旦我不能做到这一点，那么梦的研究理论势必出现两种情况：一种是我的理论，另一种是早期权威们提出的梦的躯体刺激理论。而这也为我后续的研究指明了方向，因此，我接下来的主题就是：用梦的躯体刺激理论所依据的事实，来证明我的结论。

对于这项工作来说，我们在之前的叙述中，其实就已经迈出了喜人的第一步。之所以这么说，是因为我们曾提出过一个观点，即所有的刺激只有综合成为一个整体才能出现在梦中。另外，我们在之前的论述中也洞悉到：梦者前一天两个或两个以上的经历引发的欲望，可以结合起来出现在梦中。同样，只要存在沟通的桥梁，梦者精神上所要表达的真实欲望和前一天发生的无关紧要的经历也会结合在一起，构成梦的内容。这也就是说，梦似乎是对处于睡眠状态中的心灵同时显得真实的所有材料的反应。在一部分梦中，如果我们把躯体刺激理论的内容联系起来就不难发现，睡眠中躯体刺激所满足的欲望，加上梦者前一天无关紧要的经历，就可以形成梦的内容。尽管这种结合发生的概率不高，可一旦发生时，我们的梦中就会出现因为躯体刺激而产生的象征性元素。在另一部分梦中，我们的梦的内容就会像我们之前曾经分析过的那样，它们是我们精神上的欲望和我们之前最近的或年幼的经历的混合体，当我们的梦出现这类内容时，我们就好像穿过时间的隧道，回到了当时的状态一样。而处于梦境中的我们，一方面会经历身体上的感觉刺激，另一方面会在精神上回到我们梦中出现的经历中。因此，在这类梦中，我们身体上的刺激也会发挥很大的作用，它们与我们的记忆结合，在很大程度上影响着我们梦中的具体内容。这样看来，通过上面的论证，我们可以把梦的躯体刺激理论和我提出的论点结合起来，得出梦可以同时来源于躯体和精神的结论，只要是在心灵睡眠的过程中活动的事物都可以成为梦的一部分。

虽然我们在之前的研究基础上加了躯体刺激的因素，但并不会就此改变梦的本质，更不能改变我们基本的观点——梦是欲望的满足，至于躯体刺激，任它有千般变化，改变的也不过是我们欲望表达的方式而已。

下面，我们将就影响梦的躯体刺激产生作用的因素展开讨论。尽管这些因素的作用大小不尽相同，可在不同情况下，梦者受到的外部刺激对梦的影响作用也不相同。就拿我来说，我的睡眠质量就很高，几乎没有什么客观因素能影响到我的睡眠，所以总的来说，我的梦除了受到精神作用的影响外，几乎没有外部因素。也就是说，外部刺激如何影响梦的内容，主要取决于生理上的或者偶然的外部因素的不同组合。在睡眠状态下，梦者自身的因素，也影响着他接收到的客观刺激。如果梦者睡眠质量比较高，或者刺激程度较小时，他会忽略外部刺激，不受其影响。反之，梦者睡眠质量比较低，或者刺激程度较大时，就会出现两种情况，要么影响梦的内容，要么将梦者完全惊醒。接下来，我要带大家详细分析的，是我自己的一个难得受到外部影响的梦，我要让大家看到，外部刺激是如何影响我的梦的。

梦中，我骑着一匹灰色的马，刚开始的时候战战兢兢，笨手笨脚，如同贴在了马背上一样。之后，我遇到了我的同事 P，他恰好从我身旁经过。只见他穿着粗花呢制服，趾高气扬地骑在马上，似乎在提醒我，我的坐姿很难看，可我分明看见一丝嘲笑的表情从他脸上划过。我的马很聪明，我也渐渐熟悉起来，再加上马鞍处放的是一种软垫子，从马脖子一直铺到了马尾，我愈加骑得得心应手，游刃有余，甚至开始悠闲自得起来。这时候过来两辆货车，我不慌不忙地从它们之间穿过，并沿着眼前的这段路跑了很远，直到到了我居住的旅馆所在的那条街。原本我想在临街的空教堂门口掉转马头下马，但我却莫名其妙地在另一座教堂前下了马。我牵着马走到旅馆门口，似乎生怕别人笑话我是骑手似的。在旅馆门口，一个服务生转交给我一张纸条，还和我开了一句玩笑。我打开纸条，只见上面写着两句话，并且每句话的下面，都被人打上了双线。前一句是"不吃饭"；后一句我看得模模糊糊的，似乎写的是"不工作"。这时，我感觉自己正身处一个陌生的环境，一副无所事事的样子。

从表面看来，这个梦一点儿都不像受了疼痛刺激的影响，可事实上并非如此，就在我做梦的那几天，我的阴囊下面长了一个疖子。最开始的时候，还只是运动的时候有点儿不便，可后来，那个疖子长得如苹果般大小了，已经严重影响到了我走路。偏巧那段时间，我的工作又特别繁重。我不停地发着高烧，一点儿食欲也没有，可我既要忍受病痛的折磨，还要强挺着继续给别人治病，我的心情简直糟糕透了。后来，我病倒了。很显然，那时我是绝对不能骑马的，而我的梦里却偏偏出现了骑马，这难道不是我对自己病情的严重程度加以否定的最强烈的欲望吗？实际上，我从来不喜欢骑马，长这么大，我只骑过一次马，不过那也是没有马鞍的马，更别说做过骑马的梦了。现在看来，我的这个梦就像是对我现实情况的安慰。我骑在马上，就像没长疖子一样，事实上，我多么不想长疖子呀！马鞍上铺着软垫子，我甚至开始悠闲自得起来。实际上，是因为我敷了膏状药物，才得以安然入睡，得病的痛苦暂时消失了。当病痛再次袭来时，我的梦似乎在告诉我，我都能这样舒服地骑着马，哪是生病的样子呀！我完全可以踏踏实实地睡个好觉，根本不会受到什么病痛的影响。就这样，我的病痛被这种欲望压了下去，又开始睡得安稳了。

如果可以一直靠梦境完全压抑住我生理上的疼痛，那么我简直就太幸运了。实际上，却完全没有这么简单。打个比方说，这感觉与失去孩子的母亲和丧失了钱财的商人容易产生的幻觉并没有什么差别。我的梦中还出现了许多其他元素，可它们无一不跟被我压制下的病痛有关。尽管它们暂时被我遗忘了，可它们却与我正在活动的精神上的其他材料联系起来了，进而又通过这些材料，呈现在了我的梦里。现在，我就逐一地把它们所蕴含的意义分析出来。

我骑着一匹灰色的马。这个颜色和我喜欢穿的那件运动装一个颜色，另外，我最近一次在乡下遇到我的同事P，他穿的也是这个颜色的衣服。当时，我吃了很多有强烈刺激味道的食物，这不仅是糖尿病的诱因，也是我长疖子的重要原因。

我笨手笨脚，如同贴在了马背上。这说明我的骑术很高超，借以表达我对自己曾经治疗的一个女患者所取得的初步成功的得意。

我的同事P，趾高气扬地骑在马上，似乎在提醒我，我的坐姿很难看，可我分明看见一丝嘲笑的表情从他脸上划过。自从我的同事P取代我成为我说的这个女患者的主治医生后，他就像一只高傲的公孔雀，总喜欢在我面前摆出一副趾高气扬的样子来。至于他对我的嘲笑，是因为他接过这个患者后，明明知道我在患者的早期治疗时所起的铺垫作用，可他还是用这种态度对我。

我的马很聪明。梦中的这匹马象征着女患者，这表明我的女患者积极配合我的治疗，对此我非常满意。

我愈加骑得得心应手，游刃有余，甚至开始悠闲自得起来。因为之前治疗非常顺利，所以患者家属都非常尊重我，就连我们城市里的几位权威专家，也对我关爱有加，他们无不夸赞我工作积极称职。

我打开纸条，只见上面写着两句话——不吃饭、不工作。这是我那时失落心境的最好写照。因为病痛，我不能再像从前那样长时间地工作，并以此为自己赢得尊重和财富，这也和我梦中的失落与尴尬相对应。

分析到这里，这个梦似乎已经分析完了，可再进一步探析，又远不止这些，这个骑马的梦境虽然是愿望的达成，可从其中的梦境活动中，也找到了通往童年经历的路，那是我和我侄子吵架的画面。我的侄子大我一岁，现在住在英国。此外，我的一次意大利之旅也被吸收在梦的内容里，梦中的那条马路就暗藏了我对维罗纳和锡耶纳的种种印象。再进一步分析，我还发现了与性有关的梦中观念。我有一个女患者从来没去过意大利，可她梦中却出现了意大利的田园风光。在德文中，去意大利和生殖器的发音是相同的。同时，我还联想到了自己长疖子的特殊部位。而"先到教堂"，就象征着我被同事 P 取代前上门行医的那户人家。

　　我还做过一个与之差不多的梦，我也以同样的方式避开了外部事物对睡眠的影响。这一次我避开的是偶然的感官刺激带来的干扰，其实这个梦的内容非常简单，只是在它的内容刚一出现的时候，我就醒了。不过，这也让我发现了偶然刺激和那个梦的关系，从而更好地理解了那个梦。那是一个炎热的夏日，我到了美丽的蒂罗尔，在一个风景优美的山庄享受着悠闲的假日时光。有一天早上醒来的时候，我意识到自己做了一个梦，梦中只有一个简短得不能再简短的内容：教皇死了。这个梦太短不说，还没有一点视觉内容，一时之间，我根本做不出解释。要说和这个梦有关联的地方，唯一的就是不久前，我在报纸上看到一则教皇偶染微恙的报道了。可我一直想不通它们之间有何联系，直到中午的时候，妻子问我："今天早上，你听到那阵恐怖的钟声了吗？"可我根本不记得有什么钟声，但这个问题却让我恍然大悟，原来是我的睡眠愿望对噪声做出的反应。就在我做梦的那天早上，因为要祈祷，蒂罗尔人曾经敲响过祈祷的大钟，而为了避免这种钟声对我睡眠的影响，我就虚构了那个梦用以报复他们对我的打扰，然后继续睡大觉，完全不用理会那个讨厌的钟声了。也就是说，这个梦是我的睡眠愿望对噪声做出的反应。

在前几章，我们分析过很多梦例，其实有些梦也可以用神经刺激来解释。就比如我大口喝水的那个梦。在那个梦中，躯体刺激好像是梦的唯一来源，而由这种刺激产生的愿望——喝水，是成梦的唯一动机。其他一些比较简单的梦和这个差不多，躯体刺激本身似乎就是一个愿望的源头。我的女患者希望能暂时忘掉自己的疼痛，在她的梦中，就出现了扔掉自己正在使用的冷敷器的内容，这个女患者也通过这种把痛苦扔掉的方式，满足了自己忘掉疼痛的欲望。其实，这些梦和我们前面分析过的因外部刺激而引起的简单的梦都有一个共同点，即出现了躯体刺激时，梦表达的是一种欲望。

还有我那个关于命运三女神的梦，不言而喻都是饥渴刺激的梦。不过，我在梦中的时候，并没有直接地把这种愿望表达出来，而是把自己伪装成一个什么都不懂的孩童，对母亲的乳房有着强烈的渴望。实际上，我想表达的乃是自己不想表现出来的私欲。而我那个有关图恩伯爵的梦，就如同我刚刚在上面提到的那个梦一样，是偶然的刺激和愿望的结合，只不过我一直压抑着这个愿望，所以这个愿望更强烈。不只是我，拿破仑被真实的爆炸声惊醒之前，也是把这种声音放入了打仗的梦中的。还有一个年轻律师，他第一次办理有关破产的诉讼案，下午时，他打了一个盹儿，梦见自己在另一个案件中刚刚结识的赖希，除了他来自胡塞廷外，他的梦中并没有别的内容。只是，他的梦中一直反复强调"赫斯廷"这个词，这引起了他的注意，于是他醒了过来。这时他发现，因为支气管炎，他的妻子一直在剧烈地咳嗽，而在德语中，"咳嗽"与"赫斯廷"的发音几乎一模一样。总体来说，这些梦具有共同的本质，那就是它们都来自睡眠时精神刺激的影响。

有一个特别爱睡觉的大学生，梦见自己到了医院后，又躺在病床上继续睡觉。但实际上，他刚刚被他的房东太太叫醒，并且房东天天提醒他已经到了起床去医院上班的时候了，可是他不仅没有起来，还做了这个梦。很显然，他是想告诉自己他现在已经到了医院了，不必再起床了，于是他心安理得地继续睡觉。而拿破仑的梦也是一个延长睡眠的梦，和前者一样。既然两者是同样的梦，它们之间有什么区别呢？大学生的梦，是一个让梦者自己方便的梦，这不仅是梦者的动机，也是大多数梦存在的意义。其实，梦的目的只有一个，那就是保护睡眠，而不是打扰睡眠。对于这两种类型的梦，我们会在以后的论证中加以比较，针对惊醒梦的精神因素来证明这个观点的正确性。虽然这个问题的答案留在了后面的文章里，但我们目前至少可以证明：这一观点足以用来解释外部客体刺激的成梦作用。这句话里面，包括三种情况：第一种情况是，在睡眠中，如果我们的心灵既能抑制住刺激的强度，又能明白它们的意义，就会忽略这些刺激。第二种情况是，或者通过做梦的方式来否定这些刺激。第三种情况是，如果不得不承认这些刺激，心灵就会把这时的感觉编织到一个自己期望的梦中，与睡眠相安无事。在第三种情况下，虽然梦者没有忽视这种刺激，但是却把刺激的现实性剥离了，使它和梦的内容完美地结合在一起。拿破仑的梦就属于第三种情况，尽管他也同样受到了外部刺激，但这外部刺激在他的梦中变成了自己回忆阿赫高乐大桥之战中的枪炮声。

这样看来，我们就可以有效地弥补斯特姆培尔和冯特理论的缺陷了。只是与他们所说不同的是，在睡眠状态下，对于那些来自外部的刺激，心灵完全能够做出正确的反应，它既可以把这些刺激放入梦者的梦中，也可以因此而结束睡眠。那么心灵是如何判断区分的呢？那就是存在于我们每个人意识中的稽查作用，通过稽查作用的外部刺激就可以进入梦的内容。诚如大家都知道的那句话"它是夜莺，不是云雀"，夜莺可以通过稽查作用，而如果是云雀，就意味着恋人一夜的缠绵结束了。另外，由于每个人的判断标准不同，因此能够在梦中出现的刺激，无一不是经过确定的、完全符合梦者欲望的刺激。这也给了斯特姆培尔和冯特提出的心灵解释外部刺激的任意性和重复性的观点有力一击。实际上，他们提到的心灵的错觉也是根本不存在的，我们看上去错误的解析不过是稽查发挥了作用而已，而且这种作用迫使梦通过移置作用寻找到替代物，而这本身也是一种不太正常的心理活动。因此，梦者的欲望加上稽查作用和我后面解释的润饰作用，就成了任意一个梦的诸多动机之一，它们构成了每个人梦中的自我，每一个梦都是一次睡眠愿望的满足。至于这个普遍、永恒的睡眠愿望与梦中变幻不定的其他愿望之间的相互关系，我们将在下文中进行讨论。

随着一个个问题被破解，梦的核心材料也越发明朗了。对于那些来自外部的刺激也好，或是来自内部的神经和躯体上的刺激也罢，只要它们能够引起心灵的关注，并能通过稽查作用进入梦，而且梦者还不被惊醒，那么这些刺激就奠定了梦的基石，成为梦的核心材料。心灵就会利用这些材料找到一个愿望，并在梦境中实现。那么，心灵在选择材料时，究竟是选择躯体刺激多些，还是选择神经刺激多些，这就需要我们像在两个不同欲望的梦之间寻找居中欲望那样，找到最核心的欲望。毫无疑问，在大多数情况下，我们的欲望受躯体刺激的影响，即便梦者当时的某种愿望并不处于活跃状态，心灵也会将它唤醒。所以说，梦的任务就是找到符合梦者当时状态的欲望，并利用由当下刺激产生的感觉来实现这个愿望。有时，梦表现出来的内容让人心情愉悦，这固然很好。但大多情况下，梦表现出来的不是让人难过的，就是令人气愤的内容，但无论怎样，它都是梦者欲望的满足。在你看来，这些或许很矛盾，但如果你了解了我们之前说过的两种精神作用间的稽查作用，那么这种矛盾也就不能称其为矛盾了。因此，无论是什么样的梦，它们都是一定条件下梦者欲望的满足。

其实，我们每个人的心里都存在两种精神系统：第一系统是我们那些极力想获得满足的欲望，第二系统则是阻止我们满足这种欲望的力量。在此之前，曾经有很多学者从历史角度着手，对这个问题展开探讨研究，但统统都被否定了。鉴于此，我决定换一个角度来阐述这个问题。在分析精神性神经症时，我们常常用到的抑制理论认为，尽管第二系统压制着第一系统，但是仍然存在另一种障碍力量，牢牢地压制着第二系统。其实，正是这种"压下去"的愿望状态，才准确地表达了我想要表达的内容。这种障碍力量一直不停地工作着，积极协助第一系统表达欲望，进而使这种欲望进入我们的意识。一旦第一系统冲破第二系统的压制进入我们的意识，那也就说明第二系统失败了。但第二系统也是很有个性的，它并不甘心就此白白失败，于是它便把自己失败的痛苦加到第一系统所想表达的欲望中。因此，我们在满足欲望的同时也感受到了痛苦，这其实都是受到了稽查作用的影响。

随着这种矛盾被解释清楚，我们也就洞悉了一部分焦虑的梦出现的原因，可是这种理论也有死角，并不适合全部焦虑的梦，假如我们想要解释另外一些焦虑的梦，就必须寻找到其他的解释路径。如果这类梦因压抑的力量过重而产生焦虑，我们就可以说它具备了神经症的症状，这就超越了精神层面的分析了。在我的其他研究中，我发现这种焦虑主要是来自性欲望，我们不妨把它们称为第二组焦虑梦。而第一组焦虑梦则是由身体因素引起的，当我们的身体因为肺病或心脏病导致呼吸困难而出现身体不适时，我们的身体就会通过焦虑的梦，释放这种被压抑的感觉，从而满足我们的愿望。反过来，心灵上的欲望引起焦虑的梦时，梦者的焦虑也就相应地得到了有效的缓解。

这两种梦，一种是由精神引起的，另一种是由客观概念引起的，但两者之间存在紧密的联系。有些梦，虽然给人的感觉是由身体刺激引发的，但它同时也释放了心灵上的欲望；反过来，尽管有些梦是来自心灵中欲望的呼唤，但也能够放松身体上的焦虑。没有任何一个梦的作用是单一的，身体决定的梦，可以用心灵的欲望来解释，而心灵决定的梦，我们也同样可以找到与之对应的身体上的焦虑因素。也就是说，这两种情况完全可以互相调和。到目前为止，妨碍我们理解的困难都已经脱离了梦的本身，因为我们上面的分析已经转而进入了探究产生焦虑的原因，以及抑制的问题了。

毫无疑问，来自身体内部的刺激囊括了梦者全身的感觉整体，尽管这些感觉整体不能为梦提供内容，可却能够通过控制梦中出现的元素掌控梦的内容，选择自己青睐的、想表达的，删除自己不想出现在梦中的。另外，梦者前一天延续下来的身体上和精神上的刺激，也会因为残留着对梦具有重要意义的内容而出现在梦中。不过到了梦中，这种感觉整体既可能保持不变，也可能遭到克制。可一旦梦的内容里呈现出这种感觉带来的痛苦反应时，它就有可能通过相反的形式表现出来。

关于梦的材料，在我看来，睡眠过程中产生的那些并没有什么特殊意义的知觉，在梦的形成过程中所起的作用同梦者前一天获得的鸡毛蒜皮的印象差不多，没有什么太宝贵之处。对于这句话的意思，可以打个比方来理解，一个鉴赏家拿来一块条纹玛瑙之类的珍贵宝石，让一个艺匠把它雕刻成艺术品时，宝石的大小、色彩及纹理都会直接影响着雕刻的成果，所以鉴赏家也好，艺匠也罢，都会小心翼翼，生怕出一点差错。但如果把宝石换成大理石这种唾手可得的材料，那么艺匠就可以放开手脚，根据自己对艺术的理解随意加工了。真是个生动的比喻，那些没什么意义的睡眠知觉被形象地比喻成了大理石。事实上，只要它们能够帮助梦者表达欲望，它们就是有用的，反之它们并没有什么太大的用处。因此，这些没有什么强度的普通刺激往往如同昙花一现，只在梦中偶尔短暂地出现，并不会持久地出现在一个梦里，或者一个晚上。

实践是认识的来源和基础，真理永远来源于实践。下面我还是用我做过的一个梦，对我的这个结论进行进一步的诠释。

有一天，我绞尽脑汁地想搞清楚一件事：常常出现在梦中的诸如"动弹不得""力不从心"等受制感，特别像一种焦虑，这会意味着什么呢？当天夜晚，我就做了下面的梦：

我想从底楼公寓走到楼上去。爬楼梯的时候，虽然我几乎一丝不挂，可健步如飞，一步三个台阶，我为自己能如此敏捷地上楼梯而特别兴奋。突然，我看见一个女佣正在下楼，也就是向我迎面走来。我十分尴尬，想快点走过去，但是那种被克制住的感觉出现了，我根本无法挪动自己的双脚。

分析：

不仅这个梦来源于我前一天对焦虑的探索，梦境的场景更是来源于真实的生活。我在维也纳拥有两套公寓，而且这两套公寓位于同一个单元，一楼是我的诊室和书房，二楼是我和家人的起居室，由一条楼梯连接在一起。每天工作完后，我会从楼梯回到二楼的卧室。那天，我工作得非常晚，为了舒服些，我把硬领、领带，以及硬袖取下来，通过楼梯回到二楼时，的确有些衣冠不整的感觉。不过，梦中却把我夸张到一丝不挂的地步，似乎与我平时完全不相同，我一步迈三级台阶，并为此而自豪，因为这足以说明我身体还很好，也满足了我想轻松自如地做到这一点的愿望，再把后面的尴尬联系起来，这种心满意足的感受就变得更加明显。就像人们飞翔的梦那样，我们在梦中常常能做出一系列高难度的动作，而且还做得非常轻松、完美。

不过，我并没有认出来，梦中出现的那段楼梯，并不属于我家所在的这栋楼，直到碰见迎面走来的那名女佣，我才幡然醒悟，原来这是我正在治疗的一位女患者家里的。那时，我每天都要上门两次给她打针，那个女佣就是她家的。

梦中我见到女佣的时候赤身裸体，非常尴尬，这明显是性的意味，但我可以非常肯定地说，我绝没有对她产生性幻想，这是因为她不仅比我年长，而且还长得粗俗不堪，整天愁眉不展的，对我根本没有一点吸引力。我不由得想到了下面的一个小插曲：每天早上，我都有想吐痰清理自己喉咙的欲望，可这也是我上门为这个女患者打针的时间，由于她家楼上楼下都没有设置痰盂，所以我每次只得把痰吐在楼梯上。那个女佣上了年纪，总是十分珍爱自己清洁过的劳动成果，所以每次我来的时候，她都会暗暗地监视着我，一旦发现我弄脏了楼梯，她就会大声抱怨，而且在很长的一段时间内对我很不友善。就在我做梦的前一天，我正要离开那位女患者家时，那位女佣却拦住了我，非常严肃地提醒我："大夫先生，瞧瞧您的靴子又弄脏了屋里的红地毯了，麻烦您下次进屋的时候，擦擦您的靴子。"

就是这几句话，让我对她的厌恶陡然倍增，而这也是她和楼梯出现在我梦里的原因。

我"三步两步奔上楼梯"和"在楼梯上吐痰"虽是两回事，不过它们之间也有着潜在的联系。我"三步两步奔上楼梯"，是发生在我自己家里的事情，而我之所以把它和"在楼梯上吐痰"结合在一起，这是因为我在家里的时候经常吸烟，我家的女管家总认为我不够讲卫生。我想，我在她眼中的形象，比在那位女佣眼中的形象强不到哪儿去，我清楚地知道这一点。因为我的咽喉炎和心脏病都是由吸烟引起的，所以我把它们混在一起，再出现在我的梦里也就不足为奇了。至于我为什么会赤身裸体、一丝不挂，我将在后面"典型的梦"这一章中进行详解。不过，到目前为止，我们已经清楚地知道，只有在梦中情节有需要时，我们才会让被压制的感觉出现在我们的梦里。可这并不能改变我们的梦，就像我自己的梦中，虽然后来我不能动弹，但就在之前我还健步如飞地跨楼梯呢。

4　具有代表性的梦

一般来说，每个人都有自己的特点，都是独一无二的存在，这不仅是说外貌，就内心世界而言，每个人都因为自己鲜明的个性形成独特的内心世界，梦幻、缥缈、难以捉摸。个性不同，内心世界不同，梦亦不同。就释梦来说，只有那些愿意打开自己的心扉，敞开自己内心世界的人，我们才能解释他们的梦。不过，我接下来要列举的一系列梦例，却与这种情况完全相反，我之所以对这样的梦特别感兴趣，是因为在这类梦中，大多数的内容都是相同的，于是在潜意识中，人们便认为它们背后的意义也是一样的。尽管我并不完全认同这种想法，但这种梦至少适合我们研究其来源，因为不论梦者是谁，它们的来源几乎都是相同的。

虽然我特别期望用自己的释梦技巧来诠释这些典型的梦，但我不得不遗憾地承认，我的释梦技巧恰恰在这些典型的梦上施展不了。这是因为我在解释这些典型的梦时，一般情况下，梦者无法提供与之相关的联想，可唯有这些联想，才能帮助我们理解这些梦。有的梦者倒是提供了相关的联想，可是非常模糊，并不足以让我们充分揭示梦者的梦境。

至于为什么会发生这样的情况，我该如何补全释梦技巧的这个缺陷，我将在下文中进行解释。这也是我为什么在此只讨论少数典型的梦，而将其他类型的梦留待下文中探讨的原因。

（一）让人倍感尴尬的裸体梦

有一种梦，梦者梦见自己在陌生人面前赤身裸体时，一点也不感到羞耻，但这并不是我们要讨论的梦。我感兴趣的梦是，梦者梦到自己赤身裸体时会感到尴尬和羞愧的梦。这类典型的梦的共同特点是，梦中，梦者赤身裸体，并因此而感到无比尴尬和羞愧难当。在这类梦中，梦者想逃避，或是躲起来，但他们的行动因被限制而在原地动弹不得，这让他们十分痛苦。其实，这类梦的本质是：基于人的本性，梦者因羞愧而急于逃开，试图摆脱尴尬处境，但却力不从心。我相信许多读者都曾有过这样的梦中经历。

既然要讨论这类梦，那么我们势必要先弄清楚一个概念，即什么是梦中的赤身裸体。一般情况下，梦者并不是身无寸缕，他们可能会说"我穿着内衣"，或者是"我穿着衬裙"。而对于一个军人来说，如果他们梦见自己衣着不整违反了军容风纪，便认为到了裸体的程度。例如，在军官面前没有带佩刀，没有系领带，只穿着一条方格图案的休闲裤便去街上行走等。在这些情况中，梦者不会因为他们的这种袒露而感到羞愧。也就是说，到目前为止，我们对于梦者赤身裸体的概念还十分模糊。

进一步来讲，在日常生活中，当我们周围的人全都是相貌模糊难辨的陌生人时，即便我们只是做了一件糗事，我们也会感到特别尴尬。可在"典型的裸体梦"里，梦者是因衣不蔽体而感到尴尬，这种尴尬并不是来自外人的关注、苛责。与之相反，周围的人漠不关心，就像我在一个清晰的梦中所感受的那样，人们无动于衷、一副冷冰冰的样子，这种情形很值得我们好好地研究。

"梦者的尴尬"与"旁观者的漠不关心"构成了梦境中的一对矛盾。在梦者眼里，这些旁观者应该表现出惊讶、嘲笑或愤怒等情绪，才会更符合他的感受。虽然这样看上去是有一些矛盾的感觉，不过若是仔细分析也就不难解释了：一方面，梦者在梦中因欲望得到了满足而掩盖了这种尴尬；另一方面，梦中存在的某种力量在一定程度上又会将这种尴尬保留下来。为了更清楚明了地解释这种被欲望伪装起来的梦，我想最有说服力的莫过于证据了，其中最广为人知的莫过于我们小时候就知道的童话《皇帝的新装》，最近，德国剧作家富尔达在《护身符》中对该书又做了新的演绎。在这个故事中，安徒生讲了两个骗子的故事，他们号称为皇帝编织了一件只有善良、诚实之人才能看得见的龙袍，当他们的皇帝穿上这件如同"试金石"一样的新衣时，所有人都面临着自己灵魂的考验。可人们为了把自己伪装成品德高尚的人，竟都道貌岸然地看着赤身裸体的皇帝，然后冠冕堂皇地赞美皇帝的新衣。

其实，我们梦里的情景又何尝不是这样啊！那些看上去难以理解的内容，一旦进入我们的梦里，就具有了完全不同的含义。我们不妨假设一下，既然梦的内容这么理解，那么它就会用一种与过去完全不同的、新的、奇异的因素作为自己的表达方式，从而刺激梦者这看上去并不符合常理的情感。通常情况下，这也是第二精神系统发挥了有意识的思维活动，开展了稽查作用。可也正是这种稽查作用，才导致了梦的内容经常遭到误解，而这种误解，在后面的内容中，我将通过逻辑理论论证，同时也会证明，这种误解不仅是决定梦最终表现形式的因素，也是我的患者们之所以在同一精神人格内，最容易患上强迫症、恐惧症等精神性疾病的导火索。如此看来，"梦"实际上就是安徒生笔下的骗子，"梦者"就是那个皇帝，而这类梦的隐意则是：被禁锢的、被压抑的愿望的牺牲品。

也正是因为存在这样的隐意，我们的第二精神系统才有了曲解梦的理由。小孩子天真无邪，对于赤身裸体的感受与我们有着本质上的不同，当我们行走在民风淳朴的小村庄，就有可能碰到两三岁的小孩子光着屁股，或者卷起他们的裙子，抑或敞开他们的衣服，用他们独特的方式和你打招呼，向你表示好感。任何人小的时候，面对的几乎都是我们的亲属、朋友、保姆或者是来客，虽然我们赤身裸体，可在这些人面前并不会有尴尬的感觉。等这些小孩子再长大一些，脱衣服仍是一件极有诱惑的事，他们也不觉得赤身裸体有什么不好意思的，可他们的母亲或在场的其他人总要告诫几句："你害不害臊哇，快点穿好衣服，以后不要这样了，这是很丢人的。"孩子们总有展示自己的愿望，这很正常。通过我们之前对神经症患者的分析也能看出来，梦者赤身裸体的梦的来源，有很大一部分都是来自这个时期。有很多的神经症患者，往往会深刻地记着自己小时候曾经在异性小朋友面前裸露过自己的身体，这对他们后来的病情也有十分重要的影响。我有一位患者，他就有意识地记住了自己八岁时有意思的一幕。有一次，在他睡觉前，他穿着内衣蹦跳着想跑入隔壁的妹妹的房间内跳舞，可他的保姆却把他拦住了。在我的患者身上，通常都有这种喜欢在异性面前裸露自己的童年烙印。对于那些妄想型神经症患者来说，常在他们穿衣、脱衣时，有种被人窥视的妄想，而且这种妄想和他们的童年经历有着直接的关系。还有性变态者，他们中的一部分人就是由于童年冲动发展到了病态的程度，才成为人们口中的"暴露狂者"。

在我们的回忆中，没有羞耻感的童年时代简直就是人生中的天堂，天真无邪，纯净美好。很多时候，与其说人们裸露的梦是对童年时期的回忆，倒不如说是对天堂的追求。因为这个天堂是由人们的童年幻想堆积起来的，梦者每次做着如童年一样的赤身裸体的梦时，就会有置身天堂的感觉。而我们也借着做梦的机会，找回了生活在天堂的快乐。另外，童年时期我们也是有着各种各样的愿望的，它们重现在梦里那也是我们欲望的达成。可当我们在自己的现实生活中，因为自己赤身裸体而感到尴尬时，我们便处于被逐出天堂的幻境中。于是，有了性生活与文化的发展。也就是说，赤身裸体的梦就是"暴露梦"。

虽然"暴露梦"只是三个字，但却由两种人组成——梦者本人和围观者。对于梦者本人来说，尽管我们前面已经说过，这种赤身裸体的梦，来自童年的回忆，但出现在梦中的，却往往是梦者当下的形象，并不是孩提时的样子，并且当下的这个形象是赤身裸体的。可很多时候，赤身裸体的具体形象因为记忆的多样性和意识的监督作用，变得模糊不清。至于那些旁观者，他们也不是我们童年的简单重现。在我研究的众多梦例中，没有哪个人梦中的旁观者和现实情况中的一模一样，即便那些妄想狂患者，也是通过自己的想象，而让自己身边出现自己期望看到的旁观者。尽管这些旁观者曾经是梦者童年时的性兴趣对象，可他们都被梦者忽略了，并没有再现在梦中，取而代之的是一群仿佛根本看不到梦者尴尬的带有神秘感的陌生人，这恰好表现了梦者的"反愿望"。他们希望自己的窘迫没人可以发现，这些不被认出的神秘的陌生人刚好可以保守这个尴尬的秘密，就算是对通过想象重现情景的妄想狂也是如此——他们总觉得自己被窥探，根本无法一个人单独待着，可又不知道究竟是谁在窥探着自己。

从前文中我们知道，因为第二系统的作用，尽管有些场景令我们心生不快，可由于压抑作用的原因，它们终究还是会表现出来，"暴露梦"就是这样。虽然它们出现时我们会感到难过，但若非要避免出现这种难过，那么我们的欲望也就不能重现了。

这一看似非常冲突的情感，我们将在后面的章节中再详细地讨论。现在我们还是回到刚才的话题，我所说的冲突的情感，是指我们深层的欲望迫切希望展现这种欲望，可我们的稽查作用却极力抑制着它的展现。简言之，也就是欲望与监督作用的冲突。

从另一个角度来看，这种典型的梦与童话和其他的文学创作也有着千丝万缕的联系，一些文学大家们就深谙典型的梦和梦幻之间的转换之道，他们通过自己敏锐的观察力和创造力，让自己的故事回溯到梦中，使自己的作品更加曲折、生动有趣。瑞士作家戈特弗里德·凯勒创作的小说《绿衣亨利》中，就有一段这样的描述：

亲爱的李先生，我希望你永远不要体会到奥德赛体会过的那种心酸滋味，这滋味令人痛苦不堪，不是你该承受的。或许你并不知道，他浑身污泥，衣不蔽体地出现在诺西卡和她的玩伴们面前是怎样的一幕，那我还是先从这个例子说起吧！如果您常年漂泊在外，经历过风雨，有过苦恼忧愁，甚至一度穷困潦倒、孤苦无助，那么，到了夜深人静的时候，你一定会在梦中踏上故乡的土地。家乡的一草一木，淳朴、美丽，你陶醉其间。当你步入家门的那一刻，正直、善良的亲人们热情地拥抱你，欢迎你的到来。你兴奋极了，可你却突然发现，自己衣衫褴褛，几近赤裸地站在他们面前。此时，难以名状的羞耻感紧紧地攫住了你，你想把自己遮住，或是赶紧躲到一个没人看到的地方。于是，你在大汗淋漓中惊醒了。这样的情景，会出现在每一个在外漂泊的游子们的梦中，尽管你会惊醒，你会感到分外的难过，但它却不会因此而远离你的梦境。这是荷马从人性的本质中挖掘出的让人最窘迫难堪的一幕。

大可不必为此感到惶恐，这不过是人性中最深刻永恒的一面而已，也是人的精神生活中那些根植于童年时代，几乎已成历史遗迹的冲动。一般情况下，作家们都希望能在这一点上唤醒读者深藏在童年记忆中的欲望，引起他们的共鸣。

梦中，流浪者漂泊归来，被压制、被禁止的童年欲望表现出来，它们通过我们的稽查作用，进入意识形成了梦境。也正是这个原因，如诺西卡的传说中被具体化的梦一样，我们的梦往往都以痛苦、焦虑的感受结尾。

对于我那个飞跨楼梯很快就变成粘在楼梯上动弹不得的梦来说，也属于暴露梦，这是因为它有着和这类梦一样的特征。同样，我也可以从这个梦回溯到我的童年，并在童年经历中找到它的来源。

在精神分析的实践中，两个看上去没有丝毫关联的想法接连出现，我们完全可以肯定，这两个想法属于同一个事件，就像我们把两个单独的字母"a"和"b"并列写在一起，组成一个必须连读的音节"ab"差不多，前后相连的两个梦也是这个道理，两个时间上接近的题材就属于一系列精神欲望的表达。我的这个爬楼梯的梦也是一系列梦中的一个，和其他的梦有着重要的联系，那么我们就有理由相信，它和其他的梦除了拥有相同的题材外，所关注的对象也一样，即都是我小时候的保姆。这个保姆在我家工作的时间不算短，从我婴儿时开始，一直到我两岁半，整整两年的时间，我都是她照顾的。尽管我对她的印象并不是很清晰，但偶尔还能模糊地想起来。不久前，我问我的母亲，这个保姆是个怎样的人，我的母亲告诉我，虽然她又老又丑，但她聪明能干，她对我十分严格。她一手抓我的卫生，一手抓我的教育，非常负责。一旦我的卫生没有达到她的要求，她就毫不客气，非常严厉地指责我。现在，我有足够的理由相信，这个保姆就是我梦里女仆的原型。不过，我和其他孩子一样，虽然保姆对我的态度不好，很可能大声地训斥过我，但我仍然很喜欢这个老太太。通过上面这些细节的分析，我们不仅可以看到，我的童年记忆对我这个裸露梦的影响，也可以推断这个保姆在我梦中的真实地位。

（二）亲人去世的梦

还有一种典型的梦——亲人去世的梦，其内容都是关于我们的至亲亲人——父母、兄弟、姐妹或子女去世的梦。这类梦可分为两种类型：一种是亲人去世，梦者满不在乎，而在清醒后，又对自己的反应十分震惊；另一种是亲人去世，梦者伤心欲绝，甚至睡眠中都会号啕大哭。

在这里，我不打算研究第一种类型的梦，因为这类梦中所表现出来的场面，通常都另有所指，除了意图将另外一个欲望隐藏起来外，根本就不具备典型性。比如前面我们曾经分析过的我的那位女患者，她梦见自己姐姐唯一的儿子死了，就躺在她面前的棺材里，可梦者关注的重点却不是这个孩子的死亡，而是希望借此机会，能看见自己日思夜想的心上人。她之所以会有这样的想法，就是因为在现实生活中，在类似的葬礼上，她曾看见过自己想见到的人，而这也是她之所以会对自己亲人之死无动于衷的原因。我们在层层分析后发现，葬礼不过是个障眼法，把她想要表达的真正欲望伪装了起来。虽然她给它披上了亲人去世的外衣，但她想见心上人的愿望并没有变。因此，这类梦也就不在我们要研究的"典型的梦"的范畴内了。

另一种梦则完全不同。在这类梦中，梦者同样梦见自己的亲人过世，但却伤心欲绝，悲痛不已。就这类梦的内容来说，梦者想表达的愿望就是希望他的这个亲人死去。尽管我的这个观点可能会受到我的读者，以及所有做过这类梦的人的反驳，但我必须提出来，并在后面的文章中列举证据，证明我的这个论点。

在前面的文章中，我们不仅论证了"梦是欲望的满足"，而且还通过具体的梦例分析，知道了梦中得以实现的愿望并不一定就是当前的愿望，也很有可能是曾经出现在梦者的意识中，并被遗忘了的很久以前的欲望。其实，只要它们能在我们的梦中出现，那就说明一个问题，这些欲望并不是我们理解的"人死如灯灭"一样消失不见，而是我们从来就没有忘记过这种欲望。这就像《奥德赛》中的幽灵，只要喝了血就会重新复苏为某个鲜活的生命。前面提到的梦见自己的小孩死在一个小木箱里的那个梦，就是一个十五年前希望自己的孩子死掉的愿望，在十五年后的梦里出现了，就体现了这一点，愿望并不会像文字那样说消失就消失。不但如此，梦者的童年记忆也对她产生了深远的影响，她的母亲在孕育她的时候，曾因为患有抑郁症而希望打掉孩子，而她也不知不觉中效仿了自己母亲的想法，在自己怀孕的时候，也有了同样的打掉孩子的想法。可以说，这个梦例对我们研究"典型的梦"的理论，有着举足轻重的参考价值。

我一直认为，梦者会做这样令人十分悲痛的梦，并不说明他们现在就特别希望自己的父母、兄弟、姐妹中有人死去——我不会做出这样简单而不理性的推论，我的推论仅限于：梦者还是孩童的时候，曾经在某个时间点上，有过这样的想法。不过，即便我这样说了，或许我的反对者还是不能认可我的这个说法。就如同他们不承认自己现在就有这样的想法一样，他们也会说，就是过去自己也丝毫没有过这样的想法。为了证明我的这个观点，我希望通过重新构建梦者已经隐没的童年记忆，来说服我的反对者。

在众多的亲人中，我们首先探讨的是梦者和兄弟姐妹之间的关系。很多时候，我们总是想当然地认为兄弟姐妹之间，一定是友好亲密、相亲相爱的关系，而忽略掉了存在于他们之间的敌意。有一些孩子，小的时候对兄弟姐妹有些敌意，随着年龄的增长，这种敌意非但不会消失，反而会延续到成年以后。当然，也有一些孩子，虽然小的时候和兄弟姐妹并不友好，但长大后却能冰释前嫌，同甘共苦。在父母眼中，孩子们总是不能和平共处，大一点的孩子常常会欺负、打骂小一点的孩子，就只是为了满足自己的愿望，尤其小一点的孩子虽然不会有什么太大的反应，但心里我要更强大的种子却已经悄悄地生根发芽，他们会想方设法为自己争取应得的利益、权利。因此，在对待孩子这个问题上，我们不能想当然，更不能拿对待成年人的标准来要求我们的孩子，就算是大人眼里公认的优秀的孩子也不行。实际上，没有一个孩子不是调皮的，为了能够得到自己想要的东西，他们总是千方百计地对付自己的竞争对手——自己的兄弟姐妹。从字面上看来，似乎他们是彻头彻尾的利己主义者。实际上，争强好胜是小孩子的天性，我们中的任何一个人都不会因此而责怪他们，更不会就此认为他们是坏孩子，而他们也无须为自己的行为负任何责任。

在我看来，癔症就是对儿童时期"调皮"行为的重现。随着年龄的增长，为他人着想的高贵品德以及道德意识会逐渐出现在孩子们的意识当中。这也就是梅内特说的"继发性的自我会掩盖、压制原本的自我"。在此后的岁月中，儿童开始进入道德发展期，有些品德会得到发展，而有些品德则会被压制，最终彻底"退化"。但是人不同，其道德发展情况和发展过渡期也会不同。当人们得了癔症后，儿童时期被压制的原始状态就会或部分或全部出现，而这也是癔症患者与儿童为什么有很多相似之处的原因。如果因为强烈的道德观念，梦者把迫切希望能够出现的原始状态压制下去，那么这个时候，便说明他已经患上了强迫性神经症。

我们从来不否认每个人对他兄弟姐妹的爱，至亲之人的过世也一定令他们悲痛欲绝。不过，他们的潜意识中却藏着童年时期就已经潜入进去的邪恶欲望，只是多年后，这个曾经的恶毒愿望终于在他们的梦中得以实现。

三岁左右的孩子对自己的弟弟妹妹怀有强烈的嫉妒心，尽管他们在以后的岁月里才能够强烈地感受到这个婴儿的出现给他们带来的影响，不过在他们听到新生儿发出的第一声哭泣的那一刻，他们就马上有了敌意。曾经有一个还不到三岁的小女孩，因为预感到家里新生的婴儿对她来说不是一件什么好事，所以就尝试过杀死摇篮里的婴儿。

再来看看三岁左右的儿童是如何对待弟弟妹妹的，这真的很有意思。有一个小孩，他是家里的独生子，爸爸妈妈又为他添了一个小妹妹。他们告诉这个小男孩：多可爱的孩子呀！感谢鹳鸟送给你的这份礼物吧。谁知小男孩用带着审视的目光打量了一下新来的小家伙，然后非常坚决地说道："还是让鹳鸟把她带回去吧。"

无独有偶，一个和我非常熟悉的女士和我聊天时，也提到过同样的心境。她有一个妹妹，比她小四岁，尽管她没有这个男孩那样大的敌意，但她也有过不把自己最心爱的红帽子让给妹妹的想法。家里的新成员分走了本该属于他们的宠爱。他们心里一定想过，要是这个新来的弟弟妹妹早夭了，该是一件多好的事呀！也正因如此，三岁的小女孩差点失手杀了自己的弟弟或妹妹，而那个小男孩认为新生的婴儿分去了本该属于他的宠爱，所以他希望鹳鸟赶紧把这个婴儿带走。这些孩子之所以这么做，无非就是希望父母能把注意力重新放回到他们身上，他们还可以像原来一样为所欲为、备受关注。不过，对于大多数儿童来说，这样的嫉妒心都会随着年龄的增长而减弱。当小女孩到了一定的年龄，就能对眼前可爱又可怜的新生儿发挥母性的本能，承担一部分母亲的角色。作为成年人，或许我们从来没有想过，自己的孩子竟会对他的弟弟妹妹产生那么大的敌意吧。

我的孩子一个接一个地出生、长大，对我而言，最遗憾的莫过于错过孩子们的成长期了。为了弥补自己的这一遗憾，我曾仔细地观察过我的小侄子的成长过程。自从小侄子一出生，便得到了全家人的宠爱和关注。然而十五个月后，他的小妹妹出生了，打破了原有的局面。我侄子见到他那刚出生的小妹妹时，总是重复一句话："她太小了，太小了！"他对这个比自己小了十五个月的小不点儿很有绅士风度，他会亲妹妹的小手，抚摸妹妹胖乎乎的小脸蛋。可几个月后，我的小侄女长大了很多，我侄子就开始利用一切能利用的机会贬低他的妹妹，并以"她还没长牙呢"提醒大家：她不值得关注。我的另一个姐姐有两个女儿，在她的大女儿两岁半时，她有了自己的小女儿。我清楚地记得，姐姐的大女儿六岁时的一件事，她为了让我们都能够注意到她，曾经花了半个小时的时间，缠着几个姨妈非得回答她一个问题："露西还不懂事，是不是？"想以此打败自己的竞争对手——妹妹露西。

　　总的来说，但凡梦到自己的兄弟姐妹死亡时，梦者都怀有强烈的敌意。在我分析过的诸多案例中几乎都是这样，唯有一个很特殊，她是我的一个女患者，是她家里最小的孩子，她从四岁时开始，就经常做一个关于哥哥姐姐们的梦：

　　她的哥哥、姐姐、堂兄、堂姐们正在草地上快乐地嬉戏玩耍，突然间，他们都长出了翅膀，然后飞了起来，转眼间就消失不见了。

　　这个梦很简单，不过经过我的分析，也是一个希望哥哥姐姐死亡的梦。这个女患者是她家最小的孩子，她和她的哥哥、姐姐、堂哥、堂姐们一起长大。在她还不到四岁的时候，家里有个孩子去世了。她当时才不到四岁，根本不知道死亡的含义，只知道这个孩子不能和她玩了。于是，她便去问她的父母："小孩死后会变成什么？"她的父母很聪明地告诉她："这个孩子长了天使的翅膀，然后飞走了。"也就是从那时候开始，这个概念就根植在她的脑海里，可谓根深蒂固。孩子们在操场上玩耍、嬉戏，如同一只只互相追逐的蝴蝶，在古人的想象中，丘比特钟爱的塞姬——灵魂，就长着蝴蝶的翅膀。经过这样一步步的分析，我们就可以清晰地洞悉梦者的心理了，原来这仍然是一个希望自己哥哥姐姐死亡的梦，尤其值得人注意的是，兄弟姐妹都死了，唯独梦者还活着！可以说，这个梦没有受到太多的稽查作用的影响，直截了当地把梦者的欲望表现了出来，而梦者的挚爱亲人——她的哥哥姐姐们，就"死于"这个"幼儿杀手"的梦境中。这个梦给这个女患者带来了深远影响，直到后来她患上了癔症，她的症状仍然被这个梦深深地影响着。因此，尽管这个梦并不像其他的梦那样充满敌意，但依旧是这类典型的梦的重要一部分。

　　分析到这里，也许会有人激烈地反驳说，无可否认，小孩子对自己的兄弟姐妹确有敌意的冲动，但小孩子怎么会像我说的这样邪恶呢？仅仅为了竞争，就希望自己的竞争对手——兄弟姐妹全部死去。不过我想说的是，在孩子们的概念里，他们理解的死亡与我们成年人的完全不同，他们根本不知道"腐烂的尸体""冰冷的墓地""令人恐怖的死亡"这些词所蕴含的恐怖意味，成年人则不同，他们知道这些连想一下都很痛苦的词汇的含义。小孩子根本不懂恐惧的死亡，甚至随时都能把死亡这个令人讨厌的词汇挂在嘴边，更会用这个词威胁一起玩耍的小伙伴："如果你再这样，你就会像弗兰兹那样死掉。"这话听在孩子母亲耳中，足以让她心惊胆战了。大人们之所以会对这个话题如此敏感，那是因为有很多孩子在童年时期就早早地夭折了。有一个八岁的小男孩，从自然历史博物馆参观回来后对自己的妈妈说："假如有一天您死了，我会把您做成标本的，这样我就仍然能看到您，我是多么地爱您呀！"由此看来，孩子们和我们对于死亡的理解天差地别，这也就能理解在孩子的脑海里，为什么惩罚就只有死亡这一种形式。

　　此外，还有一点至关重要，那就是很多小孩子根本没有目睹过人们在死亡之前所面临的痛苦，对他们而言，死亡和"不在了""离开了"是一样的，不再打扰活着的人，自己的竞争对手终于离开了，这又有什么不开心的呢？至于这种离开是因为外出旅行、解雇、关系疏远，还是死亡，对他们来讲并没有什么太多的影响。这不仅仅局限于其他人，就是他们的母亲离开后，孩子们也几乎都不会问："妈妈去哪儿了？"这是令多少母亲难过的事呀！也正是因为他们弄不明白究竟什么是死亡，什么是离开，所以当他们的保姆被解雇后离开，没过多久，他的母亲又去世了，那么在他幼小的心灵里，这两件事就会重叠在他的记忆里，成为一个系列中的单独个体存在了。唯有孩子们再长大一些后，明白了母亲的离世到底是怎么一回事的时候，才会真正地伤心难过，同时开始怀念母亲。

因此，我们无须把小孩子心里希望其他孩子死亡的想法，看得如同洪水猛兽一样严重，这不过是他们希望其他孩子离开，别再和自己竞争的一种方式。我们再进一步深入研究孩子们的梦，就不难发现，他们所要表达的欲望是与成年人相通的，只是表达的方式和内容有所区别罢了。

由此看来，小孩子确实会出于自己的利己主义思想，把自己的兄弟姐妹列为竞争对手，为了使自己获得父母独一无二的宠爱，并希望他们死去。那么，孩子在梦中梦见父母死去是不是也是这样的动机呢？父母给孩子提供了所有，对孩子而言，父母的去世对他们没有任何好处，就算是从利己主义角度出发也解释不通。按理说，他们希望父母更长寿才符合逻辑呀！

通过对大量梦例的观察、分析，我发现一个问题，那就是同样梦见父母死亡，男孩和女孩梦的内容存在很大的差别。一般情况下，男孩大多都梦见父亲死了，女孩则会梦见自己的母亲去世了，这种倾向非常的明显。其实，孩子们还在童年的时候，就已经开始有了性别上的偏好，因此他们通常会把自己的同性视为情敌。这样一来，父亲、母亲便成了儿子、女儿的情敌，也就是竞争对手，在他们心里，用死亡的方式排除竞争对手，是百利而无一害的，所以他们自然希望父母死亡了。

　　我的这个观点或许有点惊世骇俗，在大家眼中有些邪恶，但请大家在指责我之前，跟我一起看看父母与孩子之间的真实关系。

　　在日常生活中，我们口中的"孝顺父母"，与传统文化要求的是完全不同的，就算我们不愿意承认，也要分清楚它们之间的区别是什么。在父母与孩子之间的关系中，敌意客观而真实地存在，而且敌意的背后一直潜藏着多种导致这种敌意的因素，只是有些因素无法通过精神的稽查作用体现，但生成这些愿望的条件却大量存在，并通过我们的梦境表现出来。

　　在孩子与父母的关系中，我们首先看看存在于父子之间的矛盾。这种矛盾并不是新事物，而是产生于人类社会原始时代的神话和传说中，古来有之。神话中，父亲就是专断、冷酷的代名词，掌握着生杀大权。克洛诺斯吞掉了自己的孩子，就像公野猪吃掉母野猪的幼崽一样；宙斯为了成为统治者，向自己的亲生父亲下了毒手，残忍地割掉了父亲的生殖器。在古代，父亲在家庭中占有绝对的统治地位，不受任何约束，这往往会把自己的儿子逼入敌对的境地。作为继承人，儿子总会迫不及待地希望父亲死去，自己获得至高无上的权力，尤其是家规不严的家庭更是如此。即便到了现在这样的现代社会，中产阶级家庭中也是如此，父亲为了不让儿子自立，索性不提供儿子独立自主所需要的资金，无形中加强了父子间的敌意。作为一名医生，我经常有机会看到这样的情景，父亲去世，虽然儿子十分悲痛，但也难掩他们获得权力后的那份喜悦之情。一直以来，尽管基督教的"十诫"深深地影响着我们，可是现实生活中的我们还是违背了"孝顺父母"这个第五诫，但奇怪的是，居然没有一个人敢承认这一点。长久以来，社会中的最高阶层也好，最低阶层也罢，人们的真正兴趣早已不是孝顺父母了，不论我们承不承认，虽然现代社会中的父性权威早已经被颠覆了，但父子冲突却永远存在，这也是易卜生聚焦于描写父子冲突的小说，之所以能引起强烈反响、获得巨大成功的原因。

说完了父子之间的冲突，接下来我们再来看看母女之间冲突的原因。母女冲突包含两个方面：一方面，随着女儿的成长发育，她们渴望自己获得性自由，但却发现，母亲却在极力压制着；另一方面，母亲看着女儿渐渐长大，如花一样绽放，难免感叹自己日落西山、红颜已逝的苍凉。如今女儿青春靓丽，作为母亲也不得不放弃自己性方面的需求了。尽管我说的这些人们都明白，也都认可，但因为孝顺之义的束缚，他们不会因此就认同我的这个观点。不过庆幸的是，通过上面的探讨，我们已经认识到，希望父母死去的愿望可以追溯到童年的早期经历。也就是说，我们可以通过童年的早期经历，来解释孩子对父母死亡的愿望究竟来自哪里。

下面，我将通过分析一些精神性神经症患者的梦例，来论证我的观点。从中我们可以看出，孩子们的性欲很早就开始萌芽了。可在孩子们接触的异性中，第一个便是自己的父母，女孩的欲望对象是父亲，男孩的欲望对象是母亲，因此父亲就成了男孩的竞争对手，女孩则把自己的母亲当成了竞争对手。可以说，他们的欲望直指自己的父母。其实，这种感情不是单一的，而是相互的，这早在父母的行为上，就已经体现出性方面的选择了。在孩子还很小的时候，我们也会看到、体会到，父亲往往更疼爱女儿，而母亲则对儿子更偏爱些。尽管这种感情还不至于影响大人的判断力，但对格外敏感的孩子们来说，对疼爱自己少点的，又是自己竞争对手的父母，他们会毫不顾忌地希望让父母以"死亡"的方式离开，关于这一点，我们在分析与兄弟姐妹的情感中就已经看出来了，孩子们极容易产生这样的情感。对孩子来说，除了父母的宠爱外，性偏爱也会直接影响到他们对父母的看法，孩子们会让自己的心随着自己的性需求为所欲为。如果他们在父母之间做出的选择刚好和父母对他们的性偏爱不谋而合，那么这种关系就会变得更加牢固。

可很少有大人了解孩子们的这种心理。有些孩子受这样的心理影响很深，甚至一直持续到他们年龄较大的时候。有一个八岁的小女孩，总是在妈妈离开餐桌的时候，扬扬得意地坐在妈妈的位置上，然后骄傲地宣布："现在我就是妈妈了。卡尔，你还要吃点青菜吗？听话，你应该再吃点。"还有一个四岁的小女孩，聪明活泼，深得周围的人喜欢。有一次，她直截了当地对妈妈说："妈妈，你离开吧！这样的话，我就可以嫁给爸爸，成为他的妻子了。"尽管小女孩的这个愿望匪夷所思，可这并不代表她不爱自己的妈妈。还有一个小男孩，每当爸爸出去旅行的时候，他就睡在妈妈身边，但只要爸爸一回来，他就不得不回自己的房间，或者躺在一个自己不喜欢的人身边。所以，他自然而然地希望自己的爸爸不在家，然后占据他的位置，睡在自己喜爱的妈妈身边。而能让爸爸离开的方法，就是死亡。就像他曾看过的他爷爷的死亡，永远离开，再也无法回来。不过，特别要着重说明的是，孩子们的这种情感，并不影响他们对自己异性父母的热爱、孝顺和依赖。

虽然对孩子们的观察结果和我的观点完全相符，但以成年神经症患者作为分析对象的研究者们却对我的观点将信将疑。其实，就算对它们的解释有所不同，但成年人的梦主要的还是欲望的满足。下面我要谈到的梦例，都属于这样的主题。

有一天，我的一位女患者特别悲伤地和我说："我再也不想见到我家的那些亲戚了，看起来他们都那么讨厌我。"还没等我安慰她，她就突然和我讲了她四岁时做的困扰到现在的一个梦：

梦中，一只山猫或狐狸在屋顶上走着，突然一声巨响，一件东西摔了下来，或是它自己跌了下来。可我马上看见我母亲的尸体被人们抬了出来。

她边讲边哭，我告诉她："这个梦一定表达了你童年的一个愿望，即你希望看到母亲去世。"她正是因为这个梦，才觉得自己是一个十分邪恶的人，才使她觉得亲戚们都讨厌她。就在这时，她又补充了一些信息，让这个梦的含义越发清晰地浮出水面。在她家那里，"猞猁眼"是一个非常恶毒的骂人的词，在她还很小的时候，一个小混混就曾骂她"猞猁眼"。另外，在她三岁的时候，有一次，一块砖头从房顶上掉了下来，正好砸在她母亲的头顶上。当时，她母亲的头鲜血直流，满脸都是。相信不用我多说，大家一定都知道了，一直困扰着她的这个梦的源头是什么了。

我曾经对我的一个女患者的精神状态做过深入细致的研究，亲眼见到了她处于发病——平静——癔症性恐惧症这样三个不同的精神状态，为我研究成人神经症患者的心理状态提供了第一手资料。

她刚发病时，狂躁、迷乱，特别反感自己的母亲。只要她的母亲走近她，她就会又打又骂，闹个不停。可是，她在一个比她年长很多的姐姐面前，温顺听话，甚至言听计从，与她对母亲的极度厌恶形成巨大反差。之后，她神志清醒了，但整个人却变得有些麻木，睡眠也不好。就在这个阶段，我介入了她的治疗。我分析了她做的梦，发现大部分都是希望母亲死去的梦，而且方式还都比较隐蔽，并不是直截了当地表达出来。有时，她梦见自己正参加一个老太太的葬礼；有时，她梦见自己和姐姐都穿着丧服，坐在桌子旁边。似乎，通过她的梦，我们已经清楚了她想表达的真正内容。随着她的病情逐渐好转，她又出现了癔症性恐惧症，十分担心自己的母亲。这时，只要她发病，就好像有什么不幸的事情会随时发生在妈妈身上一样，所以不论她在什么地方，都要不顾一切地飞奔回家，直到确认自己的母亲安然无恙。

从我多年的行医经验来看，这个病例很有启发意义。对于同一种刺激，人的精神结构会有不同的反应方式，就像同一部作品，可以用不同的语言翻译成不同的版本一样。当她发病时，她的第一精神动因冲破了第二精神动因的防线，无所顾忌地表达着自己真实的想法，所以她在梦里，会毫无保留地把对自己母亲的敌意全部体现出来。当她平静后，第二精神动因重新构筑了坚固的防线，精神审查功能占据了统治地位，她只能通过隐秘的方式抒发自己希望母亲死亡的欲望。随着病情的逐步好转，她出现了癔症性的逆反应和防御心理，一反之前对母亲的厌恶之情，又开始过分地担心母亲了。这样一来，也就很好地帮我们解释：为什么大多数癔症病女孩会对母亲那么依恋了。

还有一次，我对一个患了强迫性神经症的男患者进行了深入的观察。这位男患者是因为自己小时候的欲望而患上了精神病的。他七岁的时候，因为父亲过于严厉，他有了谋杀父亲的冲动。不过，这个欲望其实是来源于更早的童年时期。这个怪念头令他很惊讶。后来，他的父亲生了病，在饱受病痛折磨后，痛苦地死去了。父亲的去世，虽然和他没有半点关系，可他却从此活在内疚里，似乎父亲的死亡和他脱不了干系一样。尽管他受过良好的高等教育，也堪称一个道德高尚的人，但他根本无法摆脱内心的痛苦。而且潜意识中，他觉得一个连自己父亲都想谋杀的人，怎么能尊重他人的生命呢？

从那以后，他就特别害怕自己一旦上街就会伤害无辜。于是，他把自己锁在了屋子里。尽管这样，每当他听说城里发生杀人案时，总是千方百计地寻找自己不在现场的证据，并试图告诉其他人，自己绝不是杀人凶手。他被这种精神状态折磨了很久，苦不堪言，甚至都没有活下去的勇气了。不过，值得庆贺的是，当我分析了他的这个做法的心理动因后，不仅缓解了他的精神压力，也使他彻底痊愈了。

通过我的分析，我们不难看出，大多数精神性神经症患者，几乎都受到了童年时期经历的影响。也就是说，童年时期对父母的情感，为他们后来的神经症提供了材料。一直以来，在神经症患者的童年生活中，父母起着主导作用，这也奠定了父母在他们心里无人可比的重要地位，这也使他们因对父母一方的爱和对另一方的恨，导致自己的精神疾病。实际上，我们每个人都曾有过这样的心理过程，只不过相比正常的成人来说，精神性神经症患者对父母的情感更加强烈、更加明显，而这也足以成为他们发病的主要推手了。

我相信，古老的俄狄浦斯王的传说和索福克勒斯的同名剧本，大家一定都不陌生，但我在这里说出来，其意义就在于：通过我对这个传说所表现的儿童心理及其所蕴含的思想的分析，足以使人们更加认同我上面的论断。

底比斯国王后伊俄卡斯特为国王拉伊俄斯生下一个小男孩，国王夫妇对这个新到来的小生命喜欢得不得了，还给孩子取了一个非常好听的名字——俄狄浦斯。可俄狄浦斯刚出生的时候，他的父亲底比斯国王拉伊俄斯却从神谕中得知，俄狄浦斯长大后将会杀父娶母。无奈之下，国王拉伊俄斯用一根铁丝穿上儿子俄狄浦斯的脚后跟，打发一个仆人将还是婴儿的俄狄浦斯丢到了荒郊野外。仆人怜惜这个无辜的小生命，便把他悄悄地送给了科林斯的一个牧羊人。科林斯的国王因为没有儿子，就收养了俄狄浦斯，俄狄浦斯也就成了该国的小王子。俄狄浦斯一直不知道自己的身世，直到他成年后的一天，神谕警示他要远离家乡，否则就会杀父娶母。为了躲避神示的厄运降临，他逃离了科林斯国，因为他以为科林斯国王和王后是自己的亲生父母。可是，俄狄浦斯万万没有想到，正是这次刻意的躲避，才加速了他人生悲剧的步伐。他离开养父母，朝着底比斯国走去。路上，他受到了一伙路人的凌辱，一怒之下杀了四个人，其中就有他微服私访的亲生父亲——年迈的底比斯国国王拉伊俄斯。

不久之后，俄狄浦斯来到了底比斯城下，以其非凡的智慧解开了人面狮身女妖斯芬克斯的谜语，彻底解救了底比斯民众。底比斯民众非常感激他，并拥戴他成为新国王，而且娶了前国王的王后伊俄卡斯特——他的生母为妻。俄狄浦斯在位期间，底比斯国国富民强，一片祥和，他甚至还与自己的亲生母亲生育了两儿两女，幸福而美满。可他全然不知，自己已经成了杀父娶母的罪人了。后来，瘟疫暴发了，底比斯人就去问神谕。于是，索福克勒斯笔下的悲剧开始了。信使带回来的神谕是：将杀死前国王拉伊俄斯的凶手逐出这个国度，底比斯人就会彻底摆脱瘟疫。可到底谁是凶手？他在哪儿呢？这个发生在很多年前的罪恶该如何破解？

剧本环环相扣，跌宕起伏，构思巧妙，就像我们常做的精神分析一样，层层推进，随着一个又一个谜题被解开，罪恶的真相逐渐浮出水面，此时故事也达到了高潮。原来，俄狄浦斯就是杀死拉伊俄斯国王的真正凶手，而他自己也是被杀者和他妻子的亲生儿子。俄狄浦斯被自己犯下的滔天罪行震惊了，于是他弄瞎了自己的双眼，崩溃地离开了底比斯国，远走他乡。神谕就这样被印证了。

《俄狄浦斯王》最悲情之处就在于：人的力量在神的意志面前，

何其无力与渺小。也正是这样的矛盾冲突，使《俄狄浦斯王》成了家喻户晓的悲剧。观众也正是从这出悲剧中认识到：任何一个平凡人都不要妄想战胜上帝，要正确地认知自己的渺小、无助。为了达到同样的艺术高度，后世的很多戏剧家都试图用这样的矛盾冲突来凸显自己笔下人物的悲惨命运。可令人遗憾的是，到目前为止，那些剧作家写出的无外乎是"无罪的人们虽极力抗争，诅咒和神谕还是在他们身上应验了"这一类让观众无动于衷的内容，没有一个作家描写的悲剧能够媲美《俄狄浦斯王》的艺术效果。

《俄狄浦斯王》对现代人的冲击和震撼，丝毫不逊于古代的希腊人，其关键原因就在于，这部希腊悲剧的效果并不是命运和人类意志的冲突，而是展示这种冲突的材料本身所具有的特点。这也是为什么同样描写命运悲剧的格里尔帕策的《女祖先》，却被斥为无稽之谈的原因。

俄狄浦斯王的命运之所以能打动我们，是因为改变俄狄浦斯命运的力量与我们内心深处的欲望产生了共振。俄狄浦斯杀了自己的父亲拉伊俄斯，迎娶了自己的母亲伊俄卡斯特，这也是我们内心真正想表达的主题。"男孩们最初萌生的性趋向指向自己的母亲，将自己的父亲视为竞争对手"，在我们一出生的时候，神谕就将对俄狄浦斯一样的诅咒加在我们身上了，这是任何人都无法改变的命运，这也是这个故事之所以能吸引一辈又一辈人的原因。值得庆幸的是，我们没有像俄狄浦斯那样，变成精神性神经症患者。我们的欲望通过俄狄浦斯得以实现，也经过他得以退缩，更在他的帮助下，我们童年时期的冲动得到了发泄。剧作家以自己独特的方式揭示出俄狄浦斯的罪孽，同时对我们也起到了很好的警示作用，使我们能用自抑力妥善地压制住自己的原始欲望，放弃对自己母亲的性欲望，同时也放下对父亲的妒忌。尽管我们的欲望被压制着，但是它仍然存在，并没有消失。在这部剧结束的时候，合唱的吟咏就是这命运的写照：

……看吧！这就是俄狄浦斯，

他解开了宇宙之谜，位至权利之巅，聪慧过人；

他的命运人人羡慕，光华赛过星辰；

现在却蓦然陷入苦海，被狂浪吞没……

故事中揭示出的问题值得我们每一个人深思。俄狄浦斯正是因为对自己的命运一无所知，所以才会如此悲惨，而我们又何尝不是如此呢？我们常常自以为是地觉得自己既聪明睿智，又坚强无比，可我们却对大自然强加的不道德愿望一无所知。尽管我们通过自己的分析发现了它，可就是因为它与我们现实生活中的传统道德相悖，我们便选择视而不见。

作者索福克勒斯绝对没想到，在他的创作中竟能印证我的观点。其实，俄狄浦斯的传说取材于古老的梦，因为孩子们最初的性冲动，孩子与父母的混乱关系令古人感到痛苦，这才有了俄狄浦斯王的传说。对于这一点，索福克勒斯在悲剧正文中就明白无误地指明了：俄狄浦斯不知道自己的身世，可他一想到神谕就忐忑不安。于是，伊俄卡斯特就提到了一个与之类似的、每个人都会做的梦：

很多人都做过与自己母亲结婚的梦，

梦者无须在意这件事，

尽管过着自己没有忧愁的生活。

梦到自己和母亲发生性关系，不论过去还是现在，这种梦是大多数人都会做的。可每当有成人做这样的梦时，他们又总觉得自己很龌龊，不知廉耻，即便是曾经做过的梦，只要一谈起，就会怒不可遏和震惊。可以说，这种梦既是认识俄狄浦斯王这一悲剧的关键，也可以让我们更好地理解父亲死去的梦。和自己的母亲发生性关系的梦也好，父亲死去的梦也罢，醒来后都是无以复加的自责，这就是梦者对自己的惩罚的表现。俄狄浦斯的故事，只不过是对于两种典型的梦的想象的延伸。可到了后来，这个故事被一些有心人利用来为宗教服务，成为神学力量最有力、最不可动摇的论据，这和我们前面说过的裸露的梦的表现并无二致。但是像这样毫无根据地把神的至高无上与人的责任心统一起来的观点，那也是苍白无力，不具备丝毫的说服力。

接下来，让我们打开历史的画卷，走进另一部经典而伟大的悲剧——莎士比亚的《哈姆雷特》。

哈姆雷特出身高贵，是丹麦的王子，从小就受人尊敬，而且接受了良好的教育，单纯善良。无忧无虑的生活也使他成为一个理想主义者和完美主义者，在他眼里一切都是美好的，他根本不知道这个世界还有黑暗和丑陋，他相信真善美并向往这样的生活，这也为他的人生悲剧埋下了伏笔。

他在德国威登堡大学读书时，突然接到父亲的死讯，回国奔丧时接连遇到了叔父克劳狄斯即位，以及叔父在父亲葬礼后仅仅一个月，便匆忙与他的母亲乔特鲁德结婚的一连串变故。哈姆雷特不仅对此疑虑丛生，也愤愤不平。之后，霍拉旭和勃那多在站岗时，老哈姆雷特的鬼魂出现了，说自己是被克劳狄斯毒死的，并要求哈姆雷特为自己报仇。随后，哈姆雷特装疯卖傻，并通过戏中戏证实了叔父就是杀死自己父亲的凶手，为此，哈姆雷特走上了复仇的道路。但由于他误杀了心上人——奥菲利亚的父亲波洛涅斯，被他的叔叔大做文章，试图借助英王之手除掉哈姆雷特。哈姆雷特趁机逃回丹麦，却得知纯真善良、天生丽质的奥菲利亚身着盛装，自溺于铺满鲜花的小溪里了。哈姆雷特不得不接受了她哥哥——心胸狭窄、自尊心极强的雷欧提斯的决斗。此时，哈姆雷特的母亲乔特鲁德这个虚荣的女人，因误喝了克劳狄斯为哈姆雷特准备的毒酒，当场中毒死去。决斗中，哈姆雷特和雷欧提斯夺去了对方的剑，却也双双中了毒箭。得知中毒原委后的哈姆雷特在临死前杀死了克劳狄斯，在嘱咐完自己的朋友霍拉旭要将自己的故事告诉后来人后，死去了。

《哈姆雷特》与《俄狄浦斯王》虽然都是悲剧，但却是开在同样土壤上的两朵不同的悲剧之花。它们有着相同的素材，可在表现手法上又截然不同，但是它们又殊途同归，都反映了遥远的文明时代人们的精神生活。就作品而言，《哈姆雷特》所展现的人物悲剧，其心理动因与《俄狄浦斯王》是相同的。只是《俄狄浦斯王》敢于把孩童时期的真实欲望表现出来，而《哈姆雷特》则是压抑这种欲望的。这就像对待神经症患者的梦那样，我们只有通过仔细地分析，才能了解诗人真正想表现的内容。

《哈姆雷特》这部剧中，哈姆雷特一心想报仇，但却对自己的报仇计划犹豫不决，很长时间也不能确定下来。虽然作者莎士比亚在此用了大量笔墨来渲染，可纵观全剧，自始至终都没有交代这个不确定的原因究竟是什么。观众因此而给出了很多种解释，其中有两种最有代表性：其一，歌德提出，哈姆雷特的行动能力受到了自己智商发展的束缚，这也正是那一类人的缩影；其二，戏剧家就是希望通过这样的性格，刻画出一个犹豫到近乎病态、"神经衰弱"

的病人。尽管这两种解释比较流行，但是人们并没有信服。仔细研究这部戏剧，我们不难发现，哈姆雷特的犹豫有个前提条件，那就是只有在完成父王的灵魂交给他的任务时才会出现，并不是贯穿全篇的主题。因为愤怒，他一剑杀了藏在挂毯后面的偷听者；也因为自己的聪明才智，他杀死了企图伤害他的大臣。这样的果断和让人惧怕的冷酷绝不是一个缺乏行动力的人所应有的表现，我们最应该探讨的是，他在这种特殊情况下，犹豫的真正原因是什么。

　　我觉得，哈姆雷特之所以这么做，原因只有一个——那就是在他心里，相比那个杀了他父亲、娶了他母亲的人，自己并不高尚到哪里去。虽然他深知，复仇是他的宿命，但是实现的也只是他童年时最原始的愿望。曾经自己也想过要这样做，那自己还有什么资格杀了这样做的人呢。这样的自责久久地啃噬着哈姆雷特的内心，最终这种情感战胜了仇恨的愤怒，他不知道自己究竟要不要杀了这个代替自己实现愿望的人，因此他又焉能不犹豫呢？也许在你看来，哈姆雷特就是一个癔症患者。但是从哈姆雷特与奥菲利亚交流有关性欲的问题时所表达出来的憎恶之情来看，我觉得这样的推论是合情合理的。诗人用这样的犹豫不决，既为我们展示了哈姆雷特潜意识中想真正表达出的内容，同时也表达了他自己的真实想法，在他后来创作的《雅典的泰门》中，我们就可以清楚地看到这一点。乔治·布兰德斯在自己专门研究莎士比亚的著作中，对莎士比亚有很多的评论，其中有一条曾经指出：莎士比亚是在父亲离世后不久创作的《哈姆雷特》。这样一来，我们就有理由相信，是因为父亲的去世刺激了作者童年时对父亲的情感，从而在自己的作品中表现了出来。也就是说，我们在哈姆雷特身上看到的，很可能就是作者自己的精神世界。因为自己现实生活中的情感而创作戏剧，于莎士比亚而言，并不只有《哈姆雷特》，就在他的儿子早夭后，莎士比亚创作了《麦克白》。在《麦克白》这部戏中，就包含了没有子嗣的问题。说来也巧，莎士比亚早夭的这个儿子的名字就叫哈姆内特，这与哈姆雷特何其相似。

对于一部作品而言，我们只有经过反复推敲，才能很好地理解它。任何一个诗人的真正创作意图，并不是一个简单的冲动就能完全完成的，因此我们的解释也不过是涉及了作者的内心情感的一个侧面，就像我们解释梦一样，只有把从其他角度出发的解释结合起来，才能够理解戏剧的真正含义。

说到亲人去世的典型的梦，我必须再就它们在释梦理论中的意义多说上几句。在这些梦中，还存在一个特别的现象：梦的稽查作用对一种由压抑的欲望所构成的梦，一点作用都不起。之所以会出现这样的现象，主要有两个方面的原因：第一，梦的稽查作用根本不会料到，这样的欲望会进入我们的梦中，这样的欲望就是我们平时说的"做梦也想不到"的欲望，别说别人，就是我们自己都无比惊讶于这种欲望，打个比方说，这就如同梭伦在制定法典时，根本就没想到要把"弑父罪"写进去一样。第二，那些被抑制的、出人意料的愿望常常与白天印象的残余混在一起，表现为对亲人的担心，然后利用相应的愿望进入梦乡。于是，这种隐藏在担心后的真实欲望，就会轻松地躲过梦的稽查。如果我们从"日有所思夜有所梦"的角度来理解我们的梦境，那么我们就无法解释亲人死亡的梦。像这样把梦和其他梦分割开来的做法，只会把我们引入歧途，使原本清晰明了的解释变成谜团。

接下来，我们要简单地探索一下，在亲人死亡的这类梦中，焦虑的梦所发挥的作用。我们之前讨论过的那些梦例，不仅逃过了稽查作用的层层防护，甚至还巧妙地躲过了梦的伪装，单刀直入于我们的梦中。不过，也正是这个原因，梦者就会因为自责而产生痛苦的感觉。而这样的痛苦之情，又会直接影响到稽查作用的发挥。当稽查作用用力过猛时，梦者就会出现焦虑梦。因此，我们得以进一步总结出稽查作用的目的：通过梦的伪装，减少梦者的痛苦，从而减轻梦者的焦虑。

我们在前面解释一些有关于亲人死亡的梦例时曾经提到：孩子们都是利己主义者。实际上，不只是孩子，所有的梦都是利己的。有时，虽然梦被伪装作用隐藏起来，可梦者总会让理想的自己出现在梦中。也有一些梦，看上去是由利他主义引发的，有些人就会以此来反驳我的观点，但实际上，这些不过是用来伪装的外衣罢了，能进入梦境的，只有那些真正属于梦者本身的欲望。下面我就分析一些看上去与我的结论相反的具体梦例，来诠释我的观点。

1）我先讲的是一个不到四岁的小男孩的梦：梦中，在我面前，摆着一个雕花的盘子，盘子里放着一块很大的烤肉。我正想吃，可突然间，这块烤肉就不见了，也不知道是被谁吃掉了，可它都还没有切呢。

这个梦看上去很简单，可即便再简单的梦，也包含着梦者的欲望。那么，这个梦中，包含着梦者怎样的欲望呢？要回答这个问题，我们不妨从他前一天的经历中寻找答案。这个男孩因为身体的原因，医生规定他最近几天只能喝牛奶。就在这个小男孩做梦的前一天，因为调皮，他受到了家人的惩罚——不准吃晚饭。于是，这个小男孩就直接睡觉了。这个惩罚对他来说并不陌生，就在不久前，他还受过这样的惩罚。当时，他还信誓旦旦地表示，自己绝不会因为这

264

样的惩罚而屈服。不过，通过后来的事实证明，这样的惩罚对他太起作用了，所以就在梦里体现了出来。其实，偷走烤肉的人不是别人，而是他自己，这和我女儿安娜曾做过的吃草莓的那个梦是一样的，他很清楚地知道，自己根本不被允许吃肉，故而在他的梦中，就没有出现他开心地大口吃肉的那一幕。也就是说，为了伪装自己的欲望，他成了梦里那个偷肉吃的人。

2）下面我要分析的是我自己的一个梦：

在一家书店的橱窗里，我看到了一套自己梦寐以求的书。这是一套丛书，书名叫《著名演说家》，也有人叫它《著名演讲集》。书里面收录的都是有关艺术家、世界历史和名胜古迹的内容。其中，第一册的标题中有莱歇尔博士的名字。

分析这个梦的时候，我觉得有些匪夷所思，莱歇尔博士是德国国会反对党的一员，擅长发表内容冗长的演说，并因此而闻名遐迩。很显然，我不会在梦里关心一个我根本不喜欢的演说家，那么他怎么会出现在我的梦里呢？原来这个内容并不是空穴来风，它源于我前几天对患者的治疗。当时，为了能治好那些患者，我每天都要和他们谈话十个小时到十一个小时，就像莱歇尔博士那样。也就是说，我自己就是那个演说家。

3）还有一次，我梦到了自己的一位大学同事。梦中：我的一位非常熟悉的大学同事M对我说："我儿子是近视眼。"随后，我们就这个问题进行了热烈的讨论，你一言我一语，彼此还有了不同的意见。之后，我又梦见了我和我的大儿子。醒来后，我回忆起这个梦，我发现，我的同事和他的儿子只不过是我和我的儿子的替代品。当然，这个梦不会如此简单就结束了，我在后文还将继续分析这个梦。

4）如果说上面的梦例还不足以说明问题的话，那我下面要说的这个例子，就可以更清晰地展现出就算是关心别人，梦者的真实目的仍然不过是自己的欲望罢了。

我的朋友奥托脸色泛红、眼球突出，看上去像生病了。

奥托是我的家庭医生，多年来，我孩子们的身体一直都是他照料的，每次孩子身体有不舒服的地方，奥托都能及时治疗，并使我的孩子痊愈。另外，他对孩子特别有耐心，常常将我的孩子们带离我。很久以来，我对他都心存感激，却又无以回报。就在我做梦的前一天，他来我家做客，我妻子当时就注意到，他很疲惫。当晚，我就将他和巴塞杜氏病的几个症状联系在一起了。不了解我释梦理论的人一定认为，我是太过关心朋友的健康才会做了这样的梦。实际上，我们的关系也确实很好。不过，这既和我说过的"梦是愿望的达成"不符，也和我的另一个观点——"梦是自私的，只表现梦者本人的欲望"相违背。

从奥托的面容上，根本看不出他有巴塞杜氏症，可我是如何把它和奥托联系在一起的呢？实际上，这和我六年前的一段经历有关。那时，我和R教授一行几人，在伸手不见五指的夜晚，乘车穿越N森林，那里离我们的避暑地有几个小时的车程。路上，因为司机一时大意，我们连人带车从坡上翻了下去。虽然大家都受到了惊吓，但万幸的是大家都安然无恙，没有人受伤。当晚，我们不得不找了一家小旅馆过夜。旅馆的老板人很好，待人热情有礼，是个绅士。当时，他正患有巴塞杜氏病，就像梦中的奥托一样，脸很红，双眼突出。不过，他并没有甲状腺的症状。帮助我们安顿好以后，R教授以他特有的方式问道："别的都不需要，先生，能借我一件长睡衣吗？"旅馆老板想都没想就拒绝了，之后便离开了。

在继续分析这个梦的过程中，我还想起另外一件事。巴塞杜氏不只是一个医生的名字，还是一位著名的教育家的名字。我曾经托付过朋友奥托，一旦我发生什么意外，不能继续抚养我的孩子，那么就请巴塞杜氏来教授我孩子的体育课，因为我知道体育课在孩子青春期时是特别重要的，而这也解释了我在六年前的回忆中，为什么对长睡衣记忆犹新了。梦中，我把奥托和那个曾经帮助过我们的旅馆老板放在了一起，希望他能够像旅馆老板那样慷慨地照顾我的孩子。不过，我心里相当清楚，尽管他答应了我，但是他会像那个旅馆老板一样，也帮不了我的孩子什么。经过这样的分析，我的利己主义思想表露无遗了。

"梦是对欲望的表达"是我的理论，可在这个梦中，我表达了自己什么样的欲望呢？梦中，我把奥托和那个旅馆老板等同的时候，已在无形中把自己和 R 教授等同了起来。可在现实生活中，R 教授是一个了不起的人，他的研究为我们后来的研究指明了一条全新的思路，而他也在老年的时候得到了他应有的教授荣誉。对于这样一位杰出的人士，我怎敢和他相提并论呢。可在梦里，我把自己和他等同起来，同样满足了我的两个欲望：第一，我想获得教授的头衔。第二，我想和他一样活到老，这样我就可以自己照顾我的孩子们，陪他们长大。这也就解释了我之所以对已经接受了我委托的奥托不太友好的原因了，因为我希望他永远都不会取代我的位置。

（三）考试的梦

每个人的一生中，都会经历很多的考试，升学考试、毕业考试、晋级考试……任何一个经历过重要考试的人，都会或多或少地抱怨，自己总是没完没了地做着焦虑梦，而且梦中大多都是考试没通过，不得不补考，等等。对于那些已经获得大学学位的人，他们的梦通常表现为另一种形式：他们会梦见自己没有通过毕业考试，没有拿到学位证书，即便梦中的自己清晰地知道自己早已毕业，并且已成为大学讲师或者主任医师，甚至已经从业多年，可都无济于事。究其原因就在于，小时候因顽劣而受到的惩戒已经永远地镌刻在了我们的记忆里。当我们在现实生活中做错事的时候，责任心就会受到谴责，童年的记忆就会被唤醒，从而鲜活起来。曾经因为淘气，老师和家长的责骂就会栩栩如生。尤其在面对两次重要的考试时，我们必须通过严格的考试，曾经的"苦难日子"，以及极度焦虑，都会一股脑儿地重新回到我们的记忆里，如同昨天刚发生的一样。神经症患者的"考试焦虑"，就是儿童时代这种焦虑情绪的强化形式。随着学生时代的结束，父母、保育员或后来的老师都已经不再是惩罚我们之人了，小时候那样的惩罚一去不复返了。但现实生活中，每当我们做错事要承担后果，或因担负责任而倍感压力时，升学考试和学位考试的压力，便会重新出现在我们的梦中，即便是人们口中的好学生或是那些准备充分的人，哪一个不是忐忑不安地走进考场的呢？

关于这类考试的梦，我们还能做进一步的解释，我的同事斯泰克尔功不可没。斯泰克尔研究了很多梦例，可谓经验丰富，他与他的同行们交流时曾经说过："只有那些通过了考试的人，才会做升学梦；那些没有通过考试的人，是永远都不会有这样的梦的。别看我们因为这样的梦而感到焦虑，但实际上却是我们从梦中寻找自己目前困境的安慰。我们不妨看看梦者在梦里的那些反驳之词就足以明白了。其实，我们的梦就是想告诉我们，曾经那么难、那么令人焦虑的考试我们都通过了，那么眼前的这一点点的小困难，例如负责一项不能负担的活动，又有什么可怕的呢？既然我们能够通过考试成为一名医生，那么眼前的困难还有什么不能解决的呢？所以说，白天我们对所面临的事情的焦虑，对梦中的情感起了重要作用。

下面我就举几个梦例，来证明我的论点：上学时，虽然我在法医学上的考试从来没有及格过，但是出现在我梦中让我感到焦虑的梦，却总是我平时学得最好的植物学、动物学和化学的考试；在一次历史的口语考试中，我用指甲将三道问题里中间的那道做了记号，提醒老师对其不要苛求。老师不仅注意到了我的那个记号，还慈悲地同意了我的请求，我也因此得了高分。这次"成功"的经历经常出现在我的梦中，就连老师都成了我在另一个梦中独眼恩人的来源；我有一个患者，他缺席了高中毕业考试，他没有一点信心地参加了补考，可是却通过了。后来，他参加军官考试，却没有通过，所以也就没能成为一名军官。可是他告诉我，出现在他梦中的，一直是那次成功的补考，而失败的军官考试就从来没有在他的梦里出现过。因为我了解的梦例实在有限，所以也举不出更多的梦例来论证我的观点，但我认为，上面的这几个小例子就已经具备足够的说服力。

缺少梦例，是梦的研究者们在解析大部分典型梦时都会遇到的实际困难，这个问题我在之前也已经指出了。前不久，随着我搜集的梦例越来越多，我的研究又深入了一步——梦中，梦者对于自己已经获得的成绩的强调，就暗含一种自责之情。也就是说，梦者是想提醒自己：现在我已经成熟了，可不能再像年轻时那样挥霍了，我应该多做一些更加成熟、睿智、让人津津乐道的事情。像这样把批评和宽慰结合起来的情感，依然非常符合考试的隐意。这也是梦者之所以会在某些梦例中被指责愚蠢、幼稚的关键所在了。

对此，威廉·斯泰克尔还有另一种解释，他认为，梦者梦中的升学，实际上与梦者的性体验、性成熟有关。事实上，就我的经验而言，这个观点还是有一定道理的。

（四）其他典型的梦

还有其他一些比较典型的梦，比如梦见自己愉快地飞翔，或是在惊涛骇浪中痛苦地坠落。尽管我没有亲自体会过，但是我却可以从心理层面着手来分析这种梦的动因。和前面的梦大相径庭，这类梦也来自童年时的印象，并且和孩子特别喜欢的一种游戏有关。在我们还很小的时候，没有哪个孩子不被舅舅、叔叔双手举着，在房间奔跑过，让孩子有一种飞翔的感觉；也没有哪个孩子不被舅舅、叔叔坐放在他们的双膝上向下滑落过；也没有哪个孩子不被舅舅、叔叔举过头顶，然后又突然落下过。孩子们十分喜爱这种游戏，而且乐此不疲，尤其是在感到眩晕和害怕之时，也总是反复要求大人们多做几次。受孩子们青睐的秋千、跷跷板，也具有同样的效果，并且如果梦者在前一天看见过马戏团的表演，就能轻松地唤醒储存在他们记忆深处的这类童年印记。尽管这些游戏看上去很简单，但它带给孩子们的快乐无与伦比。就这样，梦者常常会在梦中张开双臂，在天空中自由自在地飞翔，长久地体会这种停留在半空中的快乐，根本不用担心自己会因为没有支撑而跌落。我的一些男性癔症患者甚至在发病时，会娴熟地重复这一个动作，就是为了重温自己曾经的快乐。

虽然这些游戏很单纯，但它们唤起性刺激的情形也不在少数。一位没有任何疾病的年轻同事就和我说过他的亲身体验，他荡秋千的时候，在往下冲、力量最大的时候，他的生殖器就会有一种特殊的快感。我的很多患者也和我说过，生殖器初次勃起的快感，就发生在童年攀爬的时候。当然，这些并不是我们这一章要讨论的内容。

虽然都只是简单得不能再简单的游戏，但是母亲们常常因为这些游戏所具有的危险性，分外担心孩子们的安全，然后用自己无上的权威来阻止自己的孩子进行这类游戏。因此，孩子们任何一个刺激性的游戏，都会在眼泪和争吵中结束，这也是很多愉快飞翔的梦之所以常以坠落的焦虑而结束的原因。

既然如此，认为飞翔和坠落的梦是由于肺部作用或是人的触觉而导致的那些人还认为自己的观点正确吗？实际上，梦的内容或许会受到这些因素的影响，它们只是作为梦的一部分出现，但是并不是梦的源头。

在我的研究中，我也面临着和很多研究者一样的困难，那就是材料的缺失，因此，到目前为止，我还不能给这类梦做出更深入的解释。尽管如此，我对我前面提出的观点——触觉和感觉只是我们在表达梦时的辅助材料，如果我们在欲望表达中需要它们，那么它们就会立刻出现，否则就会被放在一边忽视，仍然坚信不疑。

虽然我确定地知道我们童年时期的记忆就是这类典型的梦的起点，但是后来的经历是否会对它产生影响我就不得而知了。我的读者或许会很好奇，梦中最常出现的就是飞翔、跌落、拔牙之类的梦，为什么我总抱怨自己的研究材料不够？那是因为，大多数人做的都是与此类似的梦。之所以会这样，主要是由以下两个因素决定的：第一，自从我开展梦的研究以来，我就没有做过类似的梦；第二，虽然我可以用我的神经症患者们的梦，但有些梦根本不能解释，甚至无法找到潜藏在梦中的全部意图。此外，他们的梦，因背后更深层次的精神动因的影响，到目前为止，我还不能了解这种精神动机对梦的具体作用，这也阻碍了释梦工作进一步的研究和探索。

第六章　梦的工作

1　梦的浓缩功能

人们总希望能够发现梦的奥秘，以及它带给我们的暗示是什么。但直到现在，关于梦的探索除了梦境残留的表层部分外，根本就没有别的进展。一直以来，人们除了期望通过梦中的具体物象和情节，得到梦的正确解释外，还希望能够找到它们的共通性，把具有相似场景的梦归为一类。目前，我们提出的是梦的另一种探索方式，它不但可以帮助我们真正地破析梦的问题，也能使我们在梦的内容和梦的本质之间洞悉到一个新的精神材料的存在，我们姑且就把它称为梦的隐意，或者把它叫作某种方式获得的梦念。当我们把梦念当作中介，使梦的显意和本质连接起来的时候，我们就能在梦念的分析中发现梦的真相。那么，接下来我们迫切要解决的是，梦中显现出来的那些具象，与它潜在的意志之间到底有着怎样的关系，以及那些潜在的意志是通过什么样的途径，找到自己合适的意象，从而才使它成功地反映在梦中的。

通俗地讲，如果把梦的本意比作是原文著作，那么梦的显意和隐意就相当于两种不同的译本，而且梦的显意还是从梦的隐意转译而来的译本。至于上面提到的我们要面对的问题，具体地说，就是将原文和翻译对照研究，找到翻译过程中起转换作用的符号和句法结构。那么，只要我们找到这种符号和规则，梦的隐意也就迎刃而解了。但生活中的梦境往往就像用象形文字写成的文稿，图案古朴，难以看懂。我们不将这些天书一样的图案一一翻译成梦的隐意所用的语言，而是只研究它的形式构造，那势必南辕北辙，把人引入歧途。打个比方说，我们的面前摆着这样一张猜字画谜，画上有一个小房子，房顶上停了一只小船，而且船中央还有一个孤零零的字母，一个比房子还大的没有脑袋的人正像没头苍蝇似的在房顶乱跑……如果单从表面现象来看这个字谜，好像一点意义都没有，因为房顶不可能与船在一起，更重要的是，那个没有脑袋的人比房子都大，根本不可能在房顶上乱跑，此外，纵观我们的生活，根本就没出现过那样突兀的字母。可是我们只要放弃这种表面上的妄加的评论，就不难透过荒谬的景象看到其蕴藏着的深意。简单地说，就是用适当的字或词组代替图画的每个部分或是意义，然后再重新整理，这时奇迹就会惊人地发生了，原来再荒唐的组合都可能蕴含着一个巨大的信息暗语。而以往的解梦者之所以会觉得它荒唐乏味、毫无意义，其关键就在于他们只是想当然地只把画一样的梦境用于审美了。

（一）关于植物学专著的梦

梦的内容：我写了一本关于某种不明植物的专著。它就摆在我面前的桌子上，一枚风干定型的植物标本夹在书中。我正翻阅一页折叠起来的彩色插图。

在这个梦中，"植物学专著"是主要元素，这与做梦当天我在一家书店看到的那本书——《论仙客来属植物》有着直接的关系。梦中的时候，这种植物科属的名字并没有出现，只有和植物学有关的这本专著，由此我马上联想到我之前写过的有关古柯碱的文章，这就涉及两个线索：

第一，由古柯碱我联想到《纪念文集》和发生在大学实验室里的往事。

第二，由古柯碱我联想到因推广古柯碱而做出最大贡献的眼科医生，也就是我的好友柯尼希斯泰因医生。从他我又想到了我们前一天晚上的谈话，想起了我们在谈话过程中就同事之间如何支付医疗费这一问题的顾虑。我清楚地记得，我们充分交流了彼此的看法和建议，可是谈话被打断了。至此，诱发这个梦的根源也就一清二楚。而那本关于仙客来属的论著，尽管它也是一个现实因素，但就本质来说却是微不足道的。在我看来，"植物学专著"的上面两个联想线索才是桥梁，并起到了过渡的作用：它看似可有可无，但却通过一层层的递进式联想，以及丰富的精神意志，来传递梦念的本源性质，把一个个看似毫无意义的意象，与更深层次的内涵联系在一起。

解释到现在，如果你觉得梦到此就算是分析完了，那就大错特错了。实际上，还远远没有结束。那是因为"植物学专著"是一个复合概念，我们还可以把它分解为"植物学"和"专著"两个部分，而且由这两个部分出发，又可以进入一个错综复杂的思想体系之中。首先，我从"植物学"这三个字，就联想到了格特纳教授，想到了他那位貌美如花的妻子，由此我进一步联想到我的那位有着花神之名的女患者弗洛拉，再由她想到了那位因丈夫忘记送花而哭泣的女士。最后，我又由这位与花有关的女士，想到了我的妻子。我妻子很喜欢花，自此，我的思维再一次跳跃到那天匆匆一瞥的《论仙客来属植物》。

另外，"植物学"这三个字，还让我想到了发生在我中学时代的一个小插曲，以及大学时代的一次考试，还有我和柯尼希斯泰因医生的谈话，当时我还戏称自己最喜欢的花是洋蓟，殊不知，这个新颖的话题，却成了一大串概念的连接者，把前前后后所有的元素都串联在了一起。至于"洋蓟"一词，一方面它让我想起了意大利，另一方面又让我想起了幼年时我第一次接触书的事情。也就是说，"植物学"是整个梦的枢纽，各个方面的思绪都在这个点上汇聚，并得到不同程度的体现。尤为重要的是，所有这些思绪，都以我和柯尼希斯泰因医生的谈话为纽带，从而把它们关联在一起。到现在，我忽然有了一种置身于一个广阔无边的工厂中的感觉，就如同《织布工的杰作》所描写的那样：

　　双脚移动，
　　便引发万千丝线。
　　梭子飞一般穿动，
　　纱线似水。
　　目不暇接地流动，
　　只需一个碰头，
　　一切头绪尽在掌握之中。

从上面的分析来看，我梦中的"专著"涉及两方面内容，其中一个是我个人主观上的研究论断，另一个是我近乎奢靡的癖好。同时，我们也能清楚地看到，"植物学"和"专著"就像椭圆的两个焦点，而椭圆内那些数不胜数的与梦念相关的思想，便被这两个焦点连接在一起，从而将梦念庞大的信息量汇集在这里。因此，从这个点出发，对梦进行分析，就会发现许许多多的线索，进而引申出各种各样的内涵。即便我们换一个角度观察这个问题也会发现，出现在梦境中的每一个元素仍然会再次甚至多次出现，似乎要特别强调重点一样。

除了梦中显现出来的具象"植物学"和"专著"之外，其他的元素也不容小觑，它们同样是我们的考察对象，只是次要些罢了。那么，我们在对这些次要部分的分析中，也能得到重要的发现。举个例子来说，我在梦中看到的那页彩色插图，尽管它被折叠起来了，但它依然象征着同事们给予我论文的批评，而且还连接了我梦中出现的在前面已经分析过的另一个话题，那就是我的喜好。此外，我也由这个彩色插图想起了发生在我童年时代的往事，那时我把一本带有彩色插图的书撕成了碎片，而这一幕永远镌刻在我的记忆里。至于风干的植物标本，也不是无源之水，它来自我中学时的植物标本册。

自此，梦中显现出来的具象和梦的隐意之间的关系被我们彻底地梳理了一番。从中我们不难知道，梦中显现出来的具象来源于梦念，而且只要强化梦念，这一梦念就会在最后的梦境中得到象征性的体现，且通常情况下，都是通过多个意向来联合表达的。因此，梦内容元素与梦念元素之间存在一对多的比例关系，反之亦然。在本章开始，我们曾提出过一个问题：梦中显现出来的具象与它潜在的意志之间到底有着怎样的关系，以及那些潜在的意志是通过什么样的途径找到自己合适的意象，从而才使它成功地反映在梦中的？那么，现在我就回答这个问题：从梦念的无数个纷杂的元素中挑选代表，只有那些脱颖而出的获得最多、最大的支持的元素，才能进入梦的内容中，成为最后的胜出者。用一个形象的比喻来说，这个过程就像一次联名投票，越强大的才越能得到机会。也就是说，我做过的任意一个梦境的分析结果，无一例外地都指向这一结论：整个梦的主要构成部分是梦念，也正是梦念的反复出现，才导致一个个的代表意象。

为了进一步明确梦境具象与梦念元素之间的演变、对应关系，我们有必要再用一个梦例加以说明。这个梦例来自我的一个自闭症患者，目前我正在对他进行治疗。表面上来看，这个梦例比第一个梦例纷乱复杂，但实际上它别具匠心，因此我给它取了一个好听的名字——"可爱的美梦"。之所以这么说，相信你看完整个梦例就会明白，我此言不虚。

（二）一个可爱的美梦

这个自闭症患者告诉我：梦中，他和一大群人驾着车，正行驶在一条大街上，街上有一家小旅馆（实际上根本没有这个小旅馆）。小旅馆看起来非常普通，可进去后，发现里面正在演戏。他一会儿是观众，一会儿又充当起演员，不停地来回变换着角色。终于这出戏结束了，可所有的演员都必须把戏服全都换下来才能离开。于是，大家被分成两拨儿，他所在的那一拨儿被带到了底层的房间，而他哥哥则被分到另一拨儿，并且被带到了二楼。很快，楼上的人就换好了衣服，但因为楼下的人还没全部换好，他们因此无法下楼。楼上的人嫌楼下的人动作太慢，以至于耽误了他们离开，为此双方还争吵起来。他很生气，怪哥哥他们未免太着急了（这部分患者记得不是特别清楚）。更何况，事先大家都对这样的安排很满意。一气之下，他独自走上大街，一路上坡，径直向城里走去。走着走着，他感觉步履沉重，甚至一步都迈不动了。这时，过来一位老先生，一边走一边大骂意大利国王。后来，他到了山顶，发现自己又身轻如燕、健步如飞了。

他醒来后，似乎还沉浸在刚刚的梦境里，一时难以分清究竟是现实还是梦境。

如果从梦的显意来看，这个梦普普通通，没什么特别之处，似乎没什么好说的。可我却想换一个角度来解释这个梦，从梦者认为最清晰的那部分作为切入点。

从前几章的分析中，我们大家都已经知道，在通常情况下，梦中的感官往往是现实情况的反映。我的这个患者梦见自己上坡时步履沉重、气喘吁吁，甚至一步都走不动了。几年前，他得过肺结核（也可能是癌症带来的假象），现实中的他确实出现过这种症状。问题的关键不在这里，而在于他一步也动不了的双腿，这种运动受阻的感觉除了和他的病史有关系，还极有可能隐藏着一种暗示。尤其他说到自己后来身轻如燕、健步如飞，我就更加确定自己的判断了，这也让我不由得想起了有着"法国的狄更斯"之美誉的法国著名小说家都德的小说——《萨福》中那段精彩的序言：一个年轻人抱着自己的心上人上楼，起初身轻如燕，可越往上走，臂弯里的心上人越沉重。梦者的情形和都德说的何其相似呀！但都德想告诉年轻人的是：与出身卑微或身份不明的女人交往要特别慎重。平心而论，我不指望自己的解释与实际情况相符，但遗憾的是，我的患者告诉我，就在不久前，他和一个女演员相恋了，爱得如火如荼，可最后还是分手了，再也没有一丝一毫的联系。但我也有一丝疑问，那就是我的患者的这个梦与都德书中说的正好相反，前者是由重变轻，后者是由轻变重。就在我说出我的联想的时候，我的患者又告诉我，就在他做梦前一晚，他在戏院看了一部和我所讲内容一模一样的戏——《走遍维也纳》，这部戏演绎了一个女孩一生的经历，其大致内容是：

本来女孩有着高贵的出身，可后来进入风月场所，通过勾搭上层社会的"大人物"，爬到了社会顶层，但最终还是跌了下来，而且爬得高，跌得狠，一天比一天悲惨。这出戏又让他想起多年以前看过的另外一部戏——《步步高升》，当时，宣传海报上的主体是多个台阶组成的楼梯。

我接着解释。与患者热恋的那位女演员的家就在他梦中驾车的那条大街上。虽然这条街并没有旅馆，但也不是无稽之谈，陷入爱河的他为讨女演员的欢心，与女演员到维也纳度假，就曾下榻当地的一个小旅馆。别看小旅馆有些小，但没有跳蚤，这是他最满意的地方，因为他对跳蚤有种恐惧。也正因为如此，当他离开小旅馆的时候，笑着对马车夫说："我真幸运！"可司机有些揶揄地回答说："谁都不会到这个地方来的，它不过就是一个小客栈而已。"说到客栈，患者立刻想起读过的一句诗：

这天，
我到了一家小客栈，
店主很和善，
让人如沐春风。

不过，在德国诗人乌兰德的诗中，店主是一棵苹果树。于是，他又想起了另一首诗：

浮士德（正与漂亮的魔女跳舞）：
我曾经做过一个美丽的梦，
梦中有一棵苹果树，

树上有两个苹果，

金光闪闪，

耀眼夺目。

我被这美景陶醉了，

爬上了苹果树。

漂亮的魔女：

苹果是你们最喜爱的东西，

因为它来自天堂。

令我非常高兴的是，

它们也生长在我的园子里。

虽然诗中只有苹果和苹果树，但它们却象征了人的隐秘欲望，实际上，梦者陶醉的不是两个苹果，而是女演员那同样美好的乳房，她也正是凭着这一点才俘获了梦者。

从我们现有的分析来看，我有足够的理由相信，这个梦可以追溯到患者童年时期的一个印象，如果我猜得没错的话，这一定与他的奶妈有关。尽管他现在是成年人，可对于一个襁褓中的婴儿来说，没有什么比奶妈的乳房更美好的了，就像客栈一样温暖慈爱。进一步来讲，奶妈也好，都德的《萨福》也罢，指向都是一个，那就是被他抛弃的女演员。

患者的梦中还有一个至关重要的人物，那就是他的哥哥。梦中他的哥哥在楼上，他在楼下。如果将梦境和现实对照起来，就不难看出，这是某种等级关系的暗示。现实中，哥哥失去了社会地位，处在社会最底层，而弟弟原有的社会地位却稳如磐石，兄弟两个人的差距正好和梦境相反。尤其在维也纳，一旦一个人失去了财富和地位，人们便约定俗成地说他"在楼下了"，实际上就是"跌落下来"的委婉说法。其实，我的这个患者曾多次和我提起他的这个梦，只是每次他都极力回避哥哥和自己所处的位置，他之所以这么做，无非在掩盖他们兄弟俩的地位差距所带来的尴尬。那么患者的这个梦为什么与现实相反呢？这有待我们做进一步的分析，事实上，这种倒错与梦的隐意、梦的内容的转换有着直接关系。倒错一点也不奇怪，是梦中经常出现的形式，就患者的这个梦而言，就出现了好几处。前面已经说过，梦者先在梦中感到疲惫然后轻松，这与都德在《萨福》中所说的先轻后重正好相反。梦境之所以这样安排，意图也很明显，《萨福》中一个男人抱着一个女人，但在梦的隐意中，实际上应是一个女人抱着一位男士。那么要出现这样的情形，也就只有在童年时才有这种可能性，所以也就有了奶妈抱着婴儿艰难地上楼这一场景了。也就是说，这个患者的梦的结尾一石二鸟，既暗示着《萨福》，也暗示着奶妈。

回过头来看，作家都德之所以用"萨福"这个名字，就是想借此暗示女同性恋（Lesbian）。同样，梦者之所以在梦中构筑"楼上""楼下"这样的概念，就暗示着对于欲望的想象。但因为这些欲望是被压制的，所以这也在一定程度上暗示着患者的神经症。要特别说明的是，我们分析梦，并不是要直接判断出哪些是幻觉，哪些是现实事件的回忆，而是针对它的内容和思想，找出隐意。至于这个隐意是否有与之对应的实体事件，要看我们自己的实际判断。在我们的梦境中，真实的事件与想象的场景所具有的作用，似乎是不相上下的。不单是在梦境里，就是在人的精神世界里，两者也是不分伯仲的。

下面，我们再接着分析上面的这个梦，作为梦境里的配角，"一行人"和"老人"也都各自有着自己的含义。只是，梦通过对过去事情的幻想，把它们与童年印象连接在一起了。而哥哥就在他的童年印象里。那么，我们不妨再联系以上所有的分析，就不难明白，哥哥代表的是他后来的所有情敌。而老人在他面前大声辱骂意大利国王的那段小插曲，也是呼应了他近期一段无关紧要的小经历，暗示了底层百姓极力想进入上层社会的情景。这虽然与梦者没有直接关系，但同样类比适用，就如都德的警告，也可以用来警告奶妈怀中的婴儿一样。

对于梦的浓缩作用，上面的两个梦例或许还不足以形成一个完整的结论，那么接下来的第三个梦例，我将着眼于梦的局部，对梦进行不完全分析。这个梦例，来自一个重度焦虑型的老妇人。在这个老妇人的梦中，经常出现与性有关的内容，这令她惶恐不安，每天都处于极度的焦虑中，这也正是她接受我的精神分析治疗的原因。也许因为我下面的解释不是整个梦的，读者可能会觉得这不是一个主题的梦，认为它们之间没什么联系。其实不然。

（三）金龟子的梦

老妇人的梦的内容：她抓到了两只金龟子，并把它们放进了一个盒子里。可她忽然又想到，如果就这样把它们一直关在盒子里，它们一定会闷死的，她必须给它们自由才行。于是，她小心翼翼地打开了盒盖。可由于缺氧，这两个可怜的小家伙奄奄一息。好在其中的一只很快飞了起来，并且通过打开的窗户径直飞到外面去了。这时，有人让她关上窗户，但就在她关上窗户的那一瞬间，另一只金龟子正穿越窗户往外飞。结果，它被活活地压死在窗扉上。就在它闭眼的那一刻，她看到了它的眼神里那满满的厌恶。

分析：

因为老妇人的丈夫出差了，十四岁的小女儿便来到了她的房间，每天都和她睡在一张床上。这天傍晚，她的小女儿看见一只飞蛾落在了杯子里，便告诉了她，但她什么都没做。第二天清早，她的小女儿看到了那只飞蛾，便开始懊悔自己没去救它，她觉得它太可怜了。事也凑巧，老妇人晚上读的那本书就有虐待动物的情节：几个小男孩抓到了一只猫后，就把猫扔到了沸水里。而且，猫在沸水里剧烈地挣扎、抽搐的整个过程，被作者逼真地描述出来，甚是揪心。表面上看，我们似乎找到了老妇人的这个梦的根源，可仔细想想，好像又缺少重要的关键点，但虐待动物这一主题却如同刻在了她的脑子里一样，挥之不去。其实，梦者很关心爱护小动物，这可以追溯到很久很久以前。几年前，他们一家去度假，她的这个小女儿就有虐待动物的行为，甚至有些残忍。当时，小女孩抓到了几只蝴蝶，竟要用砒霜把它们全部毒死。还有一次，她抓住一只飞蛾后，把它活活地穿在了别针上，然后看着它痛苦地在屋里飞来飞去。一次，她得到了一些即将成蛹的毛毛虫，她不喂它们任何食物，结果它们就被活活饿死了。在这个小女孩更小的时候，她就以拔下昆虫的翅膀为乐……尽管如此，那也不过是一个不懂事的小孩子的无意识的行为。现在，她长大了，变得越来越善良，甚至开始反思起自己以前的残忍行为了。

小女孩的前后矛盾行为，令梦者感到很困惑，她不由自主地想起了艾略特在《亚当·贝德》中描写的外表和性格之间的矛盾：一个小女孩貌美如花，可偏偏爱慕虚荣，愚蠢之极；另一个小女孩相貌丑陋，但内心却充满人性的光辉。一个少年，明明是贵族子弟，却玩世不恭，寻花问柳；另一个分明是个普通工人，却品行端正，胸怀正气地活成了贵族。老妇人不禁感慨，真是人不可貌相啊！是呀！谁又能看出来，此刻的老妇人正受着情欲的煎熬呢！

也就是她的小女儿要毒死蝴蝶的那一年，他们正在度假的地区发生了严重的金龟子虫害。当时，孩子们还不能分清痛恨和悲悯，只知道这些甲虫没有给他们留下美好的记忆，因此他们疯狂地到处乱踩，每一个稚嫩的脚印里都留下了无数的甲虫躯体。尤其老妇人看见一个男子撕掉了金龟子的翅膀，然后把剩余的身体放到了嘴里，吃了下去。这是 5 月，对于老妇人而言，实在是一个不同的月份，她在这月出生，在这月结婚。而且，在新婚的第三天，她给父母写了一封信，告诉他们自己过得有多幸福，但实际上却不是这样。

就在老妇人梦到金龟子的那天晚上，她翻出了很多年前的书信。严肃正经的信也好，滑稽可笑的信也罢，她统统读给了孩子们。其中，有两封信很特别，一封是钢琴教师对她求婚的信，另一封是一位贵族对她一见倾心的爱慕信。当时，她正值妙龄，青春靓丽，现如今虽物是人非，但重读这些信，她却觉得它们格外的生动、有趣。

她读完信后，她的大女儿读了莫泊桑的"不良之书"，这使她倍感愧疚；她的小女儿向她要砒霜丸，又让她联想到了都德在《富豪》中写的令莫拉公爵返老还童的砒药丸；"给它们自由"这个念头，又把她带进了莫扎特的歌剧《魔笛》中：

不要担心，我不会强迫你去爱的。
但也许，
我不该放掉你。

从金龟子她又想到了德国剧作家克莱斯特的名著——《海尔布隆的小凯蒂》中小凯蒂的一句话：

你如甲虫一样疯狂地爱上我了。

之后，梦中的小甲虫又把她带入了瓦格纳歌剧——《汤豪舍》中汤豪舍的一句台词：

邪恶的欲望征服了你。

因为她的丈夫一直外出，她的生活处于恐惧和担忧中。她没来由地担心她的丈夫会在路上遭遇不测。在我对她进行分析治疗的过程中，发现她潜意识中一直在抱怨她的丈夫"年老体衰"。如果把这个信息放到梦的分析中，那么她梦中隐藏的欲望就浮出水面了。她做这个梦的前几天，有一次，她忽然从忙碌中抬起头，用近乎命令的口吻对丈夫说："你上吊去吧！"话一出口，连她自己都惊恐不已。原来，就在几个小时前，她刚刚读过的那本书中写着，男人上吊时阴茎会强烈勃起。很显然，她并不是真的要丈夫死，而只是想冲破欲望的压制。"你上吊去吧！"也是"你要不顾一切地勃起"之意。老妇人的梦分析到这里，不但再一次与《富豪》一书联系起来，而且也和詹金斯医生的砷药丸扯上了关系。因为老妇人清楚地知道，用压碎的金龟子做材料制成的药可以刺激性欲，而这也恰恰是这个梦的关键所在。所以说，肉体欲望是这个梦的主要指向。

另外，还有一个生活习惯的问题。睡觉的时候，老妇人总是习惯开着窗户，她觉得只有这样，空气才会很好地流动，但她丈夫却刚好相反，两个人几乎天天因为窗户是打开还是关上争吵不休。可这些天来，她总觉得自己筋疲力尽，为此她抱怨不止。

通过对这三个梦的分析，我们终于能够清楚地看到梦内容与梦念间的复杂关系。尤其我在分析过程中，把那些反复出现的元素，特意做了加粗的标记。可是由于这三个梦都没能完全分析透彻，要想进一步证明梦中内容复杂的多重性是怎样影响梦的显意的，还必须借用一个尽可能分析详尽的梦例。下面，我们就透过"伊尔玛打针"的梦例，来看看浓缩作用是如何促进梦的形成的。

大家都已经知道了，伊尔玛是我的一位患者，也是这个梦的主角。她在梦中展现出来的，是她生活中最为真实的一面。我们完全可以这样说，她首先做了自己。可随后我们在窗子旁给她做检查时，她就像变了一个人似的。从分析中我们知道，这是我的潜意识在作怪，我热切地希望她是另外一个女人，而不是伊尔玛。究其原因，是在给她检查时发现她可能患上了白喉黏膜病。这让我联想到了我的大女儿，想起我因她生病而焦虑不堪的情景，伊尔玛也就真的具有了我孩子的特性。从我女儿的名字，又让我想起一位中毒而死的女患者，她和我女儿有着相同的名字。在梦境中，伊尔玛的外貌始终没有改变，却不断有新的意义叠加到她身上，她又成了一个孩子，一个来儿童医院神经科找我看病的孩子，我的两位同事朋友秉持各自的特性，表现出不同的精神气质。之所以有这样的跳跃式过渡，不能不说我女儿的形象起了桥梁作用。由于检查时伊尔玛不愿张开口，此时她身上又暗藏了另一位女患者的影子，同时也暗暗指向了我的妻子。此外，我在伊尔玛喉咙里发现的病变，又让我想起了一连串其他的人。

于是，我把所有因伊尔玛辗转联想到的人物，试着去梦里搜寻一遍，结果我发现她们统统隐身在伊尔玛的背后。而伊尔玛已经不单单是她本人了，她成了一个集合形象，重叠了许许多多和她相关的人物。在她身上，也就不可避免地呈现出相互矛盾的特点。换句话说，梦中的伊尔玛是个胜出者，她从这些人中脱颖而出，一身兼具了所有人的事迹和特质，由此不难看出，梦浓缩过程的选择性、精练性、包容性。

除此之外，梦的浓缩还有一种形式，那就是取两个不同事物中的共同点，合二为一，以一个并集的形式存在。比如我梦中出现的M医生，他就是R和我哥哥的集合体，虽然他叫R，也有着R的行为方式，但却结合了我哥哥的身体特征，以及我哥哥的病症。脸色苍白，是R和我哥哥的共同特征，而这也恰恰成了M医生面部特征的来源。

既然把上面的浓缩方式看作了并集，那么接下来我就谈谈交集的方式。所谓交集，就是只保留共同点，其他各方面的独特个性都忽略不计。举个例子来说，就好比高尔顿制作家族肖像一样，把不同的肖像投射在同一张底片上，凸显出他们共有的特征，而差异之处则相互抵消，在照片上基本看不出来了。大家一定还记得，我在前面分析过的那个关于我黄胡子叔叔的梦，里面的那个R医生形象，就是两个人的结合体，可在梦中，根本没有体现出这两个人各自的个性特征，唯一的突出形象就是金灿灿的大胡子。不过，这里还有一个细节，那就是胡子由黄变灰的过程中，不但有我父亲的影子，更有我自己的影子。

综上所述，梦的浓缩方式主要体现在两个方面，一种是并集，另一种是交集。但分析还没有结束，接下来我们要做的，就是从另外的角度对这两个方面进行分析。

我们不妨再回到伊尔玛打针这个梦中，里面出现了"痢疾"（Dysentery）一词，这个词至少有两个需要注意的地方：一是它的发音与"白喉"（Diphtherie）差不多；二是它关系到被我打发到东方旅行的一个患者，他患有癔症，但是我当时并没有诊断出来。

　　此外，在伊尔玛打针的梦里还出现了"丙基"（Propyl）这个词，这也是一个有意思的浓缩现象，只是在梦的形成过程中，它以一种置换的方式出现了。通过分析，我们得知梦念中最初的元素并不是丙基，而是"戊基"（Amyl）。因此，我们完全可以说，这是个一对一的置换，并且这种置换也只不过是梦的浓缩作用的一个环节。我们再看看"丙基"这个词的发音，就很容易联想到一个发音近乎一样的单词"Propylaea"（神殿入口）。在慕尼黑，神殿入口比比皆是。尤其我做这个梦的前一年，我曾去慕尼黑看望过一个生病的友人。"三甲胺"（Trimethylamine）就是这个朋友和我提起的，并且梦中的时候，它也正好出现在丙基的后面。

　　到此，分析似乎越来越透彻了，可是我还是差点忽略了一个很明显的方法。其实，每个联想的重要性并不相同，有的大有的小，可即便这样，它们在构建一个精神思想时所起的作用却是一样的。我也因此有了一个疑问：梦境中呈现出来的"丙基"，代替了梦中的原型"戊基"，这究竟是怎样的一个过程？

　　这就又涉及我的朋友奥托，他非但不了解我，还总是质疑我的观点，他送给我一瓶杂醇油（戊基）味浓重的酒。与奥托不同的是，我另一个住在柏林的好朋友——威廉，他就特别理解我，支持我的观点，给我提供了很多有价值的信息，包括关于性过程的化学知识，我特别感激他。

　　现在，我们不妨将与奥托和威廉相关的事实分为两个小组，即"奥托组""威廉组"。对于"奥托组"，我最关注的是刺激最大的元素，也就是生活中真实存在的元素。毫无疑问，梦念选择了戊基这个元素。现实生活中，"威廉组"与"奥托组"给我的印象正好相反，因此得以进入潜意识层面的"威廉组"元素与"奥托组"的元素是对立的。试想一下，谁不愿意得到别人的支持和帮助呢？有谁愿意自己遭到反对和误解呢？我也是凡人，我也愿意得到别人的帮助和支持，故而在梦的潜意识里，我有了这样的倾向，不由自主地把不愉快的元素偷换成让我愉悦的元素，向"威廉组"寻求帮助，并借此抵抗"奥托组"。至于"奥托组"中的"戊基"，与之对应的"威廉组"中的化学元素就是"三甲胺"了，"三甲胺"就综合反映出梦念中的几个方面。假如梦没有这种倾向性的选择意识，那么"戊基"就可以原封不动地进入梦境了。我们也知道，"丙基"与"戊基"有着密切的联系，慕尼黑与"Propylaea"（神殿入口）关系非同一般。由它们对应组成的 Propyl—Propylaea，起到了桥梁的作用，并通过连接过渡实现折中，最终参与到梦境中。特别要说明的是，这个折中的元素就集中了无数的精神线索。现在，我们完全可以总结说，一个元素一旦出现在梦境中，在它背后，一定有一连串的复杂的关联选择，创造出了一个过渡点。因此，我们在释梦过程中，务必要特别留意围绕在目的意义周边的联想环节。

通过分析伊尔玛打针的梦，我们对梦在形成中的浓缩作用有了较为全面的认识，尤其，我们清楚地看到了浓缩工作中的许多细节，比如有的元素在分析中为什么会多次出现，那些梦念元素的交集和并集是怎样形成的，带有过渡作用的这种元素是如何构建的……但我们目前还不清楚的是，梦的浓缩作用究竟要达到怎样的目的，是什么原因导致梦的浓缩。对于这些问题，我们暂不做探讨，留待后面研究梦形成过程中的心理过程这一章节时再做探讨、解决。目前，只要我们知道梦的浓缩作用在梦的内容与梦念之间所起的转化调和的重要作用就足够了。

当梦的浓缩工作把词汇和名称等概念作为自己的选择目标时，其浓缩作用就表达得清晰明了。在梦里，词语常常被当作物品，而词语的组合也会按照物品的逻辑来进行重组，如此一来，在这类梦中就会出现一些荒诞滑稽的新词。

1）

我的一位同事，写了一篇自认为很满意的论文，特意拿过来让我帮他看看。细读之下我发现，他的论文用词华丽，对近期的一个生理学发现给了过高的评价，文章带有很强的主观性。第二天晚上，我就做了一个梦，直接把我对这篇文章的意见反映到梦里，梦里有一句这样的话："这可真是一种 Norekdal 风格。"最初，我分析这句话时，对 Norekdal 一词疑惑不解。看起来它像是德文，应该是极其夸张的赞语，像是 Kolossal（巨大的）或是 Pyramidal（雄伟）这两个形容词的最高级。但当时我只能分析到这里，实在找不出它源自哪里。后来，我偶然发现，Norekdal 竟是两个名字 Nora（娜拉）与 Ekdal（埃克达尔）的结合体。这两个名字也是有出处的，分别是易卜生的两部名剧《玩偶之家》和《疯狂的公爵》中的主人公。梦中，我批评了我同事的这篇新作，可不久前，我在报纸上读到过一篇他对易卜生的评论。

2）

我的一位女患者给我讲了她的一个梦：她和丈夫参加一个农民

节庆活动，她说："这次活动会以一种常见的 Maistollmiitz 结束。"根据她模糊的记忆，这大概是一种玉米面点，和玉米饼差不多。我在分析这个梦时，发现这个词可以分解出很多意象：Mais（玉米）、toll（疯狂）、Mannstoll（慕男狂）、Olmfitz（奥尔米茨镇）。并且，这些词的身影，都能在她和她亲戚共进晚餐的谈话中找到。Mais（玉米）除了暗示这个刚刚开幕的周年博览会活动外，在它背后还隐藏了下面的词汇：Meissen(产于迈森市的一种鸟状的瓷器)、Miss（她的英格兰亲戚去了奥尔米茨镇），以及 Mies（犹太人开玩笑的粗话，是"令人作呕"之意）。在这个词语大杂烩中，似乎每个字母都能引起一连串的念头和联想，信息量庞大而不确定，分析中都不应该放过。

3）

深夜，一个年轻人家中的门铃响了，原来是一个老熟人给他送来一张名片。第二天晚上，这个年轻人做了一个梦：有一个人来给他家修电话，直到深夜修电话的人才离开，可是电话并没有修好，铃声时不时地就响一会儿。他实在难以忍受，便让仆人把那个修电话机的人叫了回来，可修电话机的人却说："真是很奇怪！像 Tutelrein 这样的人，连个电话都不会修，居然不怕被嘲笑。"

尽管只是一个琐碎的因素促成了年轻人的这个梦，但如果把它与年轻人的早年经历联系起来，我们就不难看出这个梦的真实意义。这个年轻人还是小男孩的时候，他和他父亲一起生活。有一次，他睡得迷迷糊糊的，把一只装水的玻璃罐打翻在地板上，洒出来的水浸湿了电话线，电话出了故障，不停地响，很快就把他爸爸吵醒了。因此，持续不断的电话铃声是濡湿的暗示，而间歇性的铃声表示水正在滴下来。至于梦里出现的新单词 Tutelrein，可以从三个不同的方向拆分：Tutel 等于 Kuratel，是"监护"之意；Tutel（也许是 Tutell），是对女人乳房的粗鲁叫法；后缀 rein 是"纯洁"，如果把它与家用电话 Zimmertelegraph 结合起来，就组成了新单词 Zimmerrein（保持房间整洁）。很明显，这与地板弄湿的事情密切相关了。另外，这个词的发音和梦者一位家人的名字非常接近。

4）

我曾经做了一个特别长的梦，内容也乱七八糟的，但主题却很清楚，意思是我在航海。梦中我们要到两个码头，第一个码头叫 Hearsing，第二个码头叫 Fliess。其实，Fliess 是我一个朋友的名字，他住在柏林，我经常去柏林游玩。而 Hearsing 则是一个组合而来的新词，后一部分来自维也纳的一些地名，因为维也纳很多地名的结尾常常都加有 ing，比如 Hietzing、Liesing、Mödling（古米提亚语，旧称 Meae Deliciae，即 meine Freud 我的快乐）；前面部分来自英语单词 Hearsay，与德语单词 Hörensagen 一样，都是诽谤的意思。而在做梦的前一天，我看了一本幽默期刊杂志《飞叶》，书里面就有一首诗《他说就说了吧》，描写的就是造谣的侏儒 Sagter Hatergesagt。另外还有一种解释，就是把尾音节 ing 和单词 Fliess 连接在一起，就会得到单词 Vlissingen(弗利辛恩)，弗利辛恩这个地方确实存在，它是一个港口的名字，我哥哥从英国回来看望我们，如果坐船的话，就路过这个港口。但英文中，与 Vlissingen 对应的单词是 Flushing，即"脸红"的意思，这又让我联想到我曾治疗过的一位"脸红恐惧症"患者，以及别赫切列夫最近发表的一篇关于红色恐惧症的论文，那真是一篇让我抓狂的文章。

5）

我还做过一个梦，这个梦是由两个片段组成的：第一个片段清晰生动，我想起了一个单词 Autodidasker；另一个片段则真实地再现了我前几天的一个单纯的想象：如果下次见到 N 教授，我一定对他说："那天，我向您请教过的那个病案，患者确实是患上了神经症，您做出的判断准确无误。"从这个梦的整体来看，新单词 Autodidasker 不仅是拼接这么简单，它一定还有着更深的复合意义，而且这复合意义一定与我希望和 N 教授交谈有着密切的联系。

很显然，新单词 Autodidasker 是由 Autor（作家）、Autodidakt（自学者）、Lasker（拉斯克）三个词组成的。尤其最后面的词 Lasker，还让我联想到了 Lassalle（拉萨尔）这个名字。在这几个词里，第一个词 Autor 是关键，有着非常重要的意义，也可以说它是整个梦的诱因。我给我妻子买了几本书，作者是奥地利著名作家 J. J. 戴维，他是我哥哥的朋友，更是我的老乡。之后的一天晚上，我妻子给我讲了书中一个天才少年不被重视的可悲故事，她对这个故事感触颇深。随后，话题转到我们自己的孩子身上，谈到了对他们的培养以及如何引导他们的天资问题，我妻子忧心忡忡，总是担心自己在孩子的成长中也会犯下故事中的那种错误。我劝慰她说，与其担心没有发生的事，还不如静下心来做好眼下的事情，良好的家庭教育可能会改变孩子的一生。

安慰完妻子，我的思绪如同一匹脱缰的野马，我想了很多，甚至想到了很远的将来。梦中，便把自己思考的事情与妻子的谈话完全混在了一起。戴维曾经和我哥哥聊过有关婚姻的话题，其中的一句话使我在梦中脱离了正常的思绪轨道。顺着这件事，我发现了布雷斯劳这个元素。布雷斯劳是个地名，一位和我非常要好的女士就是在那儿举行的婚礼，并定居在那里。接着，我又找到了拉斯克和拉萨尔的印迹，这让我发现了我这个梦的中心意义，那就是我一直担心我的孩子们未来会毁在女人手里。大家都知道，拉斯克在女人那里染上了梅毒后，死于进行性麻痹，而拉萨尔虽没有染病，但却因为女人而死于一场决斗。

实际上，不只是孩子，我发现很多男人遭受灭顶之灾几乎都和女人有关，那是对女人的追逐。我又由此联想到我那位依然孑然一身的哥哥，他叫 Alexander（亚历山大），Alex（亚力克斯）是他的简称。分析到这儿，我豁然开朗，原来正是 Alex（亚力克斯）变异成 lasker（拉斯克）的一系列联想、变化，才使我从梦中的核心滑向边缘地带。

不过，上面这些名字和发音的游戏，还可以引申为另一层更深的意义：我希望我的哥哥能有一个幸福美满的家庭，尽享天伦之乐。下面，我们就来看看它是如何体现出来的。左拉（Zola）有一部小说《作品》，写的是一个艺术家的生活故事，但里面附带描写了他自己以及他幸福的家庭生活，只是他使用了化名 Sandos（桑多斯）。我一直认为，这部小说的内容与我的梦在一定程度上有着相通性。我们不妨猜想一下这个化名是从何而来的，如果把 Zola 倒过来，它就变成了 Aloz（就像很多人特别喜欢做的那样，把名字倒过来），或许作者觉得太浅显了，他就删去了 Al，进而选择了以 Al 打头的单词 Alexnder 的第二音节 sand，sand 与 oz 组合在一起，Sandos 这个名字也就诞生了。同样，我梦中的那个复合词 Atodidasker 也是这样形成的。

那么，我的那个幻想——告诉 N 教授，我们共同诊断过的那名患者确实是患上了神经症，是怎么出现在梦中的呢？首先，我先解释一下我现实中的工作状况：那是我一年工作的最后几天，我接手了一个病例，这个新患者的情况有些复杂，我一时难以给出准确的诊断，以至于我都开始质疑自己的医术了。一开始，我觉得患者可能患有严重的器质性疾病，也可能是脊髓出现了病变。如果这时患者告诉我自己有过性方面的病史，那我完全可以确诊，他患上了神经症。可事实恰恰相反，他激烈地否认了自己的性病史，这就让我一时间难以决断了。就在我左右为难之际，我向 N 教授求助。N 教授是一位德高望重的老医生，我和其他医生都很敬佩他在专业领域的成就和威望。

　　N 教授听完我对这个患者的描述，虽然觉得我的怀疑也不是没有道理，但他仍然明确地告诉我："继续观察这位患者，他可能患上了神经症。"在学术方面，因为神经症病因学，我与 N 教授之间一直存在一些分歧。面对 N 教授的诊断结果，我保留了自己的观点，但内心却有着很多疑问。随后的几天，尽管我仔细观察患者，但仍然没有观察到什么有利于诊断的细节。我只好告诉患者，我已经无能为力了，麻烦他另请高明。可就在这时，让我震惊的事发生了，患者非但没有离开，反而一改常态，和盘托出了他曾经对我隐瞒的性病史。他说，之前之所以没有告诉我，是因为自己羞于说出口。他诚恳地向我道歉，希望我能原谅他。我如释重负，欣慰自己终于得到了诊断结果。同时，我也有些自惭形秽，N 教授就没有受到既往病史的干扰，准确地给出了诊断结果，我更是打心眼儿里佩服 N 教授了。因此，我迫切地想把这个结果告诉 N 教授，虚心地向他承认我的不足。

　　梦中，我幻想的这件事实现了。可是，我又该怎样解释我的惭愧和内疚呢？这岂不是和我之前的观点——"梦是欲望的满足"相矛盾吗？然而，这确是我的愿望所在——我希望自己的担心是错的。也就是说，我希望我担心的事情都不会发生，即我妻子的担心是错的，是没必要的。实际上，在我的梦中，多次出现了对与错的问题，这与梦的隐意非常贴近。由女人引起的器质性或功能性伤害，就其本质来说，都是性生活引起的，而它们呈现出来的病症，要么是梅毒性瘫痪，要么是神经症（我想这个神经性病因，才导致了拉萨尔的死）。

这个梦内容清晰，结构简单，情节也很完整，看起来非常简单，但在分析的过程中还是出现了大量的信息。不过，经过我们细致的梳理，一切又归于明朗。N教授出现在梦中，并不仅仅是因为我要证明自己错误的那个愿望，也不是为了引出布雷斯劳，以及在那里结婚定居的好友，而是这其中还包含了诊断之后的一个小插曲。我和N教授谈论完这个病例后，并没有马上分开，而是聊起了一些私人话题。当时教授问我："你家里有几个孩子？"

"六个。"

"几个男孩，几个女孩？"他带着羡慕的口气，问我。

"三个儿子，三个女儿。可以说，他们既是我的骄傲，也是我的财富。"

"哦，那你得小心些了，女儿还好说，这男孩的教育、培养可能会有很多麻烦的。"

舐犊情深，出于对自己孩子的维护，我说我的孩子们都很乖，每一个人都令我特别满意。可以想象，在N教授对我的患者的病症做出诊断之后，又对我孩子们的未来发展提出疑问，这让我心里该是多么不舒服。虽然这两件事的本质不同，但它们存在相通性，并且发生的时间紧挨着，因此也就有了关联。而我梦中的神经症病例暗喻的对象就是家庭教育，这也在无形当中愈加接近梦念，愈加接近我妻子对孩子们的培养、教育问题的忧虑。那么，我迫不及待地想要告诉N教授，他的病例诊断是对的，就意味着我有承认错误的意愿。同理，对于N教授提出的关于孩子教育的问题，也是正确的，同样，我也希望能够承认自己认识上的不足，而这个想法又恰好被病例事件掩盖了。实际上，它们不过是代表不同选择的同一类愿望而已。

6）

有一天凌晨，我在半梦半醒、意识模糊的时候，做了一个梦，它让我体会到了梦对语言的浓缩过程，毫不夸张地说，那真是美妙极了。不过，有些情节我已经回忆不起来了，只依稀记得，凌乱中一个半像手写、半像印刷的单词 erzefilisch 浮现在我眼前，我一下子愣住了。因为这个词在一句话里，而且这句话既没上文，也没下文，特别突兀。那句孤零零地滑入我已清醒的记忆里的话是：它对性欲起到 erzefilsch 的作用。看到这个词，我立刻就知道了它应该是 Erzieherisch，即教育。甚至它在我眼前晃动的时候，我又突然觉得 Erzefilisch 似乎更准确。如此一来，我又联想到了 Syphilis（梅毒）一词。这时，尽管我还处在半梦半醒的状态中，可我的意识却积极地活动起来了，我努力地分析这个梦，想方设法地想知道，那个单词是怎么出现在我的梦中的。

无论是我自己，还是从我接触到的病例来说，没有一个地方与梅毒有交会点。后来，我想到一个与它相近且没有意义的词：erzehlerisch，这才很好地解释了 Erzefilisch 中第二个字母 e 的来历，原来它和我们的家庭教师 Erzieherin 有关。

在做梦的前一晚，她要我给她讲讲有关卖淫的问题。她的情感生活不是很正常，故而采用这样的方式来缓解她的情绪。我先用教育的方式（Erzieherisch）给她讲了很多这方面的问题，希望能给她一些积极的影响。之后，又向她推荐了黑塞的著作《论卖淫》。这时，我仿佛醍醐灌顶，一下子明白了Syphilis（梅毒）这个词不能按字面意思来理解，实际上它代表的意思应该是"中毒，毒害"。当然，这指的是性生活方面的。如此一来，我梦中出现的那句话就可以这样理解：我希望我的话（Erzählung）不仅能够帮助家庭教师，而且对于她的情感生活来说，也起到一个教育的作用，可我又非常担心会对她起到毒害作用。因此，Erzefilisch一词通过Erzieh和Erzäh融合而成。

梦中的这种造词现象，与妄想狂的临床表现非常相似。同样，癔症和强迫观念也会引发语言变异。我们都看过小孩子最喜欢玩的语言游戏，他们对照着实物，把抽象的词语具体化，而且还根据自己的喜好，随心所欲地创造出新词、新语法。这也恰是梦和精神性神经症中出现这种情况的诱因。通过对梦里毫无意识出现的新奇字、句的分析，可以证明梦的浓缩作用的巨大威力。虽然我们用来分析、研究的梦例很少，但这并不说明这样的梦例少，更不说明它们只是偶然才会出现的。事实上，这类梦例出现的频率非常高，说它常常出现都一点也不为过。只是这类梦必须用精神分析法，因此被记录和报告出来的也就不多，而且也只有神经病理学专家才能理解。比如1914年的时候，冯·卡平斯卡医生报告的一个梦例中，就包含Svingunm elvi这个奇异的词。有一种情况我必须说一下，有时候，梦到的词明明是一个真实存在的词，但在梦中体现的却不是它原本的意思，这个词由其他的词变形或组合而成，具有其本身以外的含义，那么它就相当于"毫无意义"了。1913年，陶斯克就曾经记录了一个这样的梦例，那是一个 11 岁小男孩的梦，梦里就有 Kategorie 一词。梦中，Kategorie 的本义是"女性生殖器"，但是与之相似的 Kategorieren 则是"小便"的意思。

对于梦中出现的口语，尤其是有精神性来源的口语，我们可以总结、归纳出一条普遍适用的规律，即梦中出现的这些字、词，都和梦念中能回忆起来的词语密切相关。其内容可以原封不动地呈现出来，也可以模棱两可地模糊表达。同样的道理，梦里的话也是经过梦念中的元素改组而成的，所以它既可以照搬原内容，呈现出多种多样的意义，也可以用其他形式、其他意义来呈现。总的来说，梦中的大多数话语，都可以按照它的本意来理解。

2　梦有移置功能

在通过具体的梦例研究探讨梦的浓缩作用时，我还发现了梦的另一种方式，而且这种方式的作用丝毫不亚于梦的浓缩作用。我们发现，有些元素明明是梦的内容中的主要组成部分，可在梦的隐意中，它们显现得并不重要。相反，有些元素尽管没有在梦的内容中出现，但在梦的隐意中却是最为核心的内容。也就是说，梦内容的中心与梦念之间甚至一点关系都没有，可以是任何不同的具象。

对于这一推理，用我们之前的梦例就能够证明。在植物学专著那个梦中，"植物学"作为梦的中心部分，其他的所有内容都围绕着它铺展开来，可我们分析之后，得到的梦的隐意中最为重要的是，我和同事之间有关职业道德的争论和异议，以及我对自己的拷问和自责，因为我的嗜好实在太奢侈了，我为它做出的牺牲太大了。可以说，要不是我白天经历中的一件事表面与"植物学"对应、连接，引起了我潜意识的思想，在我的梦念中，"植物学"根本就不存在任何地位，因为我对植物学本身毫无兴趣。

在我的患者的那个"可爱的梦"中，中心内容是楼上楼下、上升和下降的位置的差别，以及由此差别所带来的冲突，可梦念呈现出来的却是和底层的人发生性关系可能带来的危险。似乎梦境形成时，只是随意地在梦念中选择了一个边缘性的元素，并且极其夸张地铺展开去，根本没有对这个元素按照原意进行扩展。至于金龟子那个梦，其主题是性欲中的残酷性。在梦境中，残酷这个因素也确实有所体现，而且还是以对待小动物的方式呈现的，没有牵涉性的内容。这完全割裂了它在梦境中呈现的状态与梦念原意的前后联系，脱离了自身最初的象征目的，变成了另外的陌生内容。还有我那个关于我叔叔的梦例，黄胡子占据了梦中最核心的位置，但梦的隐意却指向我的勃勃野心，跟黄胡子没有丝毫关系。从上面的分析中我们不难知道，这些梦都证明了梦的另一种形成方式，即"移置作用"。

而伊尔玛打针的梦又和上面的这一类梦例相反，梦中的任意一个元素几乎都恰当地对应到梦念的元素中，保留了自己在隐意中的位置。这个梦例也使我们清楚地看到一个事实，那就是梦的隐意和显意之间的关系极不稳定。尤其这种不稳定性，除了让人们感到惊讶外，也给释梦工作平添了不可预料的麻烦。在现实生活中，如果我们全神贯注地思考某个精神过程时，发现有一个元素于所有的元素中脱颖而出，我们的意识便会把它挑选出来，使之成为一个活跃的焦点。这时，我们会把对这个元素的特别兴趣，看作对它独特价值的认可和证明，从而把两者联系起来。但是梦的形成却不是这样的，梦念中那些没有展现出来的元素的价值，被直接忽略掉了。尽管它们都拥有自己的价值，有的甚至具有最高意义，我们也能分析判断出来，但它们在梦的内容中微不足道，因此，那些不具备重要内涵的元素便取代了它们原有的地位。

就本质而言，一个元素的精神强度、价值以及受重视的程度，是与感觉的强度、观念内容的强度有着明显区别的。但梦境在选择元素的时候，似乎并不在乎它们具有多少精神价值，而只侧重于它们的汇集能力，着眼于它们能联结多少线索，隐含多少深意。一方面，出现在梦里的元素不一定是梦念的核心，而是反复出现的概念。但是如果这样理解梦的内容，对我们分析梦境就不具备重要价值。可是如果我们从事物的本质出发就不难明白，多重性的象征和它本身的精神意义是同向发挥作用的。因为隐意是从梦的显意中摄取出来的，所以隐意的核心元素在梦的过程中一定会反复出现。但是另一方面，梦又可能排斥那些极力强调、得到多方支持的隐意元素，反而从整体中选取一些次要的元素，参与到梦境的构建中。

为了解答这个问题，我们可以回过头去，看第一节中分析梦的多重性的决定作用，就会迎刃而解。在上一节中，如果你一路紧跟并理解了我的分析，那么你现在就可能已经有所总结了。你会觉得，日常的生活经验就能轻松地理解，根本没有必要过高地抬高梦的多重性决定的发现。我们对梦进行分析的时候，总是习惯性地从梦的内容出发，把梦境中元素的扩展脉络刻画清晰。同时我们会发现，在这个过程中，我们不断地遇见重复的元素，其实这也没什么可稀奇的。尽管我们想要表达的内容，与反对我们的人发出的声音是那么相似，但我依然无法认同这些反对意见。

我们在梦的分析中获得的那些思想材料，其中的一些已经偏离了梦的核心内容，好像是出于某种目的而刻意安排到梦中一样，其用意非常明显，即这些元素在梦的隐意与梦的内容之间构建了一种联系，尽管这种联系是牵强的、生疏的，但却具有必要的过渡性。一旦没有这些元素，各个元素之间就缺少了聚合和联结的力量，就难以体现出梦中的多重性决定作用，梦就得不到透彻的分析。我们可以说，梦的多重性决定对哪些元素能够选入梦的内容起着决定性作用，但它不一定就是建构梦的主要因素，主导梦的形成的，应该是我们还没研究透彻的一种神秘的精神力量。不可否认，梦在选择元素的过程中，多重性决定还是发挥着重要作用的，因为我们能够清楚地看到，即便它不能从梦的材料中顺理成章地生成，也一定会大费周章地去生成。

现在，我们不妨做一个推理：梦的形成过程中有一种强大的精神力量，一方面，它削减具有核心价值的元素的地位；另一方面，它又可以通过梦的多重性决定作用，去提升那些边缘性的价值较低的元素地位，使之成为隐意中不可或缺的过渡桥梁，然后把二者安排到不同的路线上进入梦境。如果真是这样，那么其中一定存在价值的转移过程，这也是梦的内容和隐意之所以会天差地别的原因所在。梦的形成就建立在这种转移的基础上，我们姑且叫它梦的"移置作用"。梦能够建立起来，主要就依靠这两大决定性因素：浓缩作用和移置作用。

这样一来，我们就能很轻松地理解，在梦的移置作用下所产生的精神力量了。实际上，移置作用的目的，就是使梦的内容脱离隐意主题的控制，成为一个遮挡潜意识活动和欲望的面具，只是梦的这种伪装早就被人们熟悉了。我们还原这种作用，权当作一种精神能动性对另一种精神能动性的审查。移置作用使梦圆满地完成了伪装的任务。如果用一句法学用语来形容，那么应该叫作"生效者得益"。

因此，我们完全可以设想，梦的移置作用是通过对向内的精神防御的考察而产生的。

我们暂且把梦的浓缩作用、移置作用和多重性决定作用放在一边，既不去管它们在梦的形成过程中是如何相互影响的，也不讨论它们哪个是主要因素，哪个是次要因素，留待后面讨论、研究。目前，最应该说明白的是，进入梦中的那些元素，除了必须满足梦的第一个条件——多重限定性外，还必须满足第二个条件，那就是它要靠被选入梦的内容的显意来符合它。也就是说，这些显意必须能够避免抵抗作用的考察。不过从现在开始，我们再对梦进行分析的时候，就完全可以把梦的移置作用当作确凿的条件应用了。

3　梦的表现途径

通过上面两节的探讨，我们知道了梦的浓缩作用和梦的移置作用，在梦从显意向隐意的转变进程中，起着至关重要的作用。如果我们继续在这个问题上深入探讨下去就会发现，最终进入梦的素材并不是随机选取的，它们受另外两个决定性因素的影响，这一点毋庸置疑。

在研究这个问题之前，我还是先把整个释梦的过程简单地讲解一下，尽管我知道这样做的后果或许不堪设想，极有可能中断我们的研究，但这一步骤势在必行。我一直认为，成功的释梦，不仅要做到条理清晰，还要使听者心悦诚服。那么，想要达到这样的目的，选择一个特殊的梦例乃为上上策，甚至可以说是一条捷径。回顾一下我在第二章中对伊尔玛打针那个梦的分析过程，就不难看出，我就是用这样的方法来剖析选出特殊梦境的。首先，我把整个梦细细地肢解为若干个零碎的梦念，再把这些零碎的梦念集中在一起，重新组合构成梦。其实这个道理很简单，就是采用综合的方法来完成梦的解析工作。

对于这种方法，我早已谙熟于心，并且已经用它圆满地解析了很多的梦，但目前存在的一些综合性因素，导致我不能反复使用这种方法。这主要是因为部分相关的精神材料性质很特殊，人们会有各种各样的顾虑。不过我相信，任何一个正直的人都能理解。

实际上，梦的分析过程也并非一成不变的，纵使梦不够完整，甚至只有冰山一角，那也无伤大雅。对于梦的综合作用，我的解读是，它只作用于完整的梦境。就我个人而言，梦境可以完整地让我进行综合分析的人，只有我的那些神经症患者，而他们又恰恰都是读者不了解、不熟悉的人。因此，关于梦这方面的问题，我将在另外一本书中给予更详细的解读，那里既会有对这些神经症患者的心理阐述，也会有我将他们的阐述语言与目前的释梦问题紧密结合的综合分析。因此，目前我们要做的就是暂时搁置梦这方面的讨论，留待以后某个适当的时机再另做深入的探讨、研究。

通过梦的隐意，用综合方法重新构建梦的过程中，我们惊讶地发现，与释梦相关的素材分为两大类，而且就这两类的价值而言，不但不相同，还天差地别。其中，第一类就是我们刚刚说过的隐意。如果梦的隐意是梦的主要组成部分，当梦的稽查作用被我们忽略掉时，隐意几乎就是梦境本身了。相比这类素材，第二类素材就复杂多了，它包括由梦的显意向隐意引导的所有联系途径，以及释梦过程中帮助我们找到这些联系途径的中介性和辅助性联想。尽管如此，人们并没有觉得它有多重要，更不相信这些素材参与到梦的形成过程。在他们眼中，这一类素材更多的是和梦醒后的事件有着密切的关系。

对我而言，梦的核心隐意才是我最大的兴趣所在。梦的隐意与我们清醒状态的思维过程差不多，拥有和思维过程一样的属性。尽管如此，但隐意远比思维过程更为复杂、烦琐。我们知道，思想和记忆连接，构成了复杂多变的复合体，而隐意就是以这样的复合体形式存在的。隐意具有一些分散的核心，每个核心又可以发散出一连串绵延不绝的思想，这些思想又在一个可以交会的接触点上交织成网，每个思路既有自己的对立面，又通过彼此的对比联系在一起。

任何一个复杂结构之所以能够形成，必有诸多的逻辑关系作为其强大的支撑力量，这是无可厚非的。因此，在隐意构成的这个庞大结构中，一定存在很多类似前景和背景、离题和说明、各种条件、例证及反驳等元素，它们具有极强的逻辑性，且又环环相扣。在它们的逻辑性没有遭到破坏之前，我们日常生活中常常用到的诸如"如果""因为""就像""虽然""或者……或者"等关联词表达的逻辑关系，就存在于隐意构成的庞大框架中，并且个个有据可循。但是梦在工作中，并不会让这种逻辑关系即隐意材料，一成不变地保存下去，而是把它们像水果投进榨汁机一样，拥挤地进行翻转、碾压。这样的情况下，这些隐意材料虽然在物质上没有缺失和转换，但结构已经扭曲，甚至是面目全非了，曾经的逻辑关系也会荡然无存。此时，对于这些空有质体堆积的逻辑混乱结构，我们究竟该怎样理解呢？

对此，我们可以这样解释：梦没有能力来建构隐意材料之间的逻辑关系，隐意材料之间从来就不存在什么关联词，梦不过是接收了隐意材料中的实际内容后，再予以加工罢了。但作为释梦人，我们要做的也是必须做的，就是把那些被打乱了结构的质体用各种关联词重新有条不紊地编织在一起。

梦之所以不具备表达这种逻辑性的能力，实在是因为事物在表达逻辑关系的时候也受到局限。至于这种局限有多大，这要看构成它本体的材质属性，因为两者密切相关。在现实生活中，我们很明显地就能看到，诗歌艺术的本体材质是语言，相比绘画和雕刻这样的造型艺术，它更能轻松流畅地表达逻辑关系。事实上，任何一种艺术形式都与它试图要表达的思想有着固定的关系，古代的人们在没有意识到绘画艺术本身的这种逻辑关系时，总是竭尽全力地加以解释，试图做到完美的表达。这不是妄语，更不是猜测，我们从古代绘画中的人物就能得到印证。那些人物的嘴上，通常都挂着一小段说明文字，这就很好地补充了当时的艺术家没能用绘图呈现的含义。如果我们能够从这个角度出发，理解由精神材质构成的梦不能表达逻辑关系这个问题就轻而易举了。

对于梦没有能力表达逻辑关系的这种说法，持反对意见的不乏其人。因为大多数人都觉得自己入梦时，感受到的梦中思维和现实中的思维并无二致，它们就像清醒时一样，可以反对或证实，嘲弄或比较某些事情，进而完成一系列繁杂的智力运作。但如果我们做深入的分析，就不难发现它们的欺诈性本质，我们不过是被它们的表象蒙蔽了。隐意材料虽是构成梦的素材之一，但它不具备表达自身思想关系的能力，即便在某些时候，这个内容本身就是某种思想活动，这也是之前说到的令人们困惑不已的地方。打个比方说，一些描述性语句会原封不动或稍加润色后出现在梦的材料里，尽管某些时候它们也能表达出与逻辑思考相关的内容，那也不过是以内容形式存在的隐意罢了，而且它所暗指的事件，极可能与梦的真实含义相去甚远。

我从来不否认，在梦的形成过程中，某些批判性思想活动所发挥的重要作用，因为它们绝不是单调地复现梦中的思想材料。在本章分析讨论后，我将会进一步阐述批判性思想活动所带来的影响，之后大家就能更清晰地了解，从某种意义上来说，批判性思想活动并不是梦的隐意导致的，而是结束后的梦本身。

现在，我们姑且认为，梦中各种隐意材料之间的逻辑关系基本不会拥有单独呈现的机会。假如梦中出现了矛盾，除了梦本身所致外，那就只能是某个隐意材料自带的矛盾所致，但梦中矛盾并不直接迎合隐意材料间的矛盾，而是选择间接的途径。这一点与我们之前所举的绘画艺术有着异曲同工之妙，绘画艺术想要表达人物的柔情、威胁、恐吓等意图时，已经寻找到了一种新的表达途径，取代了过去嘴边挂上用语言说明的方法。同样的道理，梦也可能找到了某种途径，来阐述梦的隐意材料之间的逻辑关系。实验研究表明，各种各样的梦境都在其表达方式上做了相应的调整、改变，有的完全抛弃了内在素材之间的逻辑关系，也有的把这些逻辑关系转化为表达的重点。只是这样一来，有些梦会与其素材的表象内容有很多的相似点，而另一些梦则可能会截然相反。如果梦的隐意材料在潜意识中，已经形成了一定的时间顺序，就如同伊尔玛打针的那个梦例，梦也会表现出相似的处理方式，有或大或小的变化。

实际上，梦的隐意材料之间的逻辑关系错综复杂，甚至有些扑朔迷离，很难把握，下面我就逐个列举出来，一一加以说明，梦在运作过程中，到底是怎样处理这些难以表达的关系的。

大致上说，把梦融为一个完整的场景，或一个完整的事件的元素只有两个：一个是以内容或情节形式存在的一个个隐意材料，另一个是这些隐意材料之间交错相关时产生的关联点。也就是说，这时的逻辑关系呈现出同时性。此时，梦仿佛成为一位神奇的画家，同时将一大群哲学家或作家画入一幅关于雅典学院或帕纳塞斯山的画中。可事实上，这些人物从未在某个宴厅或是山峰上聚会过，但他们却在某个思考中形成一个整体。

在各个不同的细节方面，梦始终小心翼翼地遵循着这种表现方式。如果梦把其中的某两个元素拉扯在一起，就完全可以断定，与这两种元素对应的隐意材料之间，一定存在某种密切关系。形象地说，这就像我们平时书写文字一样，如果把字母"a""b"连写为"ab"，那么就要把它们作为一个音节来读；如果"a""b"之间有个空格，并且用逗号隔开了，那就表示它们是两个单词里的字母，"a"是前一个单词的最后一个字母，"b"是后一个单词的第一个字母。梦中元素的组合也是这样的道理，梦并不是在各个独立的材料之间随机展开，而是选择那些梦的隐意中关系密切的元素，然后把它们组合在一起。

虽然梦的因果关系的表达方法有两种，但就本质而言，它们又是一样的。梦与隐意材料的对应关系始终奉行复合句的主从关系。如果隐意材料的内容属于"因为是那种情况，所以才发生了这样的事"这样的因果关系，那么对应到梦中时，从句的内容就成了梦的序曲，主句的内容就成为完整的梦境了。这个次序也可以颠倒过来，成为"之所以……是因为……"这样先说结果、后说原因的表达方式，但其内容上的对应关系并不改变。也就是说，梦中极尽铺陈的主要部分，在逻辑上始终与隐意材料中的主句部分相对应。

我的一位女患者曾给我讲了她的一个梦，这个梦就把上面的因果关系表现得淋漓尽致，因此我把她的这个梦称为"万花丛"。这个梦以一个序曲开始后，积极围绕一个中心铺陈开来，从而延伸出一个内容丰富的梦。接下来，我就从序曲开始描述。

她走进厨房，来到两名正在干活的女佣面前，严厉地斥责她们怎么还没把她想吃的饭菜做好。这时，厨房里的一堆厨具映入她的眼帘。只见那些粗瓷碗碟堆叠在一起，全部口朝下倒扣着，等着滴净水晾干。两名女佣去打水，似乎要涉水过河，那条河紧贴她的房子流淌着，眼看就要流进院子了。

然后正梦开始了：她从高处爬下来，翻过了一排修得很别致的木制栏杆。她有些小兴奋，庆幸自己爬栏杆的时候没有钩到裙子……

序曲中的内容与患者的父母、住所紧密相关。几乎可以肯定的是，她在厨房斥责女仆的那些话，就是她母亲经常用来说她的。那堆叠、倒扣在一起的碗碟，与同一栋楼里的杂货店有关。而她的家也的确是在一条河的岸边，有一次河水泛滥，她的父亲病逝了。她的父亲也曾与家里的女佣不清不楚。按照一一对应的关系，隐藏在梦的序曲后面的真相愈加清晰、明了："我出生在这所环境恶劣的房子里，卑微低贱的生活方式使我郁郁寡欢、愁结难舒……"可紧随其后的主梦，则反其道而行之，表达了"我出身于一个高贵世家"的含义。尽管这里保留了序曲的主要观念，但却使用"梦是愿望的达成"的方式进行了置换，将隐藏在梦深层的意思表达出来："我卑贱的出身是我一生寂寥的元凶。"

我认为，对于所有可以划分为前后两部分的梦而言，这两部分之间并不一定存在因果关系。通常情况下，这两部分以相同的材料为始发点，投影到前后两段梦，然后从不同的视角呈现出来。这一点，尤其在生理需求越来越强烈的梦中，得到了充分的体现，梦也常以射精或者达到性高潮而结束。另外还有一种情况，梦的这两个部分有着各自的核心内容，梦境从两个核心开始同时扩散。其中交叉重叠的部分，在两段梦中所占据的不同地位，决定了它是成为一部分梦的中心位置元素，还是成为另一部分梦的暗示元素，反过来也是这样。可在大多数情况下，当一个梦可以清楚地划分为两个长短不同的序曲和主梦时，我们就能清楚地看到它们之间明确的因果关系。

另外，还有一个能够表达因果关系的方法，那就是把梦中的目标——人或物，直接进行转换。但这种方法有些局限性，只适用于牵扯素材较少的梦。相比之下，用一种事物代替另一种事物的梦，并且梦中看到这种变化的发生过程，那么前后两者的因果关系就会更加明显，可一旦遇到这种情况，就务必要谨慎分析，方能正确释梦。

上面我就说过，虽然这两种方法表现不同，但其本质是相同的。前者中，因果关系主要体现在梦的前后两个章节，而后者则体现为梦的前后两部分依次变化所呈现的影响。尽管如此，它们却都包含呈现因果关系的时间顺序。只是大多数梦例中的元素都不具备明确的时间顺序，它们混淆甚至消失在梦中，这也导致了这一类梦中的因果关系，很难被人们正确地摸索到。那种"也许是……也许是……"的二选一的情况，梦是无论如何也表达不出来的。大多情况下，梦会一视同仁地把这种抉择关系中的双方直接插入梦的内容。伊尔玛打针的那个梦，就包含这样的例子，并且这个例子堪称经典，乃至于到现在，它的隐意随时都能清晰地浮现在我的脑海里："虽然伊尔玛的病一直无法治愈，但责任根本不在我身上，她的痛苦也不是我能改变的，究其原因就在于，她不仅拒绝接受我的治疗方案，她的性生活还不尽如人意，更重要的是，对于病症而言，她属于器质性的疾病，和癔症一点关系都没有。"但梦却一一满足了这些具有明显排他性的因素。不夸张地说，如果有第四种方式能够达成梦者的意愿，那么它也会毫不犹豫地在"也许是……也许是……"这个分句中拥有自己的一席之地。

通常情况下，人们在表达梦境时，常常用"也许是……也许是……"这样的句型来表达。大多数情况下，它被用来指代一两个含混不清的梦元素。实际上，这种含混不清是完全可以解释的，它有一个规则可以遵循，那就是它所呈现的梦念的含义是同等对待两个元素，把它们加在一起，用"和"连接。比如，"它也许是个花园，也许是个客厅"这句话，呈现在隐意中的可能并不是"花园""客厅"二选一，而是两者并列存在，是"花园"和"客厅"。打个比方说，有一次，我得知我的一位朋友逗留在意大利，便很想去看看他，但我却苦于不知去哪儿才能找到他。这样持续了一段时间后，我梦到自己收到了一封电报，上面就写着他给我的地址。可是，电报上的字都是蓝色的，尤其那个地址的第一个字模糊不清：

或许是"经由"（Via）

或许是"别墅"（Villa）

又或许是"房子"（Casa）

第二个字非常清楚，是 Sezerno。可这个字读起来怪怪的，特别像意大利人名。这让我想起了一件事，我曾经和我这个朋友讨论过词源学，同时也表达了我对他的不满，因为这么长时间以来，他居然向我保密他的地址。在我分析第一个字的三种可能性时，每一个都成为独立、平等的个体，并由此而展开了联想。

在我父亲出殡的那个晚上，我梦到一张印刷的讣告，它和火车站候车室内贴着的那种禁止吸烟的告示差不多，或许本来就是海报，也或许就是招贴画，上面写着：

请闭上眼睛。

或许：请闭上一只眼睛。

这种情况下，我总是习惯性地把它记录为：

"请闭上（一只）眼睛。"

这两种不仅写法不同，就是所表示的意义也不一样，在释梦过程中的导向就更各彰其义了。那时，我遵从父亲葬礼从简的遗愿，举行了清教徒式的朴素出殡仪式。可是，家族里的很多成员却对此嗤之以鼻，在他们看来，这样简朴的葬礼会被参加葬礼的人们瞧不起。因此，梦中那句"请闭上一只眼睛"的隐意就是，请你忽略这件事。在这里，我们不难发现，梦在运作过程中，根本没办法使用统一字眼，把以"或许……或许……"形式存在于梦中的事物表达清楚，在这样的情况下，梦便不置可否地把与两条线索对应的显意引向不同的道路了。

对于"或许……或许……"这种二选一的难题，也不是不能解决，我们完全可以采用等量分割的方式，把梦分成规模和大小相同的两个部分来解决。

但需要注意的是，梦对矛盾和对立的事物干脆视而不见，似乎"不"在梦的世界里根本不存在似的，尤其在处理矛盾和对立时，梦往往更倾向于将相互对立着的事物处理为同种事物，或者干脆将它们整合为一个统一体。此外，梦还可以随意选择一些元素，并把这个元素表现为它最理想的对立面，也正是这个原因，才导致我们当初判断那些被允许出现的对立元素于隐意中的意义时陷入了困境，我们无法分清它所代表的意义究竟是正面的还是反面的。

在前一个梦中，"我卑贱的出身是我一生寂寥的元凶"一句，是我针对第一句做出的具体解析。梦中，那位女士手执鲜花，翻过一排修得很别致的木制栏杆，落在地上。这个情景让她想起了圣母马利亚的画中，那个手执百合宣告耶稣诞生的天使，更主要的是做梦的这个女人也叫马利亚。这也使她想起了"耶稣圣体游行"队伍里的女孩。耶稣圣体游行时，队伍走在用常青藤装饰的街道上，队伍中的那些女孩身着白袍，缓缓而行。

梦继续着。开始时，拿在她手中的花枝枝繁叶茂，茂密的枝叶间盛开着一朵朵鲜花，火红欲滴，看上去就像山茶花一样。可随着梦内容的推进，当她走到路的尽头时，手中的花大部分都枯萎了。歌德有一首非常有名的诗——《磨坊主的女儿》，诗中就把百合赋予"少女之花"的含义。因此我们不难知道，这个梦中的花枝乃是少女圣洁的象征。至于枝头上火红欲滴的鲜花，则指向身份为交际花的茶花女，尤其其中还暗含女子生理期之意。就像大家都知道的那样，平时茶花女的头上总是戴着白色茶花，可一旦到了月经期，头上戴的则是一朵红色茶花。

于是，女人梦境中的花枝，就同时象征贞洁和其矛盾的对立面。梦在表达她对自己纯洁无瑕的一生而欣慰时，也用凋零的鲜花暗含相反的概念，她为自己在童年时期所犯的有关贞洁方面的错误羞愧难当。我们已经清楚地看到，在对这个梦进行分析时，产生了两种思绪，让我们倍感欣慰和满意的一面通常由显意呈现出来，而让我们自惭形秽的一面则潜藏在最深处，用隐意表现。尽管这两种思想截然相反，却依旧可以通过具有相同属性的元素，于梦中的同一件事中体现出来。

在各种逻辑关系中，梦的形成机制最青睐相似、和谐或相近的关系，我们把它称为"恰是"。"恰是"关系与众不同，其主要体现在梦中的时候，它的表现形式多种多样，丰富多彩。作为梦的形成来源，梦念包括一些与生俱来的对比现象或"恰是"现象，可有的时候，这些天生的对比无法通过梦的稽查作用的审核，梦便将重点运作力量统统放在制造新的对比现象上，用以取代那些已经存在但又无法通过稽查作用审核的被阻挡者。梦在表达这种相似关系时，浓缩作用帮了大忙。

通常情况下，在梦的运作中，梦念中原本就有的也好，新创造出来的也罢，其相似性、一致性、共同性都以统一化作表现形式。统一化有两种表现形式：第一种是"认同"，第二种是"复合"。前者适用于人的统一，后者适用于物的统一。但有的地点的素材会按着人物的身份进行分析，因此"复合"也适用于人的统一。

认同作用中，某个共同元素将不同的人联系在一起，但却只有一个人才是梦中主角，呈现在梦的内容中。尽管如此，这个人代表的并不是他本身，而是囊括了被其覆盖的所有人物概念，呈现在与他本身或其覆盖者有关的各种关系与场景中。而"复合"作用适用于人的时候，梦中人物形象就已经涵盖了多人的特征，只不过这些特征并不是这些人所共同拥有的而已。假如将这些特征整合为一个新的统一体，那么就会诞生一个新的复合人物了。

实际上，"复合"作用可以通过下面几种途径实现：有时，梦中人物会从有关系的人中选择、借用一个人的名字，同时又借用另一个人的相貌特征，但我们可以清醒地认识到，这个人是清醒状态中的哪个人。有时，梦中人物自身的外貌特征本来就是复合的，通过视觉就可以分辨确认出来。也有时，复合作用和认同作用趋于类似，复合已经不再是单纯的外貌统一，而是言行举止、姿态习惯，甚至是背景环境上的结合。但是，并不是所有的复合创造都能成功，诚如斯泰克尔的阐述："当时我妈妈也在。"之所以出现这种情况，是因为梦调换了梦中人物的主次位置，把所有的梦元素都加诸一个相关的人物身上，忽略了真正重要的人物，从而把他变成随附的旁观者了。其功能与前面提到的象形文字手稿一样，象形文字的作用不在于发音，而在于为其他符号提供注释用的"决定性因子"。

认同也好，复合也罢，它们的最终目的就是避免共同元素重复出现。因此，促成或支持两个人物结合在一起的交集元素，有可能在梦中出现，也有可能缺席。例如，梦为了避免出现"A仇视我，B也仇视我"这种情况，直接将A、B两者捏合在一起，或者把B的一些特征赋予在A的行为上，构建一个由A、B合成的人物。并且，梦在构建AB复合体的时候，方式多种多样，别出新意。例如，在一个恰当的时机，把A、B两者对我的敌意，赋予在他们于同一场景出现时的共同元素上，而且通过这种方式，我经常能够显著地精练浓缩梦的内容。梦的稽查作用在进行审核的时候非常苛刻，常常将一些梦素材拒之门外，而通过认同作用形成的新复合人物却可以巧妙地躲开这一点。它以两者极少的连接点做基础，大量添加与稽查对象无关紧要的特征，混淆视听，最终形成的新复合形象就可以躲开稽查，成功地进入梦的内容。很显然，稽查作用排斥的对象是不可能出现在本体里的，但是如果存在这样一个人，他一样适用于所需场景，而且与被排斥的对象有一些无伤大雅的关联，那么就可以让原本被排斥的对象，存在于这个可以存在的人的概念或特征中。这样一来，不仅摆脱了排斥对象直接出现所引发的冲突，同时，也省去了诸多因素重复出现的错综复杂的场面。因此，通过梦的浓缩作用，那些极力想表现的愿望，都能成功地通过梦的稽查。

通常情况下，如果将两个人结合起来的某一共同元素出现在梦中，这就暗示我们，可以用另一个未能通过稽查作用而被隐藏起来的无法在梦中出现的共同元素进行置换。因此，我们完全可以肯定地说：当梦通过复合作用产生的人物具备了许多无关紧要的共同元素时，它一定同时隐藏着另外一个共同元素，而且这个共同元素非但不是无关紧要，还不可或缺，可谓极其重要了。

通过上面的层层分析我们不难得知，认同作用和复合作用重塑下的人物，拥有着不同寻常的重要意义：首先，它表现的是两个人之间的共同元素；其次，它表现的是一种被置换位置的共同元素；最后，它表达了期望表达的某个共同元素。我们不妨再回想一下伊尔玛打针的那个梦例。梦中，我希望用另一个患者来替换她，也就是说，我希望另一位女士如伊尔玛一样成为我的病患。为了满足这个愿望，梦让伊尔玛仍然成为我的病患，可是她接受检查的姿势，分明就是我看到的另一位女士接受检查时的姿势。梦中的伊尔玛被赋予了其他元素，这便是"我希望另一个女人成为我的病患"的愿望的达成形式。对两者具有共同元素的渴望，最终会使两者的位置发生置换。而这一点，也成为我那个关于我叔叔的梦的中心，其主要表现是：我使自己拥有了和部长一样高的权力，可以肆无忌惮地评价和处置我的同事。

根据我的经验，任何一个人的梦都是自我的，都毋庸置疑地与梦者本人相关联。即便有的梦中没有自我，而是一个没有丝毫瓜葛的陌生人，也一样可以断定，那个自我已经通过认同作用，隐蔽在这个陌生人的形象中了，并以这样的形式参与到梦的内容中。另外，也有自我出现在梦中的情形，但它通过所处的场景告诉我，此时一定有另外一个人通过认同作用隐藏在我的自我背后。这时，释梦人就要格外注意那些与这个人相关的元素，也就是那个隐身的没能出现在梦中的共同元素，并适当地将它们移置自我身上。另外，还有一些自我和其他人同时出现在梦中的情形，自我身上的很多概念会不符合稽查作用的要求，因此它就在被排斥的临界点上，把自我身上不能通过的因素赋予在别人身上，进而体现出来。梦中，这样的认同作用可以让自我形象若隐若现，有时是自己，有时又是认同后的他人的表现。经过一次次的认同作用，梦的隐意材料被成功地浓缩了。

"当我想到我曾是一个多么健康的孩子。"这个例子就足以说明，自我可以在同一个梦中反复出现，完全不受次数、形式、地点的干扰，这种情况与非梦状态中，自我亦会不拘次数、不拘形式、不拘地点地出现在任何情形中，是一样的道理。

通常情况下，因为梦不受具有强大影响力的自我因素干扰，因此应用于地点名称的认同作用会更容易解读。前文中，我做的那个关于我去罗马的梦中，我所在的地方虽然叫作罗马，可在街角的地方，到处贴满了德文广告。实际上，这是我去罗马的愿望的达成，这时的罗马指的是我在梦境中对我所在地的命名，它并非现实意义中的罗马，因为我能看到街角张贴的大量德文告示。就在我对此惊讶不已的同时，又联想到了布拉格，毫无疑问，它是为了满足我自身愿望才体现出来的。很久以前，我是一名狂热的德意志民族主义者，热切地期望着与一位老朋友在布拉格会面。于是，我在梦境中，便把罗马和布拉格归结为一个共同的元素了，一方面体现了我希望自己置身之处就是罗马而非布拉格的愿望，另一方面又体现了我不想放弃与朋友会面的渴望。因此，在梦里，我用了地点的共同元素完成了它们的置换和认同，成功地满足了我内心的愿望。

　　梦的神奇之处就在于通过复合作用构建形象，把一些无法通过感官直接感知的元素引导进梦里。这也是为什么具有复合形象的梦，总像被披上了一件神秘的外衣的原因了。在清醒状态下，我们有时会想象描摹一个半人半马的怪兽或是恐龙，这个过程与梦中构造复合形象差不多，唯一的不同之处就在于，在清醒状态时，我们对新形象的期望印象就是联想的蓝本，而梦中构筑的新形象却往往取决于隐意中诸多共同元素的相互作用，而非一些外在因素。梦中构成复合形象的途径多种多样，异彩纷呈，有些只是把一些事物的属性元素直接加诸另一些与之有微妙关联的事物上，就完成了复合作用。相比这种单纯朴实的直接组合，有的则是绝妙地运用了两者在现实中的相似点，巧夺天工地将二者拼合成新形象。因选择的隐意材料以及拼凑方式的水准制约，最终得出的复合形象既可能精美绝伦，也可能会怪异荒诞。

　　一般情况下，并不是所有情况构建出的统一体都是和谐的，若是在同一单元内大量地浓缩很多的冲突元素，那么就不能完成统一单元的构成愿望，在这种情况下，就会退而求其次，用主次有序的方式表达。尽管保留了明显的核心，但同时也会陪衬一些特征模糊不定的元素。两种表达方法各不相让，此消彼长，会展现一种你争我夺的场景。对于现实生活中的绘画艺术来说，如果我们想用统一笔触来表达若干人脑中的同一个概念时，就会用类似的手法体现。

　　前面分析过的梦中，我曾列举过几个梦例，简单明确地阐明了梦是复合体的观点，下面我再列举几个例子做一些补充。之前提到过的那个名为"万花丛"的梦，就是通过花表述了女患者的一生。梦中，女患者手里拿着一枝花，从前面的分析中我们已经知道，这既是贞洁之意，又象征着性的罪恶；另外，通过花朵的排列方式，梦者觉得更像是樱花；仔细看那一朵一朵开着的花，似乎更像是山茶花，而且花朵都像是后来增添上去的，这些花元素在两种象征之间摇摆不定，两者具有的共同元素则来自梦的隐意。梦中，女患者拿花的姿势是捧着的，这说明花枝是她所欲求或是企图赢取的一种礼物或是恩赐。如此一来，她在小时候得到的樱花以及山茶花，都指向一名自然学家。曾经，这位自然学家送给她一幅手绘的花的图画，想博得她的青睐。还有一位女患者曾告诉我说，她梦见了一种特殊的建筑，它与海滨的更衣室、乡村的户外厕所、城市住宅的顶层阁楼都有相似之处。不难看出，前两个元素都包含着裸体和脱衣的概念，如果将它们与第三个元素巧妙地融合，就会发现：她在童年时期居住过的顶楼阁楼，也同样包含着脱衣裸露的概念。还曾有一位男子于梦中构造了一个复合地点，成为他的新"治疗"场所。那就是把我的诊疗室和他与太太第一次邂逅的娱乐场所进行了复合。有个小女孩，在她的哥哥答应带她去吃鱼子酱后做了一个梦，梦中，她看到她的哥哥双腿沾满了黑色的鱼子酱粒。鱼子酱的概念来自她哥哥最近答应请她吃一顿鱼子酱，而腿"感染"的颗粒元素，则来源于她的回忆。小时候，她的双腿曾感染过皮疹，那是他哥哥传染给她的。因此，皮疹的红色颗粒和鱼子酱的黑色颗粒便有了共同元素——从哥哥那里获取的东西，并在这种共同元素的作用下，梦巧妙地复合成了新事物。这个梦和很多梦例一样，把人体的一部分物化对待了。还有一个类似的梦，梦中的景象是由一名医生和一匹马复合而成的，而且还穿着睡衣。女患者自己意识到睡衣是她童年时撞到一幕有关父亲私事的暗示，而且在她幼年的时候，因为强烈的好奇心，她常常央求保姆带她去军队的种马场，在那里，她那尚未遭到禁止的好奇心得到了满足。如此一来，这个梦的解释便不言而喻了：梦中的三个元素都具有性因素，都是她性好奇的对象。

我在前面曾经坚定地认为：梦没法表达矛盾、相反或否定的关系，不能表达"不"这一概念。现在，我要初步推翻这一观点。在我提及过的那些梦例中，有些看似"对立"关系的情况，完全可以通过认同作用表达出来，而对比关系又和置换、替代息息相关。在梦的隐意中，还存在一些"对立"的关系，它们大致可归属于"相反"这一范畴内，在梦中的时候，它们也可以通过认同作用完成自我表达。除此之外，梦的隐意中还存在一种"颠倒"的对立关系，它们可归属于"刚好相反"这一范畴，梦中，"刚好相反"的部分从不赤裸裸地出现，而是经由那些为了其他目的构造的其他内容的侧面表现出来，就如同事后的联想，或是因为另一件与之相邻的事在发生的过程中不小心泄露出来的一样。这样的出现方式简直就是出其不意，滑稽得近乎搞笑。相比单纯的阐述，举例说明更能使人快速理解这个过程，这让我想起那个"上楼与下楼"的梦例，梦中，隐意的原型是歌德名作《萨福》里的序幕，主人翁抱着他的情妇上楼，由最初的轻而易举，变成后来的举步维艰。而与梦者哥哥有关的"在楼上""在楼下"的情形，出现在梦里的时候，却刚好颠倒过来了。这也就是说，梦的隐意中一定包含着相互颠倒、对立的元素，梦者的童年就有这样颠倒、对立的关系，即乳母抱着梦者上楼，走楼梯的过程也逆转为先难后易。在分析包含相反概念的梦时，仔细揣摩究竟存在怎样的相反关系，是成功释梦的关键。我做的那个关于歌德先生抨击 M 先生的梦，就包含着这种"颠倒的情况"。要想清楚地诠释这个梦，就必须将颠倒的关系复原过来。梦中，歌德抨击了年轻的 M 先生，其隐意中的真实情况则是：现实中，我的一个很有身份地位的朋友，被一位默默无闻的小作家抨击。另外，我还在该梦中根据歌德逝世的日期计算时间。但实际上，我梦中记住的这个日期，却是一位瘫痪病人的生日。

这个梦中，影响力最大的观念，与歌德应当受到疯子般的待遇的思想是相冲突的。梦似乎在说："如果你看不懂书里面在讲些什么，那么愚蠢无能的并非只有作者，还有作为评论家的你。"我认为，与"萨福"梦中兄弟关系置换相类似的那一大类运用相反方式完成表达的梦，都暗含着"背叛某件事"的概念以及鄙视轻蔑的态度。此外，在一些表达被压抑的同性恋冲动的梦中，我们也常常发现这种颠倒关系的表达方法，这就要求我们必须格外留意这类梦中的"相反"表达。

需要说明的是，梦在工作的时候，最青睐也是使用面最广的表现手法之一，就是在把事物转向其对立面的过程中颠倒主题。之所以这样做，其妙处就在于它可以在一段不如人意的往事回忆中，发出这样的感叹："如果这件事不是真的该有多好哇！"而且，这一过程又恰恰能够满足人们与该梦中特定元素相关的一些愿望。从另一个角度来说，逆反过程中新生的歪曲元素，可以有效地躲避开稽查作用，神不知鬼不觉地溜走，其初衷无非就是抗拒解梦，所以才一再粉饰表达素材，目的就是麻痹释梦的过程。因此，如果我们被一个极力排斥彰显本意的梦境困住时，就要格外留意梦中的那些特殊元素，并适当地把它们置换成相反的概念，释梦就会柳暗花明又一村了。

因为梦的伪装，释梦者在面对粉饰后的梦境时常常无所适从，不知从何处下手，这并不单单因为梦的内容会发生颠倒，很多时候，梦中的时间顺序也会错位。梦擅长把思想上的结论或者事情的结果呈现在梦的开始部分，到了梦的结尾的时候，才补上这件事情的起因和事发的前提。如果我们不能明了梦的这种伪装技能，释梦时就会一筹莫展。相反，如果我们对梦的粉饰手段了如指掌，释梦中的许多困难就会迎刃而解了。

如果我们想一窥某些梦例的真正意图，确实得在梦念内容的逆反颠倒上花费一些时间。一位年轻的强迫症患者就曾和我讲述了这样一个梦：梦中，因为他回家晚了，父亲把他痛骂了一顿。实际上，这个梦隐匿了他孩童时代的一个愿望记忆，那就是他希望他的严父早点死去。之所以有这个愿望，这源于他童年时的一次犯罪。在他父亲不在家的时候，他曾对一个小孩有过性侵的举动。被发现后，对方威胁他说："等你爸爸回来让他好好地收拾你。"因为恐惧和负罪感，他便在潜意识里希望自己的父亲永远都不要回来了。这与我们结合事情的前因后果分析治疗得出的结论相一致：梦中，父亲责备他回家晚的本意，是他在恼火父亲回家太早了，而他宁愿父亲永远都不要回来的意思也就相当于盼望父亲死亡。

目前，如果要进一步探讨梦的内容与隐意之间的关系，最好的办法就是把梦本身作为出发点。实际上，各种不同的特殊梦元素会激发不同的感觉强度，梦的各个部分或是不同的梦的清晰度也有所不同，这种感觉概念上的区别会深深地镌刻在我们的记忆里，留下很深的印记。

我们常用"短暂的"来形容梦中稍纵即逝的模糊元素，至于那些清晰的场景，我们往往会觉得它一定酝酿了很长的时间。有时，梦像很清晰，甚至清晰到让我们觉得即便是现实，也难以企及；有时，梦像又特别模糊，模糊到我们难以感知的程度；有时，各种元素之间强烈的差异超乎我们的想象，以至于会让我们觉得那些模糊的片段，也不过是无足轻重的梦的碎片而已。那么，梦内容中各种元素清晰度的差异究竟是怎样产生的？梦的材料中哪些因素才最终决定了它们呢？此时，这些问题如重重迷雾，使我们难以分辨。

这里我先说一下，由于梦的材料里也包括在睡眠时因受外界影响而产生的真实感觉，所以这也被许多人当成突破口，进而引发下面的猜想：现实中因受到影响而产生的梦元素，会格外清晰地表现在梦中。反过来，以特别清晰的形态出现的梦元素，必定存在与之对应的睡眠中的真实感受。可是，根据我多年研究和自身经验，这种假设一点科学性都没有。睡眠中，受到神经刺激或其他真实感受引发的梦中元素，远比由其他缘由引发的梦元素更为清晰，这种说法从来没有被证实过。所以，睡梦中的现实因素对梦元素的呈现强度没有任何影响。

正因为这样，便又有人掉转目光，认为梦中形象的鲜明度与隐意中相应元素的精神强度有关，就隐意材料来说，精神强度与精神价值是一回事，最具精神强度的元素同时也是最重要的元素。也就是说，如果精神强度的波动刚好同等幅度地影响与之对应的隐意材料的清晰度，那么清晰的隐意材料就是梦的内容的核心，而与之相对的精神价值就是梦的主题。我们也知道，由于稽查作用，这些元素又恰恰无法直接进入梦的内容，因此它们必须通过各种运作产生的一些转化物或衍生物进入梦的内容。如此一来，就算它们能够在梦中以比周围更清晰的方式呈现出来，那也不一定就是梦的核心。根据这个推论，上面的猜测根本不足为信。事实上，梦念中元素的强度与现实元素或精神元素之间一点关联都没有，尼采曾经说过的一句话——"所有精神价值被完全转换"，就恰好解释了隐意与对应元素的转换关系。因此，那些在梦中化作衍生物稍纵即逝，甚至被鲜明形象掩盖了的黯然无光的元素，才是隐意内容的真正主导。

梦中元素的强度是由两个独立的元素决定的：其中一个是，用以表现愿望达成的元素，正是具有极高强度的元素。另外一个是，梦中最鲜明的元素，从精神分析过程来看，梦中最鲜明的元素通常都是萌生许多思想的源头，同时它们还是得到最大浓缩作用的元素。如果能用一个公式来表达两种决定因素和梦元素之间的最终强度关系，那将是我们无限期待的最好成果。

为了有效地区分开上面讨论的"梦中元素的强度和清晰度的强弱"，与"梦与梦之间或者各个片段之间的清晰度的强弱"，我们可以用两组反义词语来表达，前一个问题中的"清晰"，其反义词是"模糊"；后一个问题中的"清晰"，其反义词是"混乱"。不可否认的是，虽然两者在梦中表现出的清晰度强弱的波动相辅相成，但却不在同一层面上，一段清晰的梦中必然包含着高清晰的元素，而一段模糊不清的梦，其构成元素也会细小零碎。相比梦元素之间清晰程度的差异问题，成段的梦境在清晰和模糊之间相互转换的问题才是更棘手的。鉴于后面将会提到诸多因素，"梦元素清晰度差异"这一问题，我们就不在这里讨论了。

通过少数例子，我惊奇地发现，梦的清晰度与否关联着隐意材料，而与梦的构成形式一点关系都没有。我曾做过一个梦，醒来后，依旧觉得那个梦结构完整、内容清晰，而且毫无瑕疵。因为这个梦不受任何浓缩和置换作用的影响，我把它叫作"梦的幻象"。由于这个梦前所未有地完整，使我在半梦半醒时就萌生了为它分类并予以介绍的冲动。但非常遗憾的是，我刚做进一步探讨时，便发现了其结构上的缺陷和不和谐之处，"梦的幻象"最终还是没能经得起推敲。于是，我便放弃了对它进行分类研究的想法。

其实，这个梦的内容很简单，就是我向朋友讲述了一个探索很久并一直困扰着我的关于两性的理论。可是，尽管这个理论并没有在梦中体现出具体内容，但留给我的印象却格外清晰完整，毫无瑕疵。实际上，这是我个人欲望的满足。在后来的分析中，我认为"我觉得这个理论很完美"这一看法，就其本身来说，也不过是梦的一个基础部分，梦内容本身包含的对理论的判断使我产生了错觉，觉得是自己在醒后对梦中理论进行的评价，可殊不知，这个评价本身也不过是我带入梦境的没有被特别精准地表达的一部分隐意而已。

这使我回忆起我与女患者的一次交流。开始的时候，她非常抵触讲述自己的梦，只是不断地强调那个梦太模糊、太混乱了。这和我之前的情况很相似，后来她还是在多次强调了"我的叙述不一定准确"的前提下，和我讲述了她的梦：梦中不仅出现了她自己，还有另外一个人，这个人很模糊，看起来既像是她父亲，又像是她丈夫，她无法分辨这个男子的身份。把这个梦与她的回忆结合起来分析，就不难断定发生在这个女患者身上的又是一个陈词滥调的故事，她怀了身孕，但却一直没搞清楚"谁才是孩子的父亲"，因为羞于启齿，她窘迫不堪。这个梦就是一个很好的例证，梦不清晰，其本身就是梦最终要表达的内容的一部分，而表达除了通过梦元素外，也可以通过梦的形式。一般情况下，通过梦的形式来表达梦的一部分内容的，大多用来表现隐意内容。

那些关于梦的说明，以及表面看起来无伤大雅的注释、评论，其真实目的就是将梦的部分内容巧妙地隐藏起来，可殊不知，这样做的结果却是此地无银三百两。例如，有一个梦者说："我梦中的一部分内容被擦掉了。"可是通过分析却发现，擦掉的这部分内容恰好和他的童年回忆相对应——他偷听了一个人的说话内容，那个人在他解手后为他擦了屁股。还有一个年轻人的梦例，也有必要在这里说一下，这个年轻人做了一个非常清晰的梦，勾起了他印象极为深刻的童年幻想。梦中，是一个炎热的夏季，他去避暑胜地消暑度假。因为记错了房间号，傍晚回旅店的时候，他走错了房间，那个房间住着一个妇人和她的两个女儿，就在他推门而入时，看见她们正宽衣解带准备就寝的那一幕。他停顿了一下，接着补充说："梦在这儿有个空白，就像少了一些东西一样。这时，房间里出现一位男士，他要把我扔出去，我们扭打在一起。"实际上，这个梦一直在暗示着这个年轻人儿时的幻想，可他始终没能领悟到。不过，谜底最后揭晓的时候，我们方才明白，梦中出现的"空隙"，暗指的是三个女人宽衣解带上床时，生殖器张开了，"就像少了一些东西"，正是相比男性生殖器对女性生殖器的形容。在他很小的时候，被灌输了幼稚的性理论，一直认为女性与男性的生殖器官是一样的，但他还是很好奇，特别想一窥女性生殖器的奥秘。

还有一个与之类似的梦，所暗示的回忆也极为相似，梦者叙述说，"我和 K 小姐同时步入公园饭店，"接下来是一段模糊的环节，他为此中断了一下后说，"后来，我在一家妓院的大厅里，那里有三个女人，其中的一个只穿着内衣裤。"

下面是我对这个梦的分析：现实中，K 小姐是他上司的女儿，平时他们两个人鲜少交流，但在一次偶然的闲聊中，他们"似乎觉察到彼此性别的差异"，而且他当时还说了一句"我是男人，你是女人"的话。至于梦中提到的饭店，他也只不过去过一次，当时和他一起去的还有他姐夫的妹妹，并且他对那个女孩一点兴趣都没有，他只把她当作自己的妹妹。还有一次，他和他妹妹、表妹，以及之前那位姐夫的妹妹一起从这家餐厅门前经过，虽然这三位都算是他的姐妹，但她们三个都不是他喜欢的那一类型。他很少逛妓院，到目前为止，也不过两三次。

同样，解释这个梦的关键点就在于梦中出现的"模糊环节和中断"。童年时，他因为对女性生殖器的强烈好奇，曾有几次偶然地偷窥了妹妹的生殖器。事后，他意识到了自己行为的过失与不端，并因此做了这样的梦。

其实，在同一个晚上做的梦，就其内容来说都属于同一个整体，只不过它们都以很多片段的方式存在而已，并且这些片段的组合与数量都是隐意传达出来的信息，在梦的表达意义上具有举足轻重的作用。一般来说，我们在分析同一个晚上产生的分段梦境时，都要注意一个可能性，那就是这些完全不同、前后相继的梦，具有相同的意义，它们是在以不同的素材表达同一种冲动。在这种情况下，第一个出现的梦大多粉饰成分居多，表达也相对委婉而隐晦，但紧随其后的那个，则就不是那样了，它会更清晰、明确。

在犹太人和欧洲人的信仰经典——《圣经》中，有一段法老解梦的故事，法老在梦中见到了母牛和麦穗后，求其义。这是一个典型的分段式梦境的例子，在约瑟夫的《古犹太人》中记录得尤为详细。法老陈述完第一个梦后说："梦中出现的景象把我惊醒了，朦朦胧胧中，我开始绞尽脑汁思索这个梦的含义。可是，我却在百思不得其解的过程中再次进入梦乡。第二个梦比前一个梦更加露骨、更加奇特，让人困惑的同时，更加惊惧不安了……"听了法老的描述，约瑟夫说："国王啊，从表面上来看，您的梦是两部分，可实际上，它们所表达的却是同一个含义。"

荣格在《关于谣言的心理学贡献》一文中，也曾提到过一个在校女学生做的色情梦。尽管女学生的这个梦经过了粉饰，但她的同学却没用解释就轻易地识破了梦的庐山真面目。之后，这个色情梦在改头换面后再次出现了。荣格评论了许许多多这类梦，为此他总结说："在一系列梦中，最后一个登场的梦所要表达的思想，和这个序列中第一个梦境所要表达的思想是一样的。稽查作用为了避开这个情结，进而采取了置换作用、无关紧要的内容粉饰，或是串列的新象征符合……一系列手段。"舍尔纳不仅对这类梦的特殊表现手法耳熟能详，而且还结合自己的机体刺激理论，总结出了一条特殊定律："梦刚开始的时候，想象只是利用刺激对象所包含的最遥远的和最不明确的暗示来描摹，但到了最后，当这一绘画源泉山穷水尽时，想象就会根据刺激本身，要么赤裸裸地描画相关的刺激器官，要么描绘该器官的功能。而梦也随着想象的描画对象转向刺激器官本身，达成其最终的目的。"

对于舍尔纳的这个理论，奥托·兰克用他的论文——《一个自我解析的梦》，提供了强有力的例证。论文中介绍了一个女孩的梦，女孩在同一个晚上做了两个梦，而且两个梦之间间隔了一段时间。女孩的第二个梦是以达到性高潮结束的。即便女孩不愿意提供更多信息，但也不难解释这个梦。如果把两个梦联系起来，就会轻易地发现，两个梦遥相呼应，就内容来说，第一个梦和第二个梦是一样的，只是表达得委婉、含蓄，于是第二个梦便表现出性高潮，彻底地把第一个梦的内涵表达出来。奥托·兰克的这次研究，为今后解释一系列"产生性高潮或遗精的梦"指明了方向。

根据我以往的经验来看，把梦素材清晰与否当作判断梦是清晰的还是混乱的依据，其概率简直是微乎其微。因此，我必须引出一个迄今为止从未提到过的因素，此元素能影响梦中各种特殊元素轻重缓急的排列或表达，在梦的形成过程中起着决定性的作用。

有一些梦，在其内容和场景有了一段进展后，可能会忽然中断。对此，人们往往这样描述："好像在同一时间内，出现了另外一个地方，那里又有某事发生了。"中断时的内容像一个从句一样插入梦的主干中，当从句的内容发展完成后，梦又回到了原来的轨道上继续延续。通常情况下，梦在工作中，"假设"都以"同时"的方式呈现，并常常用"当……时候（When）"从句来代替"如果（If）"从句。

有的时候，伴随梦中情节的起伏，会出现那种无法动弹的情形。比如，想要走开，却发现自己寸步难行；火车鸣着汽笛缓缓启动，自己穷追不舍，却始终无法赶上；想把一些事情处理好，却不断遇到麻烦；受到了侮辱，想挥拳回击，却发现自己的胳膊软绵无力……这样的例子数不胜数，之前我分析过的暴露梦中，也提到过这样的感受，只是当时并没有仔细地讨论这种情况的意义何在。那么，这些因被禁止活动而导致的焦虑重重的梦，究竟有着怎样的意义呢？不假思索地回答并不欠缺：人在睡眠状态中，普遍产生的运动麻痹导致了梦中动作被禁止的感觉。依照这个结论，人们难免又会产生新的疑问：为什么我们并不是一直都梦见被禁止住的情景呢？对此的解释是：睡眠状态中的麻痹感，对梦中的特殊内容有着巨大的推动作用，它整装以待，一旦隐意材料需要它出现时，它就会毫不犹豫地出现，并表达含义。

有时候，这种"无能为力"的情形并不一定以感觉的方式出现在梦中，而是干脆直接转化为梦的内容。我就有一个这样的梦例，特别适用于分析理解这种梦的特性意义。下面我就简单扼要地介绍一下梦的内容：梦中，一处私人疗养院和其他一些场所混合在一起。当时有一批东西突然不见了，有人不实指控我，说是我把东西偷偷地藏起来了。一个男仆过来通知我前去接受检查。我自知这件事和我一点关系都没有，况且我还是这个机构的顾问，因此我一点都没慌乱，坦然地跟随在男仆身后就去了。在一道门前，另一位仆人迎住了我们，他指着我质问男仆："您居然把这位先生带来了，他可是一位德高望重的人哪！"然后，我独自一个人走进去，来到一个大厅。大厅的两侧放置着类似刑具一样的器械，这使我不由得联想到了地狱，以及里面恐怖的刑罚。这时，我看到一位同事躺在一个仪器上，可他却对我视而不见，更别说安慰我了。后来，有人告诉我现在可以走了，可我发现我的帽子不见了，我无法离开。

很显然，这也是一个表达愿望的梦：我被认可是一个诚实的人，之后可以得到赦免离开。所以，梦的隐意中必定有许多与愿望相悖的元素。可是在梦的结尾却出现了另一件事——我的帽子不见了，使我留在那里无法离开，这是被掩藏的压抑性材料发挥作用的结果，暗示我"终究不是一个诚实的人"。总的来说，梦中这种"无能为力"的情形如同我们说"不"一样，表达的乃是反对意见。那么，我之前说的"梦无法表达不"的观点就被推翻了，也该适时修正一下了。

还有一些梦，"无能为力"会以更强有力的形式表达，不仅是在情节中，也是在感觉中。这种感觉是被反意志桎梏了的意志代表，当在梦中感觉到自己行为受到限制时，就以意志矛盾的强烈爆发体现出来。睡眠中，萌生的运动性麻痹在梦中精神程序改变的因素中，其影响是最基础的，也是最首要的。运动神经通过运动通道传导的讯息是冲动，即意志的一种表现，当梦中表现出来的都是抑制冲动的场景时，梦中就会出现反意志的场面，我们就会身临其境地感受到焦虑与压抑。意志受阻的感觉之所以如此接近焦虑的感觉，那是因为现实中的欲望，引发了梦中那些被压抑的场景，那么梦中的被压制，就相当于和我们现实中的意志相抗衡。原欲的冲动是焦虑的本体，在它由潜意识触发的同时，也受到潜意识的阻滞，也就是说，如果梦中这种被克制住的感觉与焦虑有了接触点，那么一定就是现实中神经冲动产生意志的时候，而现实中的神经冲动就是性冲动。

梦中的时候，常常会出现"这不过一场梦而已"的判断或评价，这究竟意味着什么，有怎样的精神力量呢？我们暂且搁置，留待下文中详细讨论。现在，我们把目光放到它的内容上来，截至目前，我所有的研究已经足以表明，它不过就是混淆视听，达到弱化梦中的重要内容，分散我们的注意力这一目的。自此，我不得不提到一个与之相关的更有意思的问题，我们把它叫作"梦中梦"。"梦中梦"与梦中发出的评价在意义上有些相似之处。斯泰克尔通过一系列很有说服力的例子，对"梦中梦"做了仔细深入的探究，揭开了谜底：梦中出现"梦中的内容"，是对重点内容的进一步弱化，尽管梦通过"梦中"这一手段，以最委婉的方式展示，但表达的却是最真实的回忆或愿望。一旦我们了解了这种机制，就会知道梦在表现内容时，常常欲盖弥彰，但无论何时，如果梦在工作过程中，将某件事变成一个梦中梦，就已经决定性地证实了这件事确凿无误。另外，梦用"梦中梦"来表达否定，又毫无疑问地进一步证明了一点——梦是愿望的达成。

4 关于梦的表现力的思量

迄今为止，关于梦在运作过程中如何表现各种隐意材料之间的关系的问题，我们已经探讨研究很多了。但从宏观上来说，这也不过是冰山一角而已。梦的形成俨然存在更多更广泛的问题，其中就包括我们之前多次提到的"梦为了达到目的，隐意材料究竟会有怎样的变化"等一系列问题。

过去的研究结果告诉我们，梦在运作过程中，隐意材料会经历浓缩挤压的过程，这就不可避免地会打乱素材之间的原有联系，而那些被打乱的元素会通过置换作用发生换位和重组，从而进一步引发素材中精神价值的错位。之前，我们在探讨置换作用的时候，只提到它的一种运作模式，即某个观念被另一个在联想中与它相对接近的观念所代替，之后用于浓缩作用，生成二合一的新元素进入梦中。这里所说的"二合一的新元素"并不是两个，而是结合了置换材料共有特征的新元素，是一个个体。可是在后来的研究过程中，我们还探索到了另外一种置换模式，这种模式是通过将隐意的语言交错换位来表达的。但无论是哪一种置换模式，其基础都是一连串的联想链条。由于联想链条是纵向发生的，这也使置换的对象丰富而广泛，置换的结果既可能是以一种元素取代另一种元素，也可能是以一种元素的语言形式取代另一种元素的语言形式。毋庸置疑的是，这类进程可以畅通无阻地在不同的精神领域中进行。

在梦的形成过程中，第二种置换作用不可小觑，它不仅特别适用于揭露梦的伪装，戳穿其呈现出的荒谬假象，而且就理论上而言，意义尤为重要。在梦中，要把抽象概念的东西表达出来，其难度无异于在报纸上用插图来表达政治社论，但此时却是置换作用大显神威的时刻，它会用具体的有形的物体或场景取代隐意中单调抽象的东西，使烟雾迷蒙般的表达瞬间清晰明了。尽管梦在工作中，无法利用抽象的隐意，但上面的置换作用却能使隐意完成从抽象到具体的转型，完全称得上一举三得，在强化了表现力的同时，也使梦的浓缩作用和稽查作用收获颇丰。梦在工作中，一旦梦中的所有抽象概念都转化为形象化的语言，仿同作用也好，复合作用也罢，进行起来会更加得心应手、挥洒自如。即使有形的梦素材之间关联很少，甚至一点关联都没有，梦也能通过各种工作机制轻松地构建联系和认同。其实这并不深奥，从任何一种语言发展史的进程来看，具体的词汇都比概念性的词汇更具有联想性。

梦在形成过程中，总是会做大量的中间性工作，寻找各个隐意思想的恰当语言形式，从而使凌乱分歧的梦元素得到简化与整合，达到整齐划一的表达目的。此外，诸多思想的表达也需要一个统一的结构，如果某个隐意思想的表达方式因为这样或那样的原因被固定了，甚至从一开始就要遵循某种模式，那么与它并列表达的隐意思想就要受到影响，就必须恪守与之相同的表达方式。这好比诗歌艺术中句子的表达一样，任何一首韵律诗的第二句都要遵循两个条件：首先，就内容来说，它必须表达出应有的意义；其次，就形式上而言，它必须用第一句使用的韵脚。毫无疑问，任何一首精致的韵律诗，都既没有斧凿痕迹，也看不出诗人的刻意押韵。整首诗想要表达的意思，以及每一句该用怎样的字眼，都是事先草拟好的，只是成诗时稍加润色，一首严谨的韵律诗便出炉了。

这样的表现方式，能够以含混不清的词语涵盖多个隐意材料，甚至可以在为数不多的梦里直接促进梦的浓缩。对于词语在梦形成过程中所起的作用，我们大可不必瞠目结舌。因为词语本是诸多观念的交会枢纽，这就势必注定了它在梦中成为包含多重含义的综合表述，梦在工作中，词语摒弃了自己原来的运行机制，唯梦的工作原则马首是瞻。强迫症或恐惧症这类神经性症状，对词语的运用能力一点都不比梦逊色。我们不难发现，把要表达的含义通过词语的凝缩、伪装后再公示于众，就没有了直言不讳的尴尬了。当梦把两个意义明确的元素用一个模棱两可的词语来表达时，一定会大大加深人们的理解度。同样的道理，梦用具体的物体或图像取代一个抽象的概念时，我们也会摸不着头脑。尤其当我们诠释一个梦的时候，弄不清楚究竟是从语言上下手，还是从图像上理解，分析就会越来越困难了。梦采用模棱两可的词语同化隐意，对梦的浓缩和伪装大有裨益。因此，当我们对梦元素进行解析时，首先要考虑到如下几条原则：

a. 它代表的究竟是正面意义，还是反面意义。

b. 是否从历史的角度来理解它。

c. 它是否以象征的形式表达。

d. 是否应从字面意思下手来解释它。

虽然如此，但我们也必须知道，梦工作的宗旨并不是让人们来诠释它。因此，尽管梦的表达疑点多多、模糊难懂，但相比诠释远古的象形文字，也要容易得多。

之前的叙述中，我们曾提过几个用模糊的词语来概括梦中内容的梦例。例如，伊尔玛打针的梦中"她很配合地张开嘴巴"，以及前一个梦中，我被男仆叫去接受审讯"无法离开"。接下来，我再举一个把抽象思想转化成具体图像的梦例，我们就会知道这种释梦方法与象征式的释梦方法的差别之所在。在传统的象征式释梦中，释梦人从象征对象上下手寻找突破口，并且这个突破口是释梦人可以自由选择的。而我分析的被语言粉饰了的梦例，突破口已然明了，就只是如何拨开语言的层层迷雾，看到隐意的本来面目。因此，只要我们能够在恰当的时机，运用合适的联想机制，就算梦者不提供分析的资料，我们也能解释整个梦，抑或梦的一部分。

下面我要讲述的这个梦，来自我的老相识，他告诉我说：梦中，我在一个大歌剧院里，正在上演瓦格纳的一部歌剧，要到早上7点45分才能结束。剧院正厅的前边摆着桌子，很多人在那里大吃大喝。其中，我那刚度完蜜月回来的表弟和他的妻子就坐在一张桌子边上，紧挨着他们的是一位贵族。据说，这个人是表弟妻子度完蜜月带回来的，她坦然地把他介绍给大家，就像介绍一件新买的衣服或是帽子，丝毫没有羞赧之情。正厅的中央是一座高塔，塔顶上的平台被铁栏杆围了起来，指挥官就站在上面。这个指挥官和汉斯·里希特长得很像，他满头大汗，不停地沿着栏杆跑来跑去，指挥着下面围坐在塔基上的交响乐团。当时，我和一位女性朋友（我认识的）坐在一个包厢里。因为包厢里没有生火，我和朋友冻得瑟瑟发抖。她妹妹想从正厅里递给她一大块煤，说她没想到居然会演这么长时间。

虽然这个梦将所有的情节都聚焦在一个场景中，但它未免有点太不可思议了。比如，乐队指挥在高塔上指挥演奏，以及他朋友的妹妹递给他朋友煤炭的行为，都很荒谬，其本意绝不是视觉层面看到的这样。因为我与梦者的关系非比寻常，所以我在分析他这个梦的时候，并没有要求他本人参与进来，但我从字面意思依然参透了梦中的符号。一直以来，梦者非常同情一位因为发疯而过早葬送了音乐生涯的音乐家。大厅中央的高塔的顶端象征着地位，他希望那位音乐家站在里希特的位置上，像高塔一样凌驾于交响乐团的每个成员之上，指挥庞大的乐团。塔基可衬托出上面那个人的伟大，围住平台的栏杆以及他在平台上一圈圈奔跑的场面就像一幅"困兽图"。被囚禁的角色暗示出那个音乐家的名字，以及他的最终宿命。高塔的每个部分都有着各自的隐意，梦在工作过程中，将它们凝结成了"疯人塔"这个统一的概念。

当我们掀开这层梦的面纱，洞悉它的表达方式后，再来分析梦的后部分，即妹妹给她递煤炭的离奇行径时就易如反掌了。德国有一首很好听的民歌，里面就有这样几句歌词：

没有火，没有煤

却能那样炽热地燃烧

就像一场秘密的爱

一辈子也无人知晓

无须过多地解释了，梦中"煤"的含义明显就是"秘密的爱"。梦者有一位女友，她和她的妹妹都没有出嫁，用德文来说是 Sitzen Geblieken，用英文说是 Left sitting，也就是"坐冷板凳"之意。梦中，同样未婚的妹妹在递给她煤块的时候说了句"我也没想到它会这么长"。根据梦中的场景来看，我们会把"它"理解为当时的乐团演奏，可是梦中所用的是"它"，这就有些模棱两可了，就前面我们所知道的知识来说，梦中的词语通常代表模糊不清的含义，其中可以包含着大量的信息。如果我们把这个梦的背景结合进来，就可以把"这么长"和"等待结婚的时间"联系在一起。同时，梦中的表弟和他的新婚妻子坐在正厅里，那新婚妻子热情地介绍她的友人，更是在突出反衬梦境中暗恋的表达。值得注意的是，梦有两处对立关系，其一是秘密的爱与公开的爱，其二是梦者自身的热情与梦中年轻妻子的漠然。但无论这两种中的哪一种关系，都有一方是居高临下的，而这一地位刚巧与厅堂中央的指挥，或是坐在新婚夫妇身边的贵族相吻合。

通过上面的细致剖析，我们发现了隐意思想在转化为梦内容的过程中，存在的第三个至关重要的元素：绝大多数由视觉影像构成的精神材料的表现力，梦在对它们加以利用的过程中会仔细考量、慎重选择。和隐意相联的思想复杂多样，有些更容易被化作视觉表象，另一些则不然。基于此，梦通常都会先选择前者，在其完成转化后，再对后者继续进行"深加工"，而后者大多是一些不连贯的或是不能被使用的思想。一直以来，梦的工作只有两个目的：一是能够强有力地表达梦的内容；二是缓解思想束缚带来的巨大的心理压力。因此，不管后者包含多么晦涩难懂的思想，梦都会通过各种作用把它们雕琢成各种新的语言形式，甚至使用超乎想象的形式尽可能地把它完整地表达出来，而这也是浓缩的作用之一。在这个过程中，梦有可能为了制造与一种隐意的关联，而凭空创造另外一种本不存在的隐意，又或者是已存在的两种隐意为了很好地融会贯通，其中一种隐意为了更好地迎合另一种隐意，不惜改变自己的表达形式。

　　为了更直观地观察梦在形成过程中从隐意思想到图像的转化，进而单独研究这个因素，郝伯特·西尔伯勒采用了一个巧妙的办法。他发现，自己在半睡半醒的状态下进行思考工作，常常会发生思维转换的情况，而且思维会被头脑中出现的一幅幅图像取而代之。西尔伯勒把这种替代现象叫作"自主象征"，不过这个名称听起来好像并不贴切。下面我就从西尔伯勒的论文中摘选几个例子，并且这些例子在后文中探讨这类现象的相关特征时还会用到。

　　例子一：我打算将论文中一处不通顺的地方修改一下。

　　象征：我发现自己正抛光一块木板。

　　例子五：对于我要提出的一些形而上学的研究目标，我重新进行了思考，觉得人们在寻求自身本质的过程中，极力克服困难和阻碍，目的就是要抵达意识和存在的最高阶层。

　　象征：我把一把长刀伸到蛋糕的底层，就是想切下来一块蛋糕。

分析："用刀切"是"克服困难和阻碍"的象征。具体解释如下：

在一些大型宴会上，都会专门需要一个人去切桌上的蛋糕，这个活儿看似很简单，但并不轻松，这主要是因为切蛋糕的工具刀不但形状弯曲，而且还很长，握着的时候要格外小心才行。另外，蛋糕切完后要给座上的每个人都分一块，这就需要把刀小心翼翼地嵌入蛋糕的底部，也唯有这样，才能干净利落地把蛋糕取出来。这个动作是不容小觑的，没有点技术含量还真做不到。但在这里，小心翼翼地缓慢进行，象征着"克服困难和阻碍"，"嵌入蛋糕底部"的象征之意是"追求本质"。不过，除了这些外，这幅图还有许多象征之意，比如蛋糕是千层蛋糕，那就意味着切蛋糕的刀子必定要经过很多层，而这也恰恰暗示着要"到达最高阶层"前的必经之路。

例子九：我丢失了某个思路的线索，想努力把它找回来，却不得不面对这样的现实：我找不到那个线索的源头了。

象征：一块已经排好的版面，最后几行铅字掉落了。

对于那些有教养的人来说，笑话、格言、歌曲、谚语等精神层面的东西，常常被隐意思想拿来当作伪装自己的遮挡物。比如有这样一个梦，梦中出现了许多满载蔬菜的大卡车，并且每辆车上的菜都不一样，那么，这个梦究竟意味着什么呢？不同蔬菜是愿望的反面，也就是"杂乱无章"之意，因此它的真正含义是"混乱"。实际上，普遍有效的梦中象征并不适合所有的梦中材料，而且这样的梦中象征几乎都是大家熟悉的暗示或者文字的代替品，在大部分心理疾病、传说和习俗中也普遍适用。事实上，这样的梦寥若晨星，即便像我这样的解梦人也不过仅仅听说过一次而已。

只要仔细观察，就不难发现，梦的工作在置换过程中一直保持着原来的单一性和保守性，并没有什么创新。为了避开稽查作用，获得更通常的表达渠道，将隐意表现出来，梦一直遵循着潜意识思维中早已铺好的通途，优先转换被抑制最强烈的材料，这些材料有个共同的特点，那就是它可以作为笑话或暗示进入意识，在所有神经症患者的幻想中，充满着这样的转换。如此一来，舍尔纳的一些释梦理论就变得通俗易懂了。我也曾验证过舍尔纳的释梦理论，结果表明其核心是正确无疑的。

我的分析表明，把自己的身体作为幻想对象绝不是梦特有的，抑或说并不是梦的特征。许多神经症患者缘于对性的好奇，会在潜意识中萌生这类幻想，对于正处在发育阶段的少男少女而言，这种好奇心的主要表现对象就是他人或自己的生殖器。梦也好，精神症患者的幻想也罢，往往都喜欢用建筑物来象征身体或生殖器。虽然如此，但这依然不能否认舍尔纳和沃克特一直坚信不疑的理论：房屋建筑并不是身体的唯一象征。许多患者都曾经说过，建筑物的柱子象征脚或大腿，水管象征泌尿系统，建筑中的门或其他开口处象征身体上的洞，等等。另外，有时也会涉及一些与植物生命或是厨房相关的内容，不过无一例外，也都是用来隐藏性的意象。关于前者提到的象征，大都可以追溯到古代的一些比喻，如"上帝的葡萄园""种子"，或是《所罗门之歌》中"少女的花园"这一类语言上的描述。就思想层面来说，厨房用具是最纯洁干净的象征，梦中恰好可以暗示性中最神秘、最羞于启齿的细节内容。如果我们忽视了性象征藏匿点的隐蔽性，忘记了最不起眼的地方才是它们最常在的容身之所，就不能对癔症患者的症状做出合理解释。神经症有多种表现，譬如见到血、生肉、鸡蛋或面条就会恶心反胃的神经症孩子，还有对蛇有着超乎常人的恐惧的神经症患者，都有性的含义。但无论怎样，梦抑或是神经症患者的幻想，都在采用人类世代相传的象征，这在人类文明发展史上的语言文字、风俗习惯，或迷信传说中，都存在大量的证据。

我答应过一个女患者，要记录她的一个关于"花"的梦，我现在就兑现这个承诺。因为梦境中有许多和"花"有关的情景，所以这个女患者在开始的时候，一直认为这是个美丽的梦，对它颇感兴趣，喜欢得不得了。后来，我把其中所有指代性的元素都挑出来并加了标记的时候，她才恍然大悟，从此再也不喜欢这个梦了。

前梦：她走进厨房，看见两位女佣站在那里，便斥责她们怎么"就那么一点饭"都没有做好。这时，她看到厨房里好多粗瓷碟碗都是口朝下，倒放在那里沥水，等着晾干，而且叠成了一堆。后来梦到的内容：两个女仆出门打水，她们得步行到流经房前或者院子里的河流那儿汲水回来。

接下来是表现她的人生经历的主梦部分：她从高处爬下来（高贵的出身，这是一个愿望，但与前梦内容正相反），翻过一排修得别致的栏杆或栅栏，这些栏杆或栅栏由方形的木板组合而成，但它们排列得不是很规整（这是两个地点的复合形象，一个是她父母家的阁楼，是她和弟弟玩耍的地方；另一个是一位总逗她玩的坏叔叔的院子），看起来并不适合攀爬踩踏。她手捧一束花枝，保持着优雅的姿态自上而下缓缓而行，尽管她一直担心找不到落脚的地方，但一路都很顺利，她也因衣裙没有被篱笆勾住而沾沾自喜（和真实回忆相反的愿望，她在那个坏叔叔家睡觉时，衣服总是脱下来的）。她手里的花枝枝繁叶茂（像极了圣母玛利亚的画中，那个手拿一枝百合，宣告耶稣降生的天使），看起来更像是一棵树，枝条向四周伸展交错，上面布满了鲜红欲滴的花朵。那些花看上去很像樱花，可细看还有些像重瓣的山茶花。只不过山茶花不是长在树枝上的，看起来更像是后来放置上去的。在往下走的过程中，她手中的花枝由一枝变成了两枝，可她下到最下面的时候，手里的花枝又变成原来的一枝了。这时，她发现花枝下端的花差不多都凋谢了。之后，她看到了一名男仆，手里正拿着一棵与她手中的差不多的树，而且还在打理。他用一片木头从树上拽下一缕缕厚厚的发状物。这些发状物就像苔藓一样，都在树上挂着。旁边一些工人正在花园里修理树枝，他们把砍下来的树枝扔在地上，满地都是丢弃的枝条。女患者想把一些枝条移植到自己的花园里（树枝很早就被用来象征男性生殖器，另外也清楚地暗示着她的姓氏），便走上前去询问花园里站着的一个青年男子该怎样移植。这时，男子忽然抱住了她，她立刻开始挣扎，但怎么都挣脱不开。于是，她便同他理论，怎么可以这样抱着自己！那人却说，这没什么不对呀（这里和其后面接下来的内容与婚姻中需要注意的事项有关），同时他还告诉她，他会带她去另一个花园，然后传授她种树的方法。其中，还包括一些她似懂非懂的话："我必须得到三米或者三平方米的土地。"女患者已经不记得梦中男子到底要传递给她什么信息，她只回忆起那个男子当时的语气，感觉好像是让她为此事给他一些回报，或是让他在自己的花园中得到什么补偿，而且这事似乎还牵涉到了法律，但不会让她蒙受任何损失。

这堪称是一个自传式的梦，其中包含的诸多象征性元素让它成为值得一提的梦。这类梦经常发生在精神分析期间，其他时候就很少能够梦到了。

当然，我手头是不乏这类材料的，我之所以不一一列举出来，是因为那会引发我们对与神经症相关的情况做更深入的研究、探讨，这就画蛇添足了。再深的研究，最后的结论也都是一个：梦不是像

342

我们猜想的那样，总去寻求新的特殊象征加以利用，而是习惯性地运用潜意识中原本存在的象征，毕竟梦的终极目标是让承载信息的表现物可以顺利地通过稽查作用并完成表达。在梦的构成中，固有的象征和方法，已然能够非常完美地达成这个目标。

5　通过进一步的典型梦例诠释梦的象征表现

从我上面对这个"自传梦"的阐述、分析来说，我对梦中象征的认识已经上升到一个新的高度，回想刚开始的时候，由于经验不够，我只能识别出梦中象征的意义而已，但到了后来，我逐渐理解了象征牵涉的广阔性以及它的重要性。说到这儿，我不能不说说著名作家斯泰克尔，正是他的论文给了我极大的影响。

学界对斯泰克尔在精神分析领域的贡献有褒有贬，可谓功过参半。他曾独树一帜地对象征做出了解释，虽然这些解释的大部分最终得到了证实和认可，但在它们刚刚问世的时候，所有人都半信半疑，其中也包括我在内。事实上，并不是我们非要看轻他的学说的价值，实在是因为他在研究过程中，采用的方法缺乏科学性，禁不住推敲。但不可否认的是，斯泰克尔有着超乎常人的悟性，以及敏锐的直觉，他一直都是凭着感觉对象征做出解释，就像许多人的嗅觉灵敏度已经退化，而一名医生却一直保留着，并想通过这个嗅觉给患者看病的道理如出一辙。现实中，尽管真的有医生单凭嗅觉就能成功地诊断出热肠症，可这种诊断又有多少可信度呢？人们根本就不信服。并不是所有人都有斯泰克尔的直觉天赋，因此不论他的这个结论是否正确，开始的时候都没办法得到有效的评估。除此之外，他在解释的时候所引用的梦例无一例外都不具备强而有力的说服力，这也导致他的解释如无源之水，不被认可也是理所当然的。

　　只是让人没想到的是，随着精神分析领域积累的经验不断增多，我们发现，很多的患者都对梦中象征有着直觉性的理解，尤其那些早发性痴呆症患者，以至于我在很长一段时间内，都片面地认为，凡是这样理解象征的梦者，都极有可能已经患上了早发性痴呆症。后来我发现，这显然不具备病理学意义，一个人是否拥有直觉理解力，不过是个人的天赋或秉性而已。

　　到现在，可以说我们已经对象征非常熟悉了，尤其之前多次提到的"性"的象征。也许有人会问：是不是所有象征的意义都是固定的？它们是否像速记符号一样——一对应自成体系？我们可否凭借这些解梦密码编写一本"释梦天书"？可是大量的事实证明，梦并不是这些象征的绝对拥有者，象征的概念更多来源于民间传说、传奇故事、神话、文学典故、俗语、谚语等一系列精神素材，是人们通过各种相互作用，在潜意识中形成的某种观念，而且这种观念的作用相比在梦中的表现还要完美得多。

　　因此，如果我们为了解释清楚象征的意义，执意地继续深究诸多悬而未决的象征问题，试图对数不胜数的象征意义追根溯源，无异于偏离了梦解析的真正轨道。在这里，我们只要认识到象征不过是一种间接的表现方法而已，就已经足够了。可是这并不代表我们可以忽视它的显著特性，更不可以把它和其他表现方法一概而论。这个结论不是信口雌黄，而是我们通过种种迹象认识到的。象征与它所代表的事物的关系瞬息万变、变化无常，有时它们之间的关联显而易见，也有时它们之间的共同元素模糊不清，甚至来无踪去无影，这都对我们能否正确理解带来极大的困扰。而后面的这种情况，才绝对阐明了它们触发的实质，以及象征关系的终极意义所在。

象征关系具有遗传属性，似乎它们就是史上存在过的那些一致性的遗迹。在现代，尽管它们呈现出多姿多彩的表现形态，但骨子里却始终烙刻着前世的身份记号，保留着远古时代的概念或语言上的相同意义。舒伯特就曾总结说：相比共同语言，共同象征的使用要广泛得多。就这一点而言，大量的梦例都能验证。并不是所有的象征形成都和语言形成一样，源自古老的年代，如"飞艇""齐柏林"（德国工程师，制造了齐柏林大飞船）一类的概念，则是近代杜撰而成的。

梦能利用诸多象征曲折地表达隐意，而且一旦梦把这个当作目的时，那么许多象征所代表的就是或几乎就是同一事物。一直以来，这种观念根深蒂固，以至于我们总是习惯性地在每次梦到同一象征时，就会用它应有的象征本意去解释。但我们千万不要被习惯迷惑了眼睛，从而忽视梦的特殊性。有时，梦中出现的一些素材，就暗藏着梦者因个人经历而赋予的一些私人含义，譬如梦者会用平时与"性"无关的事物用作性的象征。至于梦者选择哪种事物作为象征，就一定是他左挑右选最喜欢的那一个。毫无疑问，被选中的一定是那个与隐意中其他素材有着关联的象征。也就是说，象征的选择不仅要有据可循，还要因人而异。

在舍尔纳之后的时期中，随着人们对梦的研究不断深入，对梦的象征作用有了全新的认识，不再质疑"梦的象征"的存在，甚至哈夫洛克·埃利斯也坦言，梦中象征无时无刻不在发挥着作用。任何事物都有矛盾的对立面，梦的象征作用也不例外。从某种意义上来说，梦中象征元素的出现，使梦变得简单易解了，但在另一个层面，也加大了人们在理解中的困惑性，使梦的解释更加困难了。这有两个方面的原因：首先，当我们面对梦中的象征元素时，就如何选择它的含义会骑虎难下、左右为难。其次，若是单纯地依靠梦者本人的回忆与联想，其真实性一定大打折扣。若是释梦人对象征进行随意的判断，即回归到古代流行的释梦方法，或是斯泰克尔的粗犷解释，又都明显地违背了释梦的科学性。至于要如何解决这个棘手的问题，从目前来看，最科学的也是最直接的方法莫过于释梦者能把上面的两种方法综合起来，同时结合梦者的自述和联想，运用象征的既定含义以及积累的经验给予补充。为了避免对梦的随意判断，释梦者在解释象征时，必须要格外谨慎，通过仔细分析梦例中提供的所有明确素材后，追究它们在梦中的真正地位与作用。实际上，影响释梦工作的因素有很多方面，比如我们自身知识的不足或梦本身的特殊性，都会对分析结果产生或多或少的影响。其中，知识不足可以通过长期的经验积累有所改进，而梦本身的特殊性就要复杂多了，梦中的象征和小说中的人物一样，有时即便是同一个人物，也会存在许多暗示，他或她的意义会牵涉之后出场的很多人物，我们唯有把握了故事前后的关联呼应，才能明白故事的真正含义。因为象征的不确定性，梦的象征意义也变得繁杂多样了，这也使梦的解释变得模糊多义了。梦的这种多义性也与梦的特点之———多重性有关，在同一个梦境里，可以包含着本质上天差地别的思想和愿望。现在，我们暂时放下这些问题，我先列举一些事例进行分析讨论。

通常情况下，王子或公主都代表梦者本人，而国王和皇后则代表梦者的父母，但也有极个别的梦例里，是用伟人来代表父母双亲的，其原因就在于伟人和皇帝一样，被赋予了无上的权力。如有些梦例，歌德就以父亲的面目出现。

在性器官的所有象征物中，长条形的物体通常都被用来象征男性性器官，如手杖、树干或雨伞，其中撑开的雨伞就象征勃起状态。另外，还有刀、长矛、匕首这类长而锋利的武器，也是这个意思的象征。还有一个令人匪夷所思的是，因为在使用过程中，指甲锉上下擦动，故而也被认为是男性性器官的象征，不过，这个理由有点勉强。

至于女性生殖器官，大多数象征物都是内部有空腔的物体，如盒子、箱子、壁橱、炉子、船以及各种容器。

梦中的空房间通常代表女人，尤其对房间的相关描述中包含各种进进出出的通道时，这种解释就会更加准确无疑。其中，房门是敞开着还是关闭着则是个妙趣横生的细节问题，我在《对一个癔症病例的分析片段》中，就曾提到过多拉的那个梦，梦中提及过开锁的钥匙，这种象征的意义不言而喻。还有乌兰德在民谣《艾伯斯坦伯爵》中，也曾以锁和钥匙为象征，构建了一个雅致的黄色笑话。

梦中穿过套房的情节象征逛妓院或后宫。然而也有按其对立面来释义的情况，在萨克斯列举过的几个简单梦例中，穿过套房象征步入婚姻。

如果梦者梦到自己穿过一排房间，毫无疑问，这是一个逛妓院或走进后宫的梦。作为对立面，这种梦境也可以用来表示婚姻，萨克斯就用梦例证明了这一点。

梦中，如果梦者梦到原来的房间变成了两个，或者看到自己熟悉的房间一分为二了，抑或反过来，这都与童年时期对性的好奇有着千丝万缕的联系。

根据幼儿的泄殖腔理论，小男孩把女性生殖器和肛门混称为"屁股"，在他们的认知里，女性的"下部"是一个单一的整体区域。只是后来他们才了解到，这个区域很奇怪，竟包含着两个不同的开口通道。

至于性交行为，梦通常用楼梯、台阶、梯子以及在上面上下攀爬的动作做象征。梦者在光滑的墙壁上攀爬，或是惊恐地从房子正面垂直落下，都可能是梦中重回襁褓的记忆，垂直的墙壁代表人直立的身体，攀爬则象征了幼时依赖在父母或保姆身上的情形。另外，梦者通常会因为恐惧，而在梦中用双手紧紧握住墙壁正面的突出物。书桌、餐台、会议桌则代表着妇人。尽管象征中的外观没有体现出突出作用，但却通过对比，在它们之间产生了联系，这也与语言学有关，代表女性的材料（物质）常常被认为是"木材（Wood）"，而在葡萄牙语中，"马德拉岛"这个名字的意思就是"木头"。婚姻中，桌子和床是必不可少的。梦中的时候，这二者也会因此而巧妙地互换位置，用桌子的概念代替床，那么如此一来，就相当于饮食的行为代替了性行为。

在性器官的象征物中，还有衣物，其中女人的帽子就代表男性生殖器。大衣也是。不过，我们暂时不讨论发音在这个象征用法中有什么作用。而领带出现在男性的梦里，通常都象征生殖器。至于这一类梦者，他们往往是现实中特别喜好领带并热衷收藏的男性。因为领带的外观呈下垂的长形，最主要的是，它们非但是男人必不可少的极有代表性的物品，还能根据自己的喜好自由选择，同时这种自由就其象征物本身来说，阴茎是天生的，男人却被剥夺了选择它的自由。

象征如同人类的智慧一样，花样百出，甚至可以说是层出不穷。梦中复杂的机械和器具亦是男性生殖器的象征，还有犁头、斧子、猎枪、手枪、军刀、匕首等一切工具和武器，也都是这个意思。同样，梦出现的诸多风景，特别是桥、树木茂密的小山，能让我们明显地意识到它们象征的都是性器官。关于梦中的风景，普费斯特发表过关于密码和画谜的论文，其中就有不少阐述。马西诺夫斯基就曾收集大量的梦例，发表过一系列由梦者亲手记录下的组画。这些画看似梦者梦中的风景和场所，类似于地图或是平面设计图，可当深入观察后却不难发现，这些画不仅形象生动地再现了显意与隐意之间的界限，同时也暗示了人体和性器官等诸多元素。分析到这里，就已经一点点地拨开了梦中的疑团。如果我们梦中遇到难以理解的新造词，那也必须清醒地认识到，在某种意义上来说，它们暗指的也是性。

因为大多数人都会称自己的生殖器为"小弟弟""小妹妹"，所以梦中的儿童有时也指向生殖器。斯泰克尔曾明确指出，"小弟弟"就是生殖器，并且也已经被证实了正确性。梦中，与小孩子一起玩耍、打闹，基本代表了手淫。

在梦的工作中，还有一些表示阉割的象征，如秃顶、剪发、拔牙、砍头等。梦中，如果代表阴茎的象征物反复出现两次或更多次时，几乎就代表了梦者对阉割的抗拒。还有壁虎，尾巴断掉后可以再生的生物如果出现在梦中，毫无疑问也是这个意思。

自古以来，在许多民间传说和神话故事中，都有生殖器的潜在象征意义，鱼、蜗牛、猫、老鼠都是阴毛的象征，而蛇在男性生殖器的象征中有着极为重要的地位。小动物和虫子则都与小孩子有关，比如象征不被喜欢的弟弟妹妹。而梦到自己被小虫子纠缠，则象征着怀孕。

必须着重说明的是，有一种新的男性性器官象征物，那就是飞艇。飞艇之所以被赋予这个意义，有两个方面的原因：一是它的外表轮廓；二是它的飞行动作。

斯泰克尔还提到过许多象征，并一一给予了例证，只是有些论据暂时还未得到充分证明。斯泰克尔出版过很多著作，其中最有名的当属《梦的语言》。在这本书里，斯泰克尔收录了相当完备的象征、解释资料，几乎囊括了他提出过的所有论点。最关键的是，许多解释都已经通过了验证，得到了广泛的认可、接受，尤其是有关死亡象征的那一部分。但因为个人习惯，斯泰克尔有点以偏概全，主观意识极强，因此他的理论中就缺少了科学的批判精神，这也最终导致他的解释常常不被人信服，甚至被说成荒谬无用的论调。鉴于此，我们在引用他的理论时，务必要时刻保持清醒的头脑，谨慎，再谨慎。下面，我就重点列举他诸多梦例中的少数几个。

斯泰克尔的理论中，"左"和"右"已不再是单纯的两个字，而是被赋予了道德意义，他说："左边代表的是犯罪之路，右边代表的是正直之路。因此，'左'代表的是同性恋、乱伦、性异常，'右'代表的是婚姻、嫖妓等。其评判标准永远取决于梦者的道德立场。"他还指出，梦中的亲戚大多都是生殖器的象征。对于这一点，我在我儿子、女儿、妹妹的梦中，也确实得到了证实。但这有个前提，他们都归属于"小东西"的范畴。不过也有例外，我就遇到过用姐妹象征乳房、用兄弟象征较大乳房的梦例。至于其他的亲属角色，我暂时还没有梦例可以证实。另外，斯泰克尔也认为，梦中赶不上车的情景，象征着无法弥补的年龄差所带来的遗憾之情，而旅行中的行李则代表着因罪恶而产生的让人饱受压力的负罪感。可很多时候，人们却把梦中的行李理解成了梦者本人的生殖器了。对于梦中出现的数字，斯泰克尔也给它们赋予了固定的象征意义。尽管在个别梦例中，有些解释的确值得肯定，但这样的解释普遍缺少科学性，不过数字"3"却是一个例外，"3"是男性生殖器的象征，是已经得到多次证实的了。

斯泰克尔提出了一个普遍性结论，即生殖器的象征都是有双重含义的。也就是说，同一个象征既可以代表男性生殖器，也可以代表女性生殖器。斯泰克尔就曾提出这样的一个疑问："如果想象能有多重含义，那是不是就会有一个共同象征，既可以代表男性生殖器，也可以代表女性生殖器呢？"显而易见，斯泰克尔上面的这个结论，在上面的假设条件下，已经没有任何意义了。现实中的现象，不可能总是毫无依据、天马行空的。不过这也无可厚非，因为这就是斯泰克尔一直以来的风格——缺乏科学的普遍性，因为它们不能满足事实的复杂与多变，也没有什么大惊小怪的。根据我的以往经验，代表两性性器官的象征确实有些相似之处，但大多数情况下，这些象征都是独一无二、不可替换的。这句话也不难理解，比如又长又尖锐的物体，任凭你怎么想象，也无法和女性生殖器联系在一起。同样，也没有谁一提到中空的箱子、柜子、盒子等物件时，就会联想到男性生殖器。因此，有些象征主要或几乎仅仅象征一种性别。

　　实际上，梦和潜意识都不排除那种只具有原始特征的双性性欲象征，这主要是因为童年时期，小孩子并不了解两性性器官的差别所在，在他们的认知里，觉得两性有着相同的性器官。不过不要忘了，梦在工作过程中，还会出现一般意义上的性倒错现象——女人变成了男人，男人则变成了女人，这就难免给我们一种双性的假象。实际上，这个梦要表达的意思，用一个例子来说，就是女性想成为男性的梦的欲望表达。

　　梦中，性器官的象征物还可以用身体的其他部位表达，比如女性生殖器的开口就可以用口、耳，甚至眼睛来表达。而手、脚也都可以象征男性性器官。斯泰克尔还提出，黏液、眼泪、尿液、精液等相似的人体分泌物，可以在梦中进行相互置换，互为象征。从总的方向来说，这个提议还是有些道理的，但赖特勒尔却对此提出了批评意见，他认为，问题的核心是，通常情况下，都是精液之类有重点意义的分泌物，在梦中被无足轻重的其他分泌物取代了。虽然上面列举的例子并不完善，但我仍然希望人们看到后，能够产生继续探索下去的兴趣，进而对以上课题进行更广泛、更深入的探索与研究。我在《精神分析引论》一书的第十讲中，对梦的象征问题的分析详尽得多。

释梦中，如果释梦人对梦的象征作用视若无睹，那么他的释梦工作必定会陷入泥潭，寸步难行。很多时候，即便释梦人非常排斥给象征做出解释，但仍然会不由自主地接受它。接下来，我会用具体的梦例来证明这一点。不过，我必须提醒大家注意一些事项，尽管象征必不可少，但是如果分析时过分重视象征，而忽视了梦者自身的联想，那就得不偿失了。因为理论也好，现实也罢，它们都已经表明上面的两种方法不仅每时每刻都在相辅相成，而且大多数情况下，在整个工作中更具主导地位的都是梦者的联想，而解释象征也不过是辅助的一部分而已。

（一）帽子：男人（男性生殖器）的象征

这是一个年轻女人的梦。她是一个旷野恐惧症患者，因为过度恐慌，才患上这种病的。她告诉我：

"那是一个夏天，而且正值盛夏，天气异常炎热，我戴着一顶草帽，在街上悠闲地散步。那帽子奇形怪状的，实在太奇怪了，帽子的中间部分向上隆起，两侧弯曲而向下垂，而且一侧比另一侧下垂得多。"说到这儿，她迟疑了一下，然后又继续说道："这时，一群年轻的军官从我身边经过，我特别高兴，同时也非常自信，心中暗想：你们谁都奈何不了我。"

因为女子在讲述这个梦的时候，没有把梦中的帽子做任何的联想，所以我在分析这个梦的时候，就根据我自己的经验做了解释：

梦中的帽子中间部分向上隆起，两侧弯曲而下垂，毫无疑问，这是男性性器官的象征。之所以这么肯定，除了因为它的外形形状，还有你应该听说过的一句话——"躲到帽子下面去"（Unter die Haube Kommen），德语中也就是"出嫁"之意。她丈夫的生殖器很完美，对此她也非常满意，她也就无须对那些军官有什么期待了。可是，现实生活中，她却有受诱惑的幻想症，常常觉得自己被人诱惑，所以平时如果没人陪伴或保护，她是极少外出散步的。针对她的焦虑问题，我根据我的知识和了解，已经做了初步的解释。只是其中有一个至关重要的细节——帽子的一侧比另一侧下垂得多，我坚信这才是揭开这个梦之谜的关键所在，但由于她的态度，我就没有解释这一细节问题。

听完我的解释，她的举止就很耐人寻味了。女梦者居然极力否定她之前对帽子的描述，尤其不承认她停顿一下后说出的那句"帽子的一侧比另一侧下垂得多"。我不为所动，并且一直坚定地告诉她，我亲耳听到她的描述就是这样。看我这么坚决，她沉默了好大一会儿后，终于还是鼓起勇气问了我一个问题：她丈夫的睾丸一侧比另一侧低，那是怎么回事，是不是所有的男人都这样？说到这里，梦中那个奇特的细节也就真相大白了，她也完全接受了我对她的这个梦的全部解释。

其实，早在患者和我讲述这个梦的时候，我就已经清楚帽子的象征意义了。不过，在另一些一知半解的梦中，我还有另外的一种推断，那就是帽子也可以象征女性生殖器。

（二）"小东西"是性器官的象征，被车碾压象征着性交

需要说明的是，接下来我要说的这个梦，也出自刚刚那位有旷野恐惧症的女病患。梦的内容如下：她母亲把她的小女儿单独送走了，她不得不独自上路。后来，她和母亲一同上了一列火车，透过窗户，她看到她的小女儿孑然一身，孤独地沿着铁轨往前走。她心里明白，如果女儿这样走下去，一会儿列车就会从她的身上碾过去，甚至她都听到了她骨头被碾碎的声音。可是，她一点恐惧都没有，只稍微有些不适感。后来，她将头探出车厢张望，想看看车后面是否留下碾碎的痕迹。最后，她开始责怪母亲，为什么要把那个小东西送走，让她一个人走路。

大家也都看出来了，这是个一系列前后相接的梦，如果在分析的过程中，单凭提供的这部分来获取象征并给予解释，那绝不是一件容易的事。但如果能把梦境结合进来，就能很好地给予梦一个合理的解释了。在此，不得不提的是梦中乘坐火车旅行这一情节，实际上暗示的是梦者离开精神病疗养院的情景。她曾在疗养院接受过一段时间的治疗，其间她爱上了她的主治医师。母亲来接她的那天，那个主治医师赶到火车站，将一束鲜花作为临别礼物送给了她。就在她从他手上接过鲜花的那一瞬间，恰好被她的母亲看到了，为此她觉得特别别扭。暂且抛开梦中这一情节不说，单是在现实生活中，在她还是小女孩的时候，她母亲在干涉她恋爱这个问题上，就已经是个严厉角色了。而后面的一个联想就很好地解释了"她将头探出车厢张望，想看看车后面是否留下碾碎的痕迹"。其实，单从字面来看，这句话很容易让人联想到她的小女儿被碾得血肉模糊的身体，但实际上，这指向了她童年时有关她父亲的一段记忆，她记得有一次，

她看到了浴室中正在洗澡的父亲，当时，她父亲全身赤裸，正背对着门，她似乎从后面特别清楚地看到了父亲的生殖器。于是，女患者谈到了"两性的区别"这一话题，并特别强调，男人的生殖器从背后可以看得到，而女人的就看不到。顺着这个话题，女患者已经能够很好地分析自己的梦了，并且她解释说，"小东西"指的就是她自己的生殖器。而她梦中想从后面看到自己的"小女儿"，也与现实中"从身体背面想看到生殖器"的想法基本一致。

现实生活中，她的母亲严重地影响了她的性生活，对此她特别不满，所以在梦的一开始就表现出来了：她母亲把她的小女儿单独送走了，她不得不独自上路。一直以来，因为她母亲的干涉，她始终孑然一身，既没有丈夫，也没有性伴侣，更别说性生活了。其实，拉丁文中的 Coitus（性交）一词，来源于 Coire，乃"一起走"之意。可这并不是她想要的生活，她讨厌这样。根据她后面的叙述，我还了解到一个重要的信息，那就是在她还是小女孩的时候，她的父亲十分宠爱她，甚至她的母亲都有些嫉妒她了。

后来，我把这个梦和她当晚的另一个梦结合在一起，进行了重新解析，不出意外的是，解析结果得到了更进一步的深化。虽然梦者是个姑娘，但平时的举止都趋向于男性化，所以常常被人们称为"假小子"，而梦的仿同作用使她将自己转化为自己的弟弟，那么"小东西"指向生殖器就更明显了。梦中，她母亲因她弟弟（实际上就是她自己）不停地玩弄阴茎，就恐吓他说，如果他再这样，就把他的"小东西"阉割掉。尽管到目前为止，她只记得弟弟有手淫的毛病，可她将自己仿同于自己的弟弟，那就说明她小时候也手淫过。不过，从她的第二个梦来看，她已经淡忘了自己小时候就知道男女生殖器有什么不同这件事了。

另外，第二个梦还暗示了儿童的性理论，认为小男孩阉割后就变成小女孩了。因此，当我把这个幼稚的儿童性理论告诉她时，她马上想起了她听过的一个故事。故事中，一个小男孩问小女孩："割掉了？"小女孩回答："不是的，我一出生就这样。"可以说，这个故事就完美地证明了我的推测。

许久以来，她一直梦想着成为一个男孩，因而她常常埋怨母亲把她生为女儿身。梦中，她梦见母亲把小女儿送走，大体上和阉割差不多，或者是人为地改变她应有性别的想法的暗示。

尽管我在前面就曾说过，"被车碾过"这是性交行为的象征，但在上面的这个梦例中，要不是其他的诸多信息向我证明了这一点，我还真不容易看出来。

（三）建筑物、楼梯、竖井都是性器官的象征

下面我要说的这个梦例，是一个有着父亲情结的男青年的梦。

梦中：他和父亲正在某个地方散步。因为他看到了一个标志性的圆厅，所以他完全可以确定，这是维也纳郊区的希拉特公园。圆厅前面有个小房子，上面拴着一个氢气球，但气球松松瘪瘪的，感觉随时都能脱落一样。他父亲问他这是做什么用的，他虽然不了解父亲为何要这么问，但还是细心地答复了父亲。之后，他和父亲来到一个庭院里，看见一大块金属片铺在院子中。这时，他父亲四处张望，想趁着没人看守时割下一片。他告诉父亲说，只要和看管员说一声，就可以直接从上面取下一块了。从这个院子出去后，经过了一段楼梯，然后往下进入了一座竖井里，竖井的墙面都铺着软垫，远远看去就像一张皮椅子。竖井的尽头有一座长长的平台，平台后面又是一口竖井……

分析：首先我要说的是，这位患者属于那种治疗前景不太乐观的患者。这类患者有个通病，那就是他们在治疗之初，对精神分析都没有任何排斥，但随着治疗的深入，他们越来越脱离掌控，很难再触摸到他们的内心世界了。男患者的这个梦，基本上是他自己分析解释的，他说："那个小圆厅代表了我的生殖器，系着的氢气球是我的阴茎，它绵软无力。我总是抱怨它太软了，一直以来，它成了我最大的困扰。"暂且不论他的分析如何，作为释梦人，我从我的角度给出了进一步的分析。小圆厅象征着臀部，小屋则代表阴囊，因为儿童总是不能准确地区分开臀部和生殖器的差别，所以他们经常把它们当作一个整体。梦中，父亲问他氢气球是做什么用的，就等同于在问他性器官的用途和功能。如果把我们前面说过的知识和梦者结合在一起，就不难看出，这个问题乃是他本身的欲望。可是，他却从没有问过父亲，甚至也不敢问，但为了表达这样的隐意，梦就巧妙地把他和父亲的角色做了置换，使问题从父亲的口中说了出来。

至于那个放着金属板的院子，还无法找到它的象征意义，但可以用它来暗示他父亲的营业场所，那金属片就理所当然地成为他父亲经营的物品的替代物了。为了不泄露个人隐私，我在这里就使用这一个替代物，严格保留其他部分的原本场景。梦者曾经参与过父亲的经营，其间发现父亲欺诈顾客，用非法手段谋取利益。对于父亲的这一行为，他极为反感。于是，在他的潜意识里始终觉得："若是我问父亲问题，父亲也会像骗顾客那样骗我。"而接下来的情节，象征的则是不正当的商业行为了。不过，梦者却不这样认为，他很肯定地说，这是手淫的象征。对于这样的解释，我们一点都不陌生，上文中我们已经非常熟悉了，而且就梦境来说也很符合，梦总是用完全相反的形式把一些概念暗示出来，手淫的隐秘性正和梦中的公开行为相对应，同时也和第一个场景中的提问情节一样，角色发生了置换，手淫行为借助他父亲表达了出来。因为井壁铺着软垫，非常柔软，根据我的经验，竖井通常象征着女性阴道，走楼梯下到竖井中以及爬上来，应是性交的象征。

一直以来，梦者患有性功能障碍，因此他从自己的切身经历出发，对梦中竖井的尽头有一座长长的平台，平台后面又是一口竖井……给出的解释是：原本他有着正常的性生活，只是因为性功能障碍，他不得不放弃性生活，但在他内心深处，他非常迫切地希望能够通过治疗，有朝一日重振雄风。梦在快结尾的时候越来越模糊，但凡有点经验的人都会知道，这即将是下一个主题切入的标志。另外，前面提到的父亲的生意、他的欺诈行为，以及象征着阴道的第一口竖井等信息，也都直指这一主题。并且，这一主题离他的母亲也越来越近了。

（四）人是男性生殖器的象征，风景则是女性生殖器的象征

接下来，是一个普通女士的梦，她的丈夫是一名警察，这个梦例来自达特纳的报告。

有个人闯进了屋子，她惊慌失措，大声向警察呼救。可是，警察却带着两个流浪汉亲热地去了教堂（阴道），他们爬过不少台阶（性交的象征），刚到教堂门口就闪身进去了。这位警察长着棕黄色的胡子。他头戴钢盔，扣着领口，穿着大衣。那两个流浪汉腰间系着围裙，看着就像袋子似的（阴囊的两半），一直默默地尾随在他的身后。教堂的后面是一座小山（阴阜），山上长满茂密的森林（阴毛）。教堂前面的那条小路直通那里。小路的两侧杂草丛生，长满了灌木

和荒草，并且越往上走越茂密，可到了山顶，就和普通的森林没什么两样了。

（五）儿童的阉割梦

1. 有个三岁五个月大的小男孩，很不爽他的父亲从前线回来。有一天早上，他刚一醒来就心烦意乱，情绪激动，口中不断地问着一个问题："爸爸为什么用盘子装着我的头呢？夜里的时候，爸爸就用盘子一直端着我的头。"

2. 一个患有相当严重的强迫性神经症的大学生，在他六岁的时候，反复做着同样的一个梦：他走进一家理发店，想要理发。一个身材高大、面露凶光的女人向他走来，一下子就将他的头砍掉了。他认出了这个女人，不是别人，正是他的妈妈。

（六）小便的象征

关于小便的象征，来自匈牙利的漫画刊物。这本名为《引火纸》的刊物上有一系列的插图，其中由八张插图构成的一组画，被费伦齐认为那简直就是在阐述梦的理论。插图的标题是"法国保姆的梦"，奥托·兰克发表过的一篇关于梦中闹钟的象征问题的论文，就引用了这组插图。

这组图的前七张画面迥异，各具情节，看起来毫不相关，有种让人摸不着头脑的感觉，更别说它表达的是什么了，可是最后一张图却完全不同，似乎也唯有这张才契合了"法国保姆的梦"。画面中，保姆被小男孩的哭叫声惊醒了，如此我们才明了前七张图所代表的意思，原来它们分别是梦的不同阶段。组画的第一张图，描述了小孩想小便的需求，他向保姆求助，这本是刺激梦者惊醒的外界刺激。

不过，梦置换了场景，将本应在卧室的场景置换成她拉着小孩的手与他一同散步的场景了。可她的内心特别渴望睡觉，于是，梦为了满足她的愿望，就在第二张图中，她把小男孩抱到了街角处，小男孩就撒起尿来。可是，现实中的小男孩要撒尿的问题并没有得到解决，因此他哭得越来越厉害了。小男孩越是急切地让保姆醒过来帮自己，保姆的梦越是肯定地向她保证，小男孩没有事，你安心地睡吧！与此同时，梦用很多不断变幻的象征来表达唤醒刺激的强烈程度，先是小男孩的小便汇流成河，而且水流越来越汹涌，甚至在第四张图中出现了水涨船高的景象。开始时，漂在水上的还只是一只小木船，接着就变成了平底船，之后画面一转，浮在水面上的是一艘较大的帆船，最后直接变成了一艘巨轮。如此幽默的一组图，被艺术家俏皮地用作表达人物在贪恋睡眠与唤醒刺激之间激烈的内心斗争，真是再绝妙不过了。

（七）楼梯的梦

接下来我要说的这个梦例，来自奥托·兰克的解析报告，梦者不仅是我的同事，更是我的贵人，之前就曾为我提供过一个关于牙齿刺激的梦，现在又为我提供了一个有关遗精的梦：

似乎一个小女孩得罪了我，我想要惩罚她，于是我紧紧追着她，连着向下跑了好几层楼梯。当追到最下面一层时，出现了一个成年女人，她替我拦住了小女孩。我抓着这个小女孩，但一点儿不记得我是否动手打了她。这时，我忽然感觉自己飘浮在半空中。小女孩的头部上仰，并转向一侧。在这个过程中，我看到了两幅画，它们就悬浮在我的左上方。虽然这两幅画大小不等，但都是风景画，画中的房子掩映在绿树中。其中，较小一点的那幅画的落款处，写的不是画家的名字而是我的小名，看起来很像是我的生日礼物。两幅画的前方还有一张标签，上面写着："还有比这更便宜的画出售"。这时，我的意识开始模糊，隐约中我觉得自己躺在楼梯间的床上。然后，我遗精了，因为潮湿，我醒了过来。

分析：做梦的那天晚上，梦者去了一家书店。在等待店员招呼的过程中，他浏览了正在书店展出的几幅画，题材与他梦中见到的画很相近。其中就有一幅小画，他一眼就喜欢上了。为此他走上前，想看看画家的名字，结果他发现，这个画家他从来就没听说过。

同一天晚上的晚些时候，他参加了一个聚会，其间有个波希米亚女佣不知廉耻地讲述着自己的亲身经历，她说她是在楼梯间怀上私生子的。梦者觉得这个故事非常有趣，就继续向她打听细节。原来，这位女佣带着她的情人去她父母的住处，两个人早已干柴烈火，却苦于没有合适的性爱机会，情急之下，那男子就和她在楼梯间做爱了。当时，这位梦者还非常幽默地说了一句俏皮话，这孩子是"酒窖的楼梯上酿成的葡萄酒"。实际上，这是一句双关语，暗示的是葡萄酒掺假的行为。

梦者之所以能够清楚地解释出其中的一部分，是因为那些情节几乎都和他当晚的亲身经历有关。可是，梦中还隐藏着与梦者童年记忆相关的东西，只是很难挖掘。在那栋老宅子里，楼梯间是他消磨了大半个童年时光的地方。那时，他经常在楼梯间玩耍，玩着玩着就会骑在楼梯扶手上，从上面一飞而下。这个过程使他有了性的体验，在他的头脑中第一次产生了性意识。梦中的情节刚好吻合了他的童年记忆，正如他所说，他快速地跑下楼，最后双脚离地悬浮在空中，这就像"飞一样"。后来，梦者还回忆起童年的另外一些往事。记忆中，他经常与邻家的小女孩一起玩耍，其中就有性色彩的打闹游戏。从上面的分析来看，这个梦从一开始就有性兴奋的情绪，并随着情节的发展，逐渐向着他的欲望方向靠拢，最终使他的愿望得到了满足。

毫无疑问，楼梯或是上下楼的情节，大体上都是性交的象征，这在之前的梦的象征部分就已经说明过了，并且我们也只有明确了这一点，才能掌握梦的方向。而梦的驱动力纯粹是力比多性质的快感，包括性倒错者。精神分析学认为，力比多是一种本能，是一种力量，是人的心理现象发生的驱动力。毋庸置疑，这个梦的最后结果——遗精，也恰恰证明了这一点。梦中，梦者的性兴奋从睡眠中被唤醒，表现出来就是冲下来、滑下来、跨楼梯，而童年和邻家女孩嬉戏打闹的回忆，以及兴奋引起的性虐倾向，表现在梦中就是追赶和制服小女孩。随着这种力比多刺激越来越强，迫切实现性行为的渴望就越强烈，所以梦中就出现了他捉住小女孩的一幕。

对于经验不足的释梦者来说，要想诠释得和上面这样，纯粹用象征来表达所有性欲部分的梦，存在相当大的难度。但是，对于异常强烈的力比多冲动而言，梦中愿望的象征性满足并没有使梦者安然沉睡，反而使梦者在性高潮中醒了过来。截至目前，之所以能肯定地说"上下楼就是象征性交"，那是因为性交和上下楼有个最大的共同点，那就是一上一下的韵律动作。事实上，这个梦就很好地证明了这一结论，对此梦者自己都特别强调说，他完全可以认定，梦中上下的韵律动作就是性行为的象征。

在此，我还要补充说明一下，梦中出现的两幅画除了实际意义外，还有一层"女人"的象征意义在里面。梦中出现的画是两幅，而且一幅大一幅小，明显地对应于梦中出现的一个成年女人和一个小女孩。至于写着"还有比这更便宜的画出售"的标签，暗指的就是嫖娼。

362

梦者看见画中写的是自己的名字,并觉得那是生日礼物,意味着他自己就出生在楼梯上,况且楼梯又象征性交,那么,这个梦就暗示着梦者双亲的感情,他们发生关系后生下了他。

梦在结尾时,梦者感到了潮湿,并隐约觉得自己躺在楼梯间的床上,似乎指向了比懂得自慰更早的幼童时期,其中的快感来源于尿床。

(八)一个变相的楼梯梦

我有位男性患者,他患有严重的神经症,一直以来,他始终决绝地抵制着性欲,但奇怪的是,他常常做同样的一个梦,那就是和母亲一起上楼。不言而喻,他潜意识中的性幻想对象大多情况下都是他母亲。有一次,我给他提了一个建议,适当的自慰可以缓解他每天强迫节制所带来的压力和伤害。谁知,他因为这个建议而做了下面的这个梦:

因为没有好好练习,他没能弹奏出莫谢莱斯的练习曲和克莱门蒂的钢琴进阶练习曲,他的钢琴老师狠狠地批评了他,责怪他练琴不够用心。

他在评论自己的这个梦时解释说,进阶也是一种阶梯,琴键代表音节,而音节则是高低有序的梯状物。梦中,他是用钢琴练习曲取代了阶梯。也就是说,我们完全有理由推断:任何一组观念都可以用来表达性欲,或与性欲相关的事实和愿望。

(九)真实的感觉以及重复的表现

下面的这个梦例,是一个三十五岁的男子讲述的。不过,尽管这个梦是他四岁时做的,已经整整过去了三十多年,但他依然记忆犹新：

他三岁的时候父亲就过世了，负责管理他父亲遗嘱的那个律师送给他两个大梨。他吃掉一个，把另一个放在卧室的窗台上。醒来后，他没能一下子从梦中缓过神来，坚信自己刚刚梦到的是真的，所以他执意要母亲把窗台上的那个大梨递给他。为此，母亲还笑话了他。

分析：据梦者回忆，这位律师是一位非常有绅士风度的老先生，有一次，他来的时候确实带了梨，虽然其他的情节他不记得了，但窗台几乎和他梦里见到的一模一样。显而易见，这两者并没有什么关联。不过，有一件事还是得先交代一下，就在不久前，他母亲给他讲了一个梦：梦中，她梦到了两只乌鸦停在她的头上，她暗自思忖："它们什么时候才能飞走呢？"可奇怪的是，它们非但没有飞走，其中的一只还飞到母亲嘴边，用力地吸吮起来。

因为梦者实在联想不起来其他的事情，所以我只能采取象征替代的方法来解释他的这个梦。那两个梨象征着母亲哺育过他的一对乳房，窗台是突起的，是母亲胸部形状的象征。一直以来，母亲给他哺乳的时间，已经远远超过了正常的哺乳期，所以他对吃奶保持着较深的记忆。他从梦中醒来后，"再要"的感觉并不荒唐，那感觉是真实的，实际上，他渴求的不过是母亲哺育他的乳房而已。照这样推理，就可以给梦下面的解释了：孩子向母亲索要梨的潜在含义是，向母亲再次索取像过去那样吸吮乳汁，梦中"吃掉的梨"代表着过去，"再次"则代表了强烈的渴望。梦中，经常会用数目叠加象征动作在时间上的重复。

这不过是一个四岁孩子的梦，可象征就已经发挥作用了，这不能不令人惊讶，但这并不是个别现象，而是一种普遍规律。可以说，梦者从会做梦的那一刻起，就已经能够利用象征的作用了。

我们不妨来看一位女士的回忆。该女士很年轻，现年只有二十七岁，她的回忆没有受到任何外界因素的影响，这表明该女子从很小的时候起，无论是梦里还是梦外，都能够用象征来表达了。事情发生在她三岁半的时候，有一天，他们准备出门去散步，临出发之前，小保姆领他们去上厕所。当时，一起去的有她、弟弟，以及表妹。弟弟最小，比她小十一个月，表妹则比弟弟稍大一些。因为她比较大，所以坐到了便桶上，弟弟、妹妹比较小，就坐到了便盆上。聊天时，她问表妹："瓦勒有一根小香肠，我有一个小钱包，你也有一个小钱包吗？"表妹回答："是的，我也有一个小钱包。"保姆微笑着听他们讲话，并把这些内容当成笑话讲给了孩子的妈妈听，但却遭到了孩子妈妈的严厉斥责。

我在这里先插入一个梦，这个梦例来自1912年阿尔费雷德·罗比策克发表在《精神分析集刊》上的一篇论文，梦中提到的象征，似乎精挑细选过一样，精致贴合的程度只需梦者略加提点，我们就会知道梦的真正含义。

（十）正常人梦中的象征问题

精神分析的反对者在驳斥梦中象征的科学性时，常常用到一个冠冕堂皇的理由：梦的象征极有可能是神经症患者头脑中的产物，和正常人没什么关系，就连哈夫洛克·埃利斯也在最近发表的《梦的世界》中给出了相似的结论。但精神分析却发现，正常人也好，神经症患者也罢，从本质上来说，他们的精神生活没什么两样，他们都会用同样的运行机制和象征方法来表达那些被压抑在心底的情绪。虽然质上如此，但量上还是有些差异的。由于梦念始终要通过更加严格的稽查作用，因此对于神经症患者来说，他们的梦的伪装会更加复杂，所用的象征也更繁杂而广泛，这也使他们的梦更扑朔迷离，难以捉摸，故而解释起来会给人山重水复疑无路之感。相比较而言，正常人的梦就要单纯得多，梦中使用的几乎都是较为简明、清晰而又极具典型意义的象征，因而解释起来如同探囊取物，手到擒来。就比如我下面要说的这个梦，梦者是一个年轻的女孩，她虽然还没结婚，但已经有了婚约。我必须先说明的是，尽管女孩有点内向、拘谨，思想也相对保守些，但绝不是神经症患者。在我和她交流的过程中，得知她的婚期因为一些不得已的原因推迟了。下面要说的，就是她主动讲给我的她的梦：

梦中的地点好像是我以前的家，现在我早就不在那儿住了。为了庆祝我的生日，我在桌子的中央布置了鲜花。当时，我感觉自己都快被幸福包围了。

因为梦中的象征一点都不特殊，桌子和中间装饰的花，都是她生殖器的象征，所以我不用询问她的联想，就已经做出了解释：其实，这个梦很简单，不过就是表达了她未来的愿望，即想要生个孩子了。

我深知，"桌子中央"是一个很特别的表达方式，但因为她是一个比较保守的姑娘，所以一开始我并没有直接说明，而是避开了这个话题，从梦中的其他部分着手，有意地引导她的联想。让我欢欣鼓舞的是，随着我对这个梦的不断剖析，她竟然也产生了浓厚的兴趣。再加上我们交流时偏重于严肃的医学话题，她一点点放开了自己，不但不拘谨，反而落落大方起来了。

我问她："梦中，放在桌子中央的都是什么花？"她先是告诉我说，都是一些需要人们付出代价的高贵之花。话音刚落，她又接着补充说，其中有山谷百合、紫罗兰和康乃馨。众所周知，百合代表着贞洁，她也很认同这个推断，并说自己也由此想到了"纯洁"

一词。而山谷在梦中则是女性的象征。梦中的这两个象征碰在一起，恰恰就是 Lilies of the valley（"山谷百合"）之意，从而这个词又有了新的象征意义，即她用高贵的花来象征自己可贵的处女的贞洁。实际上，她在肯定自我价值的同时，也期望她的丈夫付出代价——能够重视并珍惜她。在分析过程中，梦者能够清晰地阐述出三种花的名字，那也就意味着，不同种类的花一定有着各自不同的象征意义。

从表面上看，"紫罗兰"（Violets）一词并不存在性方面的暗示，但我在潜意识中，总觉得它和法语单词"Viol"（强暴）有着某种潜在的联系。就在我自己都认为这种推断有些肆意妄为时，梦者的一个举动在让我惊讶不已的同时，更让我刚刚的推断变得有意义起来，原来她自己将紫罗兰与英文中的 Violence（暴力）一词联系在一起。尽管 Violete 和 violate 仅在末尾的重读音节上稍微有些差别，但梦者却如此联想到另一个花的象征 Violence of defloration（暴力强奸处女），就字面来说，其意是用美丽花朵编织的，但实际上它却是一座文字桥梁，直接通往了令人难以启齿的潜在意义。其中，就暗含了梦者性格中存在的某种受虐倾向。后面的"要付出代价"所表明的意思是，要想成为一个妻子和母亲，就必须付出自己的贞洁，甚至是生命。

说到"康乃馨"（Carnation），还得先说她平时的一个习惯，她总是将康乃馨叫作麝香石竹。当我们对此花展开联想时，我的理解和她给出的答案却如同两股道上的马车，出现了明显的分歧。我首先想到的是 Carnal（肉体的）一词，而她想到的却是 Colour（颜色），并且她马上补充说，她未婚夫经常送她康乃馨，每次还都送很多。我没有和她再争辩。谁知就在我们谈话即将结束时，她忽然据实以告，她说，她联想到的其实并不是 Colour（颜色），而是 Incarnation（肉体化）。这正是我希望从她口中说出来的词。虽然 Colour（颜色）是她通过 Carnation 的进一步联想，但毫无疑问的是，其潜在意义是一样的。

梦矛盾的核心，往往就是这种遮掩表达的部分，尽管这样的存在为释梦工作带来了极大的阻力，但也会在揭开谜底的一瞬间，使迷雾重重的诸多象征柳暗花明。如此我们也不难知道，这个梦关联着男人的阳具，强烈地表达了力比多冲动和压抑作用之间的斗争。梦中，康乃馨除了是"常送的花"和"carnation"的双重含义外，还有着另外一层意思，那就是阳具。

在现实生活中，花作为梦者经常收到的礼物，既刺激了她的兴奋，也让她在梦中把它们与性联系在一起。她用一种礼物交换的形式，表达了她自己愿意用贞操来换取真挚的感情以及丰富的性生活的心理。

从某种意义上来说，"很贵的花，要付出代价的"和婚姻的经济基础相关联。梦中，鲜花的象征明显包含了女人的贞操、男性的阳具，以及暴力奸污等概念。不过，需要特别提示的是，我们早就指出过，鲜花具有极普遍的性的象征，植物的性器官——鲜花，就象征着人的性器官。平时，情人之间为了表达心意，常常以花相赠，极有可能就暗含着这种意思。

梦中，她积极准备着过生日，暗指的极有可能是她想拥有一个新生儿。只是因为梦的仿同作用，把"她"仿同为她的未婚夫了。"她"扮演着她未婚夫的角色，和她性交，准备要孩子。如果把前面提到的"暴力"一词结合起来，就不难知道，梦的隐意是："如果我是他的话，不论我的未婚妻是否愿意，我都不会再等了，我会霸王硬上弓，直接破掉她的处子之身。"这样，梦者自身的受虐欲也就展露无遗了。

深挖一下这个梦，从梦的更深层看，"我……布置了……"有着自淫的意味，换言之，这不过是幼儿时期的意义而已。而梦中的桌子就象征着梦者扁平的身体。作为女人，她一直不满意自己的身体，觉得自己不像别的女人那样凹凸有致，这也使她格外在意自己的"中央"部位。有一次，她就将自己的"中央"部位称为"中央的一朵花"。而梦者也在讲述这个梦时，一再强调"桌子中央"或"花的中央"，其实就是想通过强调自己是"处女"，使自己的贞洁价值能够弥补肉体上的不足。我们在探讨这个梦时，务必要注意一点，那就是梦的浓缩作用。这个梦者的梦中，没有一处多余的环节和内容，每个词都有着自己独特的象征意义。

后来，梦者又给这个梦做了补充："花与花的空隙间杂着普通花瓶里都有的那种杂色纸张，看上去很像丝绒或是苔藓，不过可真是难看死了，这也使我很不舒服。于是，我用绿色的纸把这些花都重新装饰了一下。"

不出我所料的是，"丝绒"和"苔藓"象征着她的阴毛，绿色的纸则代表着她的希望，而她的希望就是拥有一个孩子。此外，"装饰"（Decorate）一词也让她联想到了"礼仪"（Decorum）。梦是愿望的满足，但也在一定程度上暴露了她的羞于启齿的内心想法。作为一个待嫁的女人，尽管身材扁平，有些缺陷，可她每日都将自己打扮得光鲜靓丽。之所以这样做，一方面，她是为了掩盖自己的身体缺陷；另一方面，她是为了未婚夫。

实际上，这个梦呈现出来的含义很多，有的甚至是梦者在清醒状态下都不曾意识到的一些想法。这些想法都与性爱或性器官有关：她在"准备过生日"，象征的就是性交，这里既包含着被强暴的恐惧，又包含着她的受虐倾向，以及因受虐带来的快感。她承认自己的身体缺陷，于是便抬高了自己的处女价值，欲盖弥彰地希望通过贞洁的价值来弥补自身的缺陷。当对性生活的渴望在她身体里萌芽时，她的羞耻心又让她为自己找到了一个很好的借口，即她不过就是想要生个孩子而已。甚至坠入爱河的人从不考虑的物质，也出现在了梦者的梦中。最后，她感觉自己被幸福包围着，这种幸福的感觉足以表明，那些强烈的情绪和情结都在梦里得到了满足，换句话说，就是梦满足了她的愿望。

费伦齐提出过一个颇有意义的观点，一个人越是排斥精神分析，他（她）的梦中象征的意义就越明显，梦的意义也越重大。

接下来，我将要插入一位历史名人的梦，以及我对这个梦的分析。这是因为，这个梦具有非常典型的意义，它把适合用来象征男性生殖器的物品，都做了更深层次的润色，使它们作为阳具象征的特点一目了然。例如，梦中出现一条无限延长的马鞭，我想除了代表男性阳具的勃起外，也难有别的意义了。除此之外，这个堪称经典的梦还证明了一件事：即便看起来与性毫无关联的严肃内容，也完全可以用幼儿期的性材料表现出来。

（十一）俾斯麦的梦

在说俾斯麦的梦之前，我先说说俾斯麦。俾斯麦是德意志帝国第一任宰相，有"铁血宰相""德国的建筑师""德国的领航员"之称，是 19 世纪卓越的政治家之一，在他任普鲁士首相期间，通过一系列成功的战争统一了德国。后来，威廉大帝去世后，因为他和威廉大帝的孙子——威廉二世在政见上始终存在分歧，他本人便退出了历史舞台，但他的"铁血"政策却深深地影响了以后的德国。

1881 年 12 月 18 日，俾斯麦曾经给威廉大帝写过一封信，后来他把这封信引用在自传《思想与回忆》中。里面有这样一句话："陛下的来信使我欢欣鼓舞，勇气倍增，因而我想向您禀告我的一个梦。这个梦做于 1863 年的春天，当时战争进入了最困苦的阶段，可谓前途未卜。就在我梦醒的那天一早，我把这个梦讲给了我的妻子，以及其他在场的人。梦中：我骑在马上，在阿尔卑斯山中一条狭窄的小路上穿行。小路的右边是深不可测的山谷，左边是陡峭的岩壁。我一路前行，只是路越来越窄，以至于最后连马都不肯走了。可是，由于空间不足，我既下不了马，也不能掉头。我不停地在心里祈求着上帝的保佑，同时左手挥起马鞭，猛地击打光滑的岩壁。就在这时，马鞭开始无限延长，岩壁像舞台的背景一样落了下去，我的面前出现了一条宽广的大路。我清楚地看到了前方的景色，有山川，也有河流，就像在波希米亚一样。另外，我还看到一些正在前进的军旗飞扬的普鲁士军队。即便是个梦，但我还是想尽快地向陛下禀报这件事。这个梦很圆满，我醒来后，精力充沛，心情舒畅，似乎更有信心了……"

很显然，这个梦由"身处绝境"和"奇迹获救"两部分组成。梦中，马和骑士处在困境中，表明了这位政治家所处的危险处境，并且这个危险与他前一晚苦苦思索的政策问题有关。说到那个问题，他就痛苦不已，尽管他绞尽脑汁，可依旧焦头烂额，毫无良策。

上面的那封信中，俾斯麦以梦中的场景做比喻，形象地再现了自己当时的绝望处境，对于这样的处境，他本人是再熟悉不过了。也就是说，他对梦中的情景的意义已了然于胸了。另外，这个梦还有助于我们理解西尔伯勒的"功能现象"。梦者在前行的道路上遇到阻碍，他绞尽脑汁思索着各种解决方案，但每一种方法都有无法跨越的障碍，而他又不能放弃，结果这一情绪便以一个骑士被困在进退两难的窘境中清晰地展现出来了。梦中"不能转身，又无法下马"的一幕，就很好地再现了梦者的自豪感，这种自豪感绝不容许俾斯麦做出任何让步或是撒手不管。众人皆知，这位伟大的政治家常常将自己比作一匹马，总是竭尽所能地发着光和热，兢兢业业、一心一意地为大众谋利造福，一如他曾说过的那句名言："好马死于执行任务中。"可奇怪的是，出现在梦中的却是"马拒绝前行"，这足以说明他在现实中的责任太过重大，每日疲惫不堪，潜意识中有种想摆脱这种烦恼的渴望。也就是说，这位操劳过度的政治家想通过睡眠和做梦，来释放现实对自己的束缚。于是，在梦的第二部分，愿望的达成就变得非常强烈了。对此，前面的"阿尔卑斯山中一条狭窄的小路"，就已经给出了明显的暗示。或许此时，俾斯麦已经知道了自己下一次的度假地点就是阿尔卑斯山中的加斯坦，只不过梦把他提前带到了那里，使他一下子从繁杂的政务烦恼中解脱了出来。

实际上，梦者的愿望满足都体现在梦的第二部分。一种是没有任何掩饰的明显表达方式；另一种是象征暗示的表达方式。围困他的悬崖峭壁忽然消失，取而代之的是一条宽阔的大路，这无疑就是象征的表达方式，代表着他正在寻找的"出路"。后面他看到了正在前进的普鲁士军队，则是明显的表达方式无疑了。

实际上，要解释这类预言式的梦，根本不需要构建什么假设，只要知道梦是愿望的满足就足够了。就在这个梦之前，俾斯麦认为，解决普鲁士内部冲突的最好办法，莫过于在对奥地利的战争中赢取胜利，将战旗插到奥地利的土地上。而波希米亚风格的景色，正是奥地利所独有的。梦中，普鲁士军队的军旗飘扬在波希米亚，就达成了俾斯麦的这个愿望。而这个梦的特殊性就在于，它不仅满足了梦者的愿望，同时还包含着另一层意思，即俾斯麦知道如何在现实中将它达成。

我想，任何一个懂得用精神分析方法释梦的人，都不会忽略梦中一个显著的元素，那就是梦中"无限延长的马鞭"。在前面我们已经知道，鞭子、手杖、长矛，以及类似的物品，都象征着阳具，马鞭是其中典型的一个。梦中的马鞭被赋予了无限延长的特性，其象征意义就更不言而喻了。此外，梦中对于马鞭无限延长的夸张表达，似乎也在暗示童年时期的精力宣泄。而左手挥鞭，显然是手淫的暗示。当然，这要追溯到梦者的幼儿时期，而不是梦者的现在。就这个梦来说，斯泰克尔博士的释梦理论尤有价值，因为他指出，梦中的"左"边通常代表着罪恶、错误，以及被禁止的内容。作为儿童，被禁止手淫是再正常不过的事了。梦中，梦者挥舞马鞭，是一个可以追溯到童年时期的深层隐喻，而俾斯麦的日常工作却在最表层，两者之间的夹层就是一座桥梁，把两者联系在一起。梦者请求上帝帮助，并用力击打岩壁，从而奇迹般脱离了困境，很容易就让我们联想到《圣经》中所有教徒耳熟能详的一幕：摩西为了解救以色列那些干渴的小孩，用击打岩石的方法找到水源。而俾斯麦恰恰出身于虔信《圣经》的新教家庭，自然对《圣经》中的这一情节再熟悉不过了。梦者当时处于战火纷飞的时代，容易结合自己的经历和愿望，把自己当作摩西那样的领袖人物，救人民于水火之中。可是，他得到的却是本族人的反叛、仇恨和恩将仇报，因此，这个梦关联着梦者当时的愿望。不过，这段《圣经》的故事中还有一些细节：摩西不顾上帝的命令，伸出手去抓那根权杖。上帝要惩罚他，宣布他在进入"希望之乡"前必须死去。他在上帝下命令时，手中握着手杖。这一情节无疑也与手淫联想有关，手杖暗示的是阳具，手杖敲击岩石流出液体，还有惩罚、恐吓、死亡威胁等，都吻合于幼儿时期手淫所经历的感知。

　　有趣的是，一边是一位天才政治家的政治宏图，另一边是来自幼儿时期的原始幻想，梦的工作却把这两个层面的含义通过《圣经》故事完美地融合在一起，而且在融合的过程中，还抹去了所有令人困惑的元素。抓取权杖是一种被禁止的、反叛的行为，尽管"左手"只出现一处，但梦中很多都是通过其行动象征性地暗示的。另外，在梦的显意中，梦者向上帝祈祷，更像是夸张地公开否定任何与禁令和秘密相关的想法。《圣经》中，上帝对摩西有两个预言：第一个是他能看到但却不能进入"希望之乡"。不过，梦者在梦中看到了山峦和森林，显然愿望已经达成了。第二个预言让人羞于说出口，梦中也一直没有提到。为了与前面的梦境和谐统一，水从岩石中流出来这一情节被省略掉了，岩壁像舞台的背景一样落了下去。

对于禁止的主题，我们完全可以断定，小孩子都希望幼儿时期的手淫或相关幻想是隐蔽进行的，他们不希望周围的权威人士知道。但在这个梦中，这个愿望被表现成它的对立面了，即他想马上向威廉大帝禀告这个梦。不过，这种颠倒极为巧妙地与梦的表层隐意，以及部分显意中"渴望战争得胜"的幻想完美地结合在一起，且没留下一丝痕迹。像这种既包含征服敌人，又包含旗开得胜之意的梦，大多都是在掩盖肉体上的情欲。在这个梦中，骑士前进的时候身临困境，于是他挥舞马鞭，眼前便出现了一条光明大道，实际上，梦最初的这些细节也是在暗示肉体的欲望，只不过尚不具备足够的基础，能够推论出这种思想和欲望乃贯穿梦的始终的线索罢了。

毋庸置疑，俾斯麦的这个梦堪称梦的伪装最为成功、最为典型的例子，它把能导致焦虑和反感的元素——掩藏在华美的表层情节之下，使梦中的每一个元素都不会遭到排斥，并全部安然无恙地通过稽查制度的审核，从而构筑成梦的一部分，如果能用一个词来形容，那一定是"完美无瑕"。

梦者醒来的时候，说自己"精力充沛，心情舒畅"，无疑是一次愿望达成的成功体验，有如此心情那也是情理之中的事了。

下面我要说的是一个男青年的梦。

（十二）一位化学家的梦

我最后再举一个男人的梦例。这是一个有手淫习惯的男人，可是他想过正常的生活，正尽心竭力地戒除手淫。就在做梦的前一天，他指导一位大学生利用格林尼亚反应原理，使镁在碘的催化作用下溶解于绝对的纯乙醚中。可就在两天前，这样的实验曾出现了意外事故，因为爆炸烧伤了一名工作人员的手。

梦的第一部分：

我正在做合成化合物苯镁溴的化学实验，而且我清清楚楚地看到了每一样实验器材，但我却发现自己化成了镁。之后，我便进入到镁元素奇特的不稳定状态中，先是脚开始溶解，然后是膝盖慢慢地软化，而且我还不断地告诉自己："非常正确，就是这样。"我伸出手，不知怎么就抓住了自己的双脚。然后，我把自己的双腿从烧瓶中拿了出来，同时告诉自己："这不可能。"这时，我有点醒了，但一想到要把这个梦告诉你，我刻意重新回想了梦中的情节，可梦中的举动却吓到了我。就在这半睡半醒间，我一直兴奋地叫喊："苯，苯！"

梦的第二部分：

我和全家人在一个名称结尾为"ing"的地方，我与一位特殊的女士相约12点半的时候在苏格兰门见面。但直到11点半，我才刚醒过来。于是，我自言自语地说："我起得太晚了，就是现在马上出发，估计到那儿也得12点半了，肯定没法准时赴约了。"过了一会儿，我看到家人围坐在桌子边，尤其特别清楚地看到了母亲和旁边端着汤碗的女佣，手里端着汤碗，我便告诉自己："我们都开始吃饭了，这时再出去岂不是太晚了吗？"

分析：这个梦是梦者约会的前一天晚上做的。毋庸置疑的是，第一个梦和他要会面的那位女士有关。他记得曾在一次实验中，他纠正他的学生说："你看，在整个反应过程中，镁没有发生任何变化，你在实验中一定存在操作错误的地方。"没想到那个学生完全没有严谨的治学态度，竟心不在焉地说："错误就错误呗。"也正是这个原因，梦者有点讨厌那个学生。梦中的实验者对分析毫不在意，就好像那个学生毫不在意自己的实验合成物一样，这让我们确信，梦中执行实验操作的那个"他"，实际上就是梦者，而"他"对实验结果的漠不关心肯定让梦者很反感。

此外，在梦中，梦者是被当作了"镁"，是属于被分析或合成的对象，最终是需要体现出反应成效的。腿作为梦中比较突出的对象，和他对前一天晚上经历的事情的回忆有着直接关系。舞蹈课上，舞伴是他早就心仪的一位女性，也就是他后面提到要约会的那位女士。因此，他在跳舞的时候，不由得紧紧地抱住了她，甚至紧得让她尖叫起来。于是，就在他慢慢地放开她的时候，他感觉到女子强力对抗的压力正紧顺着他的脚踝往上直到膝盖的部位，而这恰恰是梦中的他作为"镁"发生了反应的部分。由此可以肯定，这个女人就相当于蒸馏瓶中的镁，也就是最为关键的环节终于浮出了水面。我认为，他是女性化的，与"我"相关联时，"他"的性别是"女"，而和那位女士有关时，他的性别又是"男"。如此一来，如果他和那位女士能够牵手成功，那么他的治疗就一定会成功。

睡梦中，梦者处于疲倦状态，尽管潜意识中明白自己要在12点半去赴与那位女士的约会，但还是希望能够一直睡过去。这时，他自身的感受和梦中膝盖的反应都是手淫的象征，其目的就是希望性对象可以留在家中。这样，他就既能睡觉，又能和家中的性对象待在一起，也就是继续手淫。

至于梦者于梦中不断重复 Phenyl（苯基）这个细节，他自己解释说，像 Benzel（苯甲基）、Azetyl（乙酰基）这样的"基"，都非常好用，因此他向来喜欢这类以"yl"为结尾的"基"。实际上，他的这个解释对于我来说一点用处都没有，但却让我联想到与"yl"结尾的词押韵的词——"Schlemihl"（倒霉鬼）。于是，我便建议他考虑一下像"Schlemihl"这样的基。谁知，他听到这个词，立刻笑着说，这让他想起了另外一些事。今年夏天，他读了普雷沃斯特写的一本书，其中有一个故事很有意思。那个故事的题目是"被拒绝的爱情"，讲的就是Schlemilihl的故事。他不无认可地说，这简直和他现在一模一样，如果他误了这个约会，那么他和那个倒霉家伙没有什么不同。

之前，早就有人就梦中的性象征现象做过实验。1912 年，施罗特博士在斯沃博达的启发下做过一组实验。首先他把被实验者深度催眠，然后向他们发出暗示，让他们根据暗示的内容做梦。最终实验结果表明，梦的内容大多取决于暗示的内容。例如，他暗示被催眠者要发生正当的或不正当的性行为，那梦者的梦内容与所接受的暗示基本上相符。为此，施罗特博士还举了一个例子，在他的那些被实验人中，有一位对梦的象征知识以及释梦理论一无所知的女士，当她被深度催眠后，施罗特博士向她发出暗示，要求她和一个女性朋友发展同性恋关系。后来女子讲述的梦中，一位女性朋友便出现在了她的梦中。那个朋友手里拎着破旧的手提包，手提包上还贴着一张纸条，上面写着"女士专用"。让人遗憾的是，因为施罗特博士在这个实验后不久便自杀了，所以导致我们无法评估这个非常有意义的实验的真正价值。关于施罗特博士的这个实验，1912年的《精神分析集刊》上做了简短的报道，那里面能找到一些关于这个实验的原始资料。

实际上，这个实验结果并没有因为施罗特博士的离去而石沉大海，1923年，罗芬斯坦在他的报告中发表了类似的实验结果，尤为有趣的是，贝特尔海姆和哈特曼做了无催眠的实验。两位学者的实验对象是一些患有克尔萨科夫综合征的人，也就是器质性遗忘综合征患者。实验时并不采用催眠的方法，而是直接给那些被实验者讲一些和暴力性行为有关的故事，之后再让他们把刚刚听到的故事描述出来。然后，两位学者重点观察了这些人描述出来的故事与原故事的差别之所在。结果两位学者发现，像上下楼、刺杀、打枪、刀具、烟卷等代表性交或男性生殖器的象征，都出现在了被实验者的复述中。其中，楼梯的象征最为突出。因此，两位学者一致表明："如果是有意识的歪曲理解，人们是不会采用这种象征方式的。"

如果想对上面的经典梦例进行更深层次的探讨研究，就必须对梦中的象征作用做出正确的评价。毫无疑问，通过上面的罗芬斯坦的实验报告，我认为我们已经做到了。从科学的角度来说，梦大体可以分为两类：一类是意义永恒不变的；另一类是内容相同或相似的，但意义是各种各样的。在前面的章节中，我们已经对第一种类型的典型梦例——考试梦，做出过深入细致的分析了。

我们发现没赶上火车的梦与考试梦所要表达的情绪非常相似，因此可以把它们归在一起，说它们属于同一类型。这样做是正确的，因为我们完全可以从梦的分析中得到证实。它们都有高度的安慰性，与那些因对死亡的恐惧而产生的带有焦虑情绪的梦正好相反。生活中，最常见、最容易解释的死亡象征，莫过于"动身离开"了，但梦一般会安慰说："别担心，你不会有事的（离去）。"而在考试的梦中，常常会这样安慰："别害怕，你这次一定不会遇到困难的。"正是这样把焦虑的感觉与安慰之词捆绑在一起，这也无形中加大了我们理解这两种梦的难度。

我给很多患者分析过"牙齿刺激"的梦，但令我奇怪的是，这些梦都特别排斥分析，乃至于我总是徘徊在它们真实意义的边缘地带，好在我后来瓦解了那些阻力。另外，大量的证据也使我确定，男子做这类梦的原动力是青春期的自慰冲动。接下来我要分析的两个梦来自同一个青年男子。虽然这名男子有着强烈的同性恋倾向，但他一直努力地克制着自己的冲动，而其中一个梦也属于"飞翔的梦"。

6 梦中的计算和语言

在讨论决定梦的形成的第四种因素前，我想先举几个自己搜集的例子，一方面，借以说明之前三种因素间的相互作用；另一方面，也能给那些还没有充分论证的观点增加依据，或用来说明从中得出的必然结论。之前，我们讨论梦的工作时我就发现，通过梦例来证明我的结论困难重重，因为被我用来证明自己观点的那些梦例，唯有放在整体的释梦中才有说服力，一旦脱离了释梦的前后关系，本来很浅显的分析就会迅速变得繁杂起来，本要厘清的思维线索反倒像一团乱麻，使梦例失去了自己应有的价值。因此，我索性把各种梦例一一都罗列出来。下面，我就先举几个怪异而又极不寻常的例子。

这是一位女士的梦：梦中，一名女仆带着一只黑猩猩和一只猩猩猫，站在梯子前，似乎准备擦玻璃。这时，女仆将这只黑猩猩抛给了她。之后，那只黑猩猩就依偎在她身上，她觉得恶心极了。接着，她又改正说，那只猩猩猫是一只安哥拉猫。

这个梦很简单，就是通过"猴子"等动物名字所隐含的骂人的话，来表达梦的隐意——肆意抛出谩骂。在梦的工作中，这种手段还是比较简单的。接下来，我说说另一个梦例，其表现手段与此极为相似：

一位女士有一个脑袋畸形的儿子，别人告诉她，可能是她怀孕时孩子在子宫里体位不正引起的。医生认为，可以采取压缩的办法，使孩子的脑形好看点，只是这种方法虽然有效，但极易损伤大脑。可她觉得这是个男孩，损伤应该不大。在梦者的治疗过程中，"童年印象"这一抽象的概念，通过形象化的梦表现出来了。

接下来的例子，梦的工作方式就有些不同了。

·这是一个回忆梦，回忆的是格拉茨近郊希尔姆湖的一次郊游。

外面的天气糟糕透了，我来到一家破旧的小旅馆，雨水正顺着房间四壁流下来，床都湿透了。

这个梦要表达的意思是"过剩"，到处都是水，只是一切都流动得过剩了，只是隐意被抽象概念强力扭曲了。

我们知道，为了满足梦中表达的需要，词语的音调远比词语的正确拼写重要得多，就像写韵律诗一样，必须有足够自由的空间。奥托·兰克曾详细描述过一个女青年的梦，并做了深入细致的分析。在那个梦中，梦者在田野间散步，还割下一些好看的大麦穗和谷穗。她想避开迎面走来的一位少年时代的朋友。这个梦借助割麦穗，把荣誉、荣耀紧密地联系在一起，表达出"荣誉之吻"的真意。

在其他一些梦中，梦借助语言轻松地表达出隐意。这是因为大部分的语汇原本具有形象的、具体的意义，只是在使用过程中变得平淡、抽象了，梦便完整地再现了它们原初的意义，或追溯到了词义演变过程中的某一阶段。

例如，有人梦到自己的弟弟困在一个盒子（Kasten）里，怎么都出不来。在分析过程中，我们将盒子替换为衣柜（Schrank），梦的隐意就不言而喻了。

著名的瑞士作家戈特弗里德·凯勒的小说《绿衣亨利》中记录了自己的一个梦：在美丽的燕麦地里，一匹活泼的马儿正在打滚，地里的每一颗谷粒都是"一粒香甜的杏仁、一颗葡萄干、一枚新制钱""都包在红绸缎中，并用一根猪鬃系上了"。作者就是借助马儿被燕麦搔得痒痒的，忍不住大叫"快活死了"的描述，非常直白地告诉了我们这个梦的意思。

根据亨岑的研究，北欧的古代民间传奇《萨迦》中，就有大量的带有俗谚、文字游戏内容的梦，而且几乎每个梦中都有使用这种双关语或歇后语的影子。

梦的这类表达方式，有的直接，有的幽默，如果梦者不加以提示，我们根本无法猜测。现在，搜集梦的这类表达方式，并按它们自身的原则加以整理，我觉得很有意义。

（1）有人向一个男子打听一个名字，可他一时之间没有想起来。对此，他解释，这蕴含着"我在梦中是不会想起来的"之意。

（2）我的一个女患者讲了这样一个梦。梦里出现了很多人，而且每一个人长得都很高大。随后，她的解释是："这个梦和我的童年经历有关。小时候，我总觉得所有的成年人都很高大。"只是，她本人并没有出现在这个梦里。

追溯童年经历并不只有这一种方式，在其他一些梦中，就通过时间和空间的转换表现出来，如同把望远镜倒转过来看剧一样。

（3）有一名非常幽默的男子，在现实生活中就喜欢抽象的、不确定的表达方式。有一次，因为某件事情引发了一个梦。梦中，他正往火车站走着，一列火车刚好到达，但随后场景一换，在站台上，他走向静止不动的火车。这个梦看起来有点荒唐，完全颠倒了现实场景。分析这个梦时，梦者想起了曾看过的一本图画书，书里面的男人倒立着，正用手走路。

（4）还是上面的这位男子，他给我讲了另外一个梦。在汽车上，他叔叔吻了他一下。分析这个梦就像猜画谜，但他随后解释：梦表现的是手淫之意，可现实中简直就是个笑话。

（5）一个男子梦见自己把一个女子拉到床前。这个梦的意思是：他给她优先权。

（6）一个男子梦见自己成了军官。席间，他坐在皇帝对面。这个梦乃是他与父亲对立之意。

（7）一个男子梦见自己正在给别人治疗骨折。骨折乃婚姻受挫之意，也就是说，这个梦的隐意是通奸。

（8）通常情况下，梦里的时刻往往代表着儿童的特定年龄。例如，一位梦者梦到早上 5 点 15 分，就表示他现在是五岁零三个月。梦里的时间指的就是弟弟出生时他的年龄。

（9）除了上面的那种外，还有另外一种梦中表达年龄的方式。梦中，一个女人和两个小女孩一起走着，而且这两个小女孩相差十五个月。只是这个女人想不起来，在她熟悉的家庭中，哪个家庭符合这种情况。最后，她自己解释说，梦中的两个小女孩都是她自己，这个梦是在提醒她，童年时最伤心的两次经历正好相隔十五个月，一次发生在她三岁半，一次发生在她四岁九个月大。

（10）接受精神分析治疗的患者，治疗情形就会经常出现在他的梦中，并且通过梦表达他对治疗的种种看法和期待。最常用到的就是乘坐汽车，患者用这种新潮、复杂的车辆说事，进而进行嘲讽。

（11）萨克斯曾记录过这样一个例子：我们从梦的解析中知道，要感性而形象地表达出词或词组，梦的工作可以采用不同的方法。比如梦会把词义模棱两可的双关性的词当作"转辙器"，隐意表达其中的一个意思，而另一个进入显意。比如下面的这个短梦。做梦那天我患了感冒，因此决定，无论发生什么，夜里我都不下床。这个梦就是这样，把近期经历巧妙地用作表现材料了。

梦的工作为了通过视觉表现出梦的隐意，根本不会考虑现实生活中这些手段是不是被允许的。这也使一些人还没体验释梦理论，就凭道听途说对它心生质疑，甚至取笑了。斯泰克尔的著作——《梦的语言》中，这样的例子比比皆是，但我没有从中选取任何一个例证，主要是因为斯泰克尔缺乏批判意识，过于专断释梦技术，难免会让人质疑书中内容。

（12）不在斯泰克尔的文章中援借梦例，并不代表也拒绝别人的。下面的这个梦例，就出自陶斯克的文章《作为梦之表现手段的衣服和颜色》：

（a）A男子的梦中，他清楚地看见自己从前的家庭女教师，穿着一件黑色的有光呢裙子，把臀部裹得紧紧的。他觉得她是一个放荡的女人，就是这个梦要表达的意思。

（b）C男子在梦中看到，在X公路上，有一个女孩子，穿着一件白色的上衣，笼罩在一片白色的亮光中。

梦者第一次眉来眼去地挑逗白衣小姐，就在那条公路上。

（c）D女士在梦中看到，在沙发上躺着一个全副武装的人，那个人就是维也纳八十岁的老演员布拉泽尔。后来，他拔出宝剑，跳上桌椅，对着镜子在空中比画起来，就像和假想敌格斗一样。

分析：膀胱疾病是这位女梦者多年的隐疾，在沙发上接受检查，对着镜子的时候，她不免暗想，虽然我上了年纪，而且还有病，但看起来我的精神还是很好的。

（13）梦中的"伟大成就"：

这是一个男人的梦，梦中，他躺在床上，变成了个孕妇，他难受地大喊："我宁可做碎石工。"他的床后挂着一幅地图，一根木条把图的下沿撑直了。他握住这根木条的两端，想把它扯下来，可木条非但没有被折断，反而横劈成两半了。这时，他忽然觉得一下子轻松了，也顺利分娩了。

还没指点，他自己就认为，梦中扯下木棍的动作，就是"伟大成就"之意。梦者通过梦中摆脱女性的态度，把自己从不愉快的治疗过程中解放出来了。木条没有折断，而是横劈成两半，这使他联想到，"两半"与"破坏"的意境融合在一起，乃是"阉割"之意。如果对立的愿望非常强烈，梦通常会采用两种阴茎的象征物同时出现的方法表示阉割，而腹股沟是离生殖器最近的部位。因此，他认为这个梦要表达的意思是：阉割威胁着他，使他就快成为女人了，他必须努力克服这种威胁。

（14）有一次，我用法文分析解释一个梦，没承想，我在那个梦中竟然成了一头大象。我就问："我怎么会以这种形象出现在梦中？"梦者回答："你被骗了（Vous me trompez），而象鼻是Trompez。"

实际上，有些专用名词在梦中是不易被加工的，但梦的工作会强行利用一些偏僻的关系，成功地将这些材料表现出来。我做过这样一个梦：老布吕克给我布置了一项任务。我制作一件标本，从里面摘出了一些东西，看上去就像揉皱了的锡纸（后面还会详细分析这个梦）。别看这个梦的细节是锡纸（Stanniol），但这个细节联想并不容易找。后来，我想到了一位作者的名字——斯坦尼乌斯（Stannius），就恍然大悟了。原来，很多年以前，我拜读过一篇关于鱼的神经系统的论文，他就是那位作者。实际上，老师布置给我的第一项科研任务，就和一种叫"Ammocoetes"的鱼的神经系统有关。毫无疑问，这个名字根本无法直接入梦，于是就用这种方式表达出来了。

说到这里，我想还是先加进一个非常奇特的梦例，因为它同时也是一个值得注意的儿童梦。关于这一点，通过分析就可以很好地证明了。一位女士讲了下面的内容："小时候，我总是翻来覆去地做同一个梦。梦中，上帝的头上戴着一顶用纸做的尖帽子。吃饭的时候，大人为了不让我看到别人盘子里的菜，也经常给我戴上这样一顶帽子。但大家都说，上帝是万能的，那这个梦的意思就是：尽管给我戴上了帽子，但我还是无所不知的。"

至于梦的工作究竟体现在什么地方，它是如何对待隐意材料的，我们可以从梦中的数字和计算得到很多启发。其实，梦中的数字还具有预言色彩，虽然这有些迷信，但我可以从我搜集的梦中，挑选几个具有代表性的例子。

1）下面的这个梦，是一位女士即将结束分析治疗时做的一个梦。

因为要缴纳一些费用，她女儿便从她钱包里拿出了三个古尔登和六十五个十字币，但她却说："你要买什么？它可只值二十一个十字币呀！"

我很了解这位患者，所以无须她说什么，我就可以解释这个梦。这位女士来自国外，她来我这治疗的时候，将女儿安置在维也纳一所寄宿学校里读书，可还有三个星期学习就结束了。做梦的前一天，她女儿所在的学校校长建议说，如果她想继续治疗，不妨让她的女儿在那里再学习一年。很显然，这个建议马上就让她联想到，她可以将治疗再延长一年了，而这也恰恰是梦要表达的真意。因为一年就是三百六十五天，距离女儿学期结束和自己终止治疗还有三个星期，也就是二十一天。梦的隐意中，虽然数字指向的是时间，但在梦中却被赋予了币值的意义。因此，这个梦有了更深的含义，正所谓"时间就是金钱"，时间是有币值的：三百六十五个十字币就等于三个古尔登和六十五个十字币。尽管梦中出现的金钱数额很小，但显然指向愿望的达成，即梦者希望自己的治疗和女儿上学的费用都能减少。

2）在另一个梦中，数字呈现出更复杂的关系。有一位女士，虽然年纪轻轻，但已经结婚多年了。伊丽泽小姐与她年龄相仿，而且关系也不错。当她听说伊丽泽小姐刚订了婚后，她就做了下面的梦：

她和丈夫坐在剧院里，正厅前排的座位中有一边全都空着。她的丈夫对她说，伊丽泽和她的未婚夫也很想来看戏，然而好的座位都卖完了，他们买到的是很差的座位，但三张票居然要花一个古尔登零五十个十字币，他们怎么都接受不了。但她觉得，这说不定是塞翁失马，焉知非福呢。这一个古尔登零五十个十字币是从哪儿来的呢？原来，做梦的前一天，发生了一件很小的事。她哥哥把一百五十个古尔登当作礼物送给了她嫂子。她嫂子用这笔钱给自己买了一件首饰，马上就把钱花完了。我们要注意的是，一百五十个古尔登是一个古尔登零五十个十字币的一百倍。至于三张戏票中的"三"从哪儿来的，只有一种联想，这位准新娘正好比梦者年龄小三个月。那么，如果我们能洞悉"正厅前排的座位中有一边全都空着"的含义，这个梦也就破解了。这个梦暗示的的确是一件小事，而且场景也没什么变化。她打算看一场这周才上演的戏，她唯恐票不好买，提前几天就预订了票。等戏开演了，她到剧场看戏的时候，才发现一侧座位都空着，为此她丈夫还笑话了她，没必要那么着急买票的。

分析到这里，梦的隐意也呼之欲出了：那么早结婚真荒唐，我干什么这么早结婚哪！看看伊丽泽，只要我等一等，也能嫁出去，而且可以找到好一百倍的丈夫，我的那些嫁妆，都能买三个这样的丈夫了。

与上一个梦相比，我们不难发现，数字的意义和前后关系都发生了更大的变化，梦中的转换和伪装工作也更繁复，梦的隐意需要克服极其强大的内部精神阻力，才可以在梦中表现出来。梦中，两个人却要买三张票，看上去有些荒诞，可仔细分析我们就能发现，这一点所要表达的，其实就是这个梦中最重要的隐意：这么早就结婚真是荒唐啊！

3）还有一个例子，也展示了梦中的计算技巧。不过，这个梦也因此备受非议。这是一个男子的梦，内容如下：

这个梦做于1898年。他和B一家非常熟悉，他坐在B的家里说："您没有将玛丽介绍给我，这不是胡闹嘛！"接着，他又问那个女孩："您多大了？"答曰："我是1882年出生的。""哦，那您已经二十八岁了。"

毋庸置疑，梦中的计算是错误的，如果没有其他原因，那么梦者的计算能力简直可以和麻痹症患者相媲美了。我的这位患者是个女人迷，一看见女人就会想入非非。几个月来，排在他后面就诊的一直是位年轻的女士。他曾遇到过她。于是，他便经常向我打听她的情况，很想在她面前表现一番。梦中，他估算的二十八岁的那个人，实际上指的就是这位女士。至于1882年，那是他结婚的年份。

4）还有一个关于数字的梦，梦中隐意有着明显的限定作用，准确地说：隐意多重限制了梦中内容。在此，我要先对达特纳先生致以谢意，感谢他提供了这个梦例，并做了解释。

我的房东是政府机关的保安，他梦到自己正在街上执勤。一位督察朝他走来，这个人衣领上的号码是 22、62 或 26，总之上面有若干个 2。

梦者讲述这个梦的时候，把数字"2262"分成了两个数字，由此我们可以断定，这两个数字包含着不同的意思。他想起来，昨天上班时，一位六十二岁的督察退休了，他们因此谈到了退休年龄。梦者才工作了二十二年，还要再工作两年零两个月，才有领取 90% 的退休金的资格。总的来说，这个梦首先满足了他一直以来的一个愿望，那就是成为督察。梦中那位衣领编号为"2262"的上司，实际上就是他本人。他的另一个心愿，是能够上街执勤，即让自己干满两年零两个月，如此一来，他就可以和那位六十二岁退休的督察一样，在没离开工作岗位时就能享受退休金待遇了。

实际上，梦的工作并不进行任何计算，更别说计算得正确与否了。不过，隐意中出现的那些数字，暗示的乃是某种无法表达的材料，梦便用计算的形式，把这些数字拼合在一起。也就是说，数字被梦的工作当作一种表现自己意图的媒介材料了，与它处理其他任何观念的方式并没有什么不同，甚至包括那些专有名词，以及可视为词语观念的言谈。

梦除了把这些言谈片段从它们的前后关系中抽取出来外，还将其割裂打碎，就像狗熊掰玉米一样，保留一些内容，扔掉另外的那些内容，并且将保留的内容重新拼装组合在一起，使它们看起来就像逻辑严谨的梦中对话。可是，只要我们一经分析就不难发现，它们是由三四个部分拼凑而成的。在它们被重新利用的过程中，梦还会抛掉这些词语在隐意中的本来含义，转而赋予它们另一种全新的意义。

如果我们进一步考察梦中出现的那些言谈内容，就能发现它们有两种类型：第一类清晰而紧凑；第二类被当作连接材料，并且极有可能还是后添加进来的，就如同我们读书一样，自动将省略的字母和音节补充进来。也就是说，梦中言谈的结构就像一块角砾岩，通过一种黏合介质，将各种不同材质的大块岩石紧紧拼凑在一起一样。

要想使用上面的观点，必须有个严格的条件，梦中的言谈内容唯有表现出感性的特征，并且被梦者视为"谈话"才行。至于其他相关内容，如果梦者没觉得是自己听过或说过的，梦中更没有听觉或运动感觉，那么它们不过是清醒思维过程中出现的思想，之后又原封不动地进入到许多梦中而已。因此，无论怎样，只要梦中内容呈现出某种言谈话语的色彩，都可以在梦者自己说过或听过的真实内容中找到源头。

对于上面的各种专题讨论、分析，我们都列举了很多梦例，我们也不难找出这样的言谈内容。例如，我们前面分析过的那个"单纯的菜市场梦"。梦中，一句"那种东西没有了"，就是把我等同于那个肉贩子了，而"我根本不认识，因此我也没有买"的情节，就是让梦看起来更单纯些。原来，在做梦的前一天，梦者对于厨娘的某种过分举动，曾回击说："这个我不认识，你最好收敛点儿自己的行为。"这句话的前半部分听起来单纯平和，梦就把它拿过来，用来暗示后面的内容，也正是后面的内容，保持了与隐意的一致性。因此，它同时也把这个梦的隐意给泄露出来了。

类似的梦例还有很多，但结论基本上都差不多。既然这样，那我就再举一个例子：在一个很大的院子里，正焚烧尸体。他就说道：

"我还是走开吧，我实在受不了这样的场面。"随后，他遇到了屠夫的两个儿子，就问他们："喂，觉得好吃吗？"其中一个孩子回答："哦，味道很糟糕，感觉像是人肉。"

首先可以肯定的是，这个梦的起因并不复杂，它是这样的：晚饭后，他和妻子一起去邻居家做客。这家人很和善，但对他而言却一点不对脾气。那位好客的老太太正在吃晚饭，便盛情邀请他尝一尝。他拒绝说，自己已经吃饱了，实在吃不下了。可是，那个老太太却说，"您还过得去吧，您能吃得下的"，或其他类似的话。他盛情难却，只得尝了一口，然后恭维说："真的太好吃了！"当他和妻子独处时，他不仅抱怨那个老太太磨人，还嫌那家的饭菜太难吃。梦中出现的那句"我受不了这种场面"，并不是真正说出的话，不过是一个念头而已，其真实意思是：他根本不想看到这个人（老太太）。

还有一个更有启发意义的梦，清晰的谈话构成了它的内核，只是这个梦要到下文讨论梦中的情感问题时才能解释清楚，这里我就先提一下。

这是我做的一个非常清晰的梦：

夜里，我去了布吕克的实验室。听到轻轻的敲门声，我打开门，看到门口站着的是已经去世的弗莱舍教授。他和一些人一起走进来，说了几句话后，他就坐在了自己的桌边。接下来是第二个梦：7月的时候，我的朋友弗利斯悄悄地来到了维也纳。在街上，我碰到他在和我那已经过世的朋友 P 一起聊天。之后，我就和他们一起去了一个地方。当时，他们两个面对面坐在一张小桌旁，我则坐到了桌子狭长一侧的前部。弗利斯聊起了他的妹妹，说仅仅三刻钟，她就死了。接着，他又说了一句与"这是极限"类似的话。当时，P 没有听懂他的意思，弗利斯就转过身来问我，他的事我究竟告诉了 P 多少。一种莫名的情绪攫住了我，我很想告诉弗利斯，P根本什么都不知道。因为他已经过世了，可我却说"Non vixir"，并且话一出口，我就知道我说错了。于是，我就目不转睛地盯着P。在我犀利的目光之下，他的脸色越来越苍白，身形也渐渐地模糊了，眼睛变成了病态的蓝色，最后竟消失不见了。我高兴坏了，现在终于明白过来，弗莱舍教授不过是一个鬼影、一个游魂而已。我突然觉得，现实可能就是这样的：当你喜欢一个人时，这个人就会存在。同样，他也可以因为其他人的不喜欢而消失。

　　这实在是一个精彩的梦，不仅内容多，还表现出了许多令人难以理解的特征。例如，我在梦中对自己的批评，我自己注意到了错将"Non vivit"（已死了）说成"Non vixir"（未曾活到），我大胆地与梦中被认为已经死去的人打交道，最后总结出的那个荒唐结论，以及这个荒唐结论带给我的极度满足感，等等。我想，要是给这些特征——找到完整的答案，估计我得"付出自己一生的时间"，但事实上，我根本无法做到这一点，我更做不到为了个人的野心而不顾及自己的好友。关于这个梦的意义我已心知肚明，任何隐瞒之举都有损于这种意义。现在，我就从梦中抽出几个问题，并加以分析。剩下的，下文中再继续讨论。

　　我用目光消灭朋友P的那一幕，就是这个梦的核心。他的眼睛变得非常奇怪，蓝得出奇，随后他就消失了。毋庸置疑，这一幕再现了我的一次真实经历。我曾经是生理研究所的指导老师，当时我上的是早班。不知道布吕克在哪儿听说的，我指导学生实验总是迟到。有一次，实验刚开始的时候他就准时到了，就在那儿等着抓我的典型。他责备了我，虽然话言简意赅，但却直指要害。他说我的内容并没有让我感到害怕，而使我惶恐无比的却是他那双可怕的蓝眼睛。

在他的瞪视下，我像梦中的那位朋友 P 一样躲开了。庆幸的是，梦将角色做了调换。这位可敬的大师即便到了高龄，那双眼睛依旧魅力无限，无论是谁想起他来，无论谁见过他发火，都不难想象出那位犯错的年轻人当时的心情。

不过，很长一段时间，我一直没弄明白，为什么自己在梦里会觉得 "Non vixir" 说得不正确呢？后来，我才意识到，梦中清晰显示出来的这两个词并不是我听到过或说过的，而是真实看到过的。于是，我立刻想到了它的出处。原来，在维也纳霍夫堡的皇宫内，约瑟夫皇帝的纪念碑的底座上，就刻着下面这些动人的文字：

为了祖国的利益，

愿抛头颅，洒热血。

（Saluti patriace vixit

non diu sed totus）

通过这句碑文，我抽取到与隐意中一系列敌对观念相符的字眼，我要表达的是："这家伙已经死了，哪儿来的插嘴资格。"因此，我不由得想起来，做这个梦的前几天，我参加了大学里弗莱舍雕像的揭幕仪式，在那儿，我又看到了布吕克的纪念像。当时，在我的潜意识中顿生遗憾之感，我的朋友 P 天资聪颖，而且一心向学，醉心学术研究，岂料英年早逝，否则这里一定会有他的纪念像。梦中的时候，我便给他立了这座纪念碑，而我这位朋友的名字刚好就叫约瑟夫。

梦中，我造出来的那句颇有韵律的话新颖别致，几乎可以断定，一定是受到了某个范本的影响。这个范本就是莎士比亚的剧本《恺撒大帝》中布鲁特斯替自己辩护的那段话："因为恺撒爱我，我才为他哭泣；因为他很幸运，我才为他高兴；因为他很勇敢，我才会尊敬他；可是，因为他野心勃勃，我便杀了他。"可以说，无论从这些句子的结构，还是对立因素来说，几乎和我上面发现的隐意没有差别。很明显，梦中的布鲁特斯就是我演绎的角色。巧的是，我确实扮演过布鲁特斯的角色。那是我十四岁的时候，根据席勒的诗，我与比我大一岁的侄子合作，在一群小孩面前表演布鲁特斯和恺撒大帝之间的一场戏。我侄子从英国回来看望我们，对我们而言，他也算是归魂游子。我三岁以前，我们俩可谓形影不离，彼此喜欢，也互相打闹。像我暗示过的那样，童年时代的这种关系，对我后来与同龄人的交往具有决定性的重大影响。也就是从那时起，他的秉性深深地烙印在了我的潜意识记忆中，时而展现出这一面，时而又露出那一面。也正是因为这样，我的侄子约翰幻化出无数个化身。有时，他对我很粗暴，而我也毫不示弱，家里人就曾给我讲过我当年为自己辩护的话。那时，我的父亲，也就是他的爷爷责问我："你为什么打约翰？"不满两岁的我理直气壮地回答："因为他打了我，所以我才打他的。"我认为，一定是童年的这一幕，将"Non vixit"替换成"Non vixir"了。

7　梦中的情感

斯特里克曾说："如果我在梦中害怕强盗，虽然强盗是虚构的，但恐惧本身却是真实的。"通过这句犀利的评论，我们注意到，梦中的情感是不容轻视的，梦会极力推动梦中的情感内容被吸收到心灵的真实体验中去，但对梦中的内容却没有这么高的要求，人们在醒来后可以随意地忘掉。相比于清醒状态下相同强度的情感，梦中体验到的情感毫不逊色。不过，在清醒状态下，我们无法将梦中情感融入心灵体验中，从精神的角度来说，这种情感和观念材料紧密地联系在一起，如果情感和观念在方式和强度上并不匹配，那么我们在清醒状态下就会无从判断。

在清醒状态下，人们总是认为梦中内容有着相应的情感，并且两者如影随形，但令人惊讶的是，事实却并非如此。斯特姆培尔就曾说，梦中的观念已经完全不受自己的精神掌控。可却不乏与之相反的梦例。例如，梦里的某个情景几乎不可能导致什么情感的产生，可却偏偏出现了强烈的情感。我们可能会梦到恐怖、危险、可憎的事情，梦中也会处于恐怖、危险、可憎的情境中，但却没有一丝害怕的感觉，甚至也并不讨厌这种感觉；与之相反，在另外一些梦中，我们却可能因为某件天真无邪的事情而恐惧，因为某件幼稚可笑的事情高兴不已。

从梦的显意到梦的隐意，梦中情感就快速消失不见了，梦的任何一个谜团都不具备这个特点。因为它根本不存在了，我们也没有解释的必要了。但通过分析，我们清晰地看到，观念内容经历了移置、替代作用后，情感并没有发生移置，而是依然维持原来的状态。经过伪装后的观念内容出现了变化，与维持原状的情感自然就不匹配了，这没什么玄妙之处，而通过分析将相应的内容元素放回原来的位置，同样不必惊讶。

梦的审查机制发挥作用时，抵抗的是某个心理情结，而不是情感，单凭这一点，我们就能正确地填补上遗漏的信息。在精神性神经症中，这种情况尤为明显，甚至远远超越了梦境，情感的表达总是恰如其分，神经症会因为注意力的转移而更强烈。当癔症患者发现自己因害怕一件琐事而纠结不已时，当强迫症患者发现自己竟为了一件小事而自责时，就表明他们已经偏离了正确的情感轨道。如果一个人把日常琐事或微不足道的小事看成天大的事，那么情感就会以此为出发点，再怎么抗衡也无济于事。好在精神分析可以把他们引导回正确的方向上来，精神分析能够说明存在的即是合理的，情感也是如此，它会把原本就属于这种情感，但却被替代物抑制了的观念重新找出来。我们必须认识到，释放的情感和观念内容只是拼接在一起，分析时可以将它们拆解开。对于这一事实，已经在释梦过程中得到了很好的验证。

我不妨举一个梦例来说明，在这个梦中，按照梦里的观念内容，是应该产生情感的，可事实上并没有。接下来，我们就仔细分析一下一个女孩的梦。

（1）在一片沙漠里，她看到了三只狮子，其中一只正在嘶吼，可她一点也不害怕。后来，她爬到了一棵树上，她觉得自己一定是因为害怕才这样做的。这时她发现，她的表姐也在树上，她是一个法语老师……

分析：

梦中出现的三只狮子，源自友人寄给她的一本歌谣——《狮子》，她之所以不怕它们，是因为读的一本小说，讲的是一个黑人鼓动其他人起来造反，并遭到猎狗追赶，他为保命不得不爬到了一棵树上。这个梦的诱因是她英语作业中的一个句子——"鬃毛是狮子的装饰"，她父亲的胡子很像鬃毛。在接下来的分析中，她越来越兴奋，又回忆起另外的一些片段，比如《飞叶》上刊登的一则捕狮指南："如果把沙漠放到筛子里筛一下，狮子就被筛出来了。"尤其还有一个好笑的故事，虽说的是一个官员的故事，但有点离谱：有人问这个官员怎么不好好巴结上司，他回答说，他已经很努力往上爬了，可总是被别人捷足先登。做梦前一天，她丈夫的上司来她家拜访。那个人是个大亨，属于这个国家的"社会名流"，他彬彬有礼，还吻了她的手，她对他一点惧意也没有。了解了这些，这个梦也就好理解了，梦中的狮子，就好比《仲夏夜之梦》中那只伪装成木匠的狮子，几乎梦到狮子不害怕的梦都属于这种情况。

（2）第二个例子是前面章节中说的那个小女孩的梦例。

她梦见姐姐的小儿子死了，躺在她面前的棺材里。

虽然她梦见了姐姐的小儿子死了，可她既没有悲伤，也没有痛苦。通过分析我们知道，这个梦只是她欲望的满足，她想再一次见到自己的心上人。梦中的情感和愿望一致，而不是配合伪装。因此，梦中也就没有悲伤的理由。

在一些梦中，原来依附的观念材料替代了情感，但情感与新替代物仍然保持着联系。而在另外的一些梦中，心理情结会分离得更彻底，情感几乎完全脱离原来所依附的观念，被安置到梦的另一个地方，与梦中的其他元素紧密配合。这种情况近似于梦中的判断行为，对此我们在前面已经分析过了。如果梦的隐意中出现一个重要结论，那么，梦中也会有这样一个结论，但因为置换作用，梦中的结论可以置换到完全不同的材料上去，而且这种置换常常以对立为原则。

下面，我将通过我的一个梦例，来阐释后面的那种情况。

我曾经多次去亚得里亚海旅行，领略了米兰梅尔、杜伊诺、威尼斯、阿奎利亚等风景名胜。就在做这个梦的前几周，为了庆祝复活节，我和弟弟一起去旅行了。那次旅行虽然时间不长，但玩得尽兴，快乐伴随始终，以至于我现在想起来仍历历在目。

（3）梦中，海边有座堡垒。后来，这座堡垒离开了海岸，坐落在一条狭窄的海峡边上，海峡直通大海。P先生是这座堡垒的司令官，而我以志愿海军军官的身份受命来到这里驻防。因为正在打仗，我和他站在大厅里，我们担心敌方军舰会突袭。大厅有三扇窗户，突出的堡壁耸立在窗前，仿佛城垛一样，但一旦遭到轰炸，这个大厅就要土崩瓦解，不复存在。P先生患病的妻子以及孩子都在这个危险的堡垒里。他呼吸很沉重，向我交代了应对突袭的方法后，正准备转身离开，我急忙拉住他，问他如果遇到紧急情况，我怎么联系他。可就在他说了些什么后，马上倒地死去了，我想可能是我那些不必要的问题使他不堪重负吧。似乎他的死并没有影响到我，我还在思考怎样安置他的遗孀，是不是继续留在堡垒内，同时还考虑着是不是要将他的死讯上报，最主要的是，作为这里职位仅次于司令官的军官，我是否应该接守卫堡垒的责任。我站在窗前，观察着那些驶过的船只。那些船都是商船，船速很快，迅速划过黑暗的水面。其中，一些船上有好几个烟囱，另一些船的甲板鼓鼓的。后来，我弟弟来到我身边，我们两个一起透过窗户观察着海峡。当看到有一艘船飞快地驶来时，我们俩惊呼："军舰来了！"结果发现，那不过是我们认识的船正在返航。这时，又驶来一艘小船，虽然船在中间最宽的地方截断了，看起来怪怪的，但甲板上有一些奇怪的杯状或罐状的东西。我们齐声大喊："早餐船来了。"

快速穿行的船只，深蓝色的海水，以及烟囱里冒出的褐色烟雾交织在一起，给人一种紧张、阴暗的印象。

从这个梦中我们不难看出，有两处涉及了情感。第一处是：本该流露出情感却只强调说，司令官的死没有影响到我；第二处是：当我以为自己看到的是军舰时，感到很害怕，在睡梦中惶恐不已。在这个结构精巧的梦中，情感配置得恰到好处，丝毫没有矛盾之感。

可以说，没有任何理由规定，司令官死去时我就必须有害怕之感，而当我成为堡垒的指挥官时，目睹敌舰就应该感到害怕。不过，通过分析我们知道，P先生替代了我的"自我"，而在梦中，我则替代了他，那个突然死去的司令官就是我。梦的隐意是，我担心自己过早去世，我的家人该怎样安置，根本没有别的痛苦念头。自此，梦中的恐惧之感分离出来，并与看到军情的情景联系在一起了。

另外，分析的结果还揭示出相反的情感，隐意中军舰出现的地点，充满了快乐的回忆。一年前，我们一家到威尼斯旅行，住在了斯基亚沃尼河岸边的房子里。在一个晴空万里的日子，我们站在房间的窗前，俯瞰蓝色的环礁湖。湖面上的船只来来往往，格外繁忙，人们热切地等待一艘英国军舰的到来，准备用最热烈的仪式欢迎它。突然，我妻子大叫："英国军舰来了！"兴奋得像一个孩子。梦中，我听到"军舰来了"却格外害怕。另外，我们可以再次清楚地看到，现实生活是梦中的言谈话语的源头。其中，"英国"这个元素也没有逃脱梦的工作，这一点我将在后面谈到。毫无疑问，梦从隐意转入到显意的过程中，情感也发生了变化，我将快乐转换为恐惧了，而这种转换本身就表达了隐意中的部分内容。不过，这个例子也很好地证明了，梦的工作在处理情感诱因和隐意时，可以自由地切断它们的既有关联，并把它随意地穿插到梦中的其他位置。

在此，我还是先来分析一下梦中的"早餐船"。这一元素的出现，使一直按逻辑进行的梦境出现了烂尾工程，梦的结尾变得毫无意义了。后来，我对这一物体做了更进一步的审视、分析，想起来它是黑色的，有杯子的那一部分，像极了伊特拉斯坎城博物馆里的一件物品。那是个方形的盘子，用黑色的陶土制成的，有两个手柄，上面放着咖啡杯、茶杯之类的东西，和我们现代人使用的早餐餐具并无二致。后来，我们了解后才知道，这是伊特拉斯坎妇女的梳妆台，上面放的是胭脂盒和香粉盒。我清楚地记得，当时我们开玩笑说，都给自己的太太买一个，绝对是独一无二的礼物。而这个元素的含义是黑色衣服，也就是"丧服"，暗示丧事；另外，它截断的另一端让我想起了古代的一种葬船。把尸体放在船上，让它葬入大海，而这就与梦中返航的船只联系在一起了。

席勒在《生与死》中曾说："坐在往生的船上，老人静静地返回海港。"这是船难后的返航，"早餐船"就是在船的最宽处折断的。就"早餐船"这个名字而言，是梦的杰作，而且是新造出来的。这让我联想起了上一次旅行中最快乐的一个经历。因为不放心阿奎利亚的伙食，我们从格尔茨带了一些吃的东西，但却在阿奎利亚买了一瓶上品伊斯特拉纳葡萄酒。当小邮轮穿过德勒密运河，缓缓地进入空旷的环礁湖，驶向格拉多时，我们俩拿出吃的，在甲板上惬意地享用早餐，那是我吃过的最痛快的一次早餐。这就是梦中"早餐船"的来历。然而，这种快乐生活回忆的背后，梦却隐藏了对未来的忧思。

在梦的行进过程中，脱离产生它的观念材料而释放自己，这是情感最鲜明的经历，但在由隐意进入显意的路途中，还有着其他的重要变化。如果将隐意中的情感和梦中的情感进行比较，一个明显的事实就会破土而出：只要梦中出现了一种情感，那么这种情感就一定能在隐意中找到，但反过来却不成立。通常情况下，就情感而言，梦没有产生它的精神材料丰富。表面上看，这个梦内容平淡，情感色调也不够强烈。我认为，梦的工作不仅将梦的内容降得平淡无奇了，而且也把梦的情感降得没有一丝色彩了。也就是说，梦的工作压抑了情感。我们不妨回头看看那个植物学专著的梦。这个梦的隐意是对自由意志的强烈渴望，即我要按自己的意愿行动，并随心以我认为正确的方式安排自己的生活。可是，由此产生的梦却显得平淡无奇："我写过一部研究某种植物的专著，书就摆在我面前，我正在翻看一页折起来的彩色插图，每本书中都夹有风干的植物样本。"打个比方说，这与清理过了的战场没什么两样，除了呈现在眼前的宁静外，激烈厮杀、尸横遍野的感觉根本无法体会到。

任何事情都不是绝对的，梦中情感也是如此，也许还有一种情况，那就是生动鲜活的情感丝毫不变地进入梦中。尽管如此，但我们也必须明白，从表面上看，有些梦平淡无奇，但如果仔细分析隐意，我们不免会被其中的情感所打动。

至于梦的工作抑制情感的现象，我想我现在无法给出理论上的充分解释，因为这必须以情感理论和抑制作用的细致研究为基础。目前，我只想说明两点，因为其他原因，我不得不把情感的释放看作一种输出过程，指向身体内部，类似于运动系统和分泌系统的神经刺激过程。就像导向外部世界的运动冲动在睡眠中受到的阻碍一样，潜意识思维对情感的输出式唤醒，也会在睡眠中变得越来越困难。也就是说，隐意在运作过程中产生的情感冲动本来就微弱，进入梦中的那些情感冲动也强不到哪里去。根据这种思路，"情感受到抑制"并不是梦的工作造成的，而是睡眠状态的结果。这也许是事实，但不会是全部事实，我们还必须想到：没有哪个复杂的梦，不同时是各种对立精神力量相互妥协的结果。一方面，那些生成愿望的隐意要与对立的审查作用展开斗争；另一方面，我们也常常看到，任何一个潜意识思维中的思想，都有一个与之相矛盾的对立面。而这些思想全都有释放情感的能力。总的来说，梦中情感受到压抑，是那些对立思想之间的斗争和审查作用对某些冲动进行抑制共同导致的结果，是审查作用带来的第二个结果，就像伪装是审查作用的第一个结果一样。

下面，我就列举一个梦例，用以说明情感基调能够通过隐意之间的相互对立来阐释。不过，这个短梦，估计每个读者读完，都会和我一样有种恶心的感觉。

（4）在一个小山丘上，有一个露天厕所，一条长座凳放在一小片灌木丛前面。凳子的末端有一个大便用的洞，洞的边缘有一堆堆大小不一、新鲜程度各异的粪便。我对着座凳小便，长长的尿流冲掉了边缘的粪便，并掉进洞里，座凳被冲得干干净净。不过，我总感觉还有一些没冲掉。

分析：

这个梦是在最愉快、最惬意的念头共同作用下引发的。我做这个梦的时候是在海格立新。这让我马上联想起了大力士海格立新清理奥吉斯王的牛栏的情节。小山丘和灌木丛源于奥斯湖，我的孩子们现在就在那里，因为我发现了神经症的儿童期诱因，就能避免我的孩子们得这种病。那个座凳很像我的一件家具，那是一个女患者为了感激我而送我的一个礼物。这让我联想到了患者们对我的尊敬。就是那个人类排泄物的"博物馆"，我也有一个令我兴奋的解释，在意大利的那个小城中，厕所都是露天的，和我梦中的样子几乎没有什么差别，虽然这让游客有些讨厌，但在梦中，却不失为我对意大利那个美丽国度的甜蜜回忆。

尿把座凳冲得干干净净，那是一种"伟大的力量"的暗示，格列佛就曾用尿扑灭了利利普特小人国的森林大火，不过，他也因此失去了小人们对他的信任。另外，做这个梦的前一天晚上，我翻阅了大师拉伯雷的著作，看了里面加尼拉画的插图。而拉伯雷笔下的巨人高康大就是用撒尿的方法，来报复巴黎人的。高康大爬到了圣母院上面，冲着这座城市撒尿。最让我惊奇的是，居然还有一个证据，直接指向了我就是那个巨人！圣母院平台是我最喜欢的地方，每个闲暇的午后，我都从巨兽和鬼面雕像间爬到教堂的塔上，下去时再原路爬下去。尿把粪便冲掉，也让我想起了一句格言："它吹垮了它们。"也许有一天，我会用这句话作为"癔症治疗"的标题。

那么，是什么促发了这个梦呢？

那个夏日午后，天气异常炎热，似乎树叶都失去了往日的神采。傍晚时，我做了一场有关癔症和行为倒错之间关系的讲座。讲座内容有点枯燥，我自己都有点厌烦，总觉得没什么价值。繁重的工作毫无乐趣可言，我身心俱疲，强烈渴望摆脱这种脏乱的工作状态，带着孩子们去迷人的意大利度假。因为这样的心情，我一点儿胃口也没有。于是，我离开了报告厅，去了一家咖啡馆，想在那种温馨的环境中吃点儿小点心。可是，有一位听众跟着过来了，他希望能够坐在我旁边。他坐下后，开始不停地恭维我，说他跟我学到了多少东西，能用不同的眼光看任何事物了，说我像清洗牛栏一样清洗了神经症理论领域中的错误和偏见，完全就是一位了不起的大人物。可是，我的心情与他的颂词并不合拍，我极力抑制住内心的厌恶，为了尽快摆脱他，我只好提前回家了。睡觉前，我翻阅了拉伯雷的著作，还读了 C. F. 迈尔的小说《烦恼的男孩》。毫无疑问，梦就是被这些材料触发的。迈尔的小说勾起了我童年的回忆，也就是有关图恩伯爵的那个梦。似乎白天的那些材料足以提供梦中的内容，对那个人的反感也应该深植梦中。可是，当天夜里，我却产生了与之相反、甚至有些夸张的自大情绪，并将前者一扫而空。于是，梦的内容不得不找到一种形式，在同一个材料中，既能表现出自卑，也能表现出自大。而两者之间的妥协，不仅使梦含义模糊，而且对立情绪之间的相互抑制，也使梦的情感基调过于平淡了。实际上，这种与厌恶感对立的自大念头，却是欲望满足的一个表现。如果没有这个念头，隐意中的痛苦内容就不能披着"欲望达成"的外衣进入梦里，这个梦根本不可能产生。

至于隐意中的情感，梦的工作除了放行或是清零的方式外，还可以将某些情感转化为它们的对立面。从释梦的角度来说，梦中的任何一个元素都有两种表达方式，一种是自身，另一种是对立面，而我们永远无法预料到它要表达的是自身还是对立面，唯有根据它们的前后关系才能确定。虽然这个观点不被很多人接受，但大多的释梦书，都是根据这个"对比法则"释梦的。因为在我们的思维中，对一个事物的观念，总是把它与其对立面联系起来，这种内在的联想链条，才促成了向对立面的转化。和所有的移置作用一样，这种转化必须以审查作用的目的为服务、满足的对象，而它又是欲望达成的结果——欲望的满足，这又恰恰是把不受欢迎的东西，置换成它的对立面了。因此，就像具体事物的观念一样，在梦中，隐意中的情感也能表现为自己的对立面，而这种颠倒的情感，通常都是审查作用的杰作。

在社会生活中，也不乏与梦中审查作用相似的例子，情感的抑制和情感的颠倒常常被我们用来伪装自己。其实，我心里特别想骂一个人，可在与之交流时，我又毕恭毕敬，谦恭有礼。这里有一个次序，先是我隐藏我的真情实感，然后才是表达思想的语言。如果我言谈礼貌，可说话时却流露出一种仇恨、蔑视的目光或表情，那么，产生的效果和当面直白地表达蔑视并没有差别。因此，审查作用就要求我必须抑制住自己的感情，如果我能自由地掌控自己的情绪，就会表现出相反的情感：虽然我面带微笑，可内心却非常讨厌或是愤怒；而我表现得温情脉脉，却是想将他置于死地。

梦中情感出现颠倒，也是为了满足审查作用，前面章节中"我叔叔的胡子"的那个梦就是例证。表面上看，我对朋友 R 温婉有礼，可隐意中却骂他是大傻瓜。也正是通过这个情感颠倒的例子，才使我们发现了审查作用的第一个证据。原来，它早就存在于梦的隐意材料中了，而且总是招之即来，我们根本无须假设梦的工作臆造了这种相反的情感，只是因为防御动机，梦的工作提高了它的精神力量，直至它能够成为构建梦的主导情感。在关于我叔叔的梦中，那种截然相反的温情，很可能源于我的童年经历。在我心底，由于早期特殊的童年经历，叔侄关系已经成为所有友情和仇恨的发源地了。

费伦齐对梦中情感颠倒的现象，报告过一个很好的梦例。

这个梦例来自一位上了年纪的先生。有一天晚上，他在睡眠中放声大笑，他太太就把他叫醒了。之后，他太太关心地问他怎么了。这位先生说，他做了一个梦：

我躺在自己的床上，一位熟悉的先生走了进来，我想打开灯，可我怎么都做不到。于是，我一遍遍地试，却都以失败而告终。这时，我妻子下了床，走过来帮我，可她也没有成功。不过，因为她穿着睡衣，这让她有些不好意思，便放弃了，重新躺回了床上。可这个情景实在太滑稽了，我不由得放声大笑。我妻子便问："你笑什么？有什么好笑的？"可我就是不停地笑，接着便醒了。第二天，这位先生的头很疼，情绪也有些低落。他说，可能他笑得太厉害，把头震到了吧。

分析：

这位先生患有动脉硬化，在做梦的前一天，他想到了死亡问题。梦中走进来的那位熟悉的先生，就是他脑海里的死神形象。也正是想到了死亡，他在梦中大笑不止，用放声大笑代替了号哭或呜咽。而他怎么都打不开的乃是生命之光。这种忧伤的情绪与他不久前的一次经历有关。他和妻子极尽温存，可性生活却怎么都没能成功，尽管妻子穿着性感的睡衣帮他，但仍然无济于事。他有些悲哀，觉得自己的生命已经开始走下坡路了。于是，梦的工作便把阳痿和死亡的忧伤联系在一起，并转换成一个滑稽的场面，将啜泣转化为大笑。经过这样的分析，这个梦就不那么滑稽了。

还有一类梦，可以说是大多数人眼中的"虚伪梦"，严峻地考验着"梦是欲望的满足"这一理论。我之所以能够注意到它，是从读了希尔费丁女士援引的一个梦例开始的。那是罗赛格记下的一个梦，被希尔费丁女士援引到她的一篇文章中，这篇文章就发表在《维也纳精神分析协会会刊》上。

在罗赛格的小说《林中家园》中，有一个"解雇"的故事：

"让我非常惬意的是，通常情况下，我都会很快进入梦乡，且睡得很熟。可是，也有一些晚上，我却睡不安生，因为除了平凡的学生和文人的身份外，我还有一个裁缝的身份，多年来，它就像一个影子一样跟随着我，任凭我怎么努力，都甩不掉它。

"实际上，白天的时候，我并不是经常回忆过去的。我觉得我已经摆脱了市侩习气，下决心努力地探索宇宙的奥秘。作为一个立于时尚前沿的年轻人，又有这么重要的事要做，我很少去想自己夜晚所做的梦。只是到了后来，我渐渐地养成了思考一切问题的习惯。

当市侩习气在我内心深处又开始萌芽时，我才注意到，只要我一做梦，我就变成了裁缝的伙计。在裁缝铺子里，我不停地干活，可却没有一分工钱。我坐在裁缝身边，又是缝又是熨的，忙得不可开交，但我心里非常清楚，我已经不属于这里了。作为城里人，我有其他的工作要做，可是因为我总是度假、消夏，所以也只能坐在师父身边当助手了。我很郁闷，懊悔自己把大好的青春都白白浪费掉了，我有能力做一些更有意义的事。有的时候，我不是把尺寸量大了，就是把衣服裁小了，为此经常挨师父的训斥，但我一次也没提过工钱的事。当我弯腰坐在昏暗的铺子里时，辞职的想法一次次萦绕在我的脑海里。有一次，我终于向师父提出辞职，可师父就像没听到一样，毫不理会。没办法，我只得又坐到他身边缝起来。

"这真是一段无聊的时光！当我从梦中醒来的时候，兴奋溢于言表。于是，我下定决心，如果这个梦再来纠缠，我就用力大喊：这不过是骗人的鬼把戏，我正躺在床上呢！我还要继续睡觉……遗憾的是，第二天夜里，我又梦见自己坐在裁缝铺里了。

"这个梦很有规律，而且一直持续了好几年。有一次，我梦见自己和师父一起到农夫阿尔伯霍夫家干活，那是我开始学徒生涯的第一家，师父并不满意我的活儿，脸色阴沉地盯着我：'我真想知道，你脑子里究竟在想什么？'我想，最理智的做法，莫过于马上站起来，告诉师父：我不过是因为帮你，才留在你身边的。然后转头离开。可是，我并没有那么做。当师父又收了一个新学徒时，他让我把板凳让给那个人。我逆来顺受，没做任何反抗，挪到一个角落里继续干活了。就在这一天，铺子里又招来一个伙计。这个伙计是波希米亚人，是个十足的伪君子，十九年前就曾在这里工作过，有一次，他从酒馆回来的路上居然掉到了河里。他进来后就想坐下来，可发现没有位置了。我望望师父，可他对我说："你根本就不是当裁缝的料。现在你被解雇了，你可以走了。"我大吃一惊，从梦中惊醒过来。

"晨曦从打开的窗户洒进来，洒满房间，我屋子里的各种艺术品环绕在四周，各大名家的书籍摆满了古色古香的书柜，永恒的荷马、伟大的但丁、名垂史册的莎士比亚、光芒万丈的歌德……都是名垂青史的伟大作家。隔壁的房间里，孩子们从睡梦中醒来，正和他们的母亲嬉戏，快乐的笑声此起彼伏。此时，我仿佛回到了田园牧歌式的生活，温馨、甜蜜、充满诗情画意，这是一种富于灵性的生活，它常让我体味人生的乐趣。不过，让我郁闷的是，我没有先向师父提出辞职，而是被他炒掉了，我的自尊心受到了伤害。

"令我奇怪的是，从梦见自己被师父'解雇'的那天晚上开始，我就再也没梦到过裁缝生涯。实际上，那是一段简单而又快乐的日子，但却给我后来的生活留下了一道长长的阴影。"

分析：

梦者是一位生活阅历丰富的作家，年轻时曾在裁缝铺当过伙计，在他的这个梦中，几乎看不到欲望达成的痕迹，他所有的快乐都来源于白天，而晚上做的梦，总是把他笼罩在不快的生活阴影中。因为我也曾做过这样的梦，这也使我能够更走近这类梦，并对它们做出解释。我还是一名年轻医生时，曾在一家化学研究所工作，而且很长一段时间内，我都没能掌握这门知识所要求的一些基本技能。因此，我在清醒状态时从来不愿意回忆这段一无所获，甚至有些丢人的生活经历。可我却经常做同样的梦，梦见自己在实验室忙碌地处理各种事情。这些梦就像考试梦一样，让人心里很不舒服，而且总是模糊不清。

我在解释其中的一个梦时，终于注意到了"分析"一词，它给予我一把理解这些梦的钥匙。也就是从那时起，我做的分析备受称赞，特别是精神分析，我成了一个"分析家"。这时，我豁然开朗：白天的分析工作让我骄傲，并且自视甚高，觉得自己很了不起，取得了这么了不起的成就。可到了夜里，梦就会将那些失败的分析呈现出来，把我的骄傲打击得体无完肤，让我丝毫没有骄傲的理由，如那个暴发户的惩罚梦，就像那个裁缝伙计成为知名作家后所做的梦一样。可是，在暴发户式的骄傲和自我批评的对立冲突中，梦是如何青睐后者的，又是怎样把梦的内容处理为一种理性的警告，而不是那个没有被允许的欲望达成呢？我在前面已经说过，不是那么容易回答的，可我们不妨这样推论：最初，野心、妄想是形成这个梦的基础，可它被羞愧感取代了，最终没能进入梦中，而羞愧感叩开了梦的大门，登堂入室。实际上，在每个人的精神生活中，都有一种受虐倾向，梦中的情感颠倒就归属于这种原因。

　　我赞同将这类梦统称为惩罚梦，从而把它与欲望达成的梦区分开来。这样定义，不过是为了方便理解而采取的一种表达方式，对于之前展示的释梦理论而言，并没有局限性。这主要是因为，将对立的两个事物合为一体，难免让人有无所适从之感，但只要我们进一步分析这些梦，就一定会有新的发现。我做的那些实验梦中，有一个显著的特点，那就是背景模糊不清。那时，我很年轻，可以说是医生职业生涯中最黯淡无光、最不被信任的年龄，既没有职务，也不知道该怎样维持生活，可我却突然发现，我有好几个可以选择结婚的女性朋友。于是，我变得年轻了，最重要的是和我一直患难与共的那个女人，她也变年轻了。如此一来，潜意识中的做梦诱因就泄露出来了，原来，这是一个日渐苍老的男人的内心深处，一个一直折磨着他的欲望。尽管虚荣和自我批评在其他精神层面上的激烈斗争已然决定了梦的内容，但根植于内心想成为年轻人的欲望独立地促成了这个梦。在清醒状态下，我们总是对自己说："现在的日子比过去好多了，可那时虽然艰苦，毕竟还很年轻。"以此缅怀自己的青春。

还有一类梦，也归属于虚伪的梦。毫不夸张地说，这类梦我们非但不陌生，而且还经常碰到，那就是和断交的朋友重归于好的梦。可是，在分析这类梦时，总会遇到某个理由，让我彻底打消重修旧好的念头，将这些曾经的朋友视为路人或者仇敌。不过，梦总是偏好描述相反的关系。至于评判那些作家的梦，我们不妨多做些假设，因为作家们在描述自己的梦时，或许已经将他认为与主题无关或无足轻重的细节剔除掉了。或许就因为这些细枝末节，这类梦就可能成谜。但也不是一点儿办法没有，只要精准复原梦的内容，这些谜也就不能称其为谜了。

奥托·兰克曾提醒我，格林童话里的那个"勇敢的小裁缝"，也有一个类似的暴发户梦。那个小裁缝成为英雄后，国王把公主嫁给了他。有一天夜里，小裁缝和公主同榻而眠，小裁缝梦到了自己从前的手艺，还说了梦话。公主起了疑心，在随后的几天夜里，天天派卫兵去偷听他的梦话，想确定他的身份。不过，小裁缝事先得到了消息，于是改变了"梦话"的内容。

梦的隐意中的情感要成为梦中的情感，就必须经历删除、缩减、颠倒的复杂过程。尽管如此，在经过全面分析重新合成后的梦中，还是能够清晰地辨认出这个过程的。下面，我就再列举几个情感冲动的梦，来证明我的这个观点。

（5）前面我曾列举过一个梦例，梦中，老布吕克给我指派了一个任务，让我解剖自己的骨盆，我一点儿都没感到恐惧。

分析：

无论从哪个方面来看，这个梦都是欲望的满足。所谓"解剖"，就是做自我分析，而且这个自我分析，完全可以说是通过这本释梦著作的出版而完成的。实际上，这本书的出版于我而言，堪称一个痛苦的过程。当时，书稿完成后并没有马上出版，而是拖了一年多。那段时间，我的心里很不是滋味，并因此而生成一个愿望，我或许能够克服这种不是滋味的感觉。因此，我在梦中才不会恐惧，而最主要的是，我也不想看到"变灰"一词，因为头发变灰是在提醒我不能再拖了。因此，梦的结尾有了一个强烈的念头：我必须放手，带孩子们走过困难到达目的地。

至于另外的两段梦，那种满足感一直从梦中延续到醒后的一段时间。第一段梦的满足，缘于我预感到，我知道"我已在梦中见过这个地方了"这句话的意思，指的是我第一个孩子的出生；另一段梦的满足，缘于我确定"经预兆宣告过了的事"即将成为现实，这个满足感的含义近似于前一个梦中的满足感，指的是我第二个儿子的出生。我们能够看到，在隐意中起支配作用的情感被留在了梦中。毫无疑问，在任何梦中，情感的表达都不会这样简单。如果我们能更进一步地分析这两个梦，就不难发现，虽然这种满足感躲开了审查机制，但获得了来自害怕审查作用的力量的支持。伴随这支力量的情感，如果不用同样的、合法的满足感掩盖好自己，并趁机溜进梦里，就会遭到反对。

非常遗憾的是，我没有合适的梦例来证明这一点，不过也不要紧，来自另一个领域的梦例也可以把我的观点阐释清楚。假如我很讨厌一个熟人，如果看到他倒霉，我就会有强烈的幸灾乐祸之感。可是，我的道德素养却不会认可这种冲动，所以我就不敢把希望他倒霉的愿望表达出来。他蒙受不白之冤，我会把自己对这件事的满足感抑制下去，强迫自己表现出同情之意。这一点儿都不夸张，估计大家都有过这样的体验。可是，如果我憎恨的这个人犯了法，受到了应有的制裁，我就会自由地流露出满足感，借以说明他罪有应得。这么一来，我的观点就和其他一些对他没有成见的人一致了。据我观察，我的满足感得到了我对他的恨的力量，因此比其他人更强烈。由于审查作用，这种恨意一直被压抑着，以至于无法正常地表达出来。现在，它终于不再受阻止了。现实社会中又何尝不是这样呢！

在质的方面来说，情感虽然很合理，但在量的方面是不合适的。对于这一点，自我批评总是镇定自若，但又疏于防范另一点，毕竟一旦打开久闭的大门，人们就会一股脑儿地涌进来，远远超过计划放行的人数。

神经症患者身上的情感释放具有显著的特点，看起来某些诱因在质的方面有其合理性，但在量的方面却是过度了。对于这一点，也可以在心理学方面做出类似的解释。这里所说的过度，是缘于之前受到抑制，但一直保留在潜意识中的情感，而且这些情感可以和真正的诱因携起手来，建立一种联想关系，如此一来，受到欢迎且来源合法的情感，就会为这些被压抑的情感获得释放打开理想的通道。因此，我们不仅要注意那些遭到抑制的精神动因和施加抑制的精神动因的相互抑制关系，还要重视这两种精神动因的通力合作、相互强化，以及进而形成的病理效果。

这些精神机制给我们的提示，能帮助我们理解梦中的情感表达。梦中流露出来的满足感，尽管能在隐意中的某个位置马上表现出来，但这并不是放之四海而皆准的普遍真理，有的时候，它也不能完整地解释这种满足感。一般情况下，似乎隐意之中还能找到满足感的第二个来源，可是处于审查作用压力之下的第二个来源，产生的并不是满足感，而是一种完全相反的情感。不过，由于第一个来源的存在，第二个来源就能让自身的满足感脱离审查作用的压制，进一步强化第一个来源产生的那种满足感。由此可见，梦中情感是由多种来源汇合而成，是被隐意中的材料多重限定了的，在梦的工作过程中，可以提供相同情感的情感来源被结合起来，共同生成了这种情感。

为了更好地理解这种复杂关系，深入地理解梦，我还是解释一下梦的诱因。我在柏林的那位朋友告诉我，因为身体出了状况，他马上就要做一个手术，他在维也纳的亲戚会把后续情况告诉我。只是我没想到的是，我的朋友手术后，最初传来的都是不容乐观的消息，这使我担心不已，甚至很想亲自去看望他。可不巧的是，那时我也被病痛折磨着，每动一下都令我痛苦不堪。显然，梦的隐意是：我担心这位挚友会有生命危险。据我所知，我的这个朋友只有一个妹妹，当然，我没有见过他的这个妹妹，而且在她还很年轻时突然患病，并且没多久就过世了。因此，在梦里，我的朋友说起他妹妹时，说三刻钟后她就死了。当时，我不由自主地想，别说他妹妹，就是他的身体也没好到哪儿去，而且我开始联想：更坏的消息传来，我快马加鞭地赶过去，但还是到晚了，我自责不已。这种对太晚赶到的责备就成了这个梦的中心。不过，它没有直接呈现出来，而是借助另一个场景展现了出来。也就是，老布吕克是我大学时代一位非常可敬的老先生，他有一双蓝眼睛，就如同蓝色的宝石一样，但他目光严厉。透过他的目光，我看到了他对我的责备。那么，究竟是什么导致了场景的转移呢？原来，虽然这个梦不能原样复制老布吕克责备我的场景，却能原样复制我的亲身体验。尽管梦将蓝眼睛安到了另一个人身上，但却赋予我一个消灭他人的角色。很明显，这种颠倒是愿望达成的结果，而我对朋友性命的担忧，对没能及时探望的自责，对他悄悄来维也纳看我的愧疚，以及希望生病的现实可让自己免责的内在要求……统统交织在一起，汇成一股即使睡眠也能感觉到的情感洪流，久久激荡在隐意中。

这个梦的诱因中还有一个因素不得不提，它对我产生了一种完全相反的影响。刚做完手术的那几天，我听到的都是不好的消息，这时有人悄悄地提醒我，千万不要把这件事告诉别人。这样的提醒让我倍感伤心，同时也觉得自尊心受到了伤害，这明显是不信任我，不相信我能守口如瓶。实际上根本没有必要的。虽然我敢肯定，这绝不是我朋友交代的，但隐含在这个提醒中的责备之意，仍让我心绪难平。坦率地说，我并非心胸狭窄之人，但大家都知道，指责本身就带有"有些道理"之意，只有有道理，指责才站得住脚，否则它不能伤人，也就不是指责了。在我还很年轻的时候，我曾在朋友间引发了一次误会。弗莱舍教授和约瑟夫都是我的好朋友，我把其中一个人说另一个人的没什么必要的话告诉了另一个人，当时第一个人就责备了我。这件事虽然过去很久了，但我依然印象深刻。当然，我这位朋友的事并不属于这种情况。

本来，让我不要泄露秘密的那个提示，在我心中产生的恼怒并不强烈。可是，它获得了我内心深处那股童年经历的支援力量，进而膨胀为愤怒的冲动，并且指向了我原本非常喜爱的人。前面我已经讲过，我对同龄人的友谊和敌意，都与我的童年有关。童年时期，我与比我大一岁的侄子之间的关系，就是始作俑者。那时，虽然我

413

侄子比我大，但我很早就学会了自卫。说也奇怪，尽管我们两个都很喜欢对方，甚至形影不离，可有时我们也会打架，互相告对方的状。不过，就像我父亲说的那样，我们是血缘关系，所以每次打架后，不用多大工夫就又和好如初了。在某种意义上来说，我所有的朋友都是这个原始形象的化身，是他"当初曾在我蒙眬的眼前浮现"，而他们都是归魂。后来，我侄子又出现在我的少年时代，我俩之间仿佛再现了恺撒大帝和布鲁图斯的关系。

在我的情感世界里，一直都住着两个人，一个是亲密的朋友，另一个是可憎的敌人，而这两者总让我不断地重新获得，并且还常常照搬照抄童年时期的理想做法，将朋友和敌人集中于一人。当然，我现在再也不能像童年初期那样，同时进行或反复更换了。

这样的情感关联如果真的发生了，那么近期某件触发情感的事情，是怎么投影到某个童年经历，并取而代之地生发情感的？尽管这是潜意识思维心理学的问题，但在对神经症的心理学阐释中，我们依然能够发现它的踪迹。为了达到释梦的目的，我们不妨做一个这样的假设：一个浮现或幻想出来的童年回忆，会有如下内容：两个小孩都想要同一个东西，他们就会互相争夺，进而扭打在一起。每个孩子都会说，那个东西是他先拿到的，他有权得到那个东西。当另一个孩子来抢时，他就动起了拳头，因为强权就是真理。根据梦中的暗示，我可能已经意识到，的确是我不占理，可我很强势，掌握了战场的主动权。失败者（我侄子）就跑到我父亲那儿告我的状，我就用父亲后来提起过的那句话为自己辩护："因为他打了我，所以我才打他的。"在我分析上面那个梦的时候，这个回忆或回忆幻象就突然浮现在我脑海里了，成为隐意的中间元素，将隐意中的情感冲动汇集在一起，就像一口水井一样，吸纳导引来别处的水流。

如此，梦的隐意便出发了，它的行进路线是这样的，"你只好把座位让给我，那是你咎由自取的。可你为什么想把我从座位上推开呢？我不需要你，我可以找到别的小伙伴和我一起玩儿"，等等。然后，隐意打开了输出通道，上述的隐意经过这些通道汇集在梦中，并表达出来。那时，因为我那位已逝的朋友约瑟夫（P）那种"叫人让开"的态度，我指责了他。虽然他接替了我在布吕克实验室中实验员的位置，但要想在那里得到晋升的机会，那可要一段极其漫长的时间。关键是那两位助手都没有挪动位子的迹象，他就有些沉不住气了。一方面，我这位朋友知道自己来日无多；另一方面，他与上司弗莱舍的关系不是很好，因此，他不时流露出不耐烦的情绪。也因为这位上司身患重病，P的那种希望他升职走人的愿望，可能还有一层有失体统的含义。几年前，我也有过相同的补缺愿望，而且还非常强烈。事实上，只要这个世界上有职位等级和晋升机会，就会为这类需要抑制的愿望敞开大门。莎士比亚笔下的哈姆雷特王子，即使是在父亲的病榻前，也没有抵挡住试戴王冠的诱惑。不出所料，对这种毫无顾忌的愿望，梦放过了我，却惩罚了我的朋友。"因为他野心勃勃，我便杀了他。"因为无法坐等另一个人将位子腾给他，他就把自己打发走了。我在大学里曾参加过一个活动，那是给另一个人举办的纪念像揭幕仪式，我的脑海里立刻就产生了这个念头。因此，我在梦中感到的部分满足感可以这样解释："这个惩罚很公正，你活该如此！"

在这位朋友的葬礼上，有位年轻人说了一句很不合时宜的话："听发言者的意思，似乎如果少了这个人，这个世界就不存在了似的。"他虽是反抗式地说出了自己的真心话，但却是现场夸张的发言扰乱了他的悲痛情绪。尽管如此，这句话却成了下面那个隐意的

来源："确实，没有谁是不可替代的，我已将那么多人送进了坟墓，可是我还活着，我比他们活得都长，我占据了这个阵地。"当我担心前去探望又赶不及见朋友的最后一面时，这个念头在我的脑海里浮现出来，我只好继续这样解释：真高兴自己又比一个人活得长了，死去的是他不是我，我又守住了自己的阵地，正如我童年时期幻想的那样。这种源自童年时期独霸一方的满足感，成为梦中的主导情感。我很高兴自己还活着，其中所包含的幼稚的自私念头，与那个故事中的夫妻对话所表达的情绪并无二致："如果我们当中的一个死了，我就搬到巴黎去。"而我预期死去的那个人，一定不是我。

不可否认，一个人如果要分析、报告自己的梦，就必须拥有高度的自抑力，做好一切准备，把自己揭露为混迹在君子中的唯一恶棍。因此，我发现，如果一个人想让那些归魂活多久，他们就得活多久，而且完全可以凭借意愿将他们统统干掉。正是因为如此，我的朋友约瑟夫受到了惩罚。不过，那些归魂，乃是我童年时期一位朋友的一连串化身——我很满意自己总能为一个人找到替身。同样，对于眼下即将失去的这位朋友，我也可以找到替身，还是应了那句话，没有谁是不可以替代的。

我很奇怪，对于这种放肆至极的自私观念，梦中的审查作用去哪儿了？为什么不断然反对呢？为什么不把相伴而生的满足感转变为极端的不快呢？我想，这或许是因为同一个人身上的其他那些没有争议的念头，同样得到了满足，并用它们的情感掩盖了由被压抑的童年经验释放的情感。在那个隆重的纪念像揭幕仪式上，我思绪游转，很快就转到了另外一个层次上："我已经失去了那么多难得的朋友，有的是因为死亡，有的是因为友谊荡然无存，幸运的是，在我这里他们都有了替身，这使我又得到了一位朋友。这个朋友对我而言，尤其有着重要意义，甚至远远超过别的朋友，现在如我这般年龄，已经很难再找到新朋友了，我势必努力，永远留住这份友谊。"我为已经失去的朋友找到了替身，这种满足感，我是能够顺利地带入梦中的。可是，来自童年时期的那种敌意的满足，却浑水摸鱼，悄悄地尾随在它的后面，并成功地混了进来。童年时期的柔情肯定并支援当前这种合理的情感，但童年时期的恨意也获得了展示自己的途径，将自己表现了出来。

其实，梦中还有一个清晰的线索，表示另一系列的念头也可以产生满足感。我知道，我朋友弗利斯对于妹妹的早逝，一直处于极大的痛苦中。就在前不久，他如愿以偿地生了个小女儿。我就写信告诉他，他完全可以把对妹妹的爱，都转移到这个孩子身上，我相信，这个小女孩一定会让他忘记那个无法弥补的遗憾的。

就这样，这组念头向隐意中的那个中间思想示好，并联系在一起。在此基础上，往相反方向发散的各组念头："没有谁是不可替代的。瞧，他们不过是归魂而已；那些失去的，都会回来的。"现在，隐意中相互矛盾的各部分之间，已经紧紧地把联想的纽带联系在一起了，这完全是因为下面的偶然情况：我儿时有个女性玩伴，是我最早的那位朋友兼对手的妹妹，她和我同岁，堪称发小儿，而我这位朋友的小女儿就与她同名。当我听到他的小女儿名叫"保莉妮"时，我便产生了一种满足感。为了暗示这种巧合，我在梦中就用此约瑟夫替代了彼约瑟夫，而且我惊讶地发现，"弗莱舍"和"弗利斯"两个名字的开头发音非常相似，我根本无法忽视这样的存在。于是，我思绪流转，给自己的孩子取名便成了载体。我执拗地认为，给小孩子起名字，不能追逐时尚，而是应该用来纪念我们喜欢的人。这样，孩子的名字就让他们成了"归魂"。实际上，对我们任何人来说，归根结底，孩子就是我们通往不朽的唯一途径。

　　关于梦中的情感，我想再从另外的角度多说几句。在睡眠者的心灵中，可能有一种作为主导元素存在的情感倾向，也就是我们所说的心境，并且也会参与到梦的构建中来。这种心境，可能来源于白天的经历和思考，也可能来源于躯体因素，但无论是哪种情况，都会有一系列的念头与之相伴。至于究竟是隐意中的观念内容主导了情感倾向，还是源于躯体的情绪状况用次要方式唤醒了隐意中的观念内容，对梦的形成而言并没有什么区别。梦的形成永远有一个限制条件：梦只能表现愿望的达成，它只能从愿望中汲取自己的精神动力。目前，实际存在的心境和在睡眠中出现的感觉被同等对待，没有伯仲之分，我们要么忽略它们，要么重新阐释愿望达成的意义。通过唤醒那些应该在梦中达成的强烈愿望，睡眠中的痛苦心境可以转化为梦的驱动力，而依附在这种心境上的材料被加工，直至能够表现愿望的达成。梦的隐意中的痛苦心境越强烈，就越占有强烈的支配地位，那些被强烈抑制的愿望冲动，就越能抓住这个有利机会表达自己。因为，它们原本的任务是要创造一种不愉快的心情，恰巧当下就有这种心情，它们惊讶地发现，自己任务中最困难的部分已经完成了。

第七章 做梦过程中的心理学

　　在别人给我讲述的那些梦中，有一个梦尤其值得注意，那是一个女患者讲述的。实际上，那并不是她本人的梦，而是她从一个关于梦的讲座中听来的。至于这个梦的真正来源，到现在我也没弄清楚，总觉得有点扑朔迷离。不过，毋庸置疑的是，这个梦给我的女患者留下了深刻的印象，乃至于那个梦中的场景竟然出现在她的梦里。这种情形，对于我的女患者来说，或许是她理解并认同了那个梦。可对我而言，相比于别的梦，这个梦为我的研究提供了更多的令人感兴趣的素材，更具有研究的价值。

　　这个堪称脱颖而出的梦，其原本情形是这样的：孩子病了，尽管孩子的父亲日夜守护在病床前，可还是没能留住孩子的性命。心力交瘁的父亲拖着沉重的脚步，来到隔壁的房间休息，但他敞开着房门，因为这样他就可以看到停放着孩子尸体的房间。孩子的尸体静静地躺在床上，四周环绕着白色的大蜡烛，烛光忽明忽暗，明灭不定。一个雇来看护的老人喃喃地祈祷着。这位父亲昏昏沉沉地睡了几个小时后，梦便粉墨登场了。梦中，孩子站在他的床边，拉着他的手低声饮泣："爸爸，火苗正在往我身上蔓延，难道您没有看见吗？"这位父亲猛然惊醒，他看到停放他孩子尸体的房间发出了亮光，他腾地起身，箭步冲入那个房间。他发现，一根燃烧的蜡烛倒在了他孩子的尸体上，包着孩子的裹尸布和孩子的一只胳膊已经烧着了，而那个看护老人却还在打瞌睡……

这个梦让人潸然泪下，可解读起来并没有什么难度，我的女患者和那个讲座人都做出了完美的诠释——明亮的烛光透过敞开的门洒在父亲的眼睑上，使他醒来后看到的场景呈现在了他的梦中。也就是说，他睡觉之前，就已经开始担心他睡着后，那位雇来的老看护不能好好看护他孩子的尸体，因为那些蜡烛一旦有一支倒下，就会点燃尸身附近的东西，他是带着这些担心进入梦乡的。

我很赞赏这种解释，但我想，如果再补充一下，那就会更加完美。诚如你我都知道的那样，多重因素决定了梦的内容，孩子在父亲梦中说的话，极有可能是孩子生前曾经说过的一些话语拼凑而成的，而且紧密关联着父亲心目中某些重要的事情。那么从这个视角来看，孩子抱怨"爸爸，火苗正在往我身上蔓延"这句话，就很有可能暗喻孩子生前发高烧，甚至他的死因也与高烧有关。至于"难道您没有看到吗"一句，则可能牵扯到一些我们并不知晓，但富含情感的事情。

毋庸置疑，这个梦与人的精神、情绪、体验等一些要素息息相关，是一个非常有意义的梦，但我们仍然难免好奇，为什么我们在急需醒来的时候会做梦，然后梦成了愿望得以实现的平台。在那位父亲的梦中，他孩子的一颦一笑栩栩如生，如活着一般，即他亲自来提醒父亲，并且是笑着来到父亲床边，拉起父亲的手，此情此景，很可能是父亲记忆中孩子发烧时的情形，除此之外，一同复制到父亲梦中的还有孩子的前半句话。为了达成孩子还活着这一愿望，父亲把睡眠延长了一丁点儿，就是想象着自己的孩子还活着。相比清醒状态下的思考，这位父亲倒宁愿选择做梦。因为这样，他不仅可以看到自己的孩子，而且还可以和孩子待在一起了。试想一下，如果父亲在清醒的状态下，说服自己孩子已经永远地离开了他，然后再冲入停着孩子尸体的地方，相比虚幻的梦而言，孩子的生命仿佛被缩短到做梦这一片刻似的。

这个看起来不太长的梦，却有一些不同寻常的特点，也足以吊起我们的胃口了。到目前为止，我们努力的方向和关注的重点，仍然是找出隐藏在梦境中的意蕴和秘密，明确通往它的途径，洞悉梦的工作将其掩盖起来的手段和方法。也就是说，给予梦全面的正确的解释，一如既往地占据着所有问题的中心位置。现在，我们就遇到了这样的一个梦，其含义清晰明了，根本无须解释，但问题的关键是，人在梦中的思维与在清醒状态下的思维大相径庭，其不同之处有待我们做出合理的解释。只是令人遗憾的是，我们对梦的心理学解读尚停留在表面位置，还很肤浅。而在我们全盘考虑了与梦相关的所有问题后，这一点就会更暴露无遗了。

不过，观察今天的事情，应该借鉴过去的历史，把过去作为今天的借鉴，也就是所谓的知往鉴今。鉴于此，在我们即将踏上新的研究道路时，很有必要回顾一下前面走过的路，看看是否因粗枝大叶而漏掉什么重要的东西，因为只有这样，才能为新的研究之路奠定坚实的基础。如果我的立场站得住脚，那么我们前面所走过的容易又舒服的道路，都是通往光明的路，能够帮助我们正确地诠释梦，全面地理解梦。可是，这也让我们忽略了一个事实，如果我们对梦的心理机制做进一步的探究，那么我们势必面临深渊般的黑暗。更严重的是，仅仅表面地把梦看作一种"机制"，其行为本身就未免有些幼稚了。因为一旦把梦上升到解释这一高度，就意味着回溯机制已经成了必经之路。

截至目前，就我们已知的心理学知识来讲，既没有给我们提供一些关于梦的根本性参考，也没有提供可供观察的线索。相反，我们不得不建立一系列新的假设，借以推断与心理活动相关的器官结构，以及这些器官所发挥的能量作用。做这些假设时，我们务必要小心谨慎，既不可人为地拔高，更不能对一些基本逻辑熟视无睹。否则，这些假设就会失去应有的价值。实际上，即使我们的推论没有任何偏差，所有的逻辑可能性也都考虑到了，可因为原始材料的不完整，我们依然会面临得出错误结论的危险。

无论是最仔细的观察研究，还是对孤立性活动最事无巨细的梳理，都不足以作为引申出与心理活动相关器官的结构和功能的依据，或者说根本无法证实这些结论。但如果我们对一系列的心理活动展开比较研究，并把从中获得的确定知识综合起来，那么我们就会获得坚实可靠的论据，从而证明结论的正确性。因此，当这些被用作分析梦的过程的结论，与另外一些来源于不同视角的结果有机结合在一起时，才能经得起时间的推敲和检验，才能直指问题的核心。

1　梦的遗忘

鉴于此，我们的当务之急是将注意力转到一个曾引发异议，但并未得到适度关注的并不轻松的话题上，尽管这个主题能够削弱我们释梦的根基。好多人曾经对我说：我们对梦并不了解，甚至对我们想要解释的梦，更是一知半解，更准确地说，我们想要准确地把握梦，无异于痴人说梦。

在所有反对的声音中，首当其冲的是残缺不全的记忆，这样的记忆会把要解释的梦回忆得七零八落，尤为重要的是会漏掉梦境中最有价值的片段。当我们聚精会神地思考梦境时，经常会抱怨说，明明梦到了那么多，却怎么就记住这一点点呢？更让人遗憾的是，即便是被记住的那些片段，在记忆中也是模模糊糊的，难以把握。

　　如此记忆，不但其完整性遭到质疑，其准确性更会被质疑。一方面，真实的梦境是不是和记忆中模糊不清、断断续续的过程相吻合；另一方面，梦境是不是真像叙述的那样，具有内在的连贯性。另外，我们在试图回忆梦的时候，为了让梦有个合情合理的发展，记忆是不是"怂恿"我们用了一些并不存在的联系，填满了已经遗忘的空隙部分。或者我们在回忆梦境时，有选择地回忆梦境；也或者我们回忆梦境时，添油加醋，美化梦境，让梦能够自圆其说，毫无破绽……就连作家斯皮塔也推断说，梦境之所以能够顺理成章地体现出条理性和连贯性，那是因为我们在回忆梦的时候，都做了修饰。只是如此一来，我们在应该尽力客观的时候，却使客观的要求已经没有了用武之地。

　　在释梦过程中，我们不仅把这些提醒或警告都当作了耳旁风，甚至还把那些琐碎细微，甚至模糊的梦境元素，跟对待清晰可靠的片段一样，赋予它们等同的重要意义。就拿伊尔玛打针的梦例来说，"我立刻把 M 医生叫来"这句话，我们的假设是，这个细节很有可能有着特定的来源，否则它不会入梦的。而这也让我联想起那位女患者的故事来，有一次，我曾把一位年纪比我大的医生叫到她的病床前。在那个看似荒唐的梦中，似乎"51"和"56"没有什么差别，但"51"这个数字却多次被提起。庆幸的是，我们没有想当然地将这个看作无足轻重的小事，而是从"51"的隐意背后推导出了另一个思路，那就是担心 51 岁是生命的坎儿，这就和梦中渴望长寿的想法截然相反。在没能长寿的那个梦中，就因为一开始我忽略了"因为P并没有明白他的意思，弗利斯就转过身来问我"这句话，所以才导致释梦停滞不前。可是也恰在此时，儿时的一些童年想象使我得到了灵感，而这个灵感的节点便是海涅的一首诗：

你不了解我，

我也不了解你，

但当我们都陷入沼泽时，

我们就立刻懂得了彼此。

对梦的任何一次分析都足以证明：即便是再微不足道的细节，对释梦而言都是不可或缺的。如果我们在释梦中不能及时注意到这些细节，那势必会延迟释梦工作的完成。尤其在释梦的时候，就算我们不能把梦诠释得十全十美，也要对所有词汇和句子中的细微差别之处一视同仁，无论那些表达看起来多么空洞或残缺。总而言之，即便其他学者将一些表达看作是武断的臆测时，为了不破坏大的框架，我们也有必要小心谨慎地审视，把不合理的地方解释清楚。

对于那些质疑的学者，我并没有采取蛮横的态度。在我看来，我的解释对我们是有利的，因为事实胜于雄辩。最近，我对梦的本质做了深思，觉得没有什么矛盾是不可以调节的。经过复述的梦境，似乎已经成为被修饰过的扭曲的二手货。关于这一点，其他一些学者也注意到了，梦的修饰是梦的隐意因审查作用而必然经受的一个过程。不过，这并不新鲜，梦的一些潜藏元素其本身就被一种修饰过程所影响，而且还是潜移默化在那种有着深远意义，却既不显山也不露水的细节之中。那些研究者的错误就在于，在他们看来，回忆梦并用文字表述出来时，回忆者措辞随意，与真实的梦境完全不符，所以根本无法进一步诠释，否则势必走向歧途。

事实上，那些学者低估了梦境的确定性。因为偶然性和必然性是统一的，一切必然性终归都会以偶然性的形式表现出来，尽管偶然性受着必然性的制约，但总是以某种形式表现着必然性。在一定条件下，偶然性和必然性可以相互转化，在这个条件下的偶然，在另一条件下就可以转化为必然，反之亦然。比如，我想让自己随意想出一个数字来，可实际上这是不可能的。因为能进入我头脑中的那个数字，一定和我头脑中固有的东西息息相关，尽管那些东西可能和数字风马牛不相及。这样的例子表明，梦元素或许有些随意，可一旦两个元素之间建立了连接，如果不能被一连串的思绪连接起来，那么马上就会有第二条思绪取而代之。同样的道理，即便梦是在清醒状态下被复述的，而且修订的部分也与梦境内容有着千丝万缕的联系，那么随着一种没有说服力的内容的退场，另一种有说服力的内容就会粉墨登场。

在给患者释梦时，如果我觉得他们第一次讲得晦涩难懂，我就请他们再讲一遍。虽然他们复述的时候，很少会用完全相同的措辞，但我可以通过对比两次叙述的差异，抓住那些修订了的部分，而这恰恰是揭开梦的神秘面纱的切入点——起点。它们对我的意义，就如同西格弗里德衣服上绣着的那个标记之于哈根的意义一样。

西格弗里德是《尼伯龙根之歌》里的英雄。除了一个死穴外，他全身刀枪不入，而这个死穴，也只有他妻子克里姆希尔特知道。他杀死了红龙，获得了巨大的财宝。哈根是个奸臣，在求宠不得后，便对西格弗里德怀恨在心。他耍阴谋诡计，使克里姆希尔特在西格弗里德衣服上位于死穴的地方绣上了一个十字。后来，哈根就凭这个死穴标记，杀死了西格弗里德。

我的这一方法，在释梦过程中可以说是屡试不爽。尤为重要的是，这一方法验证了梦境的确定性。

当我告诉患者必须全力以赴地复述他的梦，以便我更好地诠释时，患者为了降低泄密风险，就会用一些无关紧要的语言，对梦的关键点进行再加工。然而他们却不知道，这种欲盖弥彰的行为恰恰出卖了他们，那些抛弃掉的措辞仿佛绣在西格弗里德衣服上的标记，让我洞悉并破解梦。

有时，梦者也会怀疑自己说出的梦和实际的梦不一样，前面提到的那些学者就过于强调这种怀疑。可是我觉得，这是没有科学道理的，他们未免有点儿大惊小怪了。虽然记忆不是尽善尽美的，但是远比"客观"臆测可靠得多。那些怀疑梦或者梦中具体细节是否被复述出来的学者，往往避开梦中那些强烈的元素，紧揪住微弱的、不清晰的元素，进行改头换面，尽管这类怀疑披着防止意识篡改梦境的外衣，但骨子里的仍然是抗拒释梦。而且这种抗拒会如影随形，和各种新生材料相生相伴。

通常情况下，当精神分析的作用被低估时，就会出现五花八门的失真现象，但前提是，梦和梦的隐意所具有的心理价值被重新评估。我们完全可以把梦认定为违反了某种禁忌的表现，而这仅需对梦境中微不足道的元素，进行深度的追踪就可以了。这种情况不难解释，用一个例子就足以说明了。当古代共和国发生革命或文艺复兴运动时，所有的重要位置都会被新的暴发户——发起者占据，原来统治着这个国家的贵族和强权家族就会被驱逐，原先的社会底层在一定程度上重见天日。留在城内的，除了贫穷、无权势的民众外，还有那些与被推翻的利益集团关系较远的边缘人群，尽管他们享有部分居民权，但会有人监视他们，他们得不到新的当权人的完全信任。

　　我们前面所说的对所谓的确定性的怀疑，在某种程度上而言，就相当于这种不被信任的情况。也正是这个原因，我在解析梦的时候，才会要求废弃一切关于可靠性的说法，坚持只要任何一种不起眼的要素进入梦境，就把它视为完全正确的内容来解读的做法。也正是因为坚持了这种态度，释梦才没有半途而废。当被分析的人抵触梦中的某个元素时，也恰好说明抵触背后隐藏着相关的不快思想。这并不荒谬，逻辑推导就可以。或许梦者会说："我可能没梦到这段。"但他们永远不会说："我不确定是否真的梦到了，但我刚刚就这么想的。"我们深知，梦境中的要素一定有着自主来源，不会随随便便从天上掉下来。不可否认的是，尽管这是一条隐性存在的原则，但却显性地发挥着作用。

　　在大量的例子中，我们明显感觉到，梦可以一整夜地"霸占"人们的睡眠，但每每到了梦醒时分，几乎所有的梦境都成了漏网之鱼，虽然偶尔剩下一两个短梦还盘桓在记忆里，但是内容也会很快忘记。其实，这种现象并不难以理解，从精神分析的角度来说，人们对梦的遗忘是一种再正常不过的自然倾向了，精神分析从来没有把梦的遗忘视作无可奈何花落去，更不会在解读梦境中的空白时做自我限制，就是那些被遗忘的梦境内容，也都会通过分析重新召唤回来。因此，这也要求我们在对梦进行分析时，既能充分认识到遗忘不过是一种刻意的抵制，也能多付出些注意力和自制力，即便我们不能通过蛛丝马迹完整地复原梦，也能抓住最关键的梦境所体现出的意念。

　　在我成书的过程中，零零散散地引用了各种各样的梦例，其中的很多梦例在其成形时也并不是一蹴而就的。我们在释梦过程中，一些被遗忘的梦境片段会突然涌现，清晰地呈现在我们的记忆里。前文中我列举的那个旅行梦就是这样的例子。梦中，虽然旅行是贯穿梦的主线，但部分内容却是我报复了两个令人生厌的同行旅客，可又由于这些片段让人不悦，所以我置若罔闻。被漏掉的内容中，一个男人听到我引用席勒书中的那句"这来自……"时，告诉他妹妹："没错，他说的是对的。"显然，这个梦境片段呈现出的遗忘，具有极强的倾向性，并且也已经在前面证明了，遗忘不过就是一种抗拒的选择。而因为抗拒而遗忘的内容对精神分析而言却又至关重要，甚至对梦的解析有着四两拨千斤的重大意义。

在一些学者眼中，梦中的自我纠正现象简直就是天方夜谭。对此，或许我根本不必做出任何回应，但我还是用我记忆中的一个典型梦例为证，说明梦的自我纠正功能一点儿都不神奇。十九岁那年，我第一次去英国，在爱尔兰海边玩了整整一天。我开心地捕捉被潮水冲到沙滩上的海洋动物，可接下来所犯的错误令我羞愧难当。当时，我正目不转睛地观察着一只海星，一个可爱的小姑娘走了过来，并问我："这是海星吗？它还活着吗？（Is it a starfish？Is it alive？）"我脱口而出："是的，他还活着。（Yes,he is alive．）"可话一出口，我就意识到自己犯了语法错误，于是马上改正了。

严格来说，我犯的并不是语法错误，而是德国人的误用习惯。德语中，"Das Buch ist von Schiller"的意思是"本书由席勒所著"，但把它译成英语时，德国人总是习惯用"From"（从）取代"By"（由）。事实上，这是个语法错误，正确的应该是"By"（由），而不是"From"（从）。我们已经知道，梦具有浓缩和移置作用，"From"和德语中的形容词"Fromm"（虔诚）发音相同，因此，它们在梦境中进行替换，那也是再正常不过的了。另外，梦是欲望的满足，梦的工作为了达到自己的意图，也会无所顾忌地采用这种手段。

实际上，沙滩上的这次"事故"与旅行梦之间的联系，就在于用沙滩上无伤大雅的错误取代了梦中的错误。究其原因，就是借用人称代词的混乱，掩盖旅行梦中那对兄妹间的龌龊事的尴尬，而这也恰恰是打开旅行梦的金钥匙。对于梦的这种似是而非的填补或转移，我们不应该感到陌生，这就像人们听到麦克斯韦的《物质与运动》（*Matter and Motion*）一书时，就会自然地联想到莫里哀《无病呻吟》中的那句"情况顺利吗"指的是排便一样。

除了这一丝不苟的分析外，我还能用一个亲眼所见的事实来证明，梦的遗忘大多是由梦的抵制作用造成的。有一位患者告诉我说，他曾经做了一个梦，可就是忘得一干二净，就像从来没做过这个梦一样。于是，我把精神分析中所遇到的阻力作为突破口，和他开始分析那个梦。不过，我遭遇到了阻力。在我一系列的催促和鼓励中，他不断地和引起他不快的负面情绪握手言和。就在我快功亏一篑的时候，那位患者兴奋地大叫："我终于知道我的梦了。"之所以这样，完全是因为抗拒使他无法回忆起这个梦，但在分析中一脚踢开了这个绊脚石，释梦就顺利地完成了。

同样的道理，只要患者对精神分析的理解到了一定的高度，那么四五天之前甚至更久远的梦境，皆有呼之欲出的可能。

此外，无论是我还是另一些分析师，或是接受分析治疗的患者，都有过这样的经历：当我们从睡梦中醒过来的时候，都会调动全部思维器官，把刚刚做过的梦仔仔细细地想一遍，全神贯注地解释这个梦。大多数情况下，我更是不把梦弄清楚誓不罢休，可一觉醒来，我还是会将释梦结果和梦的内容忘得干干净净的。唯一能够确定的，是我不但做了梦，还对梦做了诠释。关于这种遗忘，有些学者解释说是清醒和睡眠的迥异造成的，一些致力于研究梦的遗忘的学者更是认为，清醒和睡眠"水火不容"，有着不可逾越的鸿沟。殊不知，释梦工作和清醒思维之间并没有那种精神上的鸿沟，他们的错误就在于混淆了两种状态的遗忘，误认为它们都是抗拒作用的结果，并且还试图用这一鸿沟来诠释梦的遗忘。

对于我在梦的遗忘问题上所做的解释，默顿·普林斯却持有不同的看法。在他看来，梦的遗忘不过是一种适用于精神分裂状态的特殊记忆缺失情况，而且我对这种特殊记忆缺失所做的解释，只能在一定范围内使用，根本无法应用于其他类型的记忆缺失，根本不具备普遍意义。因此，他还特别提醒读者说：他自己在描述这类精神分裂状态时，从来没有寻求其背后有关动因方面的解释。可是有些发现，就在于是否能够前进一步。毋庸置疑的是，如果默顿·普林斯真去探究了，就不难发现，抗拒不仅是遗忘的"元凶"，还是精神分裂的"罪魁祸首"，是它们共同的精神内涵。

一直以来，我陆陆续续地记录下很多我自己的梦。当我再次解读一两年前的梦时，因为已经克服了当时的抵抗情绪，我又重新获得了新的内容。我把这些新内容一一增补到开始时的释梦文本上，我惊奇地发现，原本不尽如人意的解释变得通透、精致、明朗了。尤为重要的是，它们为我的这部书稿提供了强而有力的支持。相比于其他的精神过程，梦并不是天生就容易被忘记的。事实上，梦和其他的精神活动刻录在人的记忆里的能力不分伯仲，甚至可以说是旗鼓相当。我分析了患者偶然吐露的多年前的梦境，并与他之后的梦做了对比。我发现，一些梦境元素被保存下来，近期的梦境内容或许更多一些，但一些元素历久弥新，与我对自己的梦的分析如出一辙。

最初的时候，我一直觉得这种把梦暂时搁置、等过段时间再进行更完美诠释的方法，足以和治疗神经症的方式平起平坐，不分轩轾。接下来要说的是焦虑的梦，我就再举两个类似于这样延期释梦的梦例。当我用精神分析法治疗精神性神经症患者（比如癔症）时，不仅要解释促使他前来就医的当下症状，还得解释他早已消失的第一次发作时的症状。可是我发现，解释旧症状远比解释新症状要容易得多。在 1895 年出版的《癔症研究》一书中，我就借助一位四十多岁的女癔症患者在其十五岁时的初发症状，解释过癔症的初次发作症状了。

估计一些读者为了验证我的观点，早就迫不及待地想分析自己的梦了，但大家要少安毋躁，容我先叙述一些看起来和精神分析风马牛不相及的看法，或许对你有一些指导意义。

掌握了释梦理论，释梦也不一定手到擒来，毕竟纸上得来终觉浅，事非经过不知难，但也不必畏手畏尾。世上无难事，只怕有心人。如果真的下定决心进行认真的精神分析，就以本书为准绳，按照书上的要求，打消一切自以为是的想法，不妄自尊大，摒弃对这些要求的无知和偏见，躬身而行。此外，在分析自己的梦时，还要对相关的体验和情绪明察秋毫，这需要不断强化自己的意识才行。克劳德·贝纳德曾说过"你必须像动物一样有耐心，同时也得像动物一样对结果漠不关心"，在我看来，这句话尤其适用于精神分析师。因此，无论是谁在进行精神分析的时候，都要有野兽一样的克制和耐性，对自己所做的工作保持绝对的信仰之心，不计成败得失。也唯有遵循了这一告诫，工作起来才不会觉得那么难。

生活中，我们一贯主张今日事今日毕，但是就释梦来说，却未必是金科玉律，"退一步海阔天空"不失为明智之举。当我们对梦进行一系列解读后，难免会有一种虚脱之感，已经很难再从梦中有所收获了。此时，不妨把梦暂时放下，让片段式解读上场，那么梦境另外的部分就会对注意力进行"蛊惑"，新层次的理解也就随之而至了。

对于那些初学释梦的人来说，还要特别注意，即便他能完美地解释一个梦，并且也做到了梦中所有内容都有一个逻辑严谨而又有意义的答案，也不能说他彻底地完成了释梦。因为释梦还有一种可能，那就是"过度解释"，而他恰恰就忽略了这一点。这也不足为怪，在人的潜意识中，活跃着大量的联想念头，并且借助多种模糊的表达方式，都奋力地想表现出来，但梦异常机敏，要把这些都整合成清晰的概念可谓困难重重。就拿那个童话中的小裁缝来说，他在旅途中"一下子打死七只苍蝇"毕竟也只是童话，要形成概念很难。或许，会有读者埋怨我在书中加入了太多没有必要的见解，但我确信，只要你真正地诠释过梦了，就一定会改变你的看法的。

西尔伯勒曾指出，任何一个梦都需要双重解读，而且两种解读之间一定存在特定的联系。为此，他给出了两种解释：一种是"精神分析式"的，人们可以随心所欲地解析梦，并且大部分是从幼儿期的性欲望角度出发的。另一种是"理想意义式"的，这种分析方法不但更为深刻，而且极具严肃性，是真正的就事论事。对我而言，无论是哪种解释，西尔伯勒的这个观点我并不认同，因为大部分的梦并不需要"过度解释"，尤其是人们根本无法对其做"理想意义式"的解释。坦率地讲，西尔伯勒的这个理论与近来诸多理论非常相似，都对梦的形成等重点议题犹抱琵琶半遮面，试图通过装神弄鬼的概念，将人们的注意力从释梦的根基上移开。尤为可怕的是，无论是西尔伯勒的理论，还是近来的其他理论假设，其影响力都是非常明显的。

毋庸置疑，我也能在一些梦例中证实西尔伯勒的这种说法，但是双重解读并不是精神分析所要达到的最终效果。其实，尽管那些梦例可以说明，但也同样难以摆脱不相关的抽象事物进入梦中的情况，而更抽象的分析明显不能使人满意梦的分析。实际上，梦的本身也会尽可能地与具体材料勾连，也许这样的联系松散而不直接，但梦者却可以轻松地运用这个材料显露出被掩盖的抽象事物，而那些结构性的插入型材料，只有相当熟悉的技术手段才能给出相对正确的解释。

尽管如此，也并不是所有的梦都能解释。一方面梦有一种天然的改头换面的倾向；另一方面来自抗拒的遗忘，这些反向的合力恰好构成了释梦的最大障碍。而我们要清除释梦路上的这些绊脚石，就完全有赖于智力上的偏好、对心理学知识的掌握，以及释梦经验的强弱等因素。实际上，只要我们进行精神分析，就一定有所收获，至少能够知道梦包含着特定的意义，并且这些意义也可以抽取出来。一般来说，第二个梦的出现对解释第一个梦起着推波助澜的作用，而连续几周或几个月的梦往往源于一处，解释的时候需将它们联系在一起对待才行。在前后相连的梦中，我们也不难发现，一个梦的主题可能是另一个梦的边角料，而这个边角料又可能是另一个梦的主导，相互阐释，相互生发。同样的道理，我们也可以把同一个晚上的梦当作一个整体对待，关于这一点，我已经用例子做了证明。

梦的隐意来自错落繁密的思绪，而且这些思绪缠绕，盘根错节成一张大网，永无止境，仿佛菌丝孕育蘑菇一样。即使是那些我们认为解释得很好的梦，也会留下一些死角，因为我们自始至终都无法彻底掀开它们的最后一层面纱，它们剪不断，理还乱，盘根错节，就像是个无底洞，延伸至未知的尽头，只是它们再也不能为梦的内容做出新的贡献了。

不过，我们现在正探讨的问题是梦的遗忘，我们还得回到这个问题上来。就梦的遗忘来说，到目前为止，尚有很多重要的结论没有盖棺定论。醒来立马将梦抛诸脑后通通忘掉也好，白天一点点地忘记也罢，遗忘过程就是个清醒状态时揭不下来的狗皮膏药。我们也发现，精神抵抗是遗忘的主要推手，它在梦境发生时就亦步亦趋了，但梦依然形成了，究其原因就在于，此时的抵抗不具备把梦完全抵消的能力，而清醒状态下的遗忘是不留余地的，两者截然不同。自此，我们不妨大胆地做个假设，相比于白天的清醒状态，夜间的抵抗力量要弱些，可是即便弱，抵抗仍然要发生作用，只是睡眠压制了它，就像描述心理学宣称的那样：精神处于休眠状态，才使梦的形成有了可乘之机。说到这里，一个结论也就瓜熟蒂落了，那就是：在睡眠状态下，内心深处的审查作用也打起了瞌睡，梦就趁此良机，大摇大摆地招摇过市了。人一旦恢复到清醒状态，被削弱的抗拒力量就会满血复活，大肆封杀在它虚弱时出现的梦，而且手段残忍，不留任何余地。

平心而论，对于这个结论，我们非常愿意把它当作梦的遗忘的唯一结论，并沿着它继续探讨睡眠和清醒状态下抵抗力量的强弱，其产生的作用也会不同的。不过，从心理学的角度出发，更进一步地说，虽然抵抗退居了幕后，可它产生的力量并未隐退。有一种很有说服力的观点说，睡眠状态下，抵抗作用同时被消减或削弱了，但在它们的共同作用下，梦出现的概率还是大大增加了。只是我们得暂时放下这个议题，先去讨论其他相关的问题后，再回到这上面来。

一直以来，精神分析备受质疑，就连释梦的程序也不例外。现在，我们要面对它了。

通常情况下，我们是这样释梦的：我们摒弃一切先入为主的意见，将注意力集中在梦的某个元素或片段上，然后把由这些元素和片段释放出的思绪一一记录下来，然后如此反复。我们信心十足地认定，只要我们顺水推舟，就能拔本塞源，找到梦的隐意，根本无须画蛇添足。

批评者认为，顺着某一个单独元素出发，进而到达某个地方，这没什么了不起的，任何一个观念都可以通过联想的方式与某一个特定事物联系起来，而我们依然能从这些漫无目的、我行我素的元素中抽取出梦的隐意，实在是天方夜谭，甚至是自欺欺人。实际上，这些反对者只是没有想到，当我们追踪某个元素的联想链条中断时，就会捡起另外一个元素，同时参照第一个元素的分析，只留下重合的部分，之后是第三个、第四个、第五个……当我们把所有重合部分都梳理完成时，元素间的连接枢纽暴露无遗，这条看似越来越窄的路也就柳暗花明，离梦的隐意也就不远了。可这在反对者眼里，却不过是自说自话，只要愿意，人人都能唾手可得的"隐意"而已，而且这种隐意丝毫没有可信度。但"智者千虑，必有一失"，这些反对者没有料到，在看似杂乱无章的联想背后，元素于转换间就已经滤掉了常规的偏见，尽量保证了客观性与可信度。

不难想象，如果这些元素所指的隐意间既没有预定的勾连，也没有合情合理的联系，那么释梦的结果就会四分五裂，不可能形成严密的整体，精神分析也就不可能取得引人注目的结果。回击那些反对意见，也无须巧舌如簧，释梦结果就是最好的辩护。尽管事实胜于雄辩，但我们还是可以从理论上摧毁那些反对意见，鉴于释梦方法和消除癔症症状方法有着异曲同工之妙，我们完全可以从症状的出现与消失来验证释梦是否正确。到目前为止，那种认为释梦只是在追踪一个漫无目的、任意展开的联想链条，就能达到释梦目的的主张，已无立锥之地了。

综上所述，认为我们的释梦走马观花，沉湎在漫无目的的联想中，放弃积极的思考，放任梦的意念控制局面的想法，狭隘而片面。我们之所以不积极介入，就是要排除那些显而易见却又带有想当然性质的思路，给那些不能明确显现的潜意识下的意念让道，让那些自然生发的意念当家做主，带头前行。

无论我们施加怎样的压力，心理活动都在一定的意念指向下进行，即便在疯癫状态下也是如此，一如精神分析所坚持的那样，没有意念指向的思维是不可能存在的，就连歇斯底里症和偏执症也是一样。然而，精神病学家未能坚持这一信念，没有很好地把握住心理结构的稳定性，以至于出现了偏差，放弃这一信念就显得矫枉过正、操之过急了。正如劳里特那精彩的假设一样，精神错乱状态下的谵妄都有特定的指向意义，只是观察者漏掉了关键要素，所以才使我们觉得难以理解。根据观察，我从中得出一种看法，谵妄乃是审查作用的结果——审查机制不再努力掩饰自己的失效，不再对那些无害于它的思绪示好，而是毫无顾忌地删除它反对的一切内容，使剩下的思绪变得支离破碎，成为毫无关联的残次品。这种审查作用的做法，像极了俄罗斯边境上的书报检查站的做法。那时，审查员们先是审查来自外国的杂志，涂黑书中包含特定信息的文段，然后才发送到那些需要保护的"思想纯洁"的读者手中。

当脑部器官遭到破坏性损伤时，自由生发的意念就有可能出现在相互联系的联想之后了。在审查作用下，一系列思绪也可能从幕后走到台前，而一直直接产生作用的指导性意念继续保持隐身的状态，这也很好地诠释了精神神经症。但如果出现的意念或想象没有内在意义上的联系，只是"表面联想"联系在一起，而且相互联系的手段不过是谐音、语义双关、没有内在关联的时间巧合等较为肤浅的形式，通常可以作为可靠的晴雨表——指示导向性的意念并未对思绪的自由联合形成阻碍，对这些意念的解读，就可能被小聪明以文字游戏的方式玩弄于股掌之间。在很多释梦案例中，从元素到梦境内容，从内容到衔接性的思路，最终到梦源本身，都极其鲜明地表现了这一特性。在这些案例中，联系带着不那么令人讨厌的小狡黠，自始至终都不是一盘散沙。尽管如此，出现在其中的真正解释也不是难事，当一个精神元素与另一个精神元素通过令人反感或表面的联想相联结时，其间必定有一个能经受稽查作用的抵抗的深刻、合理的联系存在。

表面联系之所以占尽上风，并不是导向性意念主导，主要是因为审查的力量发生了变化。当审查机制被常规的联系路径阻隔时，表面联想就会立刻浮出水面，取代深层联想，从而表现出来。形象地说，这和交通受阻的情形差不多，比如猎人们使用的崎岖难行的山间小道，平时没有什么特别之处，但如果这一地区暴发洪水，阻断了全部交通要道，地区联系被切断，那么猎人用的那条羊肠小道就成了救命的绳索。

梦的审查机制也会厚此薄彼，下面两种情况虽然没有本质上的区别，但是就其形式来说，还是略有差异的。在第一种情况中，审查机制针对的主要是两种思绪之间的关联，尽管两种思绪彼此分离，但审查机制却熟视无睹，任由两种思绪先后进入意识中，而它们之间的关联就转入地下状态，李代桃僵呈现出来的却是表面关联。就这样，概念化的复杂联系被隐藏起来，本该受到压抑的表面联系喧宾夺主。在第二种情况中，如果两种思绪都受到了审查机制的抵制，它们便乔装打扮，用一种改变了的浅显方式表现出来，而根本性的联系则被抛在一边。无论哪种情况，基本上都反映了一个事实：鉴于审查作用的压力，这两种情况下都发生了移置作用，荒谬而浅薄的联想取代了原来符合常理且极为重要的联想。

虽然已将这种移置分析得清清楚楚，但并不意味着我们就能超越这种平庸，释梦固然需要深奥的分析，但也不得不与这类肤浅的联系合作。

精神分析有两大原则，可谓应用广、范围大，堪称精神分析的左膀右臂。第一个原则是，如果显意识的指向性意念被放弃时，潜意识里的指向性意念就会毛遂自荐，掌控思绪的流转。第二个原则是，肤浅的表面联想通过移置作用取代了更为深刻的联想。在给患者做精神分析的时候，我要求接受分析的患者不做任何思考，只将他脑海里浮现的事情和盘托出。即便如此，我也相信，他不可能丢开与治疗有关的意向观念。相反，他讲给我的内容无论看起来多么纯真、随意，却仍然和他的病况有关。还有一个意向指向，那就是作为分析者的我，患者给予的是完全的信任，这个指向性观念不会被怀疑。分析到这里，释梦的话题就要进入中场休息了，另一个议题将登上舞台。

其实，在那些反对的意见中，有一点还是比较正确的：我们不必把释梦工作中产生的联想都归结为梦在夜间的工作，而要有的放矢。在清醒状态下，我们释梦是将梦中元素还原，回溯到梦的隐意，而梦则是把梦源肢解到梦境元素的过程。两者走的是完全相反的路径，可以说是南辕北辙。虽然这两条路径根本不可能反向通行，但却使用的是同一个通道，白天的意识像是在地下挖矿，在一定的思绪线索导引下向梦源推进，中间可能会侥幸地达成部分目的，但这样的工作所产生的成果、所得到的意念的数量或性质，除了导向梦源外，根本不具备值得注意的功劳。白天的思绪会糅进解释的链条，但因为夜间开始增强的抵抗作用，迫使白天的这些新思绪渐行渐远，给解释帮一些倒忙。

2 梦回归的本质

通过上面的讨论，我们已经知道，梦和其他的精神现象一样重要。在一定程度上，虽然梦使特定的愿望得以满足，但梦的审查机制却使梦具有了更多的荒谬特征。上面，我们反驳了反对意见，亮出了自己的观点，接下来就该趁热打铁，使精神分析系统化，使之成为可靠的心理学知识。为了达到这一目的，一方面，我们要审视梦的审查机制；另一方面，还要充分意识到，梦的精神材料要经历浓缩作用，要抽取出能代表特定内容的意象，虽然梦并不总是给人们带来合乎常理的印象，但尽力使梦变得可以理解就十分有必要了。无论从上面的哪一方面入手，这些观点都可以成为心理学上新的假设出现的契机，假如我们再配合形成梦的若干条件，把梦作为欲望的本质考虑进去，那么这些条件就相辅相成，构建整个框架也就事半功倍了。在承认梦与其他精神活动具有同样重要的意义后，再来具体确定梦的地位，就是题中之义了。

如果我们把"梦是欲望的满足"这一原则剥离出去，那么梦与一般精神活动的区分标准就会模棱两可、含混不清。就像我在本章开始时列举的小孩尸体被烧着的梦例，虽然解释不一定毫无瑕疵，但那位父亲并没有通过清醒状态，而是借助梦境来表现这一过程的事实，足以说明想让孩子继续活着才是梦的主要动力。这本该是清醒状态时才显露的思绪，却华丽转身成了梦。作为梦的原型，父亲担心蜡烛倒下会引发火灾，烧到在停尸房中的孩子，梦境一点儿也没偷工减料，淋漓尽致、栩栩如生地呈现在感官思维中。这一案例，很好地印证了心理学的一般特征，梦境把欲望表现为可见的景象，进一步清晰明确后，让人有种身临其境的感觉。

但是，要确定欲望这一动力是怎样与其他精神活动"共处一室"的，又扮演着怎样的角色，到目前为止依然是困难重重，因为这里牵涉梦实现欲望机制中不可忽视的独特性。

经过深入的剖析观察，我们发现，梦有两个相互独立的明显特征，一是可以清晰地将梦源直接转换成梦念，二是梦源更进一步被具象转化为可感知的图像或言语了。

将隐意中表达出来的期望转为现在时态，使梦念转换看起来没有那么重要了，极有可能缘于这个梦在用现在时态叙述欲望时显得平淡无奇。就拿伊尔玛打针这一梦例来说，欲望将清醒状态和即将进入的睡眠状态衔接得天衣无缝，梦念只用一句祈使句便表现了梦的欲望："希望奥托负责伊尔玛的病！"但实际上，梦境非但压抑了祈使感情，还直截了当地进行了陈述："是的，奥托要为伊尔玛的病负责。"这是梦对隐意所做的第一个改变，而即便没有伪装内容的梦也会有这一步，梦的审查机制也知难而退。在清醒状态下，这样表里不一的精神活动也不少见，那种有意识的想象——白日梦，就是用第一种特征把表里不一的特征表现得更加具体又易于理解的。在都德小说《富豪》中，失业的乔耶西先生在巴黎的大街上流浪，可女儿们坚定地认为，她们的父亲有一份工作，正体面地坐在办公室里。而乔耶西也在做梦，梦中他获得了举荐，并且被雇用了。毋庸置疑，他就是用现在时做的梦。乔耶西的这个梦和白日梦一样，都是充分享受了现在时的好处，这也证实了梦是欲望的满足。

梦与白日梦相比，有着独特之处，那就是梦的第二个特征：概念性的内容并不是梦念，不过是转化的可视性图像罢了，而且这样的图像具有可信度，让人深信不疑，并常常被人们认为是亲身经历。就梦的这个特征，我要特别补充说明一下，并不是所有的梦都会将梦念转换为可视化图像，也有一些梦完全由思想构成，但梦的实质并不会因此而被否定。像我那个"Autodidasker"（希望与 N 教授交谈的白日梦）梦就是这种情况，梦中几乎没有可视性元素，仿佛与我在白天思考其他内容时的情景一样。一些持续时间较长的梦，并不会把所有的元素都转化为可视性元素，而处于清醒状态下的人们也常常忽略这些元素。此外，我们还需要记住的是，梦念转换为可视化图像这一程式并不是梦的专利产品，幻想和幻视也会如此，无论是健康人还是神经症患者，都有可能经历这些情况。简单地说，虽然思想变图像的过程并不是梦独有的，但只要出现在梦中就是梦最显著的特征，这个事实必须引起我们足够的重视。为了更好地说明这一事实，我们将要进行非常详尽的讨论。

在关于梦的所有理论中，费希纳的观点特别值得一提。费希纳是一个享有巨大声誉的学者，他在著作《精神物理论》中曾就梦的问题做出过几点评论，进而推测出：梦可以无处不在，但绝不会出现在清醒状态下的意念中。这是迄今为止最能让人把握梦的显著特点的假说了。

所有的讨论都必须建立在心理学的基础上，并且要遵循这样的思路：必须把服务于精神活动的器官当作复式显微镜，或图像摄影仪之类的器材，来确定各种精神活动的地位。同时，还要避免本末倒置，将相关精神活动的器官提高到与精神活动相等的高度，而只需将其置于解剖学水平。在图像形成前，精神活动与精神器官捆绑在一起，是无可厚非的。众所周知，关键性的构成并不会出现在易于触碰的部位，因为精神活动自我显现太过深涩，而懊恼是完全没有必要的。像这样把精神活动比喻成仪器构成的方式是把抽象的问题具体化，是在简化问题，是让复杂的精神活动变得具象，进而帮助人们进一步理解精神活动。令人遗憾的是，像这样基本可以说是百利而无一害的分解方式尚在襁褓中，之前并没有这方面的尝试。实际上，只要我们在探讨梦的本质时有所为有所不为，做好自我保护，不偏离脚手架，我们就可以展开自由的猜想。由于在探索一切未知主题时，都是采取一些最具原始性、可获得性的辅助性理念的，而这才是最有价值，也是最接近主题的本质。

正是因为这样，我们才把与精神活动相关的器官，当作复杂的工具，其组成部分被我们称为"动因"，"动因"也可以形象地叫作"系统"。正如望远镜中不同倍数的透镜依次排列一样，系统之间的空间结构也顺次而邻，井然有序。在某个精神过程中，由于兴奋的刺激，系统要素的罗列会暂时改变顺序。在其他的精神过程中，这种顺序也存在发生改变的可能性，但我们只要承认要素间有着一定顺序，那么在更严格意义上去确定某种精神活动的空间顺序，就不显得急迫了。为了使问题简单化，接下来我们将这样的系统分布称为"Psi系统"。

所有精神活动都是从外部或内部刺激出发，最后终结于神经系统的，因此我们首先要注意到作为整体的"Psi系统"具有的内在的方向性，认知从信息接收端经由系统内在动力传导至信息处理端的这一过程中，认知涌动的信息就像开闸的潮水。精神活动的载体必须具有反射性，而且各种精神活动间的类型大同小异。

从上面的分析中我们知道，精神器官揩了认知信息的油，留下记忆痕迹，而保留这些痕迹的功能则成为记忆，这也是认知信息在感知端的分化。只要执着于将精神活动的过程系统化，那么记忆痕迹的本质——连串元素变动不定，集合体就会暴露。但另外的事实清晰地告诉研究者，既想保留元素变动的性质，又要同时容许加入同样变动着的新元素是极其困难的。按照指导原则，这两个功能将被放置在不同的系统中，初级系统接受认知信息的刺激。可由于记忆功能的缺失，初级系统已经没有截留任何信息的能力了。而在幕后工作的另一个系统，就把一时的兴奋转换为永久性的痕迹了。精神系统的分解图如下：

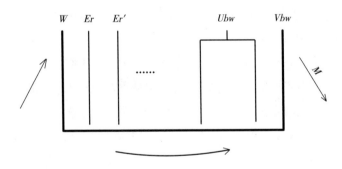

（W：感觉端；Er：回忆系统；Ubw：潜意识；Vbw：前意识；M：运动端）

在记忆中，各种认知信息并不是孤立存在的，尤其这些信息同时发生时，其间的"联想"更为密切，当信息作用到"Psi系统"时，记忆便会永久地记住这些信息内容。现在可以确定，"Psi系统"是可以记忆的，否则就没有认知信息之间的联想了，而且前一种联系的余留力量对单独元素产生影响，致使它们的作用被剥夺，由此不难知道，记忆系统是联想的基础，而这也是不得不采纳的假设。在这样的联想系统中，兴奋很容易从一种记忆元素滑到另一种元素，不会毫无原则地对别的元素投怀送抱，这是一条平顺的道路，几乎不会遇到什么阻力。

"Psi系统"中传导的兴奋元素具有多元化的定位，因此有关记忆系统的假设就不是一两个推测所能涵盖的。联想的记忆系统在定位兴奋的时候，一边考虑时间上的一致性，一边从其他角度安排这类精神活动，而其后的系统更是把着重点放在相似性上。把这类系统的精神性意义诉诸笔端，不是一件容易的事，因为记忆中不同元素之间亲疏有别，要彻底厘清这样的差别，可谓困难重重。此外，传导那些源于这类元素的兴奋，会遇到不同级别的抗拒，这是综合性的理论不可回避的问题。

分析到这里，我想通过考察"Psi系统"最一般意义上的本质问题，先就可能具有重要意义的结论，加以说明。"Psi系统"本身并不具备对变化的保存能力，因此也就没有了记忆复杂多变的感官意识的手段，可我们的记忆却不会意识到这样的程式，其中也包括那些让人印象深刻的片段。如果这样的无意识想上位为一般意义上的感知，那么所有无意识状态下的那些被克制压抑的精神活动，都必须重见天日。虽然我们早年经历留下的记忆很难清晰地呈现出来，但它们却携手一些难忘的记忆，共同奠定了我们性格的基础，而当旧时记忆从潜意识的深渊中被释放出来后，就很难表现出作为知觉的品质，尤其它与知觉相比时，就显得极其微弱，甚至是微不足道的。在"Psi系统"里，如果能够证实有意识的记忆和品质相互排斥，就使我们了解刺激神经兴奋的决定因素，进入柳暗花明又一村的境界了。

到目前为止，尽管我们还没有引入梦或者导源于梦的心理学解释，但这并不意味着我们偏离了梦的主题，精神机制在感知端的假说与梦关系匪浅，如果不借用精神机制中的动因，那么我们对梦形成的探讨就将中断，而梦则会为我们提供更多精神机制组成知识的来源。两个精神性动因之间的关系显现出明显的方向性，其中的一个对另一个进行检查批判，并取消其进入意识的资格。发出批判的动因作为施动方，如一块屏风一样，立在意识和被批判的受动方之间，相应地与意识拉近了距离，关系更为亲密。因此，施动方的动因就起到了指导清醒状态下的生活、决定自主性意识的功用。在既定假说中，动因被系统取代，批判性动因转到了感知的运动端。

位于运动端的最后一个系统，我们把它叫作"前意识"，只要满足达到某个特定强度，或者将被称为"注意力"的那种功能进行正确分配等条件，前意识就能不受阻碍地转变为意识了。此时，系统同样握有自主运动是否发生的裁决权。在前意识之后的被叫作潜意识的部分则完全没有转为意识的可能性，除非它愿意在传导兴奋的过程中进行一定程度的改变，并愿意向前意识借道通过。

在下面的探讨中我们就会发现，梦在形成过程中，不得不把自己与属于前意识系统的梦念捆绑在一起。因此，出于简洁考虑而将梦的形成动因置于潜意识系统中有失偏颇，因为在处理梦念时我们已经清楚，潜意识给梦的产生提供了动能，也就是说，潜意识是梦的起点。刺激梦产生的兴奋也会和其他一切精神活动的兴奋感一样，经历层层阻隔进入前意识的领地，然后再获取进入意识的通行证。

经验已经告诉我们，由于审查作用，白天时的隐意想从前意识过渡到意识是完全不可能的，因为这条通道已经被阻断了，但到了夜间，这样的情况就会发生变化，梦念摆脱了前意识，拿着准入证，移情别恋于意识了。那么，到底是什么样的变化，以何种方式造成了这样的局面呢？在夜间，审查机制变得弱小无力，设置在潜意识和前意识之间的屏障便一步步退缩，隐意就抓住审查机制消极怠工的间隙激发梦的产生。只是这样一来，当下能够引发人们兴趣的幻想就会偃旗息鼓，唯留下人们观念中的材料。对于审查作用削弱这一观点，就可以解释我那个"Autodidasker"（希望与 N 教授交谈的白日梦）的梦，至于梦中小孩被烧着的这类梦例，尚需其他的佐证，就目前的这些初步观察是远远不够的。

为了说得更清楚，我先介绍一个概念，那就是"前进式"。所谓"前进式"，就是指在清醒状态下，潜意识全力以赴地奔向知觉的过程。简单地说，就是向更高等级方向的运动。而幻想式的梦中，刺激走的是回头路，它并不是向运动端传导，而是奔向感觉端，最后进入感觉系统。也就是说，梦念的运动过程具有"回归式"的特征。

我们要记住，这一回归性，是做梦过程的一种心理特征，而并不是梦中才有的现象。它之所以能在梦中凸显出来，是因为梦作为一个集合来说，只能选取一定数量的元素来表现，观念在转换时也会发生强度上的变化，兴奋感在往知觉系统传导过程中不断萎缩，从意识下的观念开始逆向而行，一直退到明显性的原始感觉材料处。但在清醒状态下，这种回归式只活动于知觉记忆的范围内，根本不会多此一举地将知觉图像衍生成幻觉。之所以梦中不是这样，是因为回归式在一些有意识的回忆或是正常的精神活动中，以及回溯记忆元素时有所动作的结果。

现在，对这些讨论的重要性我不寄予太多希望，否则难逃自我满足之嫌。在梦中，某个观念重新转化为所产生的可视化图像，我们称它为"回归作用"。其实，即便是回归，也需要一个理由。但是假如它没有体现出一些新意，那也不能说明它没有意义。在我看来，回归作用于我们还是很有意义的，它将我们熟悉的事实与标志方向的精神结构联系在一起，将一种让人困惑的现象概念化了，而这一概念的意义需要通过标准化的加工变得容易理解。在一系列示意图已经被构建好的情况下，只要我们稍加观察，就能洞悉精神系统的方向性。另外，示意图还帮我们确认了"回归作用"，并将此过程整合到整个精神系统中。如果想对经验中的事实加以说明，那么把梦看作回归过程就不言而喻了。在梦实时进行的过程中，梦念中的一切逻辑烟消云散，难以获取。可引入了"回归作用"后，它把隐意的结构立刻分解为原始材料了，而示意图中的非记忆系统成为探求逻辑关系的线索，获得了显示手段，与知觉意象平起平坐。

现在又出现了一个问题——究竟是什么样的变化，使本不在白天出现的"回归作用"出现了呢？在白天的清醒状态下，知觉刺激源源不断地从知觉系统奔涌到运动端，形成一股具有方向性的运动力。而在夜晚，知觉刺激销声匿迹，运动力也随之昏昏欲睡，反向作用力瞅准时机，充分利用精神系统"与世隔绝"的时段，为梦的产生开山铺路。对这种能量此消彼长的认识，也成了一些权威人士建立理论的依据。尽管这还只能算是揣测，但利用知觉刺激在不同方向上推进的难易程度来回答刚刚的问题，还是合理可靠的。

上面所解释的梦的回归作用，并不适用于所有情况，如果把病态的清醒状况排除在外，那么"回归作用"在理解梦的相关议题方面足以独当一面。但如果是在癔症和妄想症的情况下，就显得有点不足了。外界刺激产生的知觉刺激依然保持着向前涌动的力量，但"回归作用"却以眼还眼、以牙还牙，逆向而动。虽然反向而行的只有被抑制或以潜意识身份存在的思绪，但这样的反向前进还是发生了。对于心智正常的人来说，如果在可视图像的刺激下能够产生幻想，那么精神系统中的双向流通也会同样发生。

我治疗过很多癔症患者，其中年龄最小的一位只有十二岁。在他母亲眼里，这孩子天生就学不进任何东西，早晚有一天会变成白痴，并且也活不长久。可是月有阴晴圆缺，人有旦夕祸福。就在这个小孩四年级的时候，他看了一幅画着手淫等儿童不良习惯后果的图画，这让这个当时确实有手淫经历的孩子更加内疚。据孩子的妈妈说，向她孩子展示这些图画的另一个孩子有点儿恐怖，那个孩子有着绿色的脸庞，眼圈却是有极大反差的红色。也就是从那以后，这个小孩对绿脸红眼恐惧至极，甚至成为他想象中的鬼怪了，再难入睡。小男孩生活在这样的高压下，再加上他妈妈说他早晚会成为一个白痴，况且这个小孩在学校里的成绩真的很差，以至于他都不敢随意联想了，唯恐他妈妈说他活不长的话会灵验。庆幸的是，经过一段时间的治疗，这个小孩的症状越来越轻，睡眠也越来越正常。他不再害怕了，学习成绩有了显著的提高。到学年结束的时候，因为表现出色，这个小孩还获得了奖励。

　　接下来，我要解释一个幻象的梦例。这个患者是一位四十岁的妇女，这个幻象发生在她生病之前。有一天早晨，她一睁开眼睛，就看见弟弟站在她的房间里，可她知道，她弟弟此刻正被关在疯人院中。可这个幻象还是令她胆战心惊，因为她的小儿子就睡在她的身边。为了不使孩子看到他舅舅受到惊吓而发生抽搐，她急忙抓起被子，快速地罩在了孩子的脸上。随后，虽然幻象消失了，可是她心中的困惑直到接受我的治疗才被解开。原来在这位妇女很小的时候，也就只有十八个月大的时候，她那患有癫痫抽搐症的母亲便死了。在以后的时光里，她的保姆一次次跟她说她母亲死得早，是因为她母亲的弟弟曾经用被单蒙头装鬼吓唬过她母亲，她母亲才患上这个病的。而在她弟弟出现的那个幻象中，被子、惊吓、抽搐等元素一一出现，成了过去记忆的再现和延伸。只是不同的是，这些元素经过新的排列、组合，转到了别人身上。其实，要解释这样的幻象一点也不难，女患者的孩子像极了她的弟弟，她担心他也有同样的命运。实际上，这个幻象的背后是一种忧虑。为了不让孩子重蹈覆辙，潜意识的动机反映到了幻象上。

上面举的两个例子，与睡眠状态或多或少有点相似，但在对梦的"回归作用"的证明上并不十分给力，其他患有妄想症的案例以及部分关于精神神经症尚未面世的心理学研究却一致认为，童年记忆在"回归作用"中占有一定地位。基于此，我想先说一下《癔症研究》。读过《癔症研究》的人都知道，在类似于布罗伊尔病史的案例中，幼儿期的记忆或想象一旦被纳入意识的范围，人们就不由自主地把它当作幻觉，但科学是严谨的，这种轻率的态度也许不会出现在研究报告中，可实际上它却是真实存在的。虽然常规的可视化图像不能保存童年记忆，但它并不会彻底消失。一旦有需要，这些童年记忆就能复活，显示出历久弥新的特点。在潜意识中，那些被压抑的童年记忆有自己的领地，即便它们被梦的审查机制暂时禁锢了，可只要"回归作用"振臂一呼，它们便紧随其后，亦步亦趋地进入意识当中。

梦作为欲望的满足，它在表现童年相关的意念上是相当认真的，隐意转换为可视化图像，被禁锢隐藏的记忆开启了满血复活之旅，原本被意识打入冷宫的意念欢欣鼓舞，已成前尘往事的那些童年景象便借梦还魂了。通过实际观察分析同样可知，童年时期的意念不断地制造梦境，并且梳妆打扮，扮演不同的角色，可谓乐此不疲。童年意念尽情地展现，而梦就成了它的秀场和舞台。

在舍尔纳和他的拥护者眼中，一旦梦的主题鲜明，元素五花八门，丰富多彩，那么这时候的视觉器官就能感受到强大的刺激，进而形成狂热的兴奋，这也足以说明梦来源于内部性刺激。这个观点是否正确，我暂时不做评论。毫无疑问，这些兴奋状态存身于包含了视觉系统的知觉系统中，可是内部系统不可能凭空生发这些丰富的元素，那么溯本求源，只能认定它们皆来自记忆。记忆刺激产生兴奋，尤其是幼年的景象或想象物，是梦形成的直接动因。可能因为我梦中的元素有些单调，远没有别人的丰富，因此我一直没有找到一个特别好的梦例，来证明幼年记忆对梦的影响。如果非要我选一个近年来印象深刻，且又鲜明美丽的梦例，那么我也只能把近期看到的景象当作梦产生的刺激源了。

做梦的前一天，我看见孩子们在玩过家家，他们用玩具砖块精心地搭建城堡。那些砖块五颜六色，大砖是红色的，小砖有蓝色的，也有棕色的。孩子们见我在看他们，便想让我夸奖他们，而我也的确觉得他们很棒，城堡也很漂亮。后来的梦中，深蓝色的海水微波荡漾，轮船在海上迤逦而行。船上冒出褐色的浓烟，与蓝色的大海交相辉映，相映成趣。海边的建筑物很漂亮，涂满红褐色的颜色。我在分析梦中元素的来源时，近几次在意大利旅行时见到的天蓝色的伊桑佐湖、环礁湖，喀斯特地貌的卡索平原，一一跃入脑海……我见过的自然景观在梦中复现了。这个例子也说明，幼年的景象对梦的产生有着非同寻常的作用，而所谓内部性刺激产生梦的观点，就没有立锥之地了。

"回归作用"的出现，意味着与意念唱着反调的一种思想，通过常规的途径，堂而皇之地进入了意识。实际上，这种反对思想并不是和常规意念对着干，只不过是在行进方向上唱着反调而已，这也表明，这些平时被雪藏起来的思想，在记忆的刺激下，终于能自我显现了。自我显现也需要一个合适的时机，在通常情况下，外界刺激产生的兴奋流处于停滞状态时，便是自我显现的良机。可是如果不具备这样的时机，也能凭借幻象、癔症等具有足够强大刺激能力因素的诱发，"回归作用"进入到状态中。迄今为止，我们既没有对"回归作用"的特性进行详细的阐述，也没用现有的心理学知识或原则来看待它。如果略作小结的话，我们不过是用"回归作用"表示了这一过程的存在，并以此说明了某种特殊含义。毫无疑问，正常的梦和病态下的回归，在能量的转换上有着本质上的不同，梦中的知觉系统大力吸收反向兴奋之余，有选择性地选择产生刺激的景象，两者绝不能混为一谈。

在深入细致地探讨"回归作用"时，我们不难发现，它在神经症状理论中的重要作用，并不亚于它在梦的相关理论中所起的作用。接下来，我们要把"回归作用"分为三类：

第一类：局部性的"回归作用"，"Psi系统"的示意图中已有说明。

第二类：时间性的"回归作用"，这种"回归作用"常见于早期的精神结构。

第三类：形式性的"回归作用"，原始性的表达和表现方式替代常见的表达、表现方式。

无论哪类表达方式，说到底也掩盖不了一个事实：三种"回归作用"都统属于回归，而且很可能同时出现——时间上较早的"回归作用"，相对来说也是更原始的，在精神区域上也是更接近感知端的。

尼采说，梦是原始人性残存的寄托，蕴藏着现在已经不能直接获取的启示。也就是说，精神分析并不是只对释梦适用。鉴于每个人的成长都承载了生存环境的印记，而且充满了偶然性，因此，童年实际上就是人类早期画卷的复写。对个人而言，儿童时代的景象，以及被压抑的本能，共同导向了之后的梦境。我们通过做梦，回到了早期甚至是原始状态。在精神分析中这是永远无法摆脱的事实，会一次次地出现，只是在程度上有所不同。从精神分析的角度出发，梦也能让人感触到人类的原始天赋和久远的历史遗迹，梦也好，神经症也罢，都保留了远远超过我们预期的材料，鼎力支持了为关注人类起源尚不清晰的科学。深入地理解精神分析，便会更加清晰地洞悉它在这类科学中的价值。

现在，尽管我们目前所做的研究还不十分圆满，但我们完全有理由乐观地放松一下了，因为我们走上了正确的道路，黑暗是暂时的，没什么可怕的，歧路也不用畏惧。或许，精神分析有着不同的出发点，但就增加人们对梦的认知而言，会百尺竿头更进一步，最终到达应有的高度。

3　梦满足欲望

在本章开头那个孩子被烧着的梦中，让我们清晰地明了梦是愿望的达成。或许仅通过这个梦例就下这样的结论，未免有点理论上的不足，但闪耀的烛光映入父亲的眼睛，让他非常担心蜡烛会突然倒下，从而烧到他儿子的尸体，结果变成了梦，呈现出逼真的现在时态。清醒状态下的担心或者某种感觉印象，刺激了梦的产生，并支配了梦的进程。如此真实的梦例，不能不让我们仔细地思考一个问题：欲望和梦有着怎样的关系？欲望扮演的重要角色以及各种清醒状态下的思绪争先恐后地进入梦境，有着怎样的意义？几千年以前，古希腊最著名的哲学家亚里士多德正确但又有些笼统地说，梦是思维在睡眠状态（只要睡着了就行）中的延续。通过分析，我们也得出了这样的一个观点——梦是欲望的满足。梦的价值以及其所有的意义，步调一致地指向一个结论，这样的单一性让人震惊。在白天的清醒状态下，我们的思维能产生判断、推论、反对、期望、意向等诸多精神层面的活动，可一旦到了夜晚，就像焦虑不断地进入梦境的事实一样，就只有欲望的满足了。其他的精神活动并不是消失不见了，只是它们都披上了梦的外衣，以梦独有的形式，去角逐自己的精神领地了。

根据梦满足欲望的方式，我们可以将梦分成两类：

第一类：欲望的达成来自一目了然的梦。这类梦会毫无保留地表现出想要满足的欲望，如儿童的梦或一些在成人身上发生的短梦。

第二类：欲望的达成通过各种手段隐藏起来、使人不易觉察的梦。这种方式的梦具有一定的隐蔽性，因审查作用，欲望的表现不仅受到抑制，还经常被不同的手段粉饰，使人身在其中，却难识庐山真面目。

分析到这里，"梦是欲望的满足"已经没有什么争议了，可我们不禁有个疑问：梦中实现的那个愿望究竟是从哪儿来的呢？通过对所有可能性的反复评估，我觉得这种愿望的来源，有下面三种可能性：

第一种：白天的时候，欲望被刺激起来，但却因为某种原因牵制，没有得到满足，暂时沉寂。到了夜里，欲望获得了自由。

第二种：同样，欲望产生在白天，但却被内部机制排斥、打压，夜里的时候，这个被抑制而没有得到满足的欲望才得以现身。

第三种：那些被压抑在内心深处却与白天的生活毫无关联的愿

望，只有在夜间才会活跃起来。

　　上面的三种可能性，我们不妨把它们放在前面的精神结构框架图中，那么就非常直观了：第一种类型的欲望属于示意图中的前意识系统；第二种类型的欲望通常位于示意图中的前意识和潜意识的中间地带，来回不定，直到被从前意识系统赶入潜意识系统，才不得不在那里暂时栖身；第三种类型的欲望是历史遗留下来的痕迹，与白天的精神活动没有多大关联。但到了晚上，这些欲望开始显现，不用多久就异常活跃起来。在示意图中，潜意识系统牢牢控制了这种欲望，很难反映到梦中。虽然我们区分了这三种可能性，但并不意味着就已经完美地诠释了愿望的由来，主要是因为以下两个方面：其一，它们各自的地位未知；其二，刺激梦产生的因素悬而未决。

　　通过对现有梦例的分析，我们不难发现，用上面的三种类型来划分欲望的来源，也未必很全面。如果我们进一步细化，马上就会发现第四种类型，即梦发生的当晚的欲望或冲动，比如想喝水或者对性的需要，也可能促成梦的发生，或者进入梦境，尽管欲望的来源对它生成梦的能力可能并没有影响。我想起了一个小女孩做的梦，这个小女孩白天游湖的时候受到了干扰，当晚就梦见自己依然在游湖。还有其他一些小孩子做的梦，都可以解释为白天的欲望没有得到满足。很显然，白天时欲望没有得到满足，梦中便继续尽兴的案例数不胜数。可是也有一些欲望，虽然长久地存在，但是并未被刻意打压。我还想借用一个极为简单的梦例来说明。有一个特别喜欢同别人开玩笑的女孩，去参加一个年龄比她小的朋友的订婚典礼，有个熟人便问她是否认识新郎，觉得他怎么样？虽然她觉得这个男青年很普通，甚至满大街都是，但她显然不能实话实说，因此在回答的时候，她隐藏了自己的真实想法，只是敷衍地盛赞那个男青年。

可到了晚上，她做了一个梦，梦中又有一个人问她这样的问题，她便毫不犹豫地用一句俗套甚至答非所问的话回答："如果再有这样的订单，直接说出编号就可以。"通过大量的分析，我们可以初步确定，所有的欲望在梦的形成问题上，可具有同样的价值和能力。在所有经过了伪装的梦中，潜意识影响着欲望，可在白天，潜意识中的欲望根本不会被发觉。

事实上，是否真的就是这样，目前我还没有办法在这里进行验证，但这并不影响我的观点，我依然倾向于认为，梦中的欲望是被严格限制的。如果白天的欲望没有得到满足，那么满足欲望的冲动就会形成一股力量，并且这股力量足以使儿童晚上做梦，这一点是毋庸置疑的。但如果是成年人，白天没有得到满足的欲望，是不是能够刺激梦的产生就值得怀疑了。道理很简单，成年人的本能和冲动被一系列的精神活动压抑着，儿童眼中理所当然的欲望，却让成年人自己不断地放弃，因此这些欲望是不是真的强大到能够直接成为形成梦的动因还有待商榷，就像人们能够记住多少童年时期的景象一样因人而异，不同的人被幼儿期心理操控的时间长短并不相同，我们可以认为，各种欲望在促使梦产生的可能性上也会有所不同。也就是说，虽然我们目前还缺少科学、严谨的证据，但各种可能性等级森严，那些白天没有得到满足的欲望裹挟着巨大的力量，诱发了成年人的梦，究其作用，也不过仅此而已。如果前意识中的欲望不能从其他的地方获得源源不断的动力，梦是断然不会产生的。

古希腊神话中有一个传说，古希腊神话中统治世界的古老神族是泰坦人，他们是天穹之神乌拉诺斯和大地女神盖亚的子女，他们一度叱咤风云，统治着世界。可是由于他们阉割了父亲乌拉诺斯，从而受到了乌拉诺斯的诅咒。以宙斯为首的奥林匹斯神族的诸神打败了泰坦人，并将其镇压在高山巨石之下。虽然不能为所欲为了，但是这些泰坦人只要稍微活动一下四肢，大地仍然发出惊人的震颤。潜意识中的欲望就如同这些泰坦人，尽管被束缚起来，但它们时刻都在摩拳擦掌，伺机与来自意识的冲动挥师会和，赋予冲动强大的力量，择路奔入梦境。我们对神经症进行精神分析的过程中，不止一次地出现这样的景象：来自潜意识的欲望不断地摇旗呐喊，甚至为冲动赤膊上阵，目的就是让冲动打破潜意识的桎梏，使梦形成。通过神经症的心理学研究我们知道，被压制的欲望来自幼儿时期，不过是到了成人阶段才成了潜意识，因此，梦中欲望的最初来源应归属于幼儿期。在儿童的精神结构中，由于审查机制尚不健全，所以也就没有在潜意识和意识之间形成阻隔。梦确实源于白天没被满足的欲望，但这种欲望既有被压抑的可能，也有没被压制的可能，对于这个结论，虽然未必是放之四海而皆准，但事实业已证明适用的普遍性了。因此，我们完全可以把它当作普遍规律来对待。

实际上，白天遗留下来的精神活动并不都是欲望，像那些没能解决的问题、让人烦心的事、印象深刻的东西等活动都有可能被带入梦境，并且在前意识区域独善其身，继续自己的轨迹。这些即便在睡眠中也不肯罢休的精神活动，大致可分成五种情况：

第一种，由于一些偶然原因，白天没有得出结论者；

第二种，由于思考能力下降，没能得到处理、解决者；

第三种，白天受到拒绝和压抑者；

第四种，白天里，因前意识的作用而在潜意识中唤起的思绪；

第五种，发生在白天，但是因为无关紧要而未被处理的印象。

很显然，在梦的成因中，清醒状态下的欲望冲动并不是一家独大、唯我独尊的，它们虽为梦境添枝加叶，让梦更加生动多变，但也仅限于此。世界上最会睡觉的拿破仑，每当决定入睡时，总能很好地抛掉那些干扰他睡眠的事，但并不是每次都灵验，偶尔也有例外。

　　白天悬而未决的问题，夜晚时一定会凝聚起力量，试图闯进睡眠。为了进入梦境，这样的兴奋感会抓住一切能够利用的机会自我展示，我们大可不必对表现的强度太过瞩目，可是也不能掉以轻心。睡眠根本不可能让这样的兴奋，像在清醒状态下一样，活动在前意识中，因此，兴奋感一路转换为意识时，总会遇到障碍。假如兴奋能像一般程式那样最终表现为意识，那只会出现一个结果——这个人根本没有进入睡眠状态。得出这样的结论，并不能就此说明睡眠对前意识系统具有改造的力量，这完全是因为在睡眠状态中，前意识系统失去了兴奋的行动能力，睡眠的心理学特征不得不在这个系统中进行发掘。此外，潜意识系统也会发生变化，且这种变化如影随形地跟随着前意识系统，随着它的变化而变化。截至目前，这也是任何心理学知识唯一承认过的变化。潜意识系统不断为前意识系统中的兴奋加油助力，这使前意识系统中的兴奋不断壮大。之后，它一路紧随潜意识中的兴奋，迂回运动。至于那些还残留在前意识中的欲望，自然也在想方设法进入梦境。当夜晚降临，它们便积极行动，使出浑身解数想进入意识，只是成功的概率并不大，偶尔才会侥幸成功。梦被迫延续了白天的思绪。有时，这样的残留欲望支配整个梦境，强势地掩盖了其他的性质。这样的残留欲望，影响甚至完全操控梦境的发展，都变得不足为奇了。值得特别关注的是，之所以会有"梦是欲望的满足"这样的结果，这些极具启发性的特例，或许是这一理论最为坚实的依据。

　　那些被压抑甚至排斥的思绪并不甘心，千方百计地与梦扯上关系，它们借着睡眠的掩护向梦境发起冲锋，意图一举夺下并占领梦的高地。虽然这样的思绪不过是忧虑等思绪，并不能成为欲望，可是它们也会想方设法地联系发源于幼年时期的欲望，哪怕潜意识把这样的欲望打压殆尽。一旦忧虑等思绪牵起欲望的手，将会导致严重的后果。本质上说，欲望的内容可以与思绪毫无关联，但因为忧虑的影响，这种关系就会发生变化，忧虑越重关系就越密切，如同我那个关于巴塞杜氏症的梦。有一段时间，尽管奥托非常正常，但我总是庸人自扰，觉得奥托患上了巴塞杜氏综合征。为此，我忧心忡忡，焦虑无比，唯恐有一天真的发现奥托患了不治之症。那段时间，我的忧虑如影随形，无处不在，以至于辗转难眠，有时，这样的担心甚至登堂入室，进入我的睡梦中（我早已说明过了）。可是仔细想想，这个梦的内容既没有什么意义，好像也不是"欲望的满足"。好奇心顿起，我开始认真审视这个梦，想弄清楚我为什么会这么忧虑。经过仔细揣摩，真相终于水落石出。原来我把朋友奥托假想为L男爵，把自己臆想成了R教授。之所以会这样，完全是因为在我的潜意识中，总想成为R教授那样的人。于是，我通过这样的手段，用某种方式延续了源自童年的夸张妄想，实现了这一潜藏已久的欲望。不过，我的朋友奥托成了这种妄想症的牺牲品。

沿着这个思路，合情合理的忧虑、痛苦的反思、使人抓狂的现状等材料，都很有可能被与之完全相反的隐意使用，水火不容地同时出现在同一场景。对此，我们很有必要思考一下，隐意与这些材料是怎样珠联璧合、相辅相成的，以及它们相互作用后产生了怎样的局面。带着这些疑问，我们把梦对这些材料的加工和结果分成两类。

第一类：梦在工作中显示出偷天换日的特质，高兴、喜悦等内容取代了进入梦境的所有痛苦观念，使梦境皆大欢喜，彻底实现了"欲望的满足"，而且单刀直入，毫不遮掩。

第二类：这类情况很特殊，容易使人质疑"梦是欲望的满足"这一论点。虽然痛苦进入梦中，也或多或少地发生了一些改变，但痛苦依然非常明显。人们要么故意忽略这类梦，要么痛苦的氛围更加浓重，然后突然转变为令人心惊肉跳的焦虑而从梦中惊醒。

虽然如此，但分析表明，这些不愉快的梦仍然是欲望的满足。在第一类梦中，虽然潜意识中的欲望与意识中的欲望在表现形式上出现了极大反差，但两者比翼齐飞，琴瑟和谐，毫无疑问地表明了"梦是欲望的满足"。对于第二类梦，必须要做一个详尽的说明，那是因为潜意识与意识中的欲望处于严重对立状态，夜晚时，白天被压抑的思绪强烈地表现出来，对快乐的渴望就像一个和事佬一样，快速中和、占据了意识的痛苦，并使占据了意识的痛苦获得了一定的调和，梦境的氛围变得不悲不喜。可以说，这样的折中既体现了恐惧，又实现了减轻痛苦的愿望，只是分寸极难把握。睡梦中，痛苦气焰嚣张，睡梦中的自我很是愤愤不平，极力和痛苦对抗，而且对抗到一定程度时，就会轰然爆发，最终使梦者从焦虑中惊醒过来。这种情形，像极了那个仙女让一对夫妇自由地许三个愿望的童话。童话中，神仙答应那对夫妇可以满足他们愿望，但愿望是有限的，这和夫妇的贪心形成一种张力。而睡梦中的对抗，就如同这个童话中形成的那种张力。通过这样的分析，我们不难看出，被禁锢在潜意识中的欲望，让人深感痛苦，并且在白天占据主导思绪的作用下得以进入梦境，使白天的思绪得以延伸。如此我们不难知道，所有让人不快的梦，也都是欲望的满足，就这一点而言，和那些让人直接得到满足的梦并没有什么差别，并且满足程度也不分上下。

痛苦的梦也可能是"惩罚梦"。在第二类梦中，潜意识中被压抑的材料构成了梦要体现出的欲望。惩罚梦也体现了"梦是欲望的满足"这一大原则。惩罚梦中，虽然表达的是潜意识的欲望，但是它们不属于被压抑的材料，它是"自我"的。进一步分析表明，掺杂了痛苦的梦可以认为是梦者对自我进行的惩罚，通过自我惩罚减轻负罪感，最终还是指向了"欲望的满足"。这样的梦也承认潜意识为梦提供动机，在其他因素的共同作用下见证了梦的产生，并隐隐体现出一些研究的新意。

现在，我们不妨换一个概念，用"自我"替换"意识"，用"压抑"取代"潜意识"，那么精神分析对梦形成的解释，就变得更加清晰、明了，可是这有个前提条件，那就是要弄清楚精神性神经症的发病过程，鉴于此，本书就不详细探讨这个问题了。说到这里，我要特别强调一点：惩罚梦中，自我的成分可能比潜意识要高一些，但这不一定就是白天思绪的残留，反而极有可能是延续了与白天思绪相反的感情，白天的思绪利用自我惩罚的方式让人满足。只不过这样的满足是不被允许的满足，因而这些思绪根本无法成为梦的显意，于是它改头换面，伪装成自己的对立面，用一种和常规手段截然相反的方式表达出来。这种情形与第一类梦很相似。总而言之，惩罚梦的基本特征是：用自我惩罚实现欲望的方式可能不太直接，也不能说直接来自潜意识，因为自我成分更重，但是追根溯源，本质上还是属于潜意识的。

对于这一观点，我想还是用我的一个梦来阐释，看看梦是如何有效地处理白天的痛苦残留的。

梦的开头有点模糊。我对妻子说，我要告诉她一个特殊消息。她吃了一惊，说自己根本没有兴趣听。我信誓旦旦说："你一定会喜欢听到这消息的。"然后，我不由分说，告诉她我们的儿子所在的军官团寄来了五千克朗，捎来的信中还说儿子获得了勋章，很快就将委以重任。与此同时，我和妻子一起走进储物室，似乎要找一样什么东西。突然，我看见了我们的儿子，他没有穿制服，身上是一件紧身运动服，还戴着一顶小帽子，正爬到食物柜子上的一个筐子旁。他的脸上和额头都缠着绷带，特别像一只海豹。他头发有些发灰，正往嘴里塞什么东西。我心里一直嘀咕："他疲倦得就像虚脱了一样，还戴了假牙，这是怎么回事呢？"我刚想喊他，就醒来了。当时我并没有什么特别的感觉，只是心跳频率比平时快了些。我扫了一眼床边的钟，时针正指着两点半。

虽然不能对这个梦做一个完整的分析，但我对几个重点地方进行详细的解释，也足以验证上面的论点。这个梦的诱因，是因为我们已经一个多星期没能接到前线战场上的儿子的消息了，我持续不断的担心才催生了这个梦。不难看出，梦的内容表达了一个信息，儿子受伤或牺牲了。我们可以看到，梦一开始就极力用相反的信息取代这一痛苦的念头，即我有一些很好的消息要说，就是关于寄钱、奖章、分配之类的事情。可是因为我妻子预感到某些可怕的消息，所以她根本不希望我讲，我的这些努力都失败了。梦的审查机制在这里显得很笨拙，到处堵漏洞，结果处处显得欲盖弥彰。如果我儿子战死了，他的战友就会把他的遗物寄回来，我就会把他留下的东西分给儿子的兄弟姐妹和相关的人，而勋章一般只颁发给阵亡的士兵，连带一些抚恤金。而这笔钱，却源自我一次特别愉快的行医经历。这时，梦开始直接表达它最初想要否认的东西，不过，梦中场景在转换时，审查机制又开始发挥作用，就像西尔伯勒所说的"门槛象征"。

我现在也没弄明白，是什么驱动了这个梦。梦中，我儿子并不是通常的"倒下"，而是"爬上"食物柜。这有两个来源：第一个来源，我儿子曾是一个勇敢的登山爱好者，他没有穿制服，而是穿着运动服，也就是说，我现在担心的意外，被置换为他以前经历过的一次运动事故了。那是一场滑雪事故，他因为突然跌倒而摔断了大腿。第二个来源，大概在我两三岁的时候，发生过一次意外，当时我正准备爬上食物柜，找点儿好吃的东西。可不幸就在这时候发生了，我蹬翻了垫脚凳，坚硬的棱角刚好击中了我的下颌。我时常后怕，要是再严重一点儿的话，恐怕我的牙齿一颗都不剩了。感觉他像海豹，则来源于我可爱的小外孙，而他灰色的头发来自我们在战争中受过伤的女婿，也就是小外孙的父亲。经过深入细致的分析，这个梦还体现了作为老年人的我对年轻人的嫉妒之情，而且这种嫉妒并未随着年老而消失，反倒借用儿子出现意外的梦，借尸还魂了。梦中，如果儿子真的负伤或阵亡，我会不可避免地产生极其痛苦的思绪。可是就像梦所反映的事实一样，这种嫉妒一直被压抑、束缚着，只是最终还是借由梦这一途径得到了释放，长久潜藏的欲望也得到了满足。

白天残留的思绪可以促使梦的形成，但是也仅限于推波助澜的作用，毕竟梦的形成是靠潜意识中的欲望，抑或是欲望产生的动机，而残留的思绪唯有紧附于欲望，才能在形式上成为梦的动力。在梦的形成中，潜意识中的欲望有着明确的地位，是第一动因，但单有动因还不行，还必须有诱发因素，就像我担心朋友奥托，这种担心甚至进入梦中，但如果我只有成为 R 教授的期盼，没有这种担心，梦也就不会出现了。

阐述到现在，我想借用一个比喻，做一个简单明了、易于理解的总结。在梦中，白天的思绪所扮演的角色就像一位企业家。企业家规划企业未来的蓝图，然后脚踏实地地一步步落实，可是没有资本，一切规划都是泡影。这时，他就需要一个资本家为他提供资本。

一个资本家能扶植数个企业家，也可能是数个资本家支持同一个企业家，当然也有多个资本家扶助多个企业家。企业家需要资本家提供资本，实现他的想法，利用他的创造力达到目的，离开了资本家的帮助，企业家也是巧妇难为无米之炊。不过，也有一种情况，一个人既是资本家，也是企业家，这种情况现在并不少见。我们再回到我们的话题中，在梦中，潜意识中的欲望就相当于资本家，而白天的思绪则是那些企业家。在梦的形成过程中，无论思绪创造了怎样的丰功伟绩，发挥重要作用的仍然是欲望。我想，现在已经没有必要再一一列举思绪和欲望之间的关系了，因为我刚刚的比喻再明了不过了。

毫无疑问，资本家为企业家提供资本。现在，我们要关注的是，企业家能动用多少资本。关于这个问题，对于我们细化对梦的结构的认识是必不可少的，绝非画蛇添足。就像我们知道的那样，绝大多数的梦都只有一个主题，而且是显然的中心点，受命于潜意识中的欲望。

暂且把梦的审查作用放在一边，梦境的所有元素都已整装出发，并按照和欲望关系的亲密程度进行了分布。越是临近中心区域的元素，由于其存在的价值就是为了表现中心欲望，所以在释梦过程中反倒可以不用太过重视。反而是那些距离中心区域较远，表示痛苦等思绪的元素，常常在解释梦中被潜藏的欲望方面出奇制胜，与欲望有着更为紧密的精神联系。这些元素在梦中显现，原本就是一种百折不挠意志的体现。虽然中心区域的元素，未必都有足够的资源，但总是近水楼台先得月，成功地显示了自己。实际上，并不是所有的梦都只有一个欲望，也有一些梦会涉及多个欲望，而且每个欲望都有自己的势力范围。各个势力范围之间的空隙或过渡地带，就是各个欲望的边界。

通过上面的讨论，虽然白天残留的思绪对梦的重要性被降低了，但是我们绝不是为了强调潜意识中欲望的重要性，就否认白天残留思绪的作用。在梦的形成中，它们永远发挥着作用，尤其白天那些看起来无关紧要的印象总会进入梦境，尽管这样的联系一声不响，甚至有些毫不起眼，但是一定存在。截至目前，对这种现象的科学解说还十分匮乏，但是既然梦境没有对这种印象弃之不顾，我们就有记住它的理由。关于潜意识中的欲望，就现有的分析来说，还是远远不够的，我们除了坚信潜意识欲望的作用外，还要到神经症心理学中寻找资料，才能更好地进行全方位的探究。在此，我特别说明一下，本书在成书过程中，借用了大量的日常生活来比喻各种精神现象，我诚恳地希望各位读者给予谅解。接下来，我将再一次采用这样的例子，让潜意识变得更容易掌握。有一位美国牙医，想在奥地利取得行医执照，那么他就必须先找到一位本国的合法医生为他提供担保，否则他将无法合法行医。可是，那些业务量巨大的牙医根本没时间搭理他，他也就无法与之合作，而那些既有合法资质，又有闲暇时间为他担保的医生，才是他实现目的的跳板。

精神世界里也是这样。潜意识中的意念就像那位美国牙医，处于前意识中的观念就是他的担保医生，如果潜意识中的意念没有得到处于前意识中的观念的帮助，就无法进入前意识。但是一旦潜意识中的意念和前意识中的观念构建了联系，意念便在观念的掩护下，堂而皇之地把本身具备的信息、能量进行合法迁徙。神经症患者的精神活动之所以会出现很多让人大惑不解的现象，就是这种迁徙导致的结果。能量在不同区域间流动，观念可能被影响，也有可能稳如磐石，前意识中已经吸引了大量意念的观念，完全被意念排除在构建联系的选项之外。因此，前意识中默默无闻或暂时没太大影响力的观念，才是潜意识愿意且可能与之合作的对象。长久以来，这一直是我赖以分析癔症和麻痹现象的理论依据，也是我的秘密武器。由于意念和部分观念之间的联系具有排他性，因此在已经建立一定联系的前提下，观念会毫不客气地拒绝后来的意念。

我发现，每一次解析梦，都会涌现出新印象，且这些印象的元素微小而琐碎。对于这个结果，我有些困惑，但只要在分析神经症时，能够推测出被压制的观念能将能量移情给潜意识中的意念，那么困惑也就烟消云散了。这些出现时间较晚的"小家伙"初生牛犊不怕虎，根本就不担心自己会被梦的审查机制无情淘汰。这是由于这些新的微小元素不会拉帮结伙，审查机制对这些微小元素根本不感兴趣，甚至都无心过问它们要做什么。而新出现的印象则由于来不及缔结同盟，力量分散，一点儿也不引人注意，因此也能顺利通过。凭借能量转移的方式，这些元素频繁地穿梭于梦中，而且以最古老的梦念的化身形式存在。最令人惊叹不已的是，这些"小不点儿"才是真正的高手，游刃有余地玩弄着物换星移。一方面，它们向潜意识借东西，也就是对被压抑欲望具有生杀大权的本能；另一方面，它们又遵循着互惠互利的原则，积极地为潜意识中的能量转换提供必要的发生地。毫无疑问，在很多方面，梦给了我们帮助，但是如果想更进一步解剖心灵过程，潜意识和前意识之间兴奋感的转移就成为研究精神神经症的秘密武器。

可以说，影响人类睡眠的因素太多了，但是梦却替日间印象的残余背了许久的黑锅，长久以来一直蒙受着不白之冤，因此我要着重说明，梦非但没有打扰过我们的睡眠，反而还在倾其所能地保护睡眠。对此，我将在后面的讨论中继续补充、完善这个观点。

现在，我们已经追踪到梦中的欲望来源——潜意识，分析了它和白天思绪的残留的关系，对日间思绪的残念验明正身，得知它们既可能是白天的愿望，也可能是其他精神活动，也或者是近来的感官印象。人们白天那些无法在现实中得到满足的愿望，便退而求其次，于夜晚进入人们的梦境，从而获得圆满的解放。虽然这样的例子看起来有些极端，但是也唯有这些例子，才能为人们充分认识清醒状态下的精神活动与梦的关系提供坚实的理论依据。通过对这些梦例的分析，我们可以回溯到更早的童年或幼儿时期，轻松地发现隐藏起来的被压抑的欲望。我补充说明一点，这些欲望在前意识的支持下，为前意识中的活动站脚助威，不断地摇旗呐喊。奇怪的是，潜意识既提供了欲望，也奉献了动力，可是为什么不好人做到底，再提供另外一些资源呢？对这个问题的回答，将有助于我们更好地了解欲望的精神品质，但一直以来，这都是一个悬而未决的问题，那么接下来我要做的，就是借助精神系统示意图，回答这个问题。

　　毋庸置疑，整个精神系统能达到当前这样完美的程度，那也是经历了一个漫长的过程才日渐完善的。通过那些已被证实的推论，我们不难掀开系统处于雏形时的面纱，洞悉其当时的功能状态。

　　在某种程度上来说，婴儿所拥有的精神系统，就可以当作系统早期阶段的雏形，婴儿饥饿时，就会无助地大哭大叫，然而饥饿并不会减弱，精神系统本身对此也无能为力，只有婴儿得到食物后，抵消他饥饿的感觉，婴儿才会又获得平静。由此可见，精神系统的所有努力，都是为了保持自身的内外平衡，避免自己被任何外界因素刺激，或者被刺激后能够快速恢复之前的均衡状态。至于它恢复均衡的方式一点儿也不复杂，甚至可以说很直白，外界的刺激形成的兴奋感，经由精神系统提供的通路，一路快速地释放。这些兴奋感大多把具体情绪作为自己的载体，主要以身体需要的方式体现出来，而且随着兴奋感的一次次产生，情绪也会一次次出现，并通过暂时性的满足获得暂时性的平衡。从整体上来看，这样的需要是持续的，所要获得的满足也就是连续的。每一次满足，都会形成知觉记忆，一次次的知觉记忆叠加起来，就使这种兴奋感的满足形成一种条件反射，需要和满足也借此建立起密切的联系。当下一次兴奋感被再度唤起时，精神冲动就会重复上次的影像，从而形成我们口中的"欲望"。毋庸置疑，最初的精神系统就是这么简单，只不过在以后的生命历程中，需求日渐复杂，如此简单的刺激与反应模式再也满足不了生命的需要，然后不断向前发展。知觉的再现，就是欲望的达成，知觉下的兴奋感，依然不遗余力地保持着对欲望的满足，进而实现精神系统的内部平衡。需要指出的是，欲望不是幻觉，两者有着非常明显的界限，对于不能满足的幻象，精神系统难以实现内平衡，因此，唯有能够实现的欲望才能与知觉拥有同一性。

"梦是欲望的满足"，也就是说，梦是实现精神系统内平衡的形式。如果一种精神活动过于旺盛，就会持续不断地向整个系统施加压力，进而显示自己的存在感，这样的结果极有可能导致幻象中的这种精神活动在系统中越绷越紧，甚至超过了回归作用的承受力，不仅损耗了系统自身的能量，即内耗，更直接导致幻想性精神病。为了减少内耗，使某种精神活动的强度保持在记忆印象的范围内，就以它能触碰到"回归作用"为底线，从而确保外部刺激产生的兴奋和欲望的同一性。生活中经历的痛苦等思绪，不断地对精神系统进行改造，使其更符合现实需要，原先简单的刺激——反应模式，也越来越包容、有弹性。精神系统也在努力回避触碰到"回归作用"，这也意味着在外界刺激下，精神系统也回到需要被满足时的状态，而且它会将所有较为复杂的思想活动，默认为通往愿望达成的弯道，而记忆再次和外部世界实现了知觉上的同一。更为复杂的思想就本质上而言也是欲望，欲望促使精神系统开启工作流程，因此说"梦是欲望的满足"也不言而喻。当精神系统羽翼未丰时，而当事人也心有余而力不足，简单模式下的欲望满足就会按照传统，沿着回归的捷径达成愿望，可是随着时间的推移，这种较为原始的精神系统不再适用，于是它被一点点抛弃。那些在人年轻而又羸弱的精神世界里曾一度主导精神生活的东西，几乎都被放逐到晚上了，就像我们在儿童房里，看到被成年人弃如敝屣的弓箭一般的原始武器。做梦成了被压制的童年时代精神生活的新手段。精神疾病中，仍然可见外界刺激和内部系统不在同一性的状态，因此，被压抑的精神系统不能正常工作，与外部世界的联系也会陷入矛盾状态，满足人的欲望也是天方夜谭。

通过对精神病症的考察，以及能量转换的研究，我们知道潜意识中的意念显然不愿意只做晚上的"地下工作者"，而是一直尝试冲破潜意识和前意识之间的界限，把梦的审查机制收于麾下，从而进入意识领域，获得掌控全局的力量，获取在白天也能呼风唤雨的特权。到了夜间，守在潜意识和前意识之间的审查机制也会消极怠工，放松警惕性。这时，潜意识中被镇压的冲动开始兴奋起来，一次次地努力，试图悄无声息地溜过这个哨卡，以便带有幻觉性质的回归发生作用。可即便这个守卫者再松懈，它也会先关上使能量和意念自由流通的闸门。如此一来，无论是正常意识下还是被压抑在潜意识中的冲动，都不能大规模地涌动了，它们只能通过一些微小的缝隙完成迁徙。这一突破性的壮举，它们根本不可能凭一己之力完成，因此守卫者偶有渎职也是人之常情。

作为守卫者，审查机制时刻保障着我们的精神健康，即便偶有失职，我们也不能一叶障目，抹杀它的重要性。审查作用固然值得我们肯定和尊重，但守卫者也有招架不住的时候，可这并不意味着审查作用被削弱了，而是平时被打压的意识变得异常强大，或其他部分的防守力量骤然减弱，前意识获得了源源不断的能量。此时，潜意识中的兴奋疯狂起来，快速占领前意识，控制当事人的精神系统，掌控人们的语言和行动，不仅强制生成幻觉式的回归作用，还会循着知觉施加给精神力量的吸引力，掌控本不该由他控制的精神力量，这一情况就是我们俗称的精神病。

一路走来，我们插入了对潜意识和前意识这两个系统的分析，业已打下了一定基础，我们不妨再回到已经离开了的心理学的框架中继续搭建。在此之前我还要重申，欲望是梦的唯一精神动机。欲望来源于潜意识系统，潜意识唯一的目标就是释放欲望，而冲动则作为力量，伴随在梦念的左右。如果有某种东西能够替代潜意识系统，那么梦就不是它的专利产品，梦也就不再是欲望的唯一表现形式，梦就会被其他变态的存在取代了。

只要我们时刻牢记梦是欲望的满足，那么我们把梦放置在其他精神活动同样的系统中，精神病学家用以治疗病症的成员中就增添一名生力军，这就是从纯粹的心理学角度出发来诠释精神病。

梦是欲望的满足，欲望却可以通过梦以外的形式得到满足，其中癔症就极具代表性。癔症的满足方式与梦不同，两者有一个巨大的差别，任何一个癔症症状的出现，都意味着精神世界中来自两个地方的能量发生了碰撞，之后融合在一起。癔症不仅是对潜意识中欲望的实现，暗藏在前意识中的一个愿望也要通过症状表现出来。于是，这两个来源于两个不同系统的冲突，共同决定了癔症的出现。

而梦的出现，可以有更多的决定因素，但就数量来说，这些决定因素是没有数量限制的。在我看来，如果限制因素不是来自潜意识，那么就必然属于反抗潜意识愿望的思想序列，就比如自我惩罚。事实胜于雄辩，对于这一观点，具体的案例才是强有力的支撑。下面，我就列举一个梦例，之所以用这个梦例，倒不是因为它的说服力，而是它实在太形象了。我有一位女患者，她患有癔症性呕吐，除了时常无来由地呕吐外，还常常发生臆想。经过精神分析发现，这个女患者在青春期时，就幻想着自己不断怀孕，生下很多可爱的孩子，因而生孩子也成了她后来强烈的愿望。为了早日实现这一愿望，她有了一个疯狂的计划，那就是尽可能多地和男人发生关系。为了抵抗这一难以遏制的愿望，一种强大的防御冲动便产生了。随着女患者这一计划的顺利实施，她呕吐的次数与日俱增，最终呕吐成为一种极其有力的防御机制，不断提醒她这样放纵的恶果：呕吐会越来越严重，她的身材不再曼妙，面容不再姣好，一旦人老珠黄，就再也没有了吸引力。作为带有惩罚性质的现象，呕吐同时被两个不同的系统接受了，这个症状就成了现实。而这也证实了一个普遍性的结论——癔症症状产生的前提条件是：两个来自不同精神系统、本身截然对立的愿望达成，最终必然会合为单一性的表现。古代帕提亚女王对待克拉苏时就用了这种办法。古安息国的帕提亚女王认为，罗马第三帝国的执政者——克拉苏之所以不断地远征，完全是因为他对黄金的疯狂迷恋。因此，她把黄金熔化，一边灌进克拉苏尸体的喉咙，一边感叹："这是你一直梦寐以求的东西，现在都是你的了。"无疑，帕提亚女王的行为，在某种程度上来说就是惩罚性满足的现实版本了。

　　我们再回到"梦的欲望"这一话题上。目前，我们能确定的是，梦是潜意识欲望满足的载体，前意识系统中的能量耐心地把欲望一次次改头换面，直到前意识系统觉得满意了，欲望的满足便完成了第一步。但实际上，我们无法在梦中找到与愿望截然相反，且作为其对立面又同时被实现的思想序列，只有在进行精神分析时，通过反复梳理，才会偶尔碰到这样的反对迹象。就好比关于黄胡子叔叔的那个梦，尽管体现的是我对朋友 R 的友谊和关心，但却借用了担心的形式表现出来。

在整个精神系统的监视下，作为睡眠中具有优势的潜意识系统，它所有的行为都是对欲望完成打扮，并在其他系统的能量作用下显现出来，再把这一欲望顺利地移置整个睡眠过程中。

在本章开头的那个梦中，那位父亲在邻室火光的影响下，开始担心孩子的尸身会被烧着。梦中，他已经明确地做出了这样的推论，但是并没有在一开始的时候让自己被亮光惊醒，当时我们推断，父亲之所以不愿意就此醒来，是潜意识中希望借此延长、哪怕只是一瞬间的孩子的寿命。但是只要深入分析，另外一些受到压抑而暂时没有引起我们注意的欲望随之出现了。在梦中，父亲不愿醒来其实还有一个动机，那就是父亲想趁此延长睡眠时间，就如同延长孩子的寿命一样。具体说来，这个动机很可能认为"一定要让梦继续下去，多睡一会儿，不然就要从梦中醒来了"。而这两个动机，都从前意识系统获得了一定的支持。

在前文中，我们也讲述了几个表面上看可以轻而易举就能诠释的梦，我们可以把它们称作"懒梦"。实际上，所有的梦都有资格采用这个称谓。这些梦中，继续睡眠的欲望，其效果尤为明显，梦巧妙地加工外来的刺激，继续睡眠的欲望大力支持潜意识中的欲望。通过细致的分析，我们明白，被惊醒的梦在体现想要继续睡眠的欲望方面，极具代表性。外部刺激经过巧妙的加工，没有了外来者的特征，极其自然地被嵌入梦中，与潜意识中的欲望相映成趣。当梦中的欲望体现得过于强烈时，很可能惊醒梦者，此时的前意识系统就会告诉意识："继续睡吧！没什么大不了的，不过一个梦而已。"虽然这句话没有说出来，却描述出了主导精神活动对做梦的态度，并不能无限延伸扩展。有一种观点说，我们的意识从来没有认知过做梦这一事实，除非审查作用消极怠工，否则我们永远不知道自己在做梦。对于这种观点，我觉得没有必要浪费时间去驳斥了。相反，我们完全可以认为，在整个睡眠过程中，我们清醒地知道自己正在睡眠，同样也明白自己正在做梦，似乎拥有有意识地控制梦境的能力。比如这类梦者如果对梦中出现的转折不太满意，他就中断梦境，重新开始向另一个方向做梦，但是不会醒来。就好像通俗剧作家，因为某些情况不得不改变故事的走向，使整个剧作有一个令人愉快的结尾一样。或者这类梦者梦到有关性的情境，他甚至会想到："这个梦真没意思，我还是不要继续做这个梦了，免得最后遗精空耗精力，不如现在忍住这样的冲动，留待真实的交媾中再用吧！"

瓦西德证实，圣丹尼斯的戴尔维侯爵宣布，他能随心所欲地掌控自己的梦，并且既能任意地加速梦的运行，也能随意改变梦的走向。作为梦中欲望的旁观者，却能操控梦的走势，实在令人兴奋。就他的这种说法而言，睡眠和欲望不仅可以和平相处，还能与得到满足时不愿从梦中醒来的精神状态协调一致，前文中关于乳母的梦就是最好的例证。还有一个众所周知的事实：从梦中醒来，如果梦者能够记住很多内容，通常情况下是因为梦者喜欢这类梦。

关于梦的内容受到操控的现象，费伦齐通过大量而全面的观察明确指出："最终成型的梦都是采用妥协的办法，让心灵世界的两种动因都得到满足。梦的审查机制对所有意象进行审查，如果梦中的某个景象和欲望满足相抵触，梦就会删除它，进而寻找并尝试用新的手段填补，直到让欲望完美地在梦中实现。"

4　梦的惊醒、功能以及焦虑的梦

通过前文细致入微的分析，我们已经知道了整个夜间，前意识都会坚守睡眠愿望，那么我们就要在此基础上继续探究梦的过程。到现在为止，关于梦的知识我们已经掌握很多了，应该适时做个小结。具体说来，白天清醒时的活动会留下一些残余内容，要么它们占用的精神能量并没有完全耗尽；要么当天的精神活动"触雷"，激起了潜意识中的欲望；要么两种情况都出现。对于这几种局面的可能性，我们在前面的篇章中已经讨论过它们的差异之处了。白天残余的思绪缔结了潜意识中的欲望，组成同盟，欲望便适时地把自己托付给它们的同盟，附身其上。如此一来，在新近发生的材料背后就产生了一个隐藏的欲望，也或者之前潜意识中被压抑的欲望，因为强化而增强了生命力。通常情况下，这样的欲望都会按照一般过程，奋力向前意识行进。尽管部分可能被前意识收于麾下，但梦的审查机制依然一视同仁地进行审核。这样的欲望一旦躲不过去，就立刻进行乔装打扮。只是这一过程发生的时间很不确定，有可能发生在白天，也可能直到进入睡眠，但无论哪种情况，潜意识和材料之间必然会发生能量转换。能量交换如果是单向输送，可能极为强烈，以至于欲望不得不走在成为某种强迫观念、妄想观念之类东西的道路上。值得庆幸的是，此时前意识的睡眠状态为了保护自己，充分发挥了防御功能，降低了自己的兴奋程度，于是回归作用粉墨登场，开始扮演角色，在记忆印象的吸引下，一些记忆呈现在视觉活动中，并到此止步，不再转化为后续系统的文字等书面符号。据此，梦的整个过程赢得了一定的自我表现力。至于梦的浓缩问题，我们将会继续讨论。

到目前为止，梦的过程已经走完了下面两个部分：

第一部分：这部分的过程是前进式的，潜意识中的欲望或者想象的意念通过前意识。

第二部分：这部分是从审查机制划定的疆界起步，一直到步履艰难地返回知觉。

梦从头到尾的过程中，这两部分是缺一不可的。不过，当梦的过程变成知觉内容后，它就逃过了审查和睡眠在前意识系统中放置的障碍，成功地为自己赢得了注意力，进而被引起的意识高度关注。

对我们来讲，意识相当于一个感觉器官，是用来把握精神性质的。清醒状态下的意识，主要来自两个方面的刺激：一是整个精神机构外围的接受兴奋的知觉系统；二是依附于精神机构内部、能量转移中带有明显精神性质的兴奋，并且这种兴奋以快乐和痛苦的形式表现出来。一般说来，"Psi系统"中的每一个过程都不具有任何的精神性质，包括前意识，只要它们不将快乐和痛苦等刺激要素引入知觉，就不会晋升为意识对象。毋庸置疑的是，快乐和痛苦的释放量对精力、能量的转移或倾注具有调节作用。

最初，这样的调节发挥作用的时候是不分主次的，但是随着细致入微的工作，痛苦调节减少了对观念进程的干预与影响。与此同时，前意识系统充分利用了自身的特性，吸引意识，并把它与语言符号等记忆系统连接起来，给系统赋予了精神性质。通过这个系统的性质，意识由知觉感觉器官转变为部分思维过程的感觉器官。综上所述，我们可以清楚地看到，意识具有两个表面知觉，其中一个直指知觉，另一个则指向前意识的思维过程。

任何一个梦都有唤醒的作用。不过，梦一旦成为知觉，就能用新获得的性质刺激意识，并引起意识兴奋。兴奋感就会行使自己的本能，指导前意识中一部分可支配的潜在能力的有效能量关注兴奋形成的原因。这时，我们需要假设，由于睡眠的缘故，与指向知觉系统的感觉面相比，前意识的意识感觉面接受兴奋的能力更弱，而且在夜间，系统对思想过程没什么兴趣，可以说很冷漠。之所以会这样，其主要原因就在于，前意识需要睡眠，所以不再进行思维活动。但是由于梦的唤醒作用，前意识原本静止的力量又开始行动并活跃起来。在这一力量的作用下，梦接受建议，开始润饰修整的过程，让梦既有严密的逻辑性，又有理解性。也就是说，这样的力量对梦和其他知觉一视同仁，梦在允许的范围内都会被影响。在梦的进程中，一路上未必都是匀速前行，但总归是朝着既定的方向前进的。

为了使大家更明了，我觉得有必要就做梦过程的时间特征说一下。在莫里那个断头台的梦的启发下，高布洛特认为，梦占用的时间，仅仅是睡眠和醒来之间的那个过渡阶段，人醒来需要一段时间，而梦就发生在这段时间内。这种观点似乎很有说服力，而且具有很大的诱惑性，在这种观点看来，我们之所以醒来，完全是因为梦的最后一幕太过强烈，才迫使人醒过来。换句话说，正因为到达了觉醒的临界点，梦才显得格外清晰、真实。

高布洛特对很多事实不管不顾，也极不客观地论证他的主张，杜加斯丝毫也不客气地拆穿了高布洛特。他指出，高布洛特为了坚持自己的观点，已经忽略了大量的事实。从现有研究可知，白天的时候，梦就已经开始第一部分的工作了，只是这部分工作被前意识控制着。至于梦的第二部分，因为审查作用被迫伪装，被潜意识中的欲望吸引，向知觉靠近，就像有时会梦见自己做梦一样，梦的确发生在觉醒之前，但梦的整个过程早已做好准备，尤其我们没办法准确地把梦全部描述出来时，这样的观点是不会轻易被动摇的。

我们大家都知道，美丽的烟花只在刹那间绽放出来，但却不知道前期用了很多时间做了大量的准备工作。梦和我们能感知的其他任何事物一样，都通过一个具体的事件表现出来，同样它也需要花费很多时间，提前做好前期的准备工作，并动用意识加以了解，才能明确知道在梦成形后，还需要一个加速的阶段。根据我们现有的分析不难知道，显然不是短时间内就能形成一个梦，最后成形的梦就已经经过了更多的准备时间。在此基础上，无论任何人发现梦具有精巧、绝妙的结构，都不必惊叹，更无须大惊小怪。之前，我们曾经假设，梦最终呈现出它的意义之前，其整个形成过程一定有着严格的时间顺序，它的步骤是这样的：潜意识中的欲望被唤醒——审查作用下发生改变——触碰到回归作用之前的转变。由于兴奋感在方向上具有一定的摇摆性，因此也只有到最后一刻，兴奋感才聚集在一个合适的方向上并进入意识。所以，看起来比较古板，甚至有些迂腐的顺序不过是理论上的叙述罢了，目的就是方便解释。总的来说，对于梦发生的途径，我们还必须做更精准、全面的探索。

我们每个人都经历过从梦中突然醒来的情况，也就是说，从睡梦中突然醒来是司空见惯的现象。很多时候，当我们从梦中醒来，脑海中一般都会留下梦中的内容，之后才是其他意象。就结果而言，梦中醒来和正常醒过来没有多大差别。主要是因为，我们正常醒来后，最先感知的依然是来自梦的知觉内容，之后才是外界材料的内容。

这样的事实也不难解释，几乎没有哪个梦具有特别高强度的精神表现，只不过到了梦临近结尾时，这样的状况才会有所变化。换句话说，梦虽然会借助相关机制吸引意识的目光，进而获得足够的强度，但时刻尝试着唤醒前意识，根本不去考虑睡眠持续的时间，或睡眠的强度。它毫不懈怠地坚守岗位，时刻准备着，直到梦进入尾声时，随着精神强度的增加，且与意识结合的可能性暴涨，梦的强度才开始显现出来，并引起关注。

毫无疑问，用一梦到底的方式完成的梦，具有极高的研究价值，但那些惊醒的梦环绕着更多的理论，难免让人顿生好奇之感。我们已经知道，目前所有的研究都已经表明，梦具有很强的目的性，但梦中的欲望，或者说潜意识中的欲望，为什么还会干扰睡眠，一定要给前意识中欲望的满足设置重重障碍呢？看似简单的疑问，其中还包含着另外一个问题，困惑梦在整个系统中是怎样发生能量交换、转移的。很明显，白天对潜意识欲望的严防死守会消耗大量能量，到了夜晚，梦自行其是，或者潜意识的欲望得以释放，都是一种最好的、最行之有效的能量节约。从表面上看，从梦中惊醒与高质量的睡眠互不相容，但只要二者间隔的时间不长，刚醒来一会儿也会马上进入睡眠。这样的间断并不新奇，不过是被妥帖而周密地加工过罢了。倒是这样特定的觉醒颇有点意思，仿佛正睡觉的人赶走一只苍蝇似的，根本不值一提。大家都知道，哺乳期的母亲总是不断地被孩子吵醒，又会不断地重新入睡，也就是说，睡眠和清醒不一定就是不共戴天的敌人，在一定程度上，二者完全可以和谐共处。

苍蝇很烦人，其可恨之处就在于，即便你不断地把它赶走，可没有多大工夫，它又马上恬不知耻地飞回来。可是潜意识或潜意识中的欲望，就没有这么厚的脸皮了，这也正是我们疑惑不解的地方。

我曾经固执地认为，潜意识中的欲望极其活跃，但白天的时候，它的强度还达不到进入人们意识领域的地步。可是，如果睡眠状态一直持续，潜意识欲望中的力量除了可以生成梦外，还可以通过梦唤醒前意识，那么，为什么梦被觉察后，潜意识的力量又一点点地消失了呢？为什么梦就不能反复出现，像一只苍蝇似的，被赶走总是重新飞回来呢？难不成是梦大义灭亲，斩杀了干扰睡眠的因素？

毋庸置疑，潜意识欲望永远处于活跃状态。只要认同潜意识本身蕴含着顺杆爬的活力，那么任何一点儿来自兴奋的刺激，都能让潜意识心花怒放，整装待发，按照平常的路径显现出来。潜意识就像那些永远不能被消灭殆尽的精灵，那么对于复活的那些几十年前的情绪，也就不必疑惑了。比如，很多年前受过的耻辱，一旦与潜意识中的情绪来源接近，那么多年前的体会就可能原模原样地出现。也就是说，潜意识作为一个系统，并不具有界定和遗忘过去的能力，也不蕴含所谓终点的概念。只是相近的兴奋累积了足够的力量，再次打通了原先的路径，能导致疾病出现的局面才尾随而至。这一推论尤其适用于神经症，其中癔症就是这类症状的典型代表。

在我们看来，随着时间的流逝，记忆会逐渐消退，原先的印象也会变得越来越模糊，对于印象的思绪也会日渐褪色，是一个再正常不过的过程了，主要是因为时间一点点地擦除了心理记忆的痕迹。实际上，这种认知根本不正确。之所以这么肯定，是因为他们完全没有意识到，这是前意识将印象勤勤恳恳地进行了修饰的结果。在兴奋的刺激下，潜意识中的欲望焕发了活力，兴奋得以释放，而这正是精神分析的最终目的。精神分析法，就是将潜意识过程逐渐淡化，进而把它忘掉，但这需要一个前提条件，要始终意识到前意识支配着潜意识，潜意识在这样的基础上发挥作用，除此之外别无他法。

从整体角度来说，梦是一个妥协的角色，同时为潜意识和前意识两个系统工作，只要双方的欲望不发生冲突，它都会满足。通常情况下，梦总是倾尽全力促使两个系统和谐共处。一方面，它要将放行的潜意识兴奋重新放置在前意识的羽翼之下，在此过程中，它释放兴奋，从而起到潜意识安全阀的作用；另一方面，它又要保证前意识内的稳定性，或者说保持前意识的睡眠状态的稳定，确保睡眠不被打扰。梦作为一种精神活动，在人们眼中或许是一个毫无目的的过程，原本没什么太过关键的用途，但是通过精神分析我们知道，梦可以通过网罗各种交互的心理能量，具有一定的实用意义。最明显的表现莫过于梦游走在潜意识和前意识系统之间，除了其本身是一种妥协外，还是人们释放压力的安全阀，同时满足潜意识和前意识两个系统的欲望。之前，罗伯特曾就梦的议题提出了"（躯体）淘汰理论"，我暂且不说他对梦的过程和前提条件与我精神分析的观点天差地别，单就他对梦的这种妥协功能的认知来说，我们是有共识的。现在，我们不妨回到对潜意识兴奋的考察上，总的来说，这一兴奋过程会出现两种结果。

　　第一种：虽然兴奋岿然不动，但它与各种阻碍因素对峙时，会一次性释放自身的兴奋，强行突破。取得胜利后，所有的障碍烟消云散，兴奋最终转换为行动。

　　第二种：前意识束缚住兴奋，使兴奋不能顺利释放。潜意识中的欲望在兴奋的指引下高歌猛进，与知觉在梦中相遇。此时，尽管兴奋不能直接有所作为，但它借尸还魂，借用欲望凸显了自己的存在，虽然不直接干扰行动，却拥有了影响大局的能力。梦的过程最常采用的就是这种方式。潜意识中的欲望自行其是，前意识垂帘听政，只是偶尔对潜意识进行约束和处理，根本不会在整个过程中唠叨个没完没了。最终，潜意识中的欲望自由发挥，沿着回归的路径，形成了梦。

一般情况下，梦是睡眠的守护者，但它同时也是一个妥协的角色。也正是它的妥协性，使梦会因为某种原因难以发挥自己的一般功能，最终从守卫者成为成事不足败事有余的干扰者。具体来说，梦需要保证潜意识和前意识两个系统和平共处，并且使两个系统的欲望不会互相冲突。潜意识中的欲望满足可以形成梦，但是如果这个欲望过于强烈，压迫了前意识，非但梦境无法继续，就是系统间的妥协关系也会被打乱，清醒状态就会马上终止梦，那么梦也就成了睡眠的破坏者，让人厌烦。就算是这样，我们也不应该对梦大肆讨伐，否认它有益的一面，同时我们必须坚信，这并不是梦的错。因为条件发生了改变，对有机体再使用原有的手段，或许已经不能继续发挥其固有的有益一面了，反而变成了有害的影响。可即便是这样的影响，仍然有可以发掘的一面，变化会引发有机体的联动反应，而联动反应又具备促进的作用，能够促使调节机制发展出新的手段，处理新情况。或许有人认为，我故意回避了一些不利的因素，才证明了"梦是欲望的满足"。为了避免人们的这种想法，我可以引用焦虑的梦，至少通过我对焦虑梦的诠释坚定我的观点。

首先，我还是坚定不移地表明我的观点，在某个精神过程中会产生焦虑情绪，实际上这也是欲望的满足。我想，在上述分析的基础上，几乎不会有人提出反对意见了。梦是潜意识欲望的满足，而潜意识系统又受到前意识系统的干涉和压制，但是这种干涉和压制是相对的，并不带有主宰性。对于一个精神完全正常的人而言，潜意识也受着前意识的压制，而这种压制的程度就是精神是否正常的标尺。神经症的症状告诉我们，潜意识并不甘于总是被压制，它可以抓住任何有利时机，找到释放自身兴奋的宣泄口，适度地释放兴奋感，进而引起前意识系统的注意，前意识系统便会在适当的时间发出干涉信息。简单地说，神经症症状的表现也就意味着，两个系统之间维持妥协的平衡被打破了，压制出了问题。打个比方说，如果我们强迫一个癔症性恐怖症患者独自穿越马路，可是他认为自己根本不能做到，忧虑就在这样的冲突中产生了，可实际上，这样的症状本身就是对焦虑的一种柔性抵制。而对于广场恐惧症的患者而言，马路上的情况就足以形成焦虑的诱因，恐惧症的出现就是对抗焦虑的边防哨卡。

在这一过程中，我们只有对情感所起的作用做进一步的考察，讨论才能进行下去，但是现在这里没有新的要素，难免会有一种江郎才尽的感觉，可是就算引入新要素，接下来的讨论也不一定十全十美。面对这样进退两难的境遇，我们不妨做一个假设，如果潜意识中的观念一路畅行无阻，那么处于自由自在状态的潜意识中的观念就会感到轻松快乐，不仅是这样的过程，甚至观念本身都沉浸在快乐中。可是由于压制的到来，所有的欢乐气氛都被打破了，甚至改写了一切。此时，潜意识遭到了压制，开始呈现出不愉快的特征。这种不愉快被压抑着，痛苦的释放也被抑制着，甚至潜意识观念中的内容也没有逃脱被管控的命运。这里涉及痛苦之类的感觉，我还是先解释一下感觉的本源，情感的发生是一种运动和分泌功能，实现这种功能的神经分布有一个至关重要的地方，那就是潜意识中的观念。由于前意识对潜意识中的观念进行压抑和抗拒，无形当中形成了一道坚实的防火墙。在前意识的阻挠下，这种带有运动和分泌功能的感觉，再也不能随心所欲地释放能够产生感情的冲动了。看起来前意识就是一个不折不扣的大坏蛋，可实际上它比窦娥还冤，前意识压制的最终目的和结果，就是避免生成这种不愉快的情感。它之所以将能量源源不断地输送到这些观念中，就是避免痛苦的感觉肆无忌惮地蔓延，使人们体验痛苦的滋味。

上面，我们讨论了潜意识被压抑，以及假设不被压抑的情况，明白了如果潜意识不被压抑，那么就会导致焦虑梦的产生。若不是因为这一交集，我们对焦虑梦的讨论就有画蛇添足之嫌，但是现在，与焦虑梦有关的所有模糊不清的问题，都可以避免掉了。实际上，这毕竟只是一个轻松的幻想，并不是事实。我们已经明确知道，如果梦的过程没有体现出足够的压制，那么这点儿微不足道的能量就如同螳臂当车，很难抵挡住不断聚集的冲动力量，焦虑梦势必以锐不可当之势呼风唤雨、兴风作浪。

我已经反复说过，焦虑梦的理论实际上是属于神经症心理学的内容。在交代清楚了焦虑梦的相关理论与梦的过程的交集后，我们就不再做过多的讨论了。在前面的章节中我曾说过，神经症焦虑的根源就在于性。为了证实这一观点，我将引用一些有关焦虑的梦例。

只是在引用这些梦例的时候，我会将重点放在一些年轻人的梦中，至于那些神经症患者的案例，考虑到案例的说理性、说服性，我将不会给予它太多的关注。

虽然我已经几十年没做过焦虑的梦了，但我七八岁的时候做过一个这样的梦，尽管已经过去了三十多年，可由于梦境太过生动，就像刚发生在我眼前一样。梦的主角是我母亲。梦中，我亲爱的母亲正在熟睡，神态非常安详，旁边站着两三个长着鸟嘴的人，他们把我母亲抬到了一个房间里，并把她放到了床上。我又哭又喊地醒了，甚至把正在睡觉的父母都吵醒了。

现在，通过精神分析，我已经诠释出了其中的一些关键意象，把焦虑梦的性含义一一呈现给大家。小时候，我经常和一个小男孩在门前的草坪上一起玩耍，他是看门人家的孩子，身上有一股子痞气，我生平第一次听到的"性交"一词，正是出自他的口中。但是对有教养的人来说，总是以"交媾"一词代替"性交"。梦中那些长着鸟嘴、穿着奇装异服、人高马大的形象，来自我见过的《菲利普逊圣经》中的插图，但我觉得，它更早的源头应该是雕刻在古埃及墓上的鹰头神祇。梦中出现的鹰头，实际上就暗含了性，而且在后来的很长一段时间里，每当我回忆起那个小男孩时，总是清楚地记得他的名字就叫菲利普。而我知道"交媾"就是性交，则来自我的年轻导师。我的这个导师虽然很年轻，可城府极深，圆滑又世故，在提到"交媾"一词时，他脸上那意味深长的笑，让我至今历历在目。而母亲脸上安详的神态，则来自我已经去世的祖父。直到祖父去世的前几天，他的睡眠依然很好，面容安详，发出轻轻的鼾声。梦中的墓雕，母亲的面容，都来源于祖父和死亡，只不过梦把它加工了而已。这个梦使我忐忑不安，我便在焦虑中又哭又喊地醒了过来，直到把我父母都吵醒了。当我看到母亲关切的面容，确定母亲并没有死，我才放下心来。这个以焦虑为主题的梦，已经表现出了比较明显的性的意识，尽管内容还很模糊，但是经过细致的分析，其核心已经很好地呈现出来了。这个梦带来了一系列后果，特别是导致了焦虑，但是事实远非如此，让我焦虑的并不是梦中的母亲生命垂危，反而是前意识的润饰过程对梦的这种解释让我忐忑不安，因为我已身处焦虑的状态中了。

也有一些比较特殊的梦，如果单从梦境来看，似乎与性是风马牛不相及的，但是只要细致分析，始作俑者却都是性的因素。

我有一位男患者，虽然才二十七岁，但他的重病史却已经一年多了。他说在他十一岁到十三岁时，经常做同一个且充满焦虑的梦，梦中，一个手里拿着一把斧头的男人，在他后面穷追不舍，尽管他竭尽全力想跑开，但是他就像被施了定身法一样，瘫在原地一动不动。这是一个很普通的焦虑梦，根本看不出它和性有什么联系。我在分析这个梦的时候，男患者首先和我提到一个故事。这个故事是他叔叔告诉他的，有一天晚上，他叔叔独自一人走在大街上，一个形迹可疑的人袭击了他。虽然患者是在做完梦后听到的这个故事，但我推测，在他做这个梦之前，应该早就听过这类故事了。梦中出现的斧头意象，来自患者的生活经历，在他还很小的时候，有一次用斧头劈柴，就因为不小心，砍在了手上。这种近似于暴力的意象，让他联想起了自己的弟弟。他和弟弟的关系一直不怎么好，吵架甚至动手都是再平常不过的事了。那时，他常常虐待弟弟，把他打倒在地。有一次，他竟然穿着靴子猛踢弟弟的头，而且弟弟的头流了很多血，他母亲当时就说："我真担心，有一天你会把你弟弟打个半死不活。"

就在他的思绪停留在这有点儿血腥的话题上时，他忽然又想起了另一件事。他有很多次发现母亲的床上有血迹，尤其在他九岁时发生的一件事，更让他耿耿于怀。有一天晚上，因为实在太晚了，他就上床睡觉了。这时，他的父母回来了。虽然他知道他们回来了，但他并没有起床和父母打招呼，而是假装已经睡着了。不一会儿，父母的房间传出喘息声，以及其他一些奇怪的声音。他清楚地知道父母在做什么，甚至能感觉到他们用的是怎样的姿势。他的联想表明，他将自己与弟弟之间的关系与父母之间的关系做了对比，并将父母之间的关系归结为"暴力行为"和"打架斗殴"的概念了。为此，他还给自己找了一个证据：他经常发现母亲的床上有血迹。

举这个例子，我想表达的是，当小孩看到成年人性交时，会感到非常惊讶，进而会形成一种焦虑。这种事不足为奇。实际上，对这种焦虑的解释根本没有那么复杂，我们只需要明白，孩子还小，根本无法理解我们所说的性兴奋。当孩子看到父母性交时，他们对此产生的排斥就转为忧虑了，而且这种焦虑尤为明显，毕竟在他们小时候，他们对父母一方的性欲望还没有被限制和压抑，是可以自由表达出来的。

随着儿童渐渐长大，性冲动会越来越强烈。尽管没人理解，也没人接受，但儿童经常发生夜惊，而且伴随着某种幻觉，可是人们从不认为这是性冲动发生作用的结果。我经过大量的研究发现，由于性的力比多越来越强大，性冲动的发作也发生了变化，逐渐有了周期性。也就是说，在一定时间内，就会出现代表性冲动的夜惊。产生这样的性冲动有两种情况，一是一些偶然的因素刺激而产生的，二是本能的、脉冲式的发展过程导致的。

目前，尽管还没有充足的可观察性材料来论证这样的解释，但它是可以被人们接受的。

关于夜惊，德巴科尔曾发表过一篇关于夜惊的论文，其中有一个十分有趣的梦例，就能帮助我们摆脱医学神话的蒙蔽，正视儿童的夜惊梦。鉴于目前儿科医生们无论是在身体方面，还是精神方面，都没能很好地诠释儿童的夜惊现象，那么这一梦例就极具代表性了。

有一个小男孩，虽然只有十三岁，但他已经开始变得越来越焦虑了，而且还经常做梦。他的身体极度孱弱，睡眠越来越差，每周都会出现一次因强烈的焦虑而惊醒，并伴随出现幻觉的情况。他清楚地记得梦中的内容，梦中，有一个声如洪钟的恶魔，正对着他大喊大叫："我们现在抓到你了，你再也逃不掉了。"紧接着，他就闻到一股沥青和硫黄的味道，成片的火苗覆盖了他的皮肤。于是，他就从梦中惊醒过来。可刚醒过来的时候，他完全发不出声音，等到能够发出声音的时候，他的家人清楚地听到他在说："不、不，不要抓我，不是我干的。"还有几次，他的家人听他说的是："这件事真的不是阿尔伯特干的。"后来，他发现不脱衣服睡觉的时候，就不会梦到被火烧身，从那以后，他就一直穿着衣服睡觉了。这个症状越来越严重，他的身体每况愈下，他被送到乡下疗养。一年半后，他才恢复过来。他十五岁的时候，有一次回想起了当年的场景，他坦白说："我身体的那部分一直很兴奋，仿佛有种被针刺的感觉，可是当时我却不敢承认，我极度紧张、焦虑，甚至想从窗户一跃而下。"

（1）如果我们用精神分析法来诠释这个梦，并没有什么难度。

这个小男孩之前就有手淫的习惯，但他也知道这个习惯不好，所以一直在手淫的兴奋感和负罪感中挣扎。所以，梦中他说自己再也不想这么做了，但同时否认做过这事的话，显然又是欲盖弥彰。

（2）小男孩正式进入青春期后，在性兴奋的驱使下，会产生通过手淫满足生殖器的冲动。

（3）在他的内心深处也掀起了一场抑制斗争，虽然性兴奋压下去了，但随之转化为焦虑，而且这种焦虑又让他想起了以前的因为这种行为所受的惩罚、威胁。

现在，让我们看看德巴科尔在自己的观察基础上得到的结论：

（1）小男孩身体虚弱是因为青春期的影响，最终导致严重的脑贫血。

（2）严重的脑贫血让小男孩性格大变，导致幻觉的出现。同时也导致不分白天黑夜的焦虑。

（3）由于小男孩自小接受的是宗教教育，有着严重的内疚感和负罪感。

（4）在农村的自然环境下，小男孩加强了身体锻炼，而且青春期已成为过去式。

（5）小男孩极有可能患有先天性脑病，而他的父亲曾被梅毒感染，这是先天性脑病的根源。

最后，德巴科尔认为，小男孩的病症缘于局部大脑贫血，并在此基础上引发了无热性谵妄症，而这个无热性谵妄症，就成了概括小男孩病症的标签。

5　压抑是梦的产生和继发过程

之前曾就神经症心理学做过细致深入的研究，现在我这样大胆深入地探讨梦的心理学，这让我很尴尬，可谓进退两难。一方面，不管是在方法上还是在结论上，我都不想之前的探究影响到现在对梦的研究；另一方面，要说没有影响，似乎又早已注定那是不可能的，在对梦的研究过程中，以前的研究成果总是不可避免地反映出来。在用心理学的观点诠释梦时，原来那些带有历史性的观点，并没有足够的说理性和说服力，为此我需要加以补充完善。更确切地说，我尝试着把心理学的观点当作研究梦的指导性纲领，细细地探究作为一个错综复杂的整体的梦的每一过程，为了竭力避免我先入为主的倾向，尤其要杜绝照搬以前研究神经症的思维，给我带来了极大的挑战，甚至已经远远超出了我所能控制的范围。这种情况不但折磨着我，而且是读者的绊脚石，综合权衡利弊后，我决定反其道而行之，把梦当作处理神经症的新方法，尽可能地减少混淆，同时又方便读者更好地理解。

就算我这样处理，也并不是十全十美的，不过是勉强满意罢了。为了让这种努力物尽其用，发挥出更大的作用，我决定暂时把它放置在一边，厘清另外一些问题。我对梦的精神分析法，曾遭受各种质疑与攻击，甚至一些梦的研究领域的权威也各执一词，众说纷纭。为了更好地兼收并蓄，取人之长，我只对其中的两个观点进行了彻底的驳斥：一是武断地认为梦毫无意义，不过是个多余的过程罢了；二是认为梦就是牵扯精神或心理的一种生理反应。至于其他的意见，我做了最大限度的保留，即使每种不同意见前后矛盾、逻辑不清，我还是给予它们一席之地，并在精神分析理论中，认可它们在阐释部分真理上的独特作用，赋予它们一定的身份。

一直以来，人们对于梦的理解无外乎两种完全相反的观点。

第一种观点：正如我们已经证实的梦的隐意一样，梦延续了白天的活动或情绪。无论这样的情绪来自清醒状态下的工作还是生活，梦都是我们感兴趣的事或者觉得重要的事件的继续，同时摒弃了一些细枝末节。

第二种观点：梦与白天的内容没有任何关联，不过是把一些琐屑微小的事物，统统集合在一起罢了，除非这种清醒状态是一种病态的反应。也就是说，令我们兴味盎然的物象，意识并没有真正接纳。

正如前面叙述的那样，在精神分析中，这两种观点都会找到自己的位置，也都会体现出自己的价值。对于第二种观点，在我看来，因联想机制的作用，梦的过程通常会选择那些比较容易利用的材料，尽管这些材料也由清醒状态掌控，但是尚留有余地。为了躲避审查机制，梦将能量和强度转移到一些看起来无关紧要的材料上，最后顺利完成梦的过程。单从梦境本身来看，梦确实琐碎，没有什么意义，可是一旦通过精神分析就不难发现，这种状况不过是伪装的需要，梦巧用了一些小手段，但是依然是对欲望的满足。

如果说精神分析的理论是一座大厦，那么精神分析的原则就是基石。精神分析有多个原则，其中有这样一条：幼儿期的欲望对梦的形成不可或缺，具有极大的推动作用，这也使梦具有了增强记忆的特性。此外，睡眠和外界刺激的互动也是一大立论点，通过实验，我们已经证实了外界因素会影响梦的形成，对此不必再有任何的质疑。我们知道，白天精神活动的残余会进入梦境，并对梦的形成起着推波助澜的作用。可我们也要明白，这并不是梦的唯一来源，我们睡眠时接受的外界刺激，也能收到与之相同的效果，就像在前面章节中对错觉的诠释一样，也没必要在这里质疑感官刺激对梦所产生的影响。

对于为什么做出这样的解释，也有那么几位学者说不明白，甚至直接绕道而行。在他们看来，感觉器官能感受到的客观存在的确有助于欲望的满足，但与睡眠没有多大关联，至少没有形成直接性的干扰力量，特朗布尔·拉德就已经证明：在睡眠状态下，感官确实存在某些兴奋表现。对于这种观点，我不想做出任何论断，因为梦的来源早就已经明确了，感官兴奋并不是梦的特殊来源，我也没有把它列入来源清单的打算。不过，在梦的背后，我们却可以通过记忆的复活和回归，来解释这些感官兴奋。

释梦中，身体内部的机体感觉，也是至关重要的因素之一。可在我们眼中，即便它们有作用，那也是无关紧要的次要作用罢了，绝不会大张旗鼓地渲染它的。比如跌落、悬浮、被压制等感觉，都属于随时待命的材料，只要情况需要，梦的工作就会把它们拿过来，借以表达隐意。

梦的过程之所以短暂而迅速，是因为梦的内容早已构建，意识感觉到了梦的内容，瞬间展现出来。梦的前期准备工作缓慢而漫长，甚至可能一波三折，但方向不会改变。梦对大量的材料进行一整套严密而连续的加工后，把它压缩在一个极其短暂的时间片段内，并表现出来。这一过程虽令人啧啧称奇，但也不是不可解释的：梦是个坐收渔利者，它撷取了心灵世界中的一定的结构，并加以利用了。

从一开始，梦就展现了它伪装的功力，并且一刻也没有停止过。梦对内容进行分流，并且一路引导我们后来的反思和分析，直到最后一刻，才会露出破绽。梦的伪装虽然给我们的分析设置了障碍，使分析多多少少受到影响，但是我们能够接受这样的事实，并且已经接受了。

大量的梦例已经说明，梦信息量巨大，无论刚开始的时候，梦给人什么印象，它都是有理有据的。不可否认的是，在睡眠状态下，清醒意识主导的精神活动目的明确，虽被暂时放弃，或大部分放弃，丧失了对意识的指挥和管理能力，但精神活动并不会因此秩序大乱。相反，在一定程度上，还更明显地集中在一起了，并直指潜意识欲望的满足。也就是说，我们单纯地认识到梦中的一些精神活动依然松散地连接在一起，还远远不够。我们还要充分评估这种远超人们想象的联结带来的后果。人们进入睡眠状态，精神连接不一定解体或崩溃，只是支配了白天思绪的精神系统终于可以聚精会神地排除干扰，达成白天未达成的目的。通过这些论证，那么心灵在夜间是处于休眠状态还是和白天一样行使着它的功能的争论就有了一个可靠的结论：这两种观点各有各的道理，但都不完全正确，仅仅是局部真理。实际上，梦的隐意包含了白天理智活动的因素，是高度复杂的精神活动的结果。尽管心灵的睡眠状态并没有得到完全的证实，但我们不妨假设，起码一半的心灵是有睡眠的。毫无疑问，这样的假设也有着一定的意义。

都说一千个读者就有一千个哈姆雷特，对梦的看法又何尝不是如此呢！不同的人，对梦的看法也不同，故而也就形成了百花齐放、百家争鸣的局面。对此，我特别高兴，并且也非常愿意洞悉不同的看法。鉴于此，我找出了几种有代表性的观点：一方面，它们可以和精神分析和谐共处；另一方面，它们又可以互相证明。

首先，是那些把梦看成安全阀，可以为心灵减压的思路。罗伯特认为，即便是原来有害的东西，在经过梦的加工后，有害成分被过滤掉了，甚至完全消除了，梦表现出来的也就没有什么害处了。无疑，这种观点是正确的，我们非常支持。精神分析认为，梦有满足双重欲望的作用。从这个角度来说，我们对刚刚的观点的理解程度，已经远远超过了罗伯特。

其次，是那些认为梦给心灵提供了自由施展空间的观点。而我们通过精神分析得知，前意识活动让梦有了比较自由发生的可能。由此可见，这种观点与我们的观点是不谋而合的。

再次，就是以哈夫洛克·埃利斯为代表的一类观点：梦是一个广袤无垠、原始而古老的世界，既有残缺思想，又有多样化情绪。这与我们认为的"白天，一些受到压制的带有原始性质的精神活动参与了梦的生成"的观点殊途同归。以及萨利的那个观点："一直以来，梦统治着我们的冲动，恢复我们循序发展中的早期个性，恢复我们用古老方法看待事物的方式。"对此，我们是完全赞同的。

最后，是德拉格的观点，他和我们的观点一致，都认为被压制的内容才是梦的动机和力量来源。

另外，还有一个观点值得一提，舍尔纳认为，梦的所有内容，都来源于白天的潜意识活动，而且这些活动既可能刺激梦的生成，也可能引发神经症。毫无疑问，舍尔纳客观地指出了梦的来源，但他同时也认为，梦创造了想象，对此他不仅有浓墨重彩的描述，还给出了大量的解释。我在感谢他给出了梦的来源的同时，也不得不强调，大部分的隐意来自白天潜意识中的想象物，但是这也需要一个前提，那就是注意力重点的转移。事实上，梦的工作和潜意识的活动完全不同，我们不能把两者混为一谈。

讨论进行到现在，不可否认的是，我们并非放弃了梦与精神疾病之间关系的探究，反而是将它们更牢靠地建立在一个新的基础上了。

毫不夸张地说，在我们创建精神分析理论的过程中，不断地汲取精华、吐故纳新，除了为数不多的关于梦的理论或观点被我们摒弃外，其他的理论或观点全部容纳进来了。我们不单是借鉴和利用，还对它们做了不同的阐释，赋予它们新的意义。可以说，学者们各种各样、又有些相互矛盾的观点经过我们的体系整合，共同构成了一个更高端的整体。尽管这一过程体现了我们的创新性，但是也在探索心理学未知领域遇到了许多难解之谜，不断地碰到让人倍感困惑的障碍。一方面，我们发现梦的隐意来自完全正常的心智活动；另一方面，梦的隐意中也有很多不合常理的成分，甚至这些成分渗入到梦的显意中，使我们在释梦的时候又无法避开。似乎那些被我们称为"梦的工作"的东西，完全不同于我们熟悉的正常思维模式。因此，一些早期研究梦的学者坚定地认为，梦体现出来的是最为低级的精神活动。就此看来，这个观点也不无道理。

要想彻底摆脱这一困惑，我们唯有通过进一步的研究，来寻求正确的答案。而洞悉形成梦的因素之间的联系，便成了研究的重中之重。

　　我们知道，睡眠状态和清醒状态两者间是有着明显的差别的。如果我们把清醒状态下的精神活动方式，直接用于睡眠状态，或者用解释清醒状态下的精神活动的方法，来理解睡眠状态，那么迄今为止，我们所有关于睡眠和梦的理论，必将被颠覆。我们必须认识到，梦中出现的众多思绪，与正常意识极其相似，并且在逻辑上，也具有一定的连贯性。在很大程度上，这些思绪就是白天精神活动的残余，只是刚开始的时候，意识并没有觉察到，但夜间进入睡眠的时候，这些残余明显显现出来，之后进入梦境。意识当时没有觉察到这些思绪，并不是表示它们不能成为显性意识，而是其他的诸多因素共同作用的结果。

　　梦的隐意中体现出的思绪，属于复杂的高级的精神活动，相比于清醒状态的意识，也毫不逊色。这也说明，虽然意识的力量很强大，但并不是所有精神活动都拜倒在它的石榴裙下，最起码，梦中高度复杂的思绪就不是意识直接作用的结果。对于这个观点，我们通过对癔症患者或者强迫症患者的精神分析就可以证明。思绪不过是所有精神活动的一部分而已，意识并不是时刻都在关注着它们，就算被注意到了，也可能是被“顺带”发现的。

　　意识发生作用并不是杂乱无章的，它会遵循一定的路径。只是这条路径坑坑洼洼、危机四伏。尤其与当时思绪相抵触的批评或相悖的观念相遇时，意识就会故意淡化，甚至暂时遗忘。这时，分散了的思绪就被雪藏起来。尽管还不是完全消失，但也只有在一些诱发性因素的刺激下，才会“复活”，重新步上正轨。如果从一开始的时候，某种思绪就被认为是荒诞、不合理的，或者是完全无助于目前意识活动的，那它再怎么发挥作用，也是被故意打压了的；或是干脆排除注意力，等睡眠来临时，随着睡眠的进程而继续。

从形式上来说，上述思绪就是我们之前所说的前意识。在我们看来，前意识具有一定的理性，并不是混沌的，只是可能被暂停或者打压，也可能被彻底遗忘了。我可以再一次简单地描述这些观念产生的整个流程，这将从观念的产生开始。一个观念诞生后，就会选择一条联想路径，在自身的目的作用下，沿着这条路径，将精神性质的能量移置为特定的兴奋值，这也就是我们口中的潜在能量。能量通过兴奋感表现出来，但也有一种情况，观念既没有收到潜在能量，本身也没有向外传递潜在能量，唯有本身的兴奋感还在默默坚守、孤军奋战。换句话说，这样的观念被忽略了。在特定条件下，带有目的的思绪会对意识产生极大的吸引力，且时间持续较长，意识中的能量就不断灌注到这样的思绪中，使思绪出现"潜在能量过剩"，积聚了更大的行动力。说到这里，意识所扮演的重大角色已经一目了然。接下来，我们将对意识的性质和功能，给予简单的叙述。

被激起的前意识中的思绪，通常面临两种结果。

第一种：自行消失。之所以会有这样的结果，其主要原因是：它的能量从自身出发，发散给所有的联想方向，使整个思绪进入兴奋状态，强烈的兴奋感使一定区域内的精神系统也兴奋起来，且在一定的时间段内持续着，可是由于需要释放的兴奋转化为静止的潜在能量，这种状态随后消退，最终止于静默状态。一旦形成这样的局面，对梦的产生也没有任何意义了。

第二种：持续下去。前意识中还潜伏着其他的观念，且这些观念具有明显的目的性。这些观念源于潜意识中永远处于活跃状态的欲望，从而轻而易举地在潜意识的欲望和兴奋感之间构建了稳固的联系，潜意识欲望的能量就被移置给了观念，便产生了兴奋。在这样的背景下，即便思绪本身所具有的能量不足以让它有进入意识的能力，但已经具备了实现这种权力的潜能。它会蛰伏起来，默默地等待机会。当能量转移一直进行时，这种被压抑的状况终有被打破的一刻，原本在前意识系统中的思绪奔向潜意识。

这两个发展方向，并不是前意识中的思绪仅有的两条出路，它还有其他的路径也能促使梦的形成。如果前意识中的思绪从一开始就携手潜意识中的欲望，那么这样的思绪很可能被冷落，因为前意识中势力庞大的目标潜能绝不允许别的思绪抢先与潜意识联系。另外，由于某种身体上的原因，潜意识中的欲望进入兴奋状态，主动将自身能量转移到不被前意识支持的残余精神材料上去了。

无论是上面哪种情况，结果都只有一个，前意识并没有好好地保护和支持前意识中的思绪，给了潜意识当好人的机会，为思绪提供了能量等后勤保证。

自此以后，这些思绪就会遭遇一系列的转变，这些转变，最后带来的是病态性的精神机理，人们惊诧莫名，认为它是非正常的精神过程。之后，它们在形式上的改变直接促成了这样的结果。为了将这些过程，以及不同的变形清晰明了地阐释出来，我将分门别类地列出。

我们知道，在书出版的准备过程中，如果用斜体或粗体的形式突出某些文字，那也就意味着这些文字对整篇文章或全书的理解，有着重要的意义。我们在台上演讲时，当用加重语气或者缓慢的语速来讲述某些内容时，基本上表示这一部分占有极为重要的地位。翻开艺术史，艺术家们对主次问题极为重视，尤其是在用雕塑记录历史的时候，雕塑作品本身的大小就预示了所代表人物的历史地位，这几乎是潜移默化的原则了。罗马时代的雕塑作品，不仅直接利用雕像的大小表示不同历史人物，还会用雕像的方位表示尊卑贵贱。举例来说，国王的塑像安放在雕塑群的中央，直立挺拔，栩栩如生，虽然不一定显得很高大，但侍从或手下败将总要比国王的塑像小两三倍，匍匐在国王的脚下。就拿现在来说，我们经常看到下级向上级鞠躬，上级则坦然受之，也是这一原则在不同时代的体现。之所以列举了这些具体的事例，就是为下面的叙述做铺垫，使读者更容易理解。说到对某些部分的强调，不得不提一下伊尔玛打针的那个梦例，其中的"三甲胺"作为单个元素，就有贯穿整个思维的作用。也就是说，在通常情况下，我们的心理活动都会有些引人注目的观念，在整个心理活动中，它们承上启下，起着中流砥柱的作用，但内部知觉是不会让它招摇过市地表现出来的，就算要表现出来，也非常低调，这一结果跟上述例子有很大的相似性。也就是说，各个观念的强度都可以释放，并且能量可以从一个观念转移到另一个观念，这就使获得能量的一些观念强度更高，凌驾于所有观念之上，从而构建了实力悬殊的格局。尤其是这一过程还会反复多次，让某个思维过程的全部强度都汇集到一个单一元素上，使能量集中的程度更不均衡。这种情况就是我们以前曾讨论过的压缩或浓缩作用。由于浓缩作用，使梦的某些情况更加难以解释，但有一弊必有一利，也正是浓缩作用，把特定材料和观念之间更加紧密地联系在一起。

1. 经过这样的压缩，特定的观念具有无可匹敌的强度，但观念却不是它的行进方向的引领者，而是另有两只"幕后黑手"。一是决定于前意识中隐意的真实关系，二是决定于潜意识系统中形成图像的视觉记忆的吸引力。一般情况下，特定观念引而不发，努力获取所必需的强度，直到这双"黑手"指明了前进的方向，它才会突然发难，突破知觉系统，顺利进入它的通道。

2. 正常情况下，观念之间相互联系的链条也会亲疏有别。一方面，如果元素适宜，就会被青睐，并加以着重保留，但由于能量转移导致了强度分配的极度不均，压缩就缴械投降，产生具有妥协色彩的"中介观念"。另一方面，如果我们把前意识中的思绪用语言表达出来，这种妥协就会更频繁地出现，而且通过混合式的结构表示出来。这种情况也就是人们常说的"口误"。

3. 那些强度可以互相转移的观念，彼此之间的联系极为松散。如果想加强，那无非是为了插科打诨，营造诙谐的效果，否则我们无法用一般思维看待这一情况。这一特性，在同音字或双关语的语境中表现得尤为明显，基本上可以把它当作一般联想。

4. 也有一些观念之间的关系比较特殊，它们既能在一个序列里共存，也不会互相排挤，但却有着与生俱来的矛盾。更有意思的是，它们会装作没有矛盾的样子，组合成浓缩物，或者形成某种妥协。对此，尽管我们的意识怒目而视，可却没有任何行动，完全是不管不问、听之任之。最后，这些观念竟能形成共同行动的联合体。

归纳总结这些异常过程，不难发现它们的共同点，那就是一定区域内的能量自由自在、灵活多变，享有自己的能量出口，以及相关的精神要素，但无论它的身份、内容，还是作用、意义都仅位于次要位置，不在重点考虑之列。因为即便这样，也不会影响到全局。这些异常过程，都有一定的合理基础，而且也反映了梦的形成机制，特别是机制中的转移和浓缩作用，体现得尤为明显。或许有人认为，这些异常过程不过是为了将观念转化为图像而已，那么妥协和浓缩的出现，也只是服务于回归作用的。对于这种缺乏回归至图像内容的梦，那个"Autodidasker"（希望与 N 教授谈话）的梦，就是最好的例子，梦例里虽然没有回归作用，但它同别的梦一样，并不缺少转移和浓缩作用的过程。

通过上面的分析，我们明确感知到，有两种不同的精神过程参与了梦的形成。

第一种：其中一个过程产生的隐意，就其有效性来说，与正常思维极其相似，具有极大的合理性。

第二种：也就是现在着重探究的类型。正如本书第六章所探讨的那样，如果梦的过程用一种惊人又不合常理的方式来加工观念，那也再正常不过了。对于这种精神过程的来源，我们无从得知。相比于梦的形成和加工，精神神经症心理学和它还是有些共同性的，因此，如果我们把研究癔症得到的成果，应用到梦的分析上，也是可靠可信的。那么，对以癔症为代表的神经症，进行富有成效的细致研究，就能正确回答第二种过程的种种疑问，探明其来源。

目前，我们还没有注意到究竟是谁与那些明显不合常理的程序联起手来，共同作用，导致了癔症的产生。在我们眼中，癔症是不正常的，可对其进行精神分析时却发现，它本身也包含了很多合情合理的观念，即便是我们正常意识中的观念，也不过如此。只是刚开始的时候，我们对这些观念一无所知，好在在后续的推演中，这一局面才豁然开朗。实际上，使那些合情合理的观念变得不可理解的，只是浓缩和妥协，它们狼狈为奸，视现有矛盾于无物，让正常的观念变得反常，然后借着遮掩矛盾冲突的表面联想，沿着回归作用的通道，最终被传到症状中。

现在，我们明了了癔症和梦的形成的相通点，便能通过对癔症的相关研究，为进一步深入研究梦的形成搭桥铺路。换句话说，我们可以把癔症理论运用到梦的研究上，采用两者相结合的方法，来构建梦的各种假设。首先，我们必须明确，潜意识中的欲望为梦的形成提供了动机或者力量，但如果潜意识中的欲望来自幼儿期，且被长期压抑时，欲望便将能量转移给思绪，欲望就要经受不正常的精神加工处理。对于文中反复出现的"压抑"，我们有必要阐释它的含义，以便进一步深入地研究心理学构架。或许这样的结论，无法做到放之四海而皆准，但对我们而言，绝大多数情况下还是有其意义的。

前面我已经说过，在刚开始的原始阶段，整个精神系统的运作目标就是歇斯底里地避免刺激的积累，尽可能地保持自己的平静状态，为此它构造了一个大型的反射机器。首先，它赋予被外界刺激产生的兴奋感快速而稳定的响应机制，保障释放兴奋感的渠道畅通无阻，精神系统尽可能地保持波澜不惊的状态，降低积累过多的兴奋感。与此相对应的是，我们还有一个关于兴奋感指向的假设，具体地说，就是整个精神系统趋利避害，尽可能地利用各种方式回避痛苦，趋向快乐。特别是那些与我们没有多大关系的兴奋感，如果积累过多，数量巨大，就会成为痛苦感觉的来源。精神系统为了重新获得快乐，或者维持平衡，就会积极行动起来，降低兴奋感，愉快的感觉便又回来了。在精神系统内部，这种从不快走向快乐的潮流，就是我们所说的愿望。只有这样的愿望，才能使整个精神系统活跃起来，自动调节痛苦和快乐的感觉比例。如果某种令人不快的感觉的能量一直消耗不尽，没有办法中止，那么便无法实现躲避痛苦获取快乐的趋向。也就是说，它无法维持由满足带来的快乐感。

随着外部刺激的日益丰富，精神系统也随之发展，并分化出另一个子系统，潜意识和前意识系统的雏形也就基本形成了。正如前面章节中的精神系统示意图所展示的那样，前意识不允许记忆的力量闯入潜意识中呼风唤雨，强行控制所有精神力量，它会引导这样的兴奋感迂回运动，促使兴奋感在不断的运动中消耗能量，直到这种兴奋感青黄不接，顺利地避开痛苦，实现快乐，真实地感觉到欲望的满足。原始的精神系统不仅构造简单，而且作用方式也很直白。由于外界刺激，产生兴奋的原始精神系统要尽快释放兴奋感，但是过了这个雏形阶段的精神系统，在面对外界刺激时，维护自身平衡的形式变得更为复杂了。为了尽快实现平衡，发展后的精神系统积极探索，周旋在各种来源代表的不同势力间，努力维持局面，它利用记忆所产生的印象，以及各种观念和材料间的联系，快速积累处理某种特定兴奋的经验，使自己在面对刺激的时候，能快速有效地做出反应。一般情况下，发展后的精神系统既能成功地让大部分能量保持有条不紊的相对静止状态，也可以使其余的那一小部分发生转移。因为一旦这些来自不同势力的能量过于分散，就会白白消耗动力，外部刺激的力量也就相应地被削弱了。

如果我们将原始精神系统和发展了的精神系统做一番比较，就能直观地看到二者的区别。原始精神系统集中在兴奋感的处理，发展了的精神系统则升级到对能量的管理，把对兴奋感的控制转向了对能量的操控。发展了的精神系统会进行有探索性的精神活动，而且能够灵活地处理压抑。在对兴奋感的处理上，也别具一格，它不会一味地驱赶和释放兴奋感，而是让它脱胎换骨，变身为运动着的能量。分析到这里，这也不过是对发展了的精神系统的泛泛之论，基本上是表面文章。至于更为具体的过程，还需要更进一步的探索，如果想要对此一览无遗，不妨借助物理学，通过物理学现象类比这样的能量运动，或许可以事半功倍。

发展后的精神系统能对痛苦加以抑制，但要深入考察痛苦和快乐的感觉，尤其是对外部恐惧的对立物——快乐，推想过程一定会妙趣横生。我们都知道，在成年人的正常精神生活中，人们总是刻意地回避痛苦或恐惧，这样的例子不胜枚举，鸵鸟战术就是精神生活中极为常见的一大手段。原始精神系统时期，如果受到不良的外部刺激，痛苦就有了源泉，反映到机体上就是接踵而至的不适应，不正常的动作，表现过激的言辞，而且这样的痛苦会一直持续，除非外界刺激减弱或消失，抑或暂时性失去知觉。如果这样的刺激再次发生，作为痛苦来源的知觉就会持续显示自身的存在，初次发生时留下的记忆印象就开始作用，重复以前有效的应对策略。换句话说，记忆虽然不能直接作用于知觉，也不能因此获得能量的关注，但带有反射性质的应激能力会让知觉加以回避，避免痛苦复活这一印象太过强烈，这也直接把兴奋感控制知觉的野心扼杀在摇篮里了。

引起痛苦感觉的记忆很可能会被原始精神系统自动剥离，这是一种倾向，而且极具反射性。重要的是，这个过程体现出了对痛苦的规律性回避。另外，对特定感觉的压抑一直都在，这也成为精神系统中压抑确实存在的证据，以及可以引用的原型和典型例子。

为了摆脱痛苦或者不被痛苦干扰，原始精神系统可谓殚精竭虑、费尽心思。它的眼里可不揉沙子，任何不快的事件都休想进来，为了欲望的满足，更是不惜使出浑身解数，可是对于其他的精神活动则漠不关心。假如这样的局面一直持续到发展了的精神系统，因为失去了调用记忆经验的自由，就会阻碍系统功能的发挥。对此，我们不妨大胆揣测可能出现的两种情况。

第一种情况：精神系统是扶不起的阿斗，对所有的痛苦一概采取漠视的政策，不仅什么也不干，而且掩耳盗铃，故意无视痛苦的存在，在自我营造的幻想中歌舞升平。

第二种情况：精神系统实事求是，面对痛苦迎难而上，主动和痛苦进行交涉。为了不让痛苦横冲直撞，尾大不掉，还分出一部分注意力看管痛苦。很显然，痛苦是回避不了的，它会在两个系统中都发挥着特定功用，我们必须果断地舍弃第一种可能情况，将目光重点放到第二种可能性上。发展了的精神系统注重利益，不管你出于节省能量的考虑，还是出于达到目的的盘算，它都会站在小投入、高回报的角度考虑问题，适当地看管和抑制痛苦，打压兴奋的释放，这一环节成为所有压抑理论体系的关键。

虽然原始精神系统和发展了的精神系统差异性很大，但并不是完全没有交集，它们都具有传承性，其中不放过对痛苦的掌控的原则就包括在内。如果有哪种观念不能被压抑，那么就注定这种观念不会呈现在精神系统中。要对痛苦进行完整而有效的压抑，也并非易事，因为原始精神系统对痛苦的管制并不彻底。所以，发展了的精神系统充分调用知觉记忆，完成对痛苦进程的监控，也只有这样才可以做到。

由于两个精神系统作用方式不同，我把原始精神系统的处理方式命名为"原初过程"，把发展了的精神系统所采用的方式命名为"继发过程"。

总的来说，无论规模还是复杂程度，我们所有的思维构筑起一座令人满意的桥梁，使记忆和现有欲望可以顺利地抵达目的地。毫无疑问，这是一个能量转移的过程，它的实现体现出思维本身的多通道性，以及可循环性。作为一个整体，思维体系会竭尽所能地维护自己的同一性，努力避开强大的观念争权夺势，免得走向错误方向。这是因为思维体系中的观念，有可能被压缩，出现各观念间相互影响、靠实力说话的局面，甚至出现弱肉强食的现象，一些强势观念吞并比自己弱小的观念，使思维整体呈现出一致性。此时，个体观念形成的同一性就可能遭到阻止，这样的局势也就被控制或者完全消除。我之所以对思维做了这么多的说明，主要是因为相对于原始精神系统简单的刺激——反应模式，是借助兴奋的释放，以及积累形成的经验，来维护系统自身平衡的方式。发展了的精神系统不会简单地依赖刺激——反应模式，而是从更为整体的角度，通过建立思维的同一性实现系统平衡，这无疑更高级了。而在思维或精神系统中，痛苦的感觉依然是最值得关注的元素，甚至可以把痛苦当作思维或精神系统中地标性的元素。这主要是因为或多或少的痛苦纷至沓来，严重妨碍了系统实现平衡或者思维上的同一性。思维或系统最重要的工作就是在痛苦中自我救赎，把痛苦对系统的影响降到最低，甚至使痛苦成分仅仅是一个提示性的信号。这一复杂过程是由无数个精巧的程序共同努力实现的，远没有叙述得这么轻松，即便是正常人清醒状态下的精神生活，能够做到这一点也无异于天方夜谭。

虽然发展了的精神系统更高级了，但依然无法完全摆脱原始精神系统的干预，它有时也会卑躬屈膝、俯首称臣，这也就导致了梦和癔症的出现，但这并不能说明整个精神系统有着功能性的缺陷。之所以会出现这样的结果，主要有两个因素：一个是精神性因素，完全由精神系统管控着；另一个是器质性因素，更多表现为一种感觉，负责把器官所具有的本能反映到精神生活中。两个因素都经过了长期的沉淀，诞生于进化史，是精神性和器质性的两大势力的代表。对个人而言，这样的因素则是童年时期的杰作。

当然，区分精神系统的重要指标是重要性和效率，但也不能漠视其他元素的存在，必须都得考虑在内。另外，在时间上而言，把精神系统区分为原始精神系统和发展了的精神系统，也体现了顺序性。换句话说，虽然发展了的精神系统体现出新的特征，但如果说它与原始精神系统完全不同，那也不过是一种理论上的假设而已。从科学的角度出发，原初过程不仅存在于早期精神系统，就是生命历程发展后期，也仍然以一定的方式存在。至于发展了的精神系统下的继发过程，虽然羽翼渐丰，一点点蚕食势力衰弱的原初过程的领地，但是也不能一蹴而就，甚至只有到了人的盛年时期，才能彻底征服，权倾全部的精神活动，一言九鼎。

如果这种征服速度太慢，前意识对记忆的干预就会变得困难重重，所能做的就是有限地引导潜意识中的欲望，但这种引导消耗的能量微乎其微，潜意识中的欲望就乘机发难，迅猛地向前意识系统施加压力，直接左右前意识系统中的精神倾向。那些没受到前意识多少抑制的潜意识欲望，要么把前意识中的倾向玩弄于股掌之中，直到它们彻底臣服；要么就是在某种机缘下，前意识中的倾向鬼使神差地改变方向，把潜意识欲望引向更高级的目标。

世界上没有无缘无故的恨，人们对某种事物或者感情心生厌恶，也是有源头的。而一旦回忆幼儿期的经历，对那些令我们厌烦甚至极其反感的事物进行的分析，我们研究压抑便找到了捷径。幼儿期的欲望冲动随着继发过程逐渐发挥作用，但也可能与它发生冲突，甚至水火不容。一旦出现这种难以调和的矛盾，就埋下了不愉快或痛苦的祸根。尽管矛盾导致压抑，但具体的动机或者力量依然模糊不清，痛苦的产生和继发过程之间的关系也不明了，与之相关的压抑也就忽隐忽现，如堕雾中。

通过进一步的分析，我们不难发现，潜意识的欲望满足需要多方联动做支撑，而感情因素也体现在旧有记忆的基础上，如果前意识无法对这些记忆施加影响，而且记忆也无法靠近前意识，那么由这种割裂产生的痛苦就独占鳌头，拥有统领全局的能力。记忆虽然产生于幼儿期，但有些记忆一直被前意识雪藏，不断地大量堆积存储。只是，痛苦出现了，这种情况也随之发生了改变。前意识不再接受能量交换，也不再向潜意识欲望发出指挥信号，这些带有感情因素的记忆仿佛被打入冷宫，遭到了无情的抛弃，换句话说，这些带有感情因素的记忆被毫无商量余地地压抑了。

　　为了终止痛苦的感觉，前意识中具有能量输送功能的注意力就不能对此小题大做。可是，这不过是理想的情况，能发生的概率也是微乎其微的。主要是因为，痛苦的发生是带着来自潜意识系统明显的目的的。尽管直观的终止具有很大的偶然性成分，但如果强化了被压抑的潜意识欲望，而且这种强化还是来自感官上的习惯，那结局就大不相同了。如果潜意识欲望把能量转移给产生痛苦的观念，而前意识又没有干预这些观念，那么这些观念就会如虎添翼，裹挟着巨大的兴奋感闯进意识层面。虽然前意识迅速做出反应，采用一种带有进攻性的防御策略，竭力拦阻原来被压抑了的观念，尽可能地实现反关注。最后，通过潜意识欲望体现出了结果，代表欲望的观念突出重围，在各方妥协下形成精神症状。通常情况下，我们一直认为，那些被常人视为不正常的所有精神症状，都来自被压抑但又突然获得解放的能量，这些能量来源于被压抑的思绪，而这类思绪对原始精神系统的精神过程唯命是从，在获得了潜意识欲望转移的能量的同时，也与前意识失联，这也使它成了积极寻找兴奋感出口的力量，但凡道路顺畅，就直接向记忆痕迹中的知觉同一性发出求助信号，然后借尸还魂，从而复活过来。

　　在一定程度上，这些已经获得自由的思绪，直接导致了非理性精神症状的出现，同时也暴露出潜意识这个幕后推手。这里我必须要说明，这些非理性的精神症状不同于通常意义下的理智偏误，精神症状属于被释放的精神活动方式。而另外一些精神表现，则是能量转移出现偏差或者混淆。前意识中的兴奋与观念中的字词有着亲缘关系，一旦兴奋转移出现问题，也就是说正常运动方式受到压抑，就会采用平时看起来多余的动作进行修补，观念强行进入意识，额外出现的能量就会被有效利用，在笑声这样滑稽的表达方式中，英雄有了用武之地

就现有的材料来说，有关压抑的研究还很有限，甚至可以说还有很多弊端，因此，我想引入精神分析理论中的基础——性来阐释压抑理论。也许只有这样，压抑才会呈现出系统性。我这么做的根据，无非是性在精神神经症中有着举足轻重的地位，而精神神经症的整体理论就是建立在性的基础上，而且幼儿期的性与冲动都受到压抑，只是在后来的成长期，性冲动才再次被唤起。性冲动被唤醒的同时，所有的精神神经症都会抓住这一有利时机，获得动机或力量。关于这一点，有双性倾向的测试者早就已经证实了。此外，还有一些令人不快的性经验也是这方面的见证。对此，精神神经症丝毫不会拒绝。

至于这个结论是否适用于梦的相关理论，我暂且不能回答，这是因为我已经假定了潜意识欲望是梦的来源，这本身就已经超出了可以验证的范围了。在梦的理论中，性和幼儿期因素同等重要，既然我们没有办法得到完整又让人信服的解释，我也不想进一步研究精神力量在梦的形成和癔症症状的形成中有何不同。对于这一问题，我们缺少更多的了解，本着实事求是的原则，暂且当作一个遗留问题吧！

精神分析的重要理论基础远没有想象中的那样稳如磐石，但现在我们不得不硬着头皮，用它开山辟路，这也难免使后续的解释，

以及体系构建出现缺陷，对精神系统的描述也好，对梦的审查作用的探讨也罢，甚至梦内容的修正现象，都可能被歪曲后带有偏见的反应。

我们对两个精神系统展开的讨论也发源于此，目的就是让精神系统的活动方式，以及被压抑的整个机制，能够客观地表现出来，而且目前的研究案例也已经证明，在本质上，梦的形成和癔症的产生有着惊人的相似性。因此，无论我们所秉持的心理学因素是否正确，对反对意见的批判是否如预期的那样，我都不会放弃，而且对精神分析抱着必胜的信心。通过前面对潜意识系统和前意识系统的辩证关系的分析，我们已经知道，在能量和兴奋上，二者之间既有审查过渡的关系，也有精神活动间的抑制和重叠，如果某种特定原因打破了两个系统间的这种固有互动方式，就可能出现各种精神反常的症状。也就是说，神经症出现的种子早就已经根植在精神系统中，根本不是所谓的心灵遭到了病症干扰的结果，这种透过现象看到动机力量的角度，给予我们给梦正名的理论依据。

然而，有一种反对意见却认为，我的案例大多都是由有一定病症的患者提供的，以这样的梦为理论依据，是完全不能用于正常梦的解释的。我在反驳这种观点时高兴地指出，虽然大量事实可以推翻这种观点，但是也有一个前提，梦既不能威胁精神系统的内平衡，也不会破坏机体功能，因此根本不是带有病态的反常现象。

梦把潜意识和前意识系统连接起来，并且引荐给意识。实事求是地说，梦是整个精神系统的正常组成部分，不但可以证明压抑的存在，也表明了在正常人和具有精神病症的人身上都有被压制的材料，而且发挥着同样的精神作用。梦是被压制材料的表现形式，也是我们了解整个精神系统的一个重要窗口。换言之，梦引导我们走上通往潜意识宫殿的阳关大道。

　　毋庸置疑，所有的梦都反映了压抑的存在，在白天的清醒生活中，压抑的众多材料被同时禁锢在潜意识中，即便是那些能量上占有绝对优势的思绪，也因为审查作用而无法表达，而到了夜间，系统之间的妥协再也无法维持，被压抑的材料冲出牢笼，揭竿而起，毫不犹豫地强行进入意识。这一特性，那些主题明显或者带有明显特征的梦例，格外体现得淋漓尽致。被压抑材料的格言是：

即便不能让上苍波谲云诡，

也要使地狱血雨腥风。

　　通过对梦的分析，对整个精神系统极其精妙、玄奥的构造情况，我们又有了更深的认识。梦作为精神系统的一大创造物，不仅为我们提供了探索精神系统的绝佳入口，还因为将其置于整体精神系统下的视野，加速了我们对梦的理解。俗话说，好的开始就是成功的一半。尽管我们只是前进了一小步，但却是一个良好的开端，在癔症研究的基础上，我们就已经掌握了很多的研究梦的可行性方法。一些功能性缺失的疾病，完全可以通过动力学给予合理的解释。实际上，这些疾病与系统的分裂或分化一点儿关系都没有，精神系统内部的力量此消彼长，既可能因为相互作用增强，也可能因为相互作用而减弱，或消失不见。现在，尽管我们没有足够的材料对这种现象给出合理的阐释，但我一直坚信，在心理学的某个领域一定能够有所借鉴，帮助我们探查精神系统更为复杂的动因，这样远比只用一种动因看待心理正常过程的发生，更为精巧、奇妙。

6 现实中的潜意识和意识

细心观察的读者不难发现，在我们上述几节的心理学讨论中，经常出现近似于区域性的表达方式，像"抑制""强行闯入"这样的概念，就是区域性地点位置的暗示，可是如果我们单凭这个，就把潜意识系统和前意识系统看作有一定地理坐标的地点，并且各自有着自己的位置的话，那就是以偏概全，只见树木不见森林了。这是因为，我们所说的某种潜意识欲望想在前意识中借道通过，最终挺进意识，其意思是说能量之间发生了转移，并不是形成了另一个欲望，更不是原本和誊写的副本并存。我所说的进入前意识，并不是位置发生变化了，而是被压抑的前意识遭到驱逐。至于潜意识欲望取而代之，这并不是说某个系统或元素因为争夺地盘失败，在空间位置上消失了。现在看，把地点位置和动力学区分开，无非就是为了更好地理解，相对而言，常见的地点位置变换更直观、更具亲和力，我们在理解中出现一定程度的混淆在所难免，也是可以理解的。现在，我们不妨用更切合实际的说法来解释：潜在能量被转移到某个特定的集合结构，或者被这个结构重新收回了，这是能量发生转移的过程，动力学上的动因在对系统或元素实施控制的时候，用的力度并不均衡，只要稍有懈怠，就会形成这样的局面。精神分析中的系统大多指的是动力学上的意义，兴奋感或能量的传输表现出的灵活性并不是精神元素本身，而是动力学作用下的神经分布。因此，我们在构建理论框架时，对潜意识和前意识系统的理解应当定位成兴奋过程的传导方式，而不是把两个系统固定在空间上的某个位置。

道理虽是如此，但我还是觉得，继续采用这种形象化叙述，对于探讨潜意识和前意识系统，不仅形象而且大有裨益。为了有效地避免滥用，我们就要记住一点：对于不断提到的观念、思绪、精神系统等词，我们可以认为它们在整个精神系统内部各组成之间，但不能毫无前提地认为就在这些系统的有机元素中。在整套思维过程中，它们就像一篇文章中的过渡句，起着承上启下的作用，使前后相续、转承自然，内部印象就像望远镜被光穿过后产生的虚像，而知觉对象由此具有虚拟性精神系统，但是因为它并不是精神实体，所以不会进入知觉系统，更不会轻而易举地被感知。从作用上看，它们类似于投射影像的望远镜透镜。如果继续用这个比喻，两种系统间的审查作用，就相当于光线进入另一种介质时发生的折射。

到现在为止，我们一直在独立地探讨、研究心理学问题。可自说自话容易给人底气不足的印象，因此，在充分阐述精神分析理论之后，我们有必要对现代心理学的各个体系中独领风骚的观点进行梳理，对这些观点与精神分析理论碰撞后的火花进行拆解、分析。有些学者坚定地认为，在所有具有重大意义的心理学概念和研究范畴中，潜意识永远配不上心理学议题的称号，而且所谓潜意识的精神过程完全就是胡说八道。对现代心理学有着巨大影响的心理学家利普斯对这样漠视潜意识的学说嗤之以鼻，他认为那些学者即便顺带提起潜意识，也只会把"精神"换成"意识"，然后按照字面意思去理解，医生对异常精神状态的观察结果，也得不到心理学的认可。如果一个医生能够肯定和认可哲学家的看法，他非但不会漠视意识是精神特征的论断，还会认真思考二者的差别，审慎地认为因为各自的专业领域不同，所讨论的概念就会有不同的指代，这样才能避免误解和沟通不畅。如果一个治疗神经症的医生把直接的意识当作所有可能的治疗效果，把不声不响又含沙射影的潜意识完全弃如敝屣，那么他根本不可能收到预期效果。如果想避开这种局面，医生就要认识到，在不惊动意识的前提下，潜意识也可以用复杂得瞠目结舌的手法发挥作用，而且只要他对梦有一定的研究，对神经症患者的生活有所观察，就绝不会冒冒失失地舍本逐末。

通过前文中的阐述我们已经知道，意识和潜意识差别巨大，二者在精神特质上更是风马牛不相及，意识作为潜意识运作过程后的长期产物，就是我们顺藤摸瓜研究潜意识的突破口。潜意识不会表现出意识的特征，因为意识根本察觉不到潜意识的存在，也完全不知道暗处竟然还有潜意识，而且还长袖善舞、有所作为。因此，要想正确认识潜意识，就必须明了潜意识进程对意识的作用，它适宜地描述了真实发生过的事实，这一要求对哲学家和医生尤为适用。只有他们完全接受并认同了这样的理念，才不会在接下来的工作中走入歧途。

人们通过感觉器官认识外面的世界，或者在此基础上与外界交流，既有片面性，也有不可靠性。同样的道理，人们不了解潜意识，却希望通过意识解析所有的精神活动，这也无异于天方夜谭。在探讨精神本源的议题上，如果我们想获得正确的结论，就不能高估意识。用利普斯的话说，潜意识是所有精神活动的发端和基础。也就是说，潜意识具备了精神的全部价值，是真正的精神基础，意识最终成为能够觉察的精神现象，都是潜意识铺垫的结果，即便从时间顺序上看，潜意识永远处于初级阶段，但它已经用更为宽广的空间包含了意识领地，正是它为意识提供了可能的发展机会。

明确了潜意识应有的地位，清醒状态下有意识的活动和梦的世界是人们生活中的两个极端，那么"老死不相往来"的观点也就不攻自破了。自从提出了潜意识的概念，两种状态间不再是一片空白，之前被一些梦的研究者当作重大突破口的问题，已经苍白无力了。梦中那些惊人的成就，也不再是梦的产物，而是白天仍在工作的潜意识思维。舍尔纳早就说过，梦或许只是一个替代物，替代我们的身体完成某些特殊任务。现在，我们已经知道，梦是白天潜意识思维的延续，梦境中那些看起来极不合常理的精神活动，并不是真的出自梦，而是被压抑后进入缄默状态的潜意识。梦接过潜意识的接力棒，完成了潜意识白天的未竟事业，而且取得了丰硕的成果，既成功地表现了潜意识，又借鸡生蛋，产生了很多创意性的新内容。仅此一点，我们就可以堂而皇之地把梦叫作"伪君子"。我们的工作，就是掀开梦的面纱、脱下梦的伪装。站在这个角度审视，梦何尝不是我们潜意识欲望的化身呢！其最初的来源有很多，既可以是具体的物象，也可以是早期的性冲动。其实，这样的分析适用的对象不仅仅有梦，还有癔症性恐惧症以及其他一些症状。

在我们每个人的内心深处，都可能潜藏着一些神秘力量，只是在特定的时间召唤出了一个特殊的使者——梦。即便是这样，究其本质不过还是白天被隐藏了的精神力量（比如塔尔蒂尼奏鸣曲中的那个魔鬼一样的动因）。另外，在其他情况下，由于人们需要聚精会神地工作，意识活动就会赞助，这本来也没什么可大惊小怪的，但关键在于，意识活动在参与的过程中独断专行、居功自傲，甚至让别的精神活动为它服务，嚣张跋扈，俨然一个独裁者，如果把这种以自我为中心的习惯带到别的场景，就未免不合时宜了。极具创造性的人物，如歌德、黑尔姆霍尔茨赫都曾说过，他们的作品中，最重要、最富有新意的地方往往都来自灵感，灵感以迅雷不及掩耳之势突然闪现在脑海中，他们只是记录下这些灵感，并加以发挥，这才有了重要成果。就其形成过程来说，似乎意识并没有发挥什么作用。

可是，这些极具偶然性的事件，并不足以说明梦的历史性意义，更不能将梦上升到一个特别高的单独议题上去。如果哪位领袖人物因为某个梦而采取大胆行动，从而取得了重大的成果，或改变了历史，人们就会觉得这个梦极具历史意义。实际上，这需要一个前提条件，人们把梦看成一种神圣的能量，相比于其他的精神活动，其精神力量不可同日而语，就像远古时代的人们对梦怀有的那种恐惧又崇拜的心理一样，人们对梦所具有的源源不断且不可征服的力量顶礼膜拜。虽然那时的人们把梦看成是恶魔的力量，但对梦的恐惧和崇拜却怀有正确的心理基础。不过，现在我们知道了，远古人们眼中的恶魔就是潜意识，因此我们再也不必担心它是洪水猛兽了，完全可以用平常心态对待梦了。

别说是梦，任何问题的探讨都离不开概念的界定，这是一个普遍规律。尽管我们的研究一直没有离开潜意识，但"潜意识"这个概念已经成为心理学或哲学研究中最常用到的词汇，可我至今也不敢保证，是不是所有的学者对潜意识的理解都有相同的意义，这也是我之所以说"在我们的潜意识中"别有用意之处了，因为这是精神分析视角下的潜意识概念，不仅与哲学家心目中的不同，与利普斯说的也不一样。哲学家把潜意识当作意识的对立面，在他们眼中，除了意识过程外，还有潜意识的精神过程。相比之下，利普斯的观点就比他们的观点前进了一大步，尽管和我们还有着不小的距离，但他和别的专家们据理力争，驳斥那些只是简单地把潜意识归入意识对立面的观点。就在这场争论此起彼伏、方兴未艾时，利普斯独领风骚，但他却做了和事佬，说所有的精神活动不外乎两种，一种属于意识，另一种属于潜意识，但潜意识是所有精神活动的基础。可以说，就当时而言，这个观点是统领时代的，只要仔细观察正常状态下的清醒生活，这一结论不证自明。但是我们搜集各种证据，集中讨论梦和癔症症状的形成，并不是为了证明这个观点。通过分析一些精神病理学结构，尤其是梦，我们对潜意识又有了新的认识，并对它进行细分，之后把前意识从潜意识中抽离出来。之前的心理学家并没有做出这样的细分，他们只是笼统地把所有意识之外的精神活动都划归给潜意识了。毫无疑问，我的观点与他们的观点背道而驰。但我认为，潜意识是两种独立系统的功能组合，即便是正常的精神生活也是这样。我们曾经说过，前意识系统仿佛一块铁板，横亘在潜意识和意识之间，成为这两者沟通的障碍。目的就是控制两者之间的交流内容，派发能量，改变能量的分布，而不是阻碍潜意识和意识之间的联结。只是这种障碍并不是牢不可破的，因为它本身的漏洞，使它成为一把筛子。前意识中的兴奋如果想进入意识，完全不会顾及潜意识系统，但它必须接受前意识系统的审查；如果兴奋来自潜意识，不仅要忍受审查机制的冷眼，还要经过重重考验才能如愿以偿。

近些年来，精神和意识的区分又成了热门话题，两者大同小异的观点大有卷土重来之势，因为在近期有关精神神经症的研究文献中，人们对"超意识"（Superconscious）和"潜意识"（Subconscious）的区分似乎已经成为一种时尚，各种分析铺天盖地，但是无论怎样，我们务必不能存有精神和意识等同的观点。

经过这么多的剖析，在我们的精神系统示意图中，曾经无所不能，简直一手遮天的意识跌落神坛，如同没了毛的凤凰，成为一种用来感知精神性质的感官。单纯地从物理性质来看，意识传导因外界刺激引起的兴奋感，敏捷、迅速，与知觉系统极其相似。虽是如此，但两者还是有着很明显的区别的，意识没有存储记忆的功能，对意识而言，所有来自外界的刺激都是不连续的，就像一对露水夫妻。在整个精神系统，知觉系统面对着整个外部世界的刺激，而作为感官的意识却是把精神系统作为外部世界。就像前面叙述的那样，从动力学的角度出发来解释精神系统，是我们正确认识整个精神系统的基础和原则。存在就有合理性。意识存在的合理性也不例外，在动力学的视野下就能找到解释。现在，外部和内部已经区分得清清楚楚，我们着手研究刺激意识的兴奋来源就变得轻松多了。实际上，兴奋有两个来源：一个是知觉系统，知觉系统接受了兴奋感，经过适度调整后成为意识；另一个是整个精神系统，来自整个系统的兴奋经过改变进入意识，量上的差异会被意识在质上感受为一系列的痛苦和快乐。

在一些哲学家眼里，没有意识的参与，也能形成合理的、高度复杂的思想结构，意识不过是多余地反映了已完成的精神过程。可是这也让他们疑惑不解了，不知道该赋予意识什么样的功能。研究表明，感官接受外界刺激，并不断把兴奋输送到精神系统，而最初的兴奋会顺着一般通道循序而入，但这一切都被加入进来的知觉系统打破了，为了维持系统内的平衡，知觉系统重新分配了精神系统内的兴奋额，不仅把过于强烈的兴奋分散掉，还加强了弱小的，就像一个安全阀，起着兴奋调节器的作用。实际上，意识所依附的感官也具有这样的调节作用，只是在一开始的时候，就把兴奋感进行初步的分配，用缓兵之计引导着精神机构内兴奋流的运行量，通过对痛苦和快乐的感知，影响着兴奋感的传输。对于这种运动，痛苦最先拥有话语权，自动操控了与兴奋相关能量的传输和吸收，但也可能是意识再次对兴奋中的能量进行更精致的分配调节，甚至与第一次相反。也正是这样的分配，意识通过让精神机构克服自身的原始禀赋，向可能释放痛苦的材料输送能量并加工的方式，完善、健全了整个精神系统的功能。毫无疑问，任何一次的调整都可能是对前一次调整的接受或否定，痛苦元素被不断地审视，使它背后的原则也无处藏匿了。在这些兴奋感运动的同时，压抑也悄然而来。最开始，压抑作用有效地防止了不同区域中兴奋感的比例失调，呈现出积极的作用，但它最后放弃了抑制和精神上的控制，对整个系统的平衡产生不利的影响。相比于知觉，它更青睐回忆，更容易对回忆产生影响。这主要是因为感官不仅没有记忆功能，也不能为记忆提供能量。

此时，压抑乘虚而入，开始对记忆施加影响。痛苦的话语权一点点被剥夺，自动机制的感官调节尚未对记忆施加影响便昙花一现，夭折了，而压抑抢到了主动权，压抑机制快速做出反应并行动起来，在一定程度上控制了整个进程。神经症心理学告诉我们，压抑因素可能搅乱了精神系统中的重大精神活动，打乱了兴奋的进程，这才出现了神经症。某种思绪没能晋级为意识，主要有两个方面的原因：一方面，是压抑；另一方面，是另外一些暂时未知的原因，使意识知觉没有捕获到思绪。而精神疗法就是利用这些线索，把已经完成的压抑复原，让压抑为我所用。

首先，意识的感觉器官接受外界刺激，并对兴奋流进行初步整理。这一步骤很简单，使用的技巧甚至有些粗糙，这也使刺激产生的兴奋过盛。针对这一点，从其目的性来说，因为兴奋促使思绪产生，在兴奋变得过盛后，精神系统也会随之进行调节，作为痛苦和快乐不同比例的混合体——兴奋，就会受到限制，在近似于多样化性质的作用下，这些兴奋与人的词语回忆联系在一起，深得意识的青睐。处于兴奋萌芽中的思绪突然被注入一种迥异的能量，使人在所有接受刺激的生物中脱颖而出，获得其他生物难以企及的能力，人也就拥有了万物之灵的地位，凌驾于动物之上。

对于意识的多样性，只有通过剖析癔症的思维过程，才能获得正确的阐释。癔症等精神神经症的出现，虽然是缘于精神系统内部的能量失衡，但是最直接的原因还是前意识过渡到意识时，因为审查作用，隔离过滤功能出现紊乱的结果，就像前意识系统和潜意识系统之间的审查机制那样，过于强烈的能量打破了原有平衡。之所以会出现这种现象，主要有两种情况：第一种情况是这种强烈的能量超越了审查机制的能力，也就是说，审查机制驾驭不了，也就发挥不了作用。第二种情况是代表某种思绪的能量过于微弱，以至于神不知鬼不觉地避开了审查，审查机制还没感觉到，它就溜过去了。对于审查作用和意识之间亲密又对立的关系，在精神性神经症现象的范围内，可以找到各种可能的例子，进一步证明思想能够脱离意识，但在某些条件的限制下，它又可以强行闯入意识的地盘。这些都很好地诠释了审查作用和意识之间的关系。下面，我就以癔症和另一个例子为例，说明思绪是否进入意识的不同前提条件。

去年，我和一些同事参加了一个会诊活动，在前来治疗的那些患者中，有一个女孩格外吸引我的注意力，甚至让我很惊讶。一般说来，女人都非常在意自己的衣着和仪表，会尽可能地让这些细节得体大方，给人留下好印象，但是那个女孩却挑战了我们的认知。尽管她不卑不亢，聪明伶俐，颇有大家闺秀的风范，可她的上衣有两个扣子没扣上，穿着的长裤子别扭透了，其中的一只有气无力地垂了下来。我们还没要求她怎么做，她就主动露出小腿，说因为腿疼她很烦恼。后来，她在描述症状时更是让我们大跌眼镜，她觉得体内有一种感觉，好像有什么东西在里面，那个东西前后来回地动作，让她全身震颤，有时她会觉得整个身体都僵住了。参与会诊的一个同事定睛望着我，似乎在用眼神告诉我，他已经知道这个女孩说的到底是什么了。是的，这段描述实在太露骨了。可是，我和我的同事并没有觉得这个症状多奇怪，只是奇怪女孩的母亲，这位母亲明知道女儿的这种症状，但她居然不知道意味着什么。也许女孩自己并不知道这种症状的本质含义，否则女孩也不会说出来，但她母亲应该不陌生啊。作为生产过的女人，她肯定不止一次经历过女儿描述的场景。在这个案例中，本来应该隐藏在前意识中的想象，因为潜意识和前意识系统之间的审查作用没有发挥作用，戴上诉说的面具后，用天真无邪的假象蒙蔽了意识，并进入了意识中。

还有一个例子。我曾用精神分析法治疗一个男孩。虽然那个小男孩只有十四岁，但他被抽搐、癔症性呕吐、头痛等症状困扰着。治疗伊始，我让他先闭上眼睛，之后记住脑海里闪现的想法或者图像，直到再也不能想起更多内容时才停下，然后把已经出现的观念和图像告诉我，并且一定要尽可能地原样复述。于是，他描述了他看到的图像。他看到的最后一幅图的中心是一张棋盘，他和他的叔叔正在下棋。棋局进入到胶着状态，一时难分高下。他手中拿着一粒棋子，正在考虑把这粒棋子放在哪个位置有利，放在哪个位置不太好，放在哪个位置犯规。然后，令人不可思议的一幕出现了，他看到棋盘上有一把匕首，那是他父亲的。接着，怪事就接踵而至。那把匕首突然消失了，在那个位置上出现了另外一把刀，一把长柄的镰刀。这时图像一换，长柄镰刀被一位老农握在手中。这个老农正挥舞着那把镰刀，不亦乐乎地在他房前割草，这个老农他认识，而那个房子位于老农很远的老家。这个小男孩描述出来的这些图像，看起来匪夷所思，感觉就是臆想出来的无用之物，可回到精神分析中就会知道，任何一种意识或症状的出现，几乎都是潜意识表现出来的结果，更别说这个男孩还伴有严重的精神症状了。

经过几天的分析、研究，我终于掀开了这组图像的面纱，破解了它的意义。原来，这个小男孩生活的家庭环境不是很好，甚至可以用乌烟瘴气来形容。他父亲生性严厉、脾气暴躁，因为他小时候常常玩弄生殖器，所以他父亲对他不是咒骂就是威胁，惩罚式教育贯穿了他的整个童年。不但如此，他的父亲对他母亲常常大发脾气，生活在这样的家庭里，小男孩忧心忡忡、惶恐不安。直到有一天，男孩的父亲和母亲离了婚。可没过多长时间，他父亲就从外面带回一个年轻女人。这个年轻女人成了小男孩的继母。可没几天，小男孩就出现了上述症状。把小男孩的境遇和那组图像结合在一起就不难解读了。实际上，那组图像暗示了他对父亲的愤怒，只是被他压制了而已，但继母成了导火索，小男孩终于决定报复父亲，就像神话传说中宙斯用镰刀阉割了自己的父亲克洛诺斯那样。克洛诺斯怕父亲的诅咒，凶残地吞食自己每一个刚出生的孩子，而图像中的老农就是克洛诺斯的化身，匕首、镰刀就是小男孩对父亲施以惩戒的象征，而跳棋中那些被规则禁止的办法，就是孩子返还给父亲的。

这些案例让我们再次看到，用精神分析法治疗精神神经症是有效的。梦与一些精神神经症的形成过程很相似，甚至形成原因也很相似，这在前面已经叙述过了，可以说，在这种各种理论都不完备的情况下，我们还取得了这样的效果。那么，我们再深入研究精神系统的结构和功能，还有意义吗？我们研究个人对自己的心灵认知，发现自己隐匿的性格特点，到底有没有实用价值？梦所揭示的潜意识冲动，难道没有心灵世界中真实力量的价值吗？梦是对被压制欲望的满足，那么梦是不是能创造出别的东西来，可以漠视这些欲望的道德性呢？

面对这些问题，我还是坦诚地摇摇头。一直以来，在梦的研究中，我从来没有深入细致地思考过这些问题，我只是觉得，因为梦见被臣民谋杀，罗马皇帝就处死了臣民，在今天看来，处死的理由既不充分也不仁慈。罗马皇帝为了将所有的威胁都消灭在萌芽状态，仅仅就是一个谋杀梦，臣民便不能幸免，这绝对没有道理。这位皇帝最应该做的，是洞悉这个梦的含义。他也许不知道，这个梦的含义，极有可能并非梦中呈现的内容，而另外一些和谋杀皇帝的内容无关的梦，实际上却隐藏着谋杀皇帝的欲望。这使我不由得想起了柏拉图的那句名言："恶人亲往犯法，止于梦者便为善人。" 恶人在现实中的恶劣行径，或许只会出现在君子的梦里。在柏拉图看来，善良的人不应该诛心，而是应该据实说话，当恶行真的出现时再去指责。按照这个说法，罗马皇帝应该做的，是赦免梦中的臣民。之所以会列举这个例子，只是借以说明我们对整个精神系统知之甚少，罗马皇帝这样的错误，我们也在所难免，只是形式不同，但有共通性。如果有朝一日，潜意识的本真状态水落石出，以最原始、最真实的面貌呈现在我们面前，那么我们就会认定，精神虽是一种真实的存在，但它与一般物质截然不同。或者说，物质并不能成为精神的标签，把现实中的意象强加在潜意识欲望之上的行为也需要反思。

虽然如此，但有一点是完全可以确定的，当我们了解了意识和潜意识之间的关系时，潜意识欲望或者整个精神系统都以完整的面貌呈现出来，梦中和幻想中的大部分的不道德内容都消失掉了。人们完全可以用平常心看待自己梦中的不道德行为，自然地卸下必须为梦中道德行为负责的包袱，而梦中出现的那些在现实生活中不会被接受的罪恶感也会随之减少。对此，汉斯·萨克斯曾有过一个形象的类比：如果梦告诉我们一个和现实有联系的内容，我们就会有意识地去寻找，不过，如果我们发现"分析"下的庞然大物，即便现实中放到放大镜下，也不过是一只小得不能再小的纤毛虫，我们也没有必要大惊小怪。

如果要判断一个人的性格，通过他的行为以及他有意识表达出来的观念，就足够作为参考资料了。其中，行为是最值得观察考虑的重点，因为许多强行进入意识的冲动，在转为行动之前，就已经被心灵中的真实力量抵消一半了。实际上，这些冲动之所以没在路上遇到精神阻碍，是因为潜意识已经确定，它们会在其他地方受到阻碍。古代道德家和哲学家曾经为我们树立了一个标准，这样二选一的方式，曾一度是我们判断一个人是否是好人、一件事是否该做的标准，但形势发展到现在，早已今非昔比。曾经，我们对美德的判断标准深信不疑，可现在我们也看到，美德赖以存在的基础竟也被蹂躏到无以复加的程度，人性变幻莫测，原先最为可靠的行为以及正常状态下的思想表达，早已经不能作为一个人的评判标准了。一个人的潜意识暗流汹涌，很多尚未来得及表现为语言或行动的思绪，在精神系统的作用下，还没有出现就已经夭折或流产了。即便有一些这样的萌芽，虽然刚开始无所阻拦，但因为潜意识觉得这些思绪是无用的阿斗，觉得它成不了大气候，所以索性冷眼旁观了。

那么，梦是否具有暗示过去、预示将来的价值呢？如果让我做一个二选一的题，我更青睐前者。因为无论在何种意义上说，梦的来源都是过去的某个时间点上已经发生过的事情，梦满足的都是过去的欲望，根本不能为我们提供预测未来的见解或知识。然而，古人认为梦能向我们预兆未来，并不是空穴来风，主要是因为，通过向我们展示一个满足的欲望，梦将我们引向未来，只不过通过分析，这个所谓的未来，只是梦者想象中的现在，曾经的欲望以势不可当之势东山再起，现在是过去的现在，而未来不过是现在的未来而已。